현대 중국 전략의 기원

중국혁명전쟁부터 한국전쟁 개입까지

현대 중국 전략의 기원

중국혁명전쟁부터 한국전쟁 개입까지

박창희 지음

플래닛미디어
Planet Media

머리말

최근 중국이 강대국으로 부상하면서 중국의 전략에 대한 관심이 높아지고 있다. 향후 강대국으로 우뚝 설 중국이 대외적으로 온건하고 방어적인 전략을 추구할 것인가, 아니면 단호하고 공세적인 전략을 추구할 것인가에 대한 고민이 깊어가고 있기 때문이다. 중국의 부상과 그에 따른 중국 전략의 향배는 앞으로 동아시아 지역의 안정은 물론, 한반도 평화 및 통일과 관련하여 매우 중요한 문제가 아닐 수 없다. 차제에 중국의 전략에 관한 연구가 더욱 활성화되어야 할 것이다.

이 책은 현대 중국 전략의 기원을 추적하고 그 본질을 규명한다. 이를 위해 필자는 중화인민공화국 탄생 전후를 중심으로 중국혁명기의 전략, 신생 중국의 대전략, 신생 중국의 한국전쟁 개입전략, 그리고 중국군의 한국전쟁 수행전략을 분석했다. 독자들은 이 책을 통해 중국의 전략을 다음과 같은 측면에서 이해할 수 있을 것이다.

첫째, '약자의 승리'라는 전략의 패러독스를 이해할 수 있다. 수많은 전쟁에서 훌륭한 전략의 사례를 찾아볼 수 있지만, 역시 전략의 극치는 약자가 강자에 대해 승리하는 것이다. 중국공산당은 그야말로 미약한 세력으로 출발했지만 훨씬 강한 상대인 국민당과의 투쟁에서 승리하고 중국대륙을 평정할 수 있었다. 건국 직후 중국은 미국이라는 강한 적을 상대로 한국전쟁에 개입하여 소멸해가던 북한을 회생시키고 한반도에서 전쟁 이전의 상태를 회복할 수 있었다. 초기 중국의 전략은 약자가 강자에 대해 승리하는 방법을 생생하게 보여준다.

둘째, '전략이론의 현실세계 적용'이라는 측면에서 전략적 사고를 심화할 수 있다. 마오쩌둥은 클라우제비츠를 가장 잘 이해한 사람으로 마르크스-레닌의 전략사상을 뛰어넘어 러시아 혁명전략을 중국 고유의 혁명전략으로 발전시켰다. 그는 적 군사력을 겨냥한 군사전략뿐 아니라 인민을 대상으로 하는 정치전략의 중요성을 간파하였으며, 시간적 요소와 공간적 요소의 변증법적 관계, 방어의 강함과 공격의 취약성을 명확히 이해했다. 그리고 그러한 이론적 개념을 인민전쟁, 지구전, 유격전 등의 용어로 구체화하고 현실의 전쟁에서 구현함으로써 '과학'으로서의 전략을 '술'로서의 전략으로 승화시켰다.

셋째, 현대중국의 전략에 관한 이해를 도모할 수 있다. 초기 중국의 전쟁 경험은 냉전기 미국과 소련의 위협에 대비한 중국의 국가전략 및 군사전략을 형성하는데 큰 영향을 주었다. 따라서 중국 전략의 기원을 연구함으로써 인민전쟁전략을 추구한 중국이 왜 한국전쟁을 비롯해, 중인전쟁, 중소국경분쟁, 중월전쟁 등에서 인민전쟁이 아닌 제한전쟁을 수행했는지를 이해하게 될 것이다. 또한 초기 중국의 전략적 경험들이 오늘날 정보화전쟁을 추구하는 중국의 전략에 여전히 사상적 기반을 제공하고 있음을 알게 될 것이다.

넷째, 강대국으로 부상하고 있는 중국의 전략을 예측해 볼 수 있다. 과연 중국은 그들이 항상 강조해 온 대로 '방어적' 전략을 추구할 것인가, 아니면 여러 학자들이 우려하는 대로 '공세적' 전략을 추구할 것인가? 이 문제는 필자가 논하고자 하는 주요 논점은 아니지만 중국의 전략에 대한 기원을 규명함으로써 어느 정도 이에 대한 답을 얻을 수 있으리라 생각한다.

이 책을 발간하면서 누구보다도 필자에게 많은 가르침을 주신 스승님 고려대학교 강성학 교수님께 감사한다. 필자의 연구를 물심양면으로 지원해주시는 국방대학교 이성호 총장님과 한용섭 부총장님 이하 학교의 모든 분들에게도 감사 인사를 드린다. 특히 허남성 교수님, 윤종호 교수님, 강성진 교수님, 윤현근 교수님, 이필중 교수님, 김열수 교수님, 최종철 교수님의 배려와 성원에 감사한다. 그리고 이 책의 발간을 선뜻 허락하신 플래닛미디어 김세영 사장님과 원고 교정에 정성을 다해 준 직원들에게 감사하며, 같은 연구실에서 항상 나를 도와주고 있는 김태현 육군소령과 권준문 해병대위에게도 고마움을 전한다. 마지막으로 나에게 언제나 가장 큰 힘이 되는 나의 가족, 미숙, 별, 건우에게 사랑하는 마음을 전한다.

2011년 6월
퇴계관 연구실에서
박창희

제1장

서 론

중국의 전략은 '약자가 강자를 상대로 승리하기 위한 전략'이다. 마오쩌둥은 피아 군사력 균형에 있어서 불리한 상황에서 방어를 취함으로써 적이 추구하는 불리한 결전을 회피하고, '방어의 이점'을 최대한 활용해서 장기간에 걸쳐 피아 군사력 균형이 유리하게 변화하도록 상황을 조성하였으며, 오직 적에 대한 군사적 우세를 달성한 후에만 공격으로 전환하여 결전을 추구했다. 우리에게 친숙한 '지구전'이나 '인민전쟁' 등의 용어는 이러한 전략을 수행하기 위해 제시된 작전적·전략적 개념으로 볼 수 있다. 이렇게 볼 때 현대 중국의 전략은 강한 적을 상대로 한 승리, 즉 '전략의 패러독스'를 창출하는 전략인 셈이다.

중국이 21세기 강대국으로 부상하고 있다. 과거 역사를 돌이켜 보면 새로운 강대국의 부상은 기존 패권국과의 전쟁을 야기하고 국제질서의 변동을 가져왔다. 16세기 강대국으로 부상한 에스파냐의 유럽지배 시도는 네덜란드와의 전쟁을, 17세기 경제적으로 부강해진 네덜란드의 해양지배 시도는 영국과의 전쟁을 낳았다. 또한 18세기와 19세기에는 영국과 프랑스가 유럽 대륙의 지배권을 놓고 경합하였으며, 20세기 초반 독일의 부상은 두 차례에 걸친 세계대전을 야기했다. 역사적으로 평화롭게 강대국으로 부상한 유일한 사례는 1890년대 미국을 꼽을 수 있을 뿐이다. 이렇게 볼 때 중국의 경제적·군사적 부상은 향후 국제질서와 동아시아 지역 안정에 심히 부정적인 영향을 줄 가능성이 높다고 할 수 있다.

중국은 평화지향적인 국가인가 아니면 분쟁지향적인 국가인가? 안타깝게도 중국의 역사는 그다지 낙관적이지 않다. 중국은 항상 평화적이고 방어적인 대외정책을 추구하고 있음을 강조해 왔지만, 1949년 10월 1일 중화인민공화국이 수립된 이후로 1950년 한국전쟁 개입, 1954년과 1958년 대만포격사건, 1962년 중인전쟁, 1969년 중소국경분쟁, 1979년 중월전쟁을 비롯하여 무려 스무 차례 이상 주변 국가들과 크고 작은 군사적 충돌을 야기했다.[1] 냉전시기 국가 간의 분쟁에서 무력을 사용한 횟수로 본다면 중국은 미국에 이어 두 번째로 많은 분쟁을 겪었으며, 무력사용의 정도를 의미하는 '호전성hostility' 측면에서는 다른 어느 국가보다도 높은 것으로 나타났다.[2] 이러한 사실은 중국이 정치적 목적을 달성하기 위해서는 군사력을 사용하는데 주저하지 않고 있음을 보여준다. 또한 중국과 주변국들 간의 안보이익이 항상 평화롭게 공존하고 양립할 수 있는 것이 아니며, 지역현안을 둘러싼 갈등이 불거질 경우 군사적으로 충돌할 가능성이 매우 높다는 것을 보여준다.

중국의 전략을 이해하는 것은 인접국가로서 국가안보를 확고히 하는데 매우 중요한 문제가 아닐 수 없다. 전쟁이란 국가의 생존이 걸린 중대한 문제로 이에 대비하기 위해서는 위협이 되는 국가들의 전략, 특히 전쟁수행전략에 관심을 기울이지 않을 수 없다. 강대국으로 부상하는 중국은 주변국에 대한 영향력을 강화할 것이며, 동아시아 지역에서 자국의 이익이 걸린 각종 현안에 대해 더욱 단호한 정책을 추구할 것이다. 이를 입증이라도 하듯이 중국은 최근 난사Nansha 군도(남사군도南沙群島), 대만臺灣, 댜

---

1 Ka Po Ng, *Interpreting China's Military Power: Doctrine Makes Readiness* (London: Frank Cass, 2005), pp. 158-164; Changhee Park, "Why China Attacks: China's Geostrategic Vulnerability and Its Military Intervention," *The Korean Journal of Defense Analysis*, vol. 20, no. 3, September 2008, p. 263.

2 Alastair Iain Johnston, "Chinese Militarized Interstate Dispute Behavior 1949-1992: A First Cut at the Data," *China Quarterly*, no. 153, March 1998, pp. 14-17, 24.

오위다오(조어도釣魚島, 일본명 센카쿠尖閣) 열도 등 영토문제와 관련하여 전에 없이 야심적이고 공세적인 태도를 보이고 있다. 냉전기 중국이 상대적으로 열세에 놓였음에도 불구하고 주변국과의 무력분쟁을 마다하지 않았던 점을 감안한다면, 향후 상대적으로 우세한 입장에 서게 될 중국은 더욱 일방적이고 강압적인 안보전략을 추구할 수 있으며, 관련 국가들과의 군사적 충돌 가능성은 더욱 증가할 것으로 예상할 수 있다. 중국의 부상이 동아시아 지역의 안정과 평화에 기여하기보다는 불안정을 조성할 것이라는 전망이 조심스럽게 제기되고 있는 상황에서, 향후 중국의 위협에 대비하기 위해서는 그들이 추구하는 전략이 무엇인지 그 실체를 규명해 볼 필요가 있다.

현대 중국의 전략을 이해하기 위해서는 중화인민공화국 탄생을 전후한 시기의 전쟁사례를 연구함으로써 그 기원을 추적하고 발전과정을 분석해 보아야 한다. 무엇보다도 오늘날까지 중국 전략의 근간을 이루고 있는 마오쩌둥毛澤東 전략이 어떻게 형성되었고 그 실체가 무엇이며, 실제로 전쟁을 수행하는 과정에서 어떻게 적용되었는지를 심도 있게 고찰해 보아야 한다. 이 책에서 다루는 중국혁명전쟁부터 신생 중국의 대전략 구상, 한국전쟁 개입 결정, 그리고 한국전쟁 수행에 이르기까지의 사례는 초기 중국의 전술과 작전술, 군사전략은 물론 대전략을 포괄하여 현대 중국의 전략을 해부해 볼 수 있는 매우 유용한 기회를 제공한다. 중국공산당은 마오쩌둥의 혁명전쟁전략을 통해 장제스蔣介石가 이끄는 국민당과의 내전에서 승리하고 중화인민공화국을 건설할 수 있었으며, 이러한 전략적 경험을 바탕으로 한국전쟁에 개입하여 전역작전을 성공적으로 수행하고 소기의 정치적 목적을 달성할 수 있었다. 이와 같은 과정을 거치면서 초기 중국의 전략경험은 1950년대 '인민전쟁전략人民戰爭戰略'으로 발전하였으며, 인민전쟁전략은 오늘날까지도 중국이 가진 전략사상의 모태가 되

고 있다.[3]

그렇다면 현대 중국의 전략은 무엇인가? 중국의 전략적 기원이라 할
수 있는 중국내전에서 중국공산당은 어떠한 전략을 가지고 상대적으로
우세한 국민당을 상대로 싸워 승리할 수 있었는가? 또한 중국은 어떠한
전략을 추구함으로써 한국전쟁에 개입하여 성공적인 결과를 얻을 수 있
었는가? 이를 통해 볼 때 중국의 전략을 이루는 근간은 무엇인가? 필자는
이러한 의문을 바탕으로 이 책에서 다음과 같은 문제들을 중점적으로 제
기하고자 한다.

① '약자의 승리'라는 '전략의 패러독스paradox of strategy'는 가능한가? 이
는 칼 폰 클라우제비츠Carl von Clausewitz의 전쟁이론 및 전략개념을 통
해 어떻게 도출할 수 있는가? 중국의 초기 전략은 클라우제비츠의
이론과 개념으로 어떻게 설명할 수 있는가? 구체적으로 '결전'의
문제, '중심center of gravity'의 문제, '결전회피'의 문제를 어떻게 볼 것
인가? 결전회피가 군사적으로 약한 국가의 방어전쟁을 성공적으로
이끌기 위한 조건이 될 수 있다면, 과연 결전을 회피하기 위한 군
사전략적 방어형태에는 어떠한 것이 있는가?

② 중국의 혁명전쟁전략은 무엇인가? 마오쩌둥의 혁명전쟁전략은 어
떻게 형성되고 발전했는가? 국민당과의 내전에서 중국공산당이 승
리할 수 있었던 전략은 무엇인가? 그것은 결전회피와 어떠한 관계
가 있는가?

③ 신생 중국이 탄생한 직후 중국이 추구한 대전략은 무엇인가? 마오

---

3 Michael Pillsbury, *China Debates the Future Security Environment* (Washington, D.C.: NDU
Press, 2000), pp. 269-275.

쩌둥의 대미인식은 무엇이었고, 그러한 인식은 그의 전략구상에 어떠한 영향을 주었는가? 미국의 위협을 중심으로 국제전에 대비하기 위한 그의 전략은 과거 혁명전쟁전략과 무엇이 다르고 또 어떠한 측면에서 유사성을 갖는가?

④ 중국의 한국전쟁 개입전략은 무엇인가? 한국전쟁 발발 전후에 미국과의 군사적 충돌 가능성에 대한 마오쩌둥의 인식은 무엇이었는가? 한국전쟁 개입의 목표는 과연 아시아에서 혁명을 추구하는 것이었는가 아니면 중국의 안보를 확보하기 위한 것이었는가? 그것은 절대목표를 추구하는 혁명전쟁전략이었는가, 아니면 제한목표를 추구하는 국제전 전략이었는가?

⑤ 중국의 한국전쟁 전략은 어떻게 수행되었는가? 한국전쟁 개입 직후 마오쩌둥은 왜 상대적으로 강한 미군에 대해 결전을 추구하였으며 개입목표를 점차 확대하여 나갔는가? 강한 적에 대한 마오쩌둥의 결전추구는 과거 혁명전쟁 당시 그가 정립한 '결전회피'라는 전략개념을 위배하는 것이 아닌가?

⑥ 이와 같은 초기의 전략이 오늘날 중국의 전략에 미친 영향은 무엇인가? 중국의 초기 전략을 이해함으로써 향후 중국의 전쟁과 전략을 어떻게 전망할 수 있을 것인가?

중국의 전략은 '약자가 강자를 상대로 승리하기 위한 전략'이다. 마오쩌둥은 전략을 구상하는 과정에서 클라우제비츠의 '방어우위론'의 영향을 받았음이 분명하다. 비록 그가 직접적으로 이를 거론한 적은 없으나, 그가 저술한 많은 저작과 기록을 보면 클라우제비츠가 언급한 주요 전략개념과 이론을 충실하게 수용하고 있음을 알 수 있다. 이 책의 제3장에서 구체적으로 논의하겠지만 마오쩌둥은 피아 군사력 균형에 있어서 불리한 상황에서 방어를 취함으로써 적이 추구하는 불리한 결전을 회피하고, '방어의 이점'을 최대한 활용해서 장기간에 걸쳐 피아 군사력 균형이 유리하게 변화하도록 상황을 조성하였으며, 오직 적에 대한 군사적 우세를 달성한 후에만 공격으로 전환하여 결전을 추구했다. 우리에게 친숙한 '지구전'이나 '인민전쟁' 등의 용어는 이러한 전략을 수행하기 위해 제시된 작전적·전략적 개념으로 볼 수 있다. 이렇게 볼 때 현대 중국의 전략은 강한 적을 상대로 한 승리, 즉 '전략의 패러독스'를 창출하는 전략인 셈이다.

중국의 전략은 '변화'와 '연속성'이라는 두 가지 관점에서 분석할 수 있다. 1920년대 후반부터 1949년 중화인민공화국이 수립되기 전까지의 중국혁명전쟁과 그 이후 중국이 대비하고 수행한 국제전 사이에 어떠한 차이점과 공통점이 있는지를 규명하는 것은 중국의 전략을 보다 명확히 이해하는 데 도움을 줄 것이다.

먼저, '변화'의 관점에서 본다면 중국의 전략이 '혁명전쟁'에서 '국제전'으로 변화한 것을 들 수 있다. 즉 초기 중국의 전략은 혁명전쟁전략에서 출발하였으나 중화인민공화국 수립 후 한국전쟁 개입을 기점으로 국제전 전략으로 변화했다. 혁명전쟁과 국제전은 전쟁의 형태, 목적, 수단 면에서 본질적으로 다르다. 우선 혁명전쟁은 혁명을 완수하기 위한 전쟁으로 "무장세력을 이용하여 정치권력을 장악하는 것"을 의미한다.[4] 혁명이 기존의 정부를 전복 또는 특정 계급을 타도하고 권력을 장악하여 새로

---

4 John Shy and Thomas W. Collier, "Revolutionary War," edited by Peter Paret, *Makers of Modern Strategy: From Machiavelli to the Nuclear Age* (Princeton: Princeton University Press, 1986), p. 817; 강성학, 『카멜레온과 시지프스: 변천하는 국제질서와 한국의 안보』 (서울: 나남, 1995), p. 403; Eqbal Ahmad, "Revolutionary War and Counter-Insurgency," *Journal of International Affairs*, vol. 25, no. 1, 1971, p. 12.

혁명전쟁과 국제전의 비교

구분	혁명전쟁	국제전
정치적 목적	타도(적의 무조건 항복)	협상 또는 타협(평화조약)
최종상태	영구적 평화(perpetual peace)	조건부 평화(conditional peace)
전쟁의 목표(형태)	절대적 목표(절대전쟁)	제한적 목표(제한전쟁)
전쟁수행	유격전 위주	정규전 위주

운 정권을 수립하는 행위라면,[5] 그 궁극적인 목적은 통일을 이룸으로써 국내에 '영구적 평화'를 수립하는데 있다.[6] 혁명전쟁에서는 타협이나 조건적인 항복이 있을 수 없다. 타협을 통해 권력을 나누어 가진다면 그것은 이미 혁명이라고 볼 수 없을 것이다. 혁명전쟁에서 패한 측은 협상을 모색하기보다는 스스로 죽음 또는 망명의 길을 택할 것이며, 결국 혁명전쟁이란 상대방에 대해 완벽한 군사적 승리를 추구하는 절대전쟁의 성격을 갖는다.[7]

반면 국제전은 적에게 우리의 '의지will'를 강요하기 위한 정치행위의

---

5 Stephen M. Walt, *War and Revolution* (Ithaca: Cornell University Press, 1996), p. 12.

6 Raymond Aron, *Clausewitz: Philosopher of War*, translated by Christine Booker and Norman Stone (London: Routledge & Kegan Paul, 1983), p. 295. 그리피스Griffith에 의하면 "혁명전쟁의 목적은 기존 사회와 제도를 파괴하고 완전히 새로운 국가구조로 대체하는 것"으로 전통적인 전쟁과는 다른 요소를 갖는다고 한다. Samuel B. Griffith, *On Guerrilla Warfare* (New York: Praeger, 1961), p. 7.

7 혁명전쟁에서 군사적 목표와 정치적 목적은 동일하다. 혁명전쟁에서는 적에 대한 완전한 파괴를 통해서만 혁명의 목적을 달성할 수 있기 때문에 군사적으로나 정치적으로 적의 무장해제를 추구한다. 즉 혁명전쟁은 "섬멸의 원칙을 추종한다." Raymond Aron, *Clausewitz: Philosopher of War*, p. 301. 계급 간의 전쟁이 갖는 절대적 성격에 관해서는 P. H. Vigor, *The Soviet View of War, Peace and Neutrality* (London: Routledge & Kegan Paul, 1975), pp. 91-93; 강재륜, 「인민전쟁론 서설: 도덕적 정당성과 관련하여」, 『국방연구』, 제19권, 제1호, 1976, p. 100 참조.

한 수단이다. 따라서 국제전은 적의 모든 군사력을 섬멸하는 것보다는 협상을 통해 '평화조약peace treaty'을 체결하는 것을 목표로 한다.[8] 혁명전쟁이 적의 타도를 통해 '영구적 평화'를 추구한다면 국제전은 국가들 간의 관계를 새로운 조건하에서 다시 설정함으로써 '조건부 평화'를 지향한다. 따라서 전쟁을 치르는 과정에서도 협상과 타협을 통한 외교적 행위를 계속하며 대부분의 경우에 있어서 국제전은 제한전쟁의 성격을 갖는다.[9] 물론 국제전에서도 절대적인 목적을 추구할 수 있다. 그러나 현실에서 나타난 절대적인 전쟁에는 나폴레옹 전쟁과 제2차 세계대전의 사례에서 볼 수 있듯이 대개 혁명적 요소가 작용하고 있었다.

따라서 혁명전쟁과 국제전은 구분해야 한다. 마오쩌둥의 전략을 분석하는데 있어서도 중화인민공화국 수립 이전의 혁명전쟁전략과 이후의 국제전 전략을 구분해야 한다. 혁명전쟁이 끝나고 새로운 국가가 수립되는 순간부터 그 국가의 전쟁은 더 이상 혁명전쟁일 수 없기 때문이다. '당'으로서가 아닌 '국가'로서의 전쟁은 더 이상 적을 타도하는 것이 아니라 적과 새로운 조건하에 새로운 평화조약을 체결하기 위해 수행한다. 따라서 신생 중국이 탄생한 후 나타난 대외전쟁에서의 마오쩌둥 전략은 혁명전쟁이 아닌 국제전의 차원에서 분석해야 하며, 중국의 한국전쟁 개입도 마찬가지로 국제전 차원에서 이해해야 한다.

한편, 중국의 전략은 혁명전쟁과 국제전을 막론하고 연속성을 지니고 있다. 중국혁명전쟁과 한국전쟁 개입은 물론 냉전기를 통해 공통적으로 나타나는 중국의 전략적 특성을 다음과 같이 요약해 볼 수 있다.

---

8 Carl von Clausewitz, *On War*, edited and translated by Michael Howard and Peter Paret (Princeton: Princeton University Press, 1984), pp. 91, 143, 484.

9 Carl von Clausewitz, *On War*, pp. 78-80, 91.

첫째, 중국의 전략은 '약자의 승리'라는 전략의 패러독스를 가능케 하는 전략이다. 마오쩌둥은 "방어가 공격보다 강한 형태의 전쟁"이라고 한 클라우제비츠의 이론에 입각하여 불리한 상황에서 적이 추구하는 결전을 회피하였으며, 적의 공격이 '정점culminating point'에 도달하고 피아 전투력 균형이 유리하게 전환되었을 때 역으로 결전을 추구하는 전략을 추구함으로써 중국혁명전쟁에서 승리할 수 있었다. 중국군이 한국전쟁을 수행하는데 있어서도 마찬가지로 이러한 전략개념이 적용되었다. 다만 제1·2차 전역에서 중국군이 미군에 대해 결전을 추구한 것은 유엔군의 방심을 이용하여 그러한 기회를 잡을 수 있었기 때문이며, 제3~5차 전역에서 무리하게 결전을 추구한 것은 중국혁명전쟁 당시의 장제스와 같이 마오쩌둥의 오판이 작용했기 때문으로 볼 수 있다.

둘째, 중국의 전략은 힘의 상관관계를 중시하는 지극히 현실적인 전략이다. 외형적으로는 마오쩌둥이 언급한 것처럼 "약함이 강함을 이길 수 있다"거나 "인간이 무기를 이길 수 있다"는 매우 '낭만적'이고 '전능한' 전략으로 보인다. 그러나 내부를 들여다보면 "강함으로 약함을 제압하는" 매우 '현실적'인 전략임을 알 수 있다. 마오쩌둥은 일찍이 "하나로 열을 이기는 것이 전략이고, 열로 하나를 이기는 것이 전술"이라고 말한 바 있다.[10] 중국공산당은 1920년대 말부터 1930년대 중반까지 다섯 차례에 걸친 국민당의 포위공격에 유격전을 펼치면서 적을 분산시키고, 흩어진 적을 철저히 우세한 병력으로 섬멸하는 전략을 추구했다. 한국전쟁에 개입하면서 마오쩌둥은 겉으로는 미국과의 전쟁에서 승리할 수 있다고 장담했지만, 속으로는 공군력과 화력의 열세를 심각하게 우려한 나머지

---

10 Mao Tse-tung, "Problems of Strategy in China's Revolutionary War," *Selected Works of Mao Tse-tung* [이하 SW], vol. I (Peking: Foreign Languages Press, 1967), p. 237.

6개월에 걸친 방어전을 구상했다. 이렇게 볼 때 마오쩌둥의 전략은 강한 적에게 무모하게 달려드는 것이 아니라, 피아 군사력의 강약을 계산하는 것에서 출발하고 있음을 알 수 있다. 군사적 열세를 인식한 마오쩌둥의 전략적 선택은 언제나 방어적 전략이었고, 우선적으로 피아 전투력의 균형을 유리하게 변화시키는데 역점을 두었다. 그는 자신이 원하는 것을 정치적으로 선전하는데 주저하지 않았지만, 자신이 갖고 있는 군사적 능력의 한계를 결코 벗어나지 않았다. 이렇게 볼 때, 중국이 내세우는 이상만 보고 현실을 도외시할 경우, 중국의 겉에 나타난 전략만 보고 그 안을 들여다보지 않을 경우, 그리고 중국이 내거는 선전문구만 보고 그들의 의도를 파악하지 못할 경우, 대부분 중국의 전략이라는 동전의 한쪽 면만을 보고 다른 쪽 면을 보지 못하는 우를 범할 수 있다. 마오쩌둥이 제시한 정치적 이상보다는 그가 당면했던 군사적 현실에 주목함으로써 그의 전략, 나아가 현대중국의 전략을 보다 깊게 이해할 수 있을 것이다.

셋째, 중국의 전략은 군사적 차원을 넘어 정치?외교적 요소를 포괄하는 전략이다. 서양의 전략이 군사적 요소에 초점을 맞추고 있는 반면, 중국의 전략은 스스로 약하다는 현실을 인정하고 이를 보상하기 위해 군사력뿐만 아니라 인민의 참여와 국제적 연대를 중시하는 총체적인 전략을 추구했다. 역사적으로 유럽의 국가들은 서로 국력에 많은 차이가 나지 않았으며, 따라서 우세한 측이 신속한 기동을 통해 '정확한 시점에on time' 전투력을 집중함으로써 결정적 승리를 추구하는 경향이 있었다. 그러나 중국의 경우 국민당과의 내전에서든 미군을 상대로 한 한국전쟁에서든 상대방이 훨씬 강했기 때문에, 결전을 추구하기보다는 회피하는 전략을 선택해야 했다. 그리고 그러한 싸움에서는 서양 국가들과 같이 결정적 시점에 모든 것을 맞추는 공세전략보다는 무제한적으로 공간을 양보함으로써 '결정적 시점을 최대한 늦추는delaying the time' 방어전략을 선택해야 했다.[11]

중국이 추구한 시간 지연과 결전회피 성향은 당연히 장기간 전쟁의 고통을 감내할 수 있는 인민의 인내와 지지를 요구했고, 이는 자연스럽게 지구전과 인민전쟁이라는 중국 특유의 전략개념을 낳게 되었다.

넷째, 전쟁수행의 관점에서 중국의 전략문화는 기본적으로 서구의 전략문화와 크게 다르지 않다. 물론, 마오쩌둥이 전략이라는 범주에 정치·외교적 요소를 포함했다는 측면에서는 다를 수 있다. 그러나 서구에서 논의하는 전략일반의 측면(군사적 수준에 초점을 맞춘 전략)에서 마오쩌둥 전략은 낭만적이지도 특별하지도 않으며, 서구의 전략과 마찬가지로 '힘power'에 기반을 둔 매우 현실적이고 합리적인 전략으로 볼 수 있다. 필자의 이러한 주장은 클라우제비츠의 사상과 손자孫子의 사상을 비교한 연구를 통해 서양의 전략과 동양의 전략이 따로 있는 것은 아니라고 본 마이클 I. 핸들Michael I. Handel의 주장, 중국의 무경칠서武經七書와 명明나라의 전쟁사례 연구를 통해 중국도 서구와 같은 현실주의적 전략문화를 갖는다고 한 알래스테어 이언 존스턴Alastair Iain Johnston의 주장과 일치한다.[12] 이 책에서 현대 중국의 전략을 서구에서 제기한 전략이론, 보다 구체적으로 클라우제비츠의 전략이론을 통해 분석하고 연구할 수 있는 것은 바로 이러한 이유에서다.

이 책은 중국의 초기 전략이라 할 수 있는 마오쩌둥 전략의 기원 및 발

---

11 Edward L. Katzenbach, Jr. and Gene Z. Hanrahan, "The Revolutionary Strategy of Mao Tse-tung," *Political Science Quarterly*, vol. 70, no. 3, Septermber 1995, pp. 324-326.

12 Michael I. Handel, *Masters of War: Sun Tze, Clausewitz and Jomini* (London: Frank Cass, 1992), pp. 24-31; Alastair Iain Johnston, *Cultural Realism: Strategic Culture and Grand Strategy in Chinese History* (Princeton: Princeton University Press, 1995), pp. 248-260; Alastair Iain Johnston, "Cultural Realism and Strategy in Maoist China," Peter J. Katzenstein, *The Culture of National Security: Norms and Identity in World Politics* (New York: Columbia University Press, 1996), p. 256.

전과정을 분석함으로써 중국의 전쟁수행전략을 이해하는데 그 목적이 있다. 즉 마오쩌둥 전략이 중국혁명전쟁 기간 동안 형성된 혁명전쟁전략이라면 과연 그것은 중화인민공화국이 수립된 이후의 대외 전쟁, 즉 국제전에서는 어떻게 적용되고 수행되었는가, 그리고 마오쩌둥의 혁명전쟁 수행전략과 국제전 수행전략에서 볼 수 있는 공통점과 차이점은 무엇인가를 규명하고자 한다. 이를 통해 신생 중국의 전략은 혁명과 같은 이상을 추구한 전능한 전략이 아니라, 힘의 상관관계를 고려하고 실현 가능성에 토대를 둔 매우 합리적이고 현실적인 전략으로, 약자의 승리라는 전략의 패러독스를 가능하게 하는 전략임을 볼 수 있을 것이다.

제 2 장

전략의 패러독스

전략이 빚어낼 수 있는 가장 큰 패러독스는 상대적으로 군사력이 약한 국가가 강한 국가
와의 전쟁에서 승리할 수 있다는 데 있다. 비록 약한 국가가 군사적 승리를 거두지는 못
하더라도 최소한 적의 승리를 거부하거나 적이 추구하는 정치적 목적을 달성하지 못하
도록 할 수는 있다. 약자의 승리라는 전략의 패러독스는 곧 "방어가 공격보다 강한 형태
의 전쟁"이기 때문에 가능하다. 군사적으로 강자는 최단시간 내에 결전을 추구하고, 약
자는 강자가 추구하는 결전을 최대한 회피해야 한다. 약자로서는 적의 결전에 대해 공간
을 양보하면서 이를 지연시키든지, 아니면 선제공격으로 결전의 시점을 앞당겨야 하는
두 가지의 선택만이 있을 뿐이다.

이 장은 클라우제비츠의 전략이론을 중심으로 중국의 전략을 분석하는데 필요한 이론적 개념과 틀을 제공한다. 과연 방어는 공격보다 강한 형태의 전쟁인가? 그렇다면 그 이유는 무엇인가? 군사적 약자는 방어의 강함을 어떻게 극대화할 수 있는가? 구체적으로 방어, 공격의 정점, 그리고 결전의 회피는 어떠한 관계에 있는가? 이러한 논의를 통해 군사적 약자의 경우 적의 공격이 정점에 도달하기 전까지 불리한 상황에서의 결전을 회피하지 않으면 방어에 성공할 수 없음을 제시할 것이다.

1. 전략의 패러독스와 방어의 강함

전략이란 "특정한 목적을 달성하기 위해 고안한 수단 또는 행동계획"이
다.[1] 그런데 전략이란 한 국가가 다른 국가에 대해 일방적으로 구사하는
것이 아니며 일회성으로 끝나는 것도 아니다. 그것은 상충하는 목적과 의
지를 가진 국가들 사이에서 무수하게 일어나는 작용과 반작용, 즉 상호작
용으로 이루어지는 '변증법적 술the art of the dialectic'이다.[2] 모든 전략은 상대
방이 어떻게 반응할 것이며 그 결과가 어떻게 나타날 것인지를 사전에 고
려하지 않으면 안 된다. 왜냐하면 상대방이 예측할 수 있는 전략이란 더
이상 전략으로서의 가치를 가질 수 없기 때문이다. 그 결과 대개 전략은

---

1 J. C. Wylie, *Military Strategy: A General Theory of Power Control* (Annapolis: Naval Institute
Press, 1967), p. 14. 전략을 특정한 목적을 달성하기 위한 수단으로 보는 견해에 대해서는
Hedley Bull, "Conclusions: Of Means and Ends," eds. Robert O'Neill and D. M. Horner, *New
Directions in Strategic Thinking* (London: George Allen & Unwin, 1981), p. 274; Carl H. Builder,
The Masks of War (Baltimore: Johns Hopkins University Press, 1989), pp. 47-50; Basil H. Liddell
Hart, *Strategy* (London: Faber & Faber Ltd., 1967), p. 325 참조. 불Bull은 전략을 "수단, 특히 군사
적 수단의 술 또는 과학"으로 규정한다. 또한 Michael Howard, "The Forgotten Dimensions
of Strategy," *Foreign Affairs*, vol. 57, no. 5, Summer 1979, p. 975; Carl von Clausewitz, *On
War*, pp. 128, 177; Peter Paret, *Makers of Modern Strategy*, p. 3; Richard K. Betts, "Is Strategy
an Illusion?" *International Security*, vol. 25, no. 2, Fall 2000, pp. 5-6; Julian Lider, *Military
Theory: Concept, Structure, Problems*, p. 195; Lawrence Freedman, ed., *War* (Oxford: Oxford
University Press, 1994), pp. 191-245 참조.

2 André Beaufre, *An Introduction to Strategy*, trans. B.H. Liddell Hart (London: Faber and
Faber, 1965), p. 22.

우리의 상식을 위배하는 역설적 성격을 갖는다.

무엇보다도 전략이 빚어낼 수 있는 가장 큰 패러독스는 상대적으로 군사력이 약한 국가가 강한 국가와의 전쟁에서 승리할 수 있다는 데 있다. 비록 약한 국가가 군사적 승리를 거두지는 못하더라도 최소한 적의 승리를 거부하거나 적이 추구하는 정치적 목적을 달성하지 못하도록 할 수는 있다. 그렇다면 군사적 약자의 승리, 엄밀하게 말하면 방어의 성공이라는 전략의 패러독스를 가능하게 하는 것은 무엇인가?[3]

약자의 승리라는 전략의 패러독스는 곧 "방어가 공격보다 강한 형태의 전쟁"이기 때문에 가능하다.[4] 공격은 적의 영토를 탈취하거나 적 부대를 격멸한다는 '적극적 목표positive aim'를 갖는 반면 방어는 적의 정복을 거부하고 자신의 영토와 병력을 보존하는 등의 '소극적 목표negative aim'를 갖는다. 그런데 대부분의 경우 약자가 강자의 영토를 정복하거나 탈취할 수

---

3 약자의 승리가 가능한 이유는 우선 전쟁이 정치·외교적 요인에 영향을 받지 않을 수 없기 때문이다. 국가 간의 전쟁은 정치적 목적을 달성하기 위한 하나의 수단이다. 따라서 군사적으로 결정적인 승리를 거두었다 하더라도 그것이 정치적인 목적에 부합하지 않는다면 전쟁에서 승리했다고 할 수는 없다. 걸프전쟁에서 고도의 기술무기를 동원하여 이라크 군에 완벽한 군사적 승리를 거두었지만 정치적으로 사담 후세인을 제거하는데 실패함으로써 궁극적인 승리를 거두지 못한 미국이 그 대표적인 사례이다. 또한 제3국이 전쟁에 개입할 경우 공자보다는 방자의 편에 서서 약자의 승리를 지원하는 경향이 있다. 클라우제비츠가 지적하고 있듯이 제3국의 개입은 '침략전쟁'에 대한 반감에서 비롯된 것일 수도 있지만 대개는 세력균형을 유지하기 위한 것으로, 약자의 승리를 가능하게 하는 결정적인 요인으로 작용한다. 제1·2차 세계대전 시 미국의 참전, 한국전쟁 시 중국과 미국의 참전이 그 예이다. 이 경우 전쟁의 중심이 개입하는 제3국에게로 옮겨가 공자는 군사적으로 매우 불리한 상황에 처하게 된다. 필자는 군사전략에 초점을 맞추어 논의를 전개하는 만큼 본문에서 약자의 승리에 관한 정치적·외교적 차원의 분석은 생략한다. Michael I. Handel, *Masters of War*, p. 18; Carl von Clausewitz, *On War*, pp. 79, 596; Stephen van Evera, *Causes of War: Power and the Roots of Conflict* (Ithaca: Cornell University Press, 1999), p. 151; 강성학, 『카멜레온과 시지프스』 (서울: 나남, 1995), p. 415.

4 Carl von Clausewitz, *On War*, p. 358.

는 없으며, 통상적으로 전쟁수행방식은 강자가 공격을 하고 약자가 방어를 하는 형식을 취한다. 그런데, 만일 방어를 하는 약자가 공격을 하는 강자에 대해 승리를 거둘 수 있다면—정치·외교적 요인을 제외하고 순수하게 군사전략적 측면에서만 본다면—그것은 방어를 통해 얻을 수 있는 이점을 극대화했기 때문이라고 할 수 있다.

결국 약자의 승리는 '방어의 강함'으로 인해 가능하다. 클라우제비츠는 방어가 공격보다 강한 이유를 다음과 같이 설명하고 있다. 첫째, 방어하는 것이 공격하는 것보다 용이하기 때문이다. 앞서 언급한대로 공격은 적의 영토를 빼앗고 정복하려는 '적극적 목표'를 갖지만 방어는 적의 정복을 거부한다는 '소극적 목표'를 갖는다. 그런데 특정지역을 빼앗는 것은 그것을 지키는 것보다 더욱 어렵다. 따라서 동일한 여건이라면 공격하는 측은 전쟁을 수행하기 위해 방어하는 측보다 더 많은 준비와 노력을 경주傾注해야 한다. 공격이 방어보다 어렵고 또한 공자攻者가 더 많은 능력을 갖추어야 한다면 그 자체로서 방어가 공격보다 더욱 강한 형태의 전쟁이라고 할 수 있다.[5]

둘째, 역사적 경험이 이를 증명한다. 모든 국가가 대부분 방어를 취하고 있다는 사실은 방어의 강함을 입증하고 있다. 왜냐하면 만일 공격이 강하다면 방어는 무의미할 것이고, 모든 국가는 공격에만 치중할 것이기 때문이다. 그러나 현실적으로 전쟁을 공격만으로 수행하는 경우는 거의 없고 대부분 공격과 방어, 심지어 양측 모두 방어를 취하는 '무행동 inaction'에 의해 이루어진다.[6] 충분히 강한 국가만이 공격을 취할 수 있는

---

5 Carl von Clausewitz, *On War*, pp. 357-358; Raymond Aron, *Clausewitz*, p. 149.

6 Byron Dexter, "Clausewitz and Soviet Strategy," *Foregin Affairs*, vol. 29, no. 1, October 1950, p. 49

반면, 약한 국가는 방어를 취한다. 전쟁의 역사를 통해서 볼 때 약한 측이 공격을 하고 강한 측이 방어를 하는 사례가 드물다는 사실은 비단 전략이론가뿐 아니라 야전 지휘관들 마찬가지로 방어가 더욱 강한 형태의 전쟁임을 인정하고 있다는 증거가 된다.[7]

셋째, 방어하는 측은 진지와 지형의 이점을 활용할 수 있다. 자국의 영토에서 전쟁을 함으로써 유리한 지형을 이용하여 싸울 수 있고, 방어에 유리한 지역에 미리 진지를 마련함으로써 적보다 유리한 조건하에서 싸울 수 있다. 또한 방자防者는 자국 내 영토에서 전쟁을 수행하기 때문에 내선작전의 이점을 활용할 수 있을 뿐 아니라, 자국민의 전폭적인 협조하에 보급을 원활하게 할 수 있고 장기적인 작전을 펼 수 있다. 반면 공자攻者는 적의 영토 안으로 진격할수록 병참선이 신장되고 보급 문제에 직면함으로써 오랜 기간 전쟁을 수행하는데 곤란을 겪을 수 있다. 특히, 방자의 전투원들은 침략자들로부터 자기 영토를 방어하기 위한 전투를 하기 때문에 사기가 매우 높으며, 적보다 적극적으로 전투에 임할 수 있다.[8]

넷째, 방어하는 측은 기습의 효과를 거둘 수 있다. 클라우제비츠는 공격 시 기습의 효과에 대해 매우 부정적으로 평가한다.[9] 기습이란 전술적인 수준에서 제한적으로만 이루어질 수 있는 것으로 전략적 효과는 기대

---

7 Carl von Clausewitz, *On War*, p. 359; Raymond Aron, *Clausewitz*, p. 149. 국가들이 전쟁 시 방어를 취하고 아무런 행동도 하지 않는 것은 첫째로 불확실성 때문이며, 둘째로 방어가 강하기 때문이다. Michael I. Handel, "Clausewitz in the Age of Technology," *Clausewitz and Modern Strategy* (London: Frank Cass, 1986), p. 71.

8 Carl von Clausewitz, *On War*, pp. 357-366, 566-573.

9 Carl von Clausewitz, *On War*, pp. 198-201. 클라우제비츠에 의하면 기습은 '보안secrecy'과 '속도speed'가 생명이다. 적은 상대의 기습을 준비단계뿐 아니라 기동 시에 알아챌 것이며, 기습부대의 운용으로 약화된 상대 주력부대에 대해 반격을 가할 것이다. 기습을 매혹적인 전투수단으로 생각하기 쉽지만 실제 기습의 효과는 미미하며 전쟁의 승패에 결정적인 영향을 미치지 않는다는 것이 그의 주장이다.

할 수 없다는 것이다.[10] 그럼에도 불구하고 그는 방어 시의 기습에 대해서만큼은 전술적으로는 물론이고 전략적인 성공을 가져올 수 있는 주요한 요소들 가운데 하나로 간주하고 있다. 만일 방자가 종심방어전략을 채택하여 특정지역을 확보하는데 집착하지 않고 행동의 자유를 가질 수 있다면 방자는 언제든 병력을 집중하여 공세적인 행동을 취할 수 있다. 방자는 우선 적의 신장된 병참선을 차단하고 적 후방을 위협할 수 있다. 만일 공자가 병참선을 보호하기 위해 후방지역에 부대를 남겨둔 채 일부 부대로만 공격을 가한다면 방자는 전력을 투입하여 전방이든 후방이든 분리된 적에 대해 병력의 우세를 달성하면서 공격을 가할 수 있을 것이다.[11]

다섯째, 시간은 방자의 편이다.[12] 공자의 전투력은 시간이 갈수록, 적 영토 안으로 진격할수록 그 기세가 둔화할 수밖에 없다. 그것은 공격이란 공격과 방어가 교대로 이루어지는 전쟁행위이기 때문이다. 비록 적의 영토로 진격하는 중이라 하더라도 적어도 휴식하는 동안에는 공격을 멈춘 채 방어를 하지 않을 수 없다. 공자는 진격할수록 신장하는 병참선을 보호하고 점령한 지역을 통제하기 위해 점차 많은 병력을 후방지역에 배치하여 방어를 하지 않을 수 없다. 또한 공격이 진행될수록 보급을 지원하고 병력을 증원하는데 소요되는 시간이 더욱 증가함으로써 전진속도가 점점 둔화하지 않을 수 없다. 이로 인해 공자의 전투력은 감소하고 공격

---

10 물론 이러한 그의 견해는 당시 기술 수준이 열악하여 지휘 및 통신과 기동능력이 제한된 상황에서 나온 결론이다. 따라서 공격 시 기습의 효용성에 대한 논의는 오늘날에 와서 논란의 여지가 있는 것이 사실이다. 실제로 산업혁명 이후 지휘, 통제, 통신의 발달로 전략적·작전적 기습은 모든 전쟁에 있어서 필수적인 요소가 되었다. Michael I. Handel, *Masters of War*, p. 110; Michael I. Handel, "Clausewitz in the Age of Technology," pp. 62-66.

11 Carl von Clausewitz, *On War*, pp. 360, 363-364.

12 이에 대한 구체적인 논의는 Harold W. Nelson, "Space and Time in On War," Michael Handel, *Clausewitz and Modern Strategy*, pp. 138-142 참조.

은 정점에 도달하게 된다.[13]

여섯째, 무엇보다도 공격의 정점이 존재한다는 사실은 곧 방어의 강함, 나아가 방어의 성공 가능성을 보장하는 가장 결정적인 요인이다. 공자의 전투력이 방자의 전투력보다 빨리 감소하지 않는다면 공격의 정점도 존재할 수 없다. 그러면 공자와 방자 간 전투력의 균형은 변화하지 않을 것이며, 방자가 공세로 전환할 수 있는 반격의 기회는 오지 않을 것이다.[14] 그러나 공격의 정점은 반드시 존재한다. 앞서 언급한 요인들로 인해 공자의 공격력은 시간이 감에 따라서 방자의 전투력보다 빠른 속도로 약화될 수밖에 없기 때문이다.

방어의 강함은 클라우제비츠가 그의 저서 『전쟁론Vom Kriege, On War』에서 시종일관 제기하고 있는 주장이지만 역사적으로 많은 전략사상가들도 그와 직접·간접적으로 유사한 견해를 제시했다. 약 2,000년 전 손자는 방어의 강함에 대해 다음과 같이 지적했다:

> 무릇 전쟁터에서 먼저 자리를 잡고 적을 기다리는 군대는 편안하고, 뒤늦게 싸움터에 달려가는 군대는 피로하다. 따라서 유능한 지휘자는 자신이 원하는 장소에서 적을 맞아 싸우되 적이 원하는 장소로 끌려가지 않는다(凡先處戰地而待敵者佚, 後處戰地而趨戰者勞. 故善戰者, 致人而不致於人).[15]

---

13 Carl von Clausewitz, *On War*, pp. 527-528.

14 Carl von Clausewitz, *On War*, p. 613.

15 Ralph D. Sawyer, trans., *The Seven Military Classics of Ancient China* (Boulder: Westview Press, 1993), p. 166; 손자, 『손자병법孫子兵法』, 제6장 허실편虛實篇.

이러한 언급은 방어를 통해 지형의 이점을 누릴 수 있음을 지적한 것이다. 또한 손자는 "승리할 수 있는 여건이 부족할 때에는 방어를 해야 하며, 모든 조건이 적군보다 못하면 적과의 교전을 피해야 한다"고 했는데, 이는 군사적 약자에게 방어가 유용하다는 사실과 함께 무모한 전투를 회피해야 할 필요성을 강조한 것이다.[16]

앙투안 앙리 조미니Antoine-Henri, Baron de Jomini는 전장의 주도권을 장악한다는 측면에서 공격이 방어보다 더욱 유리하다고 보는 전략가이다.[17] 그러나 그 역시도 방어를 현명하게 수행한다면 공격보다 훨씬 유리할 수 있다고 주장한다. 방자는 지형, 장애물 운용, 국민의 지원이라는 측면에서 공자보다 유리하다는 이점을 가지고 있지만, 공자가 주도권을 가지고 한 지점을 집중적으로 공격해 올 경우 각개격파를 당할 수 있는 위험을 안고 있다. 따라서 조미니는 방어가 피동적인 작전이 아니라 적시 적절하게 적에게 공격을 가하는 능동적인 형태의 작전이어야 한다고 보았다. 방자는 공세적 방어전defensive-offensive war, 즉 방어를 위주로 하면서 공세적인 전쟁을 수행함으로써 공격 및 방어의 이점을 동시에 얻을 수 있다. 왜냐하면 자국 영토 내에서 작전한다는 방어의 이점을 누리면서 다른 한편으로 자신이 원하는 곳에서 적을 공격함으로써 주도권을 장악하는 공격의 이점도 누릴 수 있기 때문이다.[18]

프리드리히 대왕Friedrich der Große(프로이센Preussen 왕 프리드리히 2세)은 공

---

16 Ralph D. Sawyer, trans., *The Seven Military Classics of Ancient China*, pp. 161, 163; 손자, 『손자병법』, 군형편軍形篇, 모공편謀攻篇.

17 조미니는 전략의 근본이 되는 과학적 원칙이 존재하며, 이러한 원칙은 곧 결정적 지점에서 아군의 병력을 집중하여 약한 적 병력에 공세행동을 취하는 것이라고 했다. 이것이 바로 조미니 전략사상의 핵심이다. John Shy, "Jomini," ed. Peter Paret, *Makers of Modern Strategy: From Machiavelli to the Nuclear Age* (Princeton: Princeton University Press, 1986), p. 146.

격뿐 아니라 방어에 있어서도 주도권을 장악하는 것이 매우 중요하다는 사실을 입증한 전략가였다. 비록 그는 주도권을 장악함으로써 보다 큰 행동의 자유를 확보할 수 있는 공세적 전략을 선호했지만, 적보다 약하거나 시간이 필요하다고 판단했을 경우에는 언제든지 수세적 전쟁을 수행했다. 7년전쟁 시 프랑스, 오스트리아, 러시아와 치른 방어적인 전쟁과 그가 생애 마지막으로 치렀던 바이에른 왕위계승전쟁이 그러한 사례이다.[19] 1756년부터 1763년까지의 7년전쟁에서 프랑스, 오스트리아, 러시아 각 국가는 모두 프로이센보다 적어도 4배의 인구를 갖고 있었으나, 프리드리히 대왕은 이 전쟁에서 수세적 전략을 통해 슐레지엔Schlesien 지방을 확보하는데 성공했다. 그리고 1778년부터 1779년까지의 바이에른 왕위계승 전쟁에서는 무력시위와 소요만으로 전쟁을 지연시킴으로써 피한방울 흘리지 않은 채 적이 승리하지 못하도록 할 수 있었다. 그러나 그의 방어적 전략은 '적극적 방어' 또는 '도전적 방어'라 표현할 수 있는 것으로, 방어를 하면서도 언제든 적의 진지나 일부 부대에 대해 자유롭게 공격을 병행하는 전략을 추구했다. 프리드리히 대왕은 "지휘관이 전역을 수행하는 동안 주도권을 상실한 채 줄곧 아무런 행동도 취하지 않으면서 방어전쟁을 성공적으로 수행하고 있다고 생각한다면 그것은 착각"이라고 했다.[20]

18 Baron de Jomini, *The Art of War*, translated by Capt. G.H. Mendell and Lieut. W.P. Craighill (Westport, CT: Greenwood Press, 1977), pp. 73-74. 이 개념은 클라우제비츠의 '방어 시의 기습'과 유사하며, '전략적 방어, 전술적 공격'을 표방하는 마오쩌둥의 '적극적 방어' 개념과도 대동소이하다. 클라우제비츠의 전략개념이 적극적 방어를 표방하고 있다는 견해에 대해서는 Byron Dexter, "Clausewitz and Soviet Strategy," p. 53 참조.

19 R. R. Palmer, "Frederick the Great, Guibert, Bülow: From Dynastic to National War," ed. Peter Paret, *Makers of Modern Strategy: From Machiavelli to the Nuclear Age* (Princeton: Princeton University Press, 1986), p. 102.

20 R. R. Palmer, "Frederick the Great, Guibert, Bülow," p. 104.

리델 하트Liddell Hart는 방어와 공격을 구분하여 논하지는 않았다. 그러나 그는 적의 군사력이 더 강할 경우 군사적 목표를 제한하고 피아 전투력의 균형이 유리하게 변화할 때까지 기다려야 한다고 했다.[21] 이때 목표를 제한한다는 것은 곧 적 영토를 탈취하는 것과 같은 공세적인 목표를 지양하고 병력을 보존하거나 영토를 지키는 것과 같이 수세적인 목표를 추구해야 한다는 것을 의미한다. 한편 앙드레 보프르André Beaufre는 군사적으로 강자의 경우 신속한 승리를 추구하는 반면, 약자는 수세적인 지연전을 통해 비군사적 수단을 강구한다고 했다.[22] 이들이 제안하고 있는 제한된 목표를 추구하는 전략, 또는 수세적 전략은 곧 방어가 공격보다 강한 형태의 전쟁이라는 사실을 전제하는 것으로 볼 수 있다.

---

21 Liddell Hart, *Strategy*, pp. 320-321.

22 André Beaufre, *An Introduction to Strategy*, p. 113.

2. 방어의 강함에 대한 반론

방어도 공격과 마찬가지로 전쟁에서의 승리를 추구한다. 비록 방어가 외형적으로 볼 때는 단지 적의 공격을 기다리는 것으로 보이지만 그 실체는 반격을 가하는 데 있다. 즉 방어의 목적은 적을 단순히 '격퇴repulse'하는 것이 아니라 궁극적으로 '격멸destruction'하는 것이며,[23] 따라서 방어는 순수한 방어나 수동적 방어여서는 안 된다. 방어에 성공함으로써 얻을 수 있는 이점(공자의 전투력이 감소하고 공격의 정점에 도달하는 것)을 이용하여 더 큰 군사적 성공으로 연결하지 않는다면 그것은 돌이킬 수 없는 실수를 저지르는 것과 같다. "번뜩이는 복수의 칼날과 같이 갑작스럽고 강력한 공격으로의 전환이야말로 방어의 가장 위대한 순간"이 될 것이다.[24]

방어가 공격보다 강한 형태의 전쟁이라는 주장에 대해 반론이 있을 수 있다. 공격방어이론, 선제공격 또는 전략적 기습의 논리, 그리고 공격의 신화 논리가 그것이다. 그러나 이러한 주장들은 부분적으로, 또는 특정한 순간에 국한하여 공격이 방어보다 강할 수 있음을 보여줄 수는 있으나 근본적으로 방어의 강함을 부정할 수는 없다.

---

[23] Raymond Aron, *Clausewitz*, pp. 165, 167.

[24] Carl von Clausewitz, *On War*, p. 370.

가. 공격방어이론과 방어의 강함

공격방어이론offense-defense theory은 공격방어균형offense-defense balance, 즉 공격과 방어 중 어떤 것이 더 유리한가에 따라 전쟁발발 가능성이 높아지거나 낮아진다고 하는 이론이다. 이때 공격과 방어의 균형을 결정하는 것은 주로 무기기술로 시대에 따라 공격에 유리한 무기기술이 발달하면 공격이, 방어에 유리한 무기기술이 발달하면 방어가 강하다고 본다. 따라서 이 이론에 의하면 공격이나 방어가 특별히 강하거나 약한 것이 아니라 무기기술의 변화에 따라서 공격이 강할 수도 있고 방어가 강할 수도 있으며, 군사기술의 발달에 따라 혁신적인 공격무기가 개발될 경우 공격이 방어보다 더 우세할 수 있다는 논리가 성립한다.[25] 1890년부터 1920년대까지는 기관총, 유자철선有刺鐵線, 자동소총 등의 발명으로 방어가 유리하였으나, 1930년대 말부터 1945년까지는 전차와 항공기를 집중 운용하는 '전격전blitzkrieg'이 등장함으로써 공격이 우세했던 시기로 간주되고 있다.[26]

그러나 공격방어이론은 다음과 같은 측면에서 논리적 결함을 안고 있다. 첫째, 현실적으로 공격무기와 방어무기를 구분하기 어렵다는 사실이다.[27] 항공기, 전차, 화포 등 대부분의 무기는 비단 공격작전뿐 아니라 방어작전에서도 효과적으로 운용할 수 있다. 전차와 항공기는 광활한 지역에서는 위력을 발휘할 수 있지만 산악지역의 유격전에서는 효과적이지 못하다. 특히 전차의 경우 2차대전 초기에는 절대적인 공격무기로 추앙

---

25 Keir A. Lieber, "Grasping the Technological Peace: The Offense-Defense Balance and International Security," *International Security*, vol. 25, no. 1, Summer 2000, p. 71. 케스터 Quester는 일반적으로 기동에 관계된 무기를 공격용 무기로, 지형의 특성에 부합한 무기를 방어용 무기로 본다. George H. Quester, *Offense and Defense in the International System* (New York: John Wiley & Sons, 1977), pp. 3-4.

을 받았지만 점차 모든 국가가 전차를 보유하게 되면서 그 효용성은 급격히 감소했다. 예를 들어 1942년 스탈린그라드 전투 이후 수세에 몰린 독일은 아이러니하게도 공격에 동원했던 전차를 이용하여 방어임무를 효과적으로 수행할 수 있었다.[28] 이러한 사실은 곧 전차를 공격무기뿐 아니라 방어무기로도 효과적으로 사용할 수 있음을 의미한다. 마찬가지로 방어무기로 잘 알려진 기관총과 지뢰의 경우에도 방어에만 유리하게 작용하는 것은 아니다. 공자도 기관총을 운용함으로써 공격작전을 엄호하고 지원할 수 있다. 지뢰도 방어무기이지만 공자가 살포식 지뢰(FASCAM)를 적후방에 설치할 경우 방자의 퇴로를 차단할 수 있는 공격용 무기가 될 수 있다. 이렇게 볼 때 본래 공격 또는 방어에 유리한 무기란 있을 수 없으며, 다만 특정 무기체계를 효율적으로 운용함으로써 공격 또는 방어의 성공

---

26 스티븐 반 에베라Stephen Van Evera는 20세기 군사사military history를 통해 1890년부터 2차대전 발발 전까지는 '방어가 우세defense dominance'하였으나 1930년대 말 전격전의 등장과 1945년 핵무기의 도래로 인해 '공격이 우세offensive dominance'한 시기로 전환하였으며, 1945년 이후 1990년대까지는 미국의 고립주의 철회와 핵무기의 2차 타격능력 개발로 인해 다시 방어가 우세한 시기로 복귀했다고 주장한다. Stephen van Evera, *Causes of War* (Ithaca: Cornell University Press, 1999), pp. 169-179; Van Evera, "The Cult of Offensive and the Origins of the First World War," *International Security*, vol. 9, no. 1, Summer 1984, pp. 58-107; Van Evera, "Offense, Defense, and the Causes of War," *International Security*, vol. 22, no. 4, Spring 1998, p. 26; Jack Snyder, *The Ideology of the Offensive* (Ithaca: Cornell University Press, 1984), pp. 20-22; Sean M. Lynn-Johns, "Offense-Defense Theory and its Critics," *Security Studies*, vol. 4, no. 4, Summer 1995, p. 667. 이와 다른 견해로는 Stephen Biddle, "The Pase As Prologue: Assessing Theories of Future Warfare," *Security Studies*, vol. 8, no. 1, Autumn 1998, p. 63; Keir A. Lieber, "Grasping the Technological Peace," pp. 71-104 참조.

27 Charles L. Glaser, "The Security Dilemma Revisited," *World Politics*, vol. 50, October 1997, pp. 198-199; John Mearsheimer, *Conventional Deterrence* (Ithaca: Cornell University Press, 1983), p. 25. 그는 공격무기와 방어무기를 구분함으로써 '안보딜레마security dilemma'를 해결할 수 있다는 저비스Jervis의 논리를 반박하고 있다. Robert Jervis, "Cooperation under the Security Dilemma," *World Politics*, vol. 30, No. 2, January 1978.

28 Keir A. Lieber, "Grasping the Technological Peace," p. 92.

에 기여했다고 표현하는 것이 타당할 것이다.

둘째, 역사적으로 공격이 성공할 수 있었던 것은 공격에 유리한 기술무기가 등장했기 때문이 아니라 주로 공자의 전략, 전술, 조직이 상대적으로 우수했기 때문이다.[29] 2차대전 시 독일이 거둔 혁혁한 전과, 즉 1939년 폴란드 침공, 1940년 프랑스 함락, 1941년 소련 공격은 전차가 등장함으로써 가능했던 것으로 알려져 있다. 그러나 구체적으로 분석해 보면 전차의 효과는 매우 제한적이었음을 알 수 있다. 독일군은 전차를 제외하더라도 훈련이나 장비 면에서 폴란드군보다 앞섰으며 훨씬 많은 병력을 가지고 있었다. 그들이 프랑스를 굴복시킬 수 있었던 것은 프랑스가 마지노선 Maginot Line에 전적으로 의지하는 융통성이 결여된 방어체제를 갖추고 있었고, 이에 부가하여 아르덴Ardennes 삼림에 구멍이 뚫려 있었기 때문이었다. 만일 연합군의 방어체제상의 허점이 보완되었다면 독일군은 그와 같이 전격적인 승리를 거두지 못하고 고전했을 것이다. 소련에 대해 거둔 초기의 전과도 결국은 스탈린의 방심과 1937년부터 1938년까지 이루어진 군 고위급 간부들에 대한 무자비한 숙청으로 소련군의 전투력이 형편없이 약화되었기 때문에 가능한 것이었다.

셋째, 공세적인 정책과 전략이 특정한 무기체계를 필요로 하는 것이지 특정한 무기로 인해 공격적인 전략이 대두되는 것은 아니다. 즉 적이 갖지 못한 무기체계를 개발함으로써 군사력의 우세를 달성하고자 하는 것은 정책과 전략의 결과이며, 따라서 특정한 무기가 등장하는 것은 해당 국가의 공세적 전략에서 비롯한 것이라고 할 수 있다. 그 예로 2차대전 시 전격전을 수행하기 위해 필요한 항공기·전차와 같은 '공세적' 무기는 히틀러의 팽창전략에서 비롯한 것이었지 그 반대는 아니었다. 결국 공격의

---

29 Keir A. Lieber, "Grasping the Technological Peace," p. 91.

유리함은 공세적 전략과 그만큼의 투자에서 나오는 것일 뿐, 특정 무기가 공격의 유리함을 낳는 것은 아니라고 할 수 있다.[30] 또한 역사적으로 공격이 방어보다 강한 순간이 존재한 것은 공자의 준비와 투자가 더욱 많이 이루어졌기 때문에 가능하였으며, 이러한 사실은 역설적으로 동일한 조건하에서 방어가 더 강한 형태의 전쟁임을 입증하고 있다.[31]

나. 선제공격 논리와 방어의 강함

선제공격 또는 전략적 기습 논리도 방어가 공격보다 더 강한 형태의 전쟁이라는 명제를 부정하지 못한다. 적의 전쟁준비가 완료되기 이전에 기습공격을 가할 경우 선제의 이점을 얻을 수 있는 것은 사실이다. 이로 인해 선제공격의 논리는 자칫 공격이 방어보다 더 강하다고 하는 잘못된 믿음을 가져올 수 있는 여지가 충분하다.[32]

그러나 선제공격이란 단 한 번밖에 수행할 수 없다. 적이 전쟁준비를 갖추기 전에 타격을 가해야 하기 때문에 시간적으로 매우 촉박한 상태에서 진행할 수밖에 없다. 또한 대규모의 기습을 추구할 경우 적에게 사전에 노출될 수 있으므로 제한적인 규모로 이루어질 수밖에 없다. 현대전에서 단 한 번의 결전으로 승패를 가르기 어렵다는 점을 감안한다면 선제공격의 효과는 제한적이며 결정적인 성과를 얻기 어렵다는 사실을 알 수 있다. 설상가상으로 먼저 공격을 당한 국가가 결전을 회피하고 충격을 흡수

---

30 이와 유사하게 전략이 기술을 이용하는 것이지 기술이 전략을 좌우해서는 안 된다는 견해에 대해서는 André Beaufre, *An Introduction to Strategy*, pp. 47-48 참조.

31 Carl von Clausewitz, *On War*, p. 358.

32 Stephen van Evera, *Causes of War*, pp. 35-72.

할 수 있다면 기습은 무의미한 것이 될 수 있으며, 오히려 적 국민의 전의를 고조시켜 전쟁의 범위가 확대될 경우 의도하지 않은 결과를 초래할 수도 있다.

　역사적으로 선제공격에 대한 환상과 기대는 큰 반면 실제 나타난 기습의 효과는 극히 미미했다.[33] 1967년 이스라엘은 6일전쟁에서 이집트에게 선제공격을 가하여 승리를 거두었다. 그러나 그것은 제한적인 목표에 대한 성공이었을 뿐, 만일 전쟁이 중동 전역으로 확대되었다면 초전에 달성한 기습의 효과는 지극히 미미하거나 전략적 실패로 귀결되었을 것이다. 1941년 일본은 기습공격을 통해 진주만의 미 함대를 무력화하는데 성공했지만 그것이 차후 태평양전쟁 전반에 미친 영향은 오히려 부정적이었다. 1905년 러일전쟁은 일본의 기습공격으로 유명하지만 실제 기습의 효과는 크지 않았다. 일본이 해상에서 기습공격을 가한 뤼순旅順은 결국 육상전투를 통해 점령할 수 있었으며, 이후 또 다른 결전인 봉천회전奉天會戰과 쓰시마對馬 해전을 치러야 했기 때문이다. 1919년 독일은 벨기에와 프랑스에 대해 조기 결전을 추구하였으나 서부전선의 교착과 동부전선 형성으로 인해 그들이 가장 우려했던 양면전쟁에 돌입해야 했다. 1940년 독일은 프랑스를 굴복시킬 수 있었으나 그것은 기습의 효과라기보다는 앞서 언급한대로 연합군 방어체제상의 허점 때문에 가능한 것이었다. 프랑스는 이미 독일의 공격을 예상하고 마지노선을 구축하고 있었기 때문에 독일이 기습을 취하든 사전에 선전포고를 취하든 프랑스의 방어태세에는 큰 변화가 없었을 것이며, 결국 독일군이 달성한 성과는 기습작전과 별다른 관계가 없는 것이었다.

---

33 Dan Reiter, "Exploding the Powderkeg Myth: Preemptive Wars Almost Never Happen," *International Security*, vol. 20, Fall 1995, p. 33; Stephen van Evera, *Causes of War*, p. 71.

다. 공격의 신화와 방어의 강함

19세기 중반부터 20세기 초에 걸쳐 유럽에서는 공격을 신봉하는 사조, 즉 '공격의 신화cult of offensive'가 유행처럼 번졌다.[34] 공격이 방어보다 강하다는 신념이 군사사상을 지배하기 시작한 것이다. 이 시기 유럽의 전략가들과 군지도자들은 방어의 이점을 무시하고 수세적 전략에 대해 냉소적인 반응을 보였으며, 오직 공격일변도의 전략만을 선호했다. 그러나 이들이 공세원칙을 마치 종교적 교의와도 같이 신봉한 것은 정작 공격이 방어보다 강하다는 확고한 논리 때문이 아니라, 단지 정치적·심리적 이유에서 비롯한 것이었다.

독일에서는 19세기 중반 헬무트 폰 몰트케Helmuth von Moltke(일명 대大 몰트케)로부터 20세기 초반 알프레트 폰 슐리펜Alfred von Schlieffen에 이르기까지 방어가 본질적으로 강하다는 클라우제비츠의 주장을 '의도적으로' 거부했다. 독일의 전략가들은 나폴레옹 전쟁과 보불전쟁(프로이센-프랑스 전쟁)의 승리를 들어 '공격이 최선의 방어'라는 신념을 견지하였으며, 공세적 원칙과 공세적 행동에 입각한 대규모 섬멸전을 추구해야 한다고 믿었다.[35] 독일에서 이와 같이 공격을 신봉하는 사조가 등장한 것은 바로 독일의 지리적 특성에 기인한다. 즉, 전쟁이 발발할 경우 독일은 러시아와 프랑스 양면으로부터 공격을 받을 수 있는 전략적 취약성을 안고 있었고, 따라서 전쟁이 발발하기 전에 어느 한쪽을 우선 제압하고 다른 쪽의 위협에 대응해야 했다. 이로 인해 몰트케는 이미 1870년 보불전쟁 이전에 프

---

34 Stephen van Evera, *Causes of War*, pp. 194-198; Bernard Brodie, *Strategy in the Missile Age* (Princeton: Princeton University Press, 1959), pp. 42-52.

35 Azar Gat, *The Development of Military Thought: The Nineteenth Century* (Oxford: Clarendon Press, 1992), p. 67; Stephen van Evera, *Causes of War*, p. 195.

랑스가 군대를 개혁할 수 있는 시간적 여유를 갖기 전에 즉각 전쟁에 돌입하여 현상을 타파하고 독일의 통일을 이루어야 한다는 주장을 내놓은 적이 있으며, 1880년대에 있었던 프랑스 및 러시아와의 위기 시에는 양면 전쟁의 가능성을 차단하기 위해 이들 국가들과 예방전쟁preventive war을 치러야 한다고 주장하기도 했다.[36] 이러한 전략개념은 슐리펜 계획Schlieffen Plan으로 연결되어 프랑스와 러시아의 두 전장에서 승리하기 위해 부득이하게 프랑스를 우선적으로 공격·무력화한 다음 러시아와 맞선다는 전략을 수립하기에 이르렀으며, 결국 제1차 세계대전 시 독일의 공세적 군사전략으로 구체화된다.

　19세기 후반 프랑스는 독일보다 군사적으로 취약했다. 그럼에도 불구하고 프랑스에서는 무조건적으로 공세원칙을 추구하는 경향이 대두했다. 그 이유는 첫째, 프랑스는 1871년 보불전쟁의 패배 이후 독일을 모델로 하는 군사개혁을 단행했고, 따라서 자연스럽게 공세적인 군사원칙을 수용하지 않을 수 없었다.[37] 자존심이 강한 프랑스가 독일의 군사원칙을 도입할 수 있었던 것은 독일이 반영하고 있는 클라우제비츠의 전쟁이론이 나폴레옹 전쟁을 그 모델로 하고 있다는 사실 때문이었다. 즉 과거 독일의 군사개혁의 전형은 나폴레옹, 즉 프랑스였다는 사실로 인해 프랑스는 독일의 군사원칙과 제도를 거부감 없이 수용할 수 있었다. 둘째, 심리적으로 독일에 대한 열등감을 갖게 된 프랑스인의 자존심이 장차 독일과의 전쟁을 준비하는데 있어서 수세적인 전략을 구상하는 것을 허락하지 않았다. 셋째, 프랑스는 그들이 가진 군사적 취약성을 인식하고 상대적으로 우세한 독일의 인력과 무기에 대적하기 위해 보다 강한 정신력과 사기를

---

36 Azar Gat, *The Development of Military Thought*, p. 58.

37 Azar Gat, *The Development of Military Thought*, pp. 121-125.

강조하고 있었으며, 이러한 경향은 당연히 공세의 원칙을 강조하는 결과를 가져왔다.[38] 19세기 말 프랑스에서 페르디낭 포슈Ferdinand Foch와 에밀 메이어Emile Mayer는 화력의 증가로 인해 기동력이 저하할 것이며, 이는 방어에 유리할 것이라고 주장하였으나 이러한 주장은 받아들여지지 않았다. 그 이유는 젊은 장교들의 혼돈을 초래한다는 것과 지휘자와 규정에 대한 불신을 야기한다는 점, 그리고 공세정신이 약화될 것이라는 점 때문이었다. 더구나 러일전쟁에서 적극적으로 공세를 편 일본의 승리는 공격에 대한 신념을 더욱 부추겼다.[39] 이리하여 최초 수세적이었던 작전계획은 점차 공세적인 계획으로 변화하고, 1차대전 직전에는 독일의 공격에 대해 공격으로 맞선다는 '제17계획'을 수립하기에 이르렀다.

이렇게 볼 때 유럽의 공격신봉자들이 내세운 공세원칙은 정작 공격이 강하기 때문이 아니라 각 국가가 당면한 전략적 상황과 정치적 논리 때문에 비롯한 것임을 알 수 있다. 특히 프랑스의 경우 그들의 공세원칙은 군사전략적 판단에서 제기한 것이 아니라 자존심과 같은 심리적 요인, 그리고 보불전쟁의 패배를 만회하려는 보상심리로부터 나온 것이었다. 따라서 유럽의 '공격의 신화'라는 사조에서 나타난 공격에 대한 신념과 주장은 방어가 강하다는 논리를 부정할 수 없다.[40]

요약하면 방어는 본질적으로 공격보다 강한 형태의 전쟁이다. 따라서 약자의 승리라는 패러독스를 낳기 위한 전략은 곧 '방어를 위한' 전략이어야 한다. 전쟁은 "심심풀이 삼아 도전해 보거나 한낱 승리하는 기쁨을 맛보기 위해 치러지는 것이 아니며, 무책임한 열정가의 전유물도 아니다.

---

38 Azar Gat, *The Development of Military Thought*, pp. 114-116; Michael I. Handel, "Introduction," *Clausewitz and Modern Strategy* (London: Frank Cass, 1986), pp. 28-29.

39 Azar Gat, *The Development of Military Thought*, pp. 134-135, 137 참조.

그것은 신중한serious 목적을 달성하기 위한 신중한 수단이다."⁴¹ 따라서 정
치지도자는 전쟁에 앞서 군사전략적 계산을 통해 승리 가능성을 판단하
지 않을 수 없다. 군사력의 차이가 명확하고 승리할 수 있는 가능성이 약
하다고 판단한다면 약자는 방어적 전략을 선택하지 않을 수 없다. 방어가
공격보다 강한 형태의 전쟁이라는 사실은 약자가 방어를 취해야만 하는
논리적 근거를 제공하고 있다.⁴²

---

40 결국 1차대전은 이들의 공격을 신봉하는 사조가 잘못되었다는 사실을 증명해 주었다. 기
관총과 포병화력의 개선으로 인해 전장에서의 기동은 화력에 압도되었고, 일방적인 공세는
별다른 성과를 거두지 못한 채 사상 유례없는 엄청난 사상자만 내었다. 1916년 7~11월 솜
Somme 전투에서 독일과 영국은 각각 40만, 프랑스는 20만의 사상자가 발생했는데, 영국과 프
랑스가 60만의 사상자를 내면서 진격한 거리는 불과 10km에 불과했다. 이로 인해 프랑스는
1차대전 이후 방어적 전략으로 돌아섰으며 마지노선을 구축하여 독일의 공격에 대비하고자
했다. William R. Keylor, *The Twentieth Century World: An International History* (Oxford:
Oxford University Press, 1996), pp. 56, 122-123.

41 Carl von Clausewitz, *On War*, p, 86.

42 Jack Snyder, *The Ideology of the Offensive*, p. 22.

3. 결정적인 전투와 결전의 회피

가. 중심의 문제 : 병력 또는 지역

결정적 전투decisive battle, 즉 결전이란 두 개의 '중심center of gravity'이 충돌하는 것이다.[43] 공자와 방자는 모두 각자에게 유리한 시간과 장소에서 적의 중심을 격파하려 할 것이다. 중심은 적의 병력forces이 될 수도 있고 적의 수도나 산업시설과 같은 특정지역의 영토territory가 될 수도 있다.[44] 그러나 병력은 영토보다 더욱 중요한 중심이다. 비록 영토의 일부를 상실하더라도 병력을 온전히 보유하고 있으면 적의 공격에 대한 저항을 계속할

---

[43] Carl von Clausewitz, *On War*, p. 489.

[44] 물론 이외에도 다양한 중심이 있을 수 있다. 클라우제비츠에 의하면 국내분규에 휩싸인 국가에서의 중심은 일반적으로 수도이며, 강대국에 의지하고 있는 약소국의 중심은 그들이 의지하는 국가의 군대이다. 또한 동맹에 있어서 중심은 그들이 가진 공동이익이고, 대중봉기에서 중심은 봉기를 이끄는 지도자의 특성과 여론이 된다. Carl von Clausewitz, *On War*, p. 596. 혁명일 경우 중심은 지도자 또는 인민의 참여와 지원이 될 수 있다. 아마드Ahmad는 '인민의 총체적 지원'을, 그리고 베슐러Baechler는 '민심'을 중심으로 규정하고 있다. 그러나 그것이 혁명이 아닌 혁명을 위한 '전쟁'이라면 이야기는 달라진다. 혁명전쟁은 곧 무장한 두 세력이 충돌하는 것이다. 즉 정치적 수준이 아닌 전쟁수행 자체를 놓고 본다면 중심은 병력 또는 지역이 될 것이다. Eqbal Ahmad, "Revolutionary War and Counter-Insurgency," *Journal of International Affairs*, vol. 25, no. 1, 1971, pp. 8-9; Jean Baechler, "Revolutionary and Counter-Revolutionary War: Some Political and Strategic Lessons from the First Indochina War and Algeria," *Journal of International Affairs*, vol. 25, no. 1, 1971, p. 84. 이 책에서는 군사전략적 수준에서의 논의에 초점을 맞추고 있으므로 정치·외교적 차원에서의 중심은 논의에서 제외한다.

수 있으나, 병력이 없이는 더 이상 영토를 수호할 수 없기 때문이다. 따라서 "아군의 군대를 보존하거나 적의 군대를 파괴하는 것은 영토를 내주거나 확보하는 것보다 항상 중요하다."[45]

결정적인 전투가 적의 주력(병력)을 지향해야 하는가 아니면 적의 약한 지점(지역)을 지향해야 하는가에 대해서는 논쟁의 여지가 있다. 클라우제비츠는 적의 주력에 대해 집중적인 공격을 가하여 적 병력을 섬멸해야 한다고 본다. 즉 지역보다 병력을 진정한 중심으로 간주한다. 그는 나폴레옹이 결전을 치르지 않고 단순한 기동으로 3만 3,000명의 오스트리아군을 포위해서 결정적인 승리를 거둔 울름Ulm 전투를 극히 예외적인 사례로 간주한다.[46] 적의 중심인 주력을 직접 격멸하지 않고서는 궁극적으로 승리를 달성하기 어려울 것으로 본 것이다.

반면 리델 하트는 적의 주력과 같이 적의 강한 부분에 대해 직접 공격하는 것은 무모하다고 보고 그 대신 최소저항선과 최소예상선을 따라 적의 취약한 지역으로 기동하여 적을 마비시킬 수 있다고 주장한다.[47] 예를 들어 불리한 상황에서도 적의 저항이 가장 약하고 적이 예상하지 않고 있는 지역, 즉 상대의 병참선, 퇴로, 후방보급소로 기동하여 취약한 지역을 위협할 경우, 전투가 시작되기도 전에 적의 심리적 혼란을 불러일으켜 적군을 마비시키고 결정적인 이점을 확보할 수 있다는 것이다. 이렇게 볼 때 리델 하트는 중심을 병력보다는 적의 후방지역(또는 취약한 지점)으로 간주하고 있는 것처럼 보인다.

---

45 Carl von Clausewitz, *On War*, pp. 484-485.

46 Carl von Clausewitz, *On War*, p. 258; Brian Bond, *The Pursuit of Victory: From Napoleon to Saddam Hussein* (Oxford: Oxford University Press, 1998), p. 45.

47 Basil H. Liddell Hart, *Strategy*, pp. 324-327.

그러나 이러한 주장들은 상호 보완적인 관계에 있다. 조미니가 지적하였듯 전투는 "불시에 기동하여 (결정적 지점decisive point에) 최대한의 전투력을 집중해야 한다."[48] 비록 클라우제비츠와 리델 하트가 강조하고 있는 바는 다르지만 그것은 이들이 살았던 서로 다른 시대적 상황을 반영하고 있을 뿐, 결국 이들이 공통적으로 지향하는 바는 적의 주력에 대해 결정적인 승리를 거두어야 한다는 사실이다. 클라우제비츠가 살았던 19세기 초반은 기동력이 제한하여 있었고, 따라서 단순하게 병력을 집중하여 적 주력을 격멸해야 한다고 주장했다. 반면 리델 하트는 1차대전의 참상을 경험했기 때문에 가급적 아군의 희생을 최소화하는 방안을 모색했고,[49] 적을 격멸하기보다는 간접접근을 통해 마비시킴으로써 신속한 승리를 거둘 수 있다고 했다. 그렇지만 리델 하트가 제시한 간접기동은 그 자체가 목적이 될 수 없다. 그것은 결코 특정 지형을 확보하는데 있는 것이 아니라 궁극적으로 적을 마비시키고 결정적인 결과를 얻기 위한 사전 조치일 뿐이기 때문이다. 다만 리델 하트는 클라우제비츠와 달리 결전에 관한 부분을 노골적으로 묘사하지 않고 생략했을 따름이다.[50] 줄리언 라이더Julian Lider에 의하면, 직접전략은 적의 주력을 발견하고 결전을 추구함으로써

---

48 Brian Bond, *The Pursuit of Victory*, pp. 44-45. 1950년대 이후 클라우제비츠와 조미니의 차이점을 강조하는 과정에서 조미니가 군사작전의 목표로써 적 군대보다 지역 확보를 우선한 것으로 보고 있으나, 실제로는 조미니 역시 적 군대의 격멸을 강조했다는 견해에 대해서는 Azar Gat, *The Development of Military Thought*, pp. 21-22 참조.

49 리델 하트는 신속한 승리를 위해 J. F. C. 풀러Fuller의 기계화전에 관심을 가졌다. 그는 '전격전' 이론을 가장 먼저 구상한 사람이었다. 다만 당시 영국에서는 세계정책에 관심을 가졌을 뿐 대륙문제에 대해서는 소극적이었기 때문에 전격전과 같은 육상전법은 주목을 받지 못했다. Ken Booth, "The Evolution of Strategic Thinking," John Baylis et al., *Contemporary Strategy*, vol. 1: Theories and Concepts (New York: Holmes & Meier, 1987), pp. 39-40; William R. Keylor, *The Twentieth-Century World*, p. 178; Eric Alterman, "The Uses and Abuses of Clausewitz," *Parameters*, vol. 17, no. 2, Summer 1987, pp. 23-26.

적 병력을 섬멸하는 전략이며 간접전략은 적을 우선 불리한 상황에 몰아넣은 다음 공격하여 패배시키는 전략이다. 그는 클라우제비츠의 직접전략과 리델 하트의 간접전략의 "차이는 결전의 시점timing에 있지만 승리를 획득하는 방법은 전투에서 적군을 패배시키는데 있다는 점에서 유사하다"고 보았다.[51] 결국 클라우제비츠는 주력 격멸에, 리델 하트는 결정적 지점으로의 기동에 주안을 두고 있지만 둘 다 결전이 지향해야 할 궁극적 중심은 영토가 아니라 적 병력이라는 점에 일치하는 것으로 볼 수 있다.[52]

나. 결전회피의 가능성

결전은 전쟁의 결과에 중대한 영향을 미친다. 적어도 나폴레옹 전쟁과 같은 고전적인 전쟁에서는 엄밀한 의미에서의 결전이 가능했다. 전투는 대부분 하루 만에 종결되었으며 패한 측은 더 이상 저항할 수 없을 정도로 전투력을 상실하기 일쑤였다.[53] 그러나 이후 화력의 개선, 철도와 전보의 급속한 확산, 징병제徵兵制에 따른 대규모 군대의 등장으로 인해 총력전이 가능해진 19세기에는 적 주력을 섬멸하는 수준의 결정적인 전투는

---

50 Basil H. Liddell Hart, *Strategy*, p. 324; Michael I. Handel, "Introduction," p. 23. 클라우제비츠도 가능하다면 간접접근을 취해야 한다고 인정하고 있다. 그러나 클라우제비츠가 리델 하트와 다른 점은 그가 간접접근의 정점에서 벌어질 유혈을 동반하는 전투를 스스럼없이 묘사한 반면, 리델 하트는 이 부분을 생략했다는데 있다.

51 Julian Lider, *Military Theory: Concept, Structure, Problems*, p. 209.

52 Alex Danchev, "Liddell Hart and the Indirect Approach," *The Journal of Military History*, vol. 63, April 1999, p. 316. 리델 하트와 클라우제비츠 모두 전쟁을 두 사람의 격투 또는 레슬링에 비유하고 있으며, 궁극적으로 그 목적은 적을 쓰러뜨리는 것이라고 보고 있다. 단지 그 방법에 있어서 리델 하트는 적을 유도하여 적의 힘을 역이용하여 쓰러뜨려야 한다고 주장하는 반면, 클라우제비츠는 직접적인 힘의 사용을 강조하는 것이 다를 뿐이다.

53 Brian Bond, *The Pursuit of Victory*, pp. 1-2.

어렵게 되었다.[54] 1차대전은 전투를 통한 결정적인 승리가 환상이었음을 보여주는 단적인 사례로 등장했다. 현대로 오면서 결전은 더욱 전쟁의 승패에 결정적인 영향을 주지 못하게 되었는데 그것은 민족주의nationalism가 등장하면서 정부와 국민이 전쟁의 패배를 인정하지 않으려 하며, 그 결과 결정적인 승리가 반드시 평화조약으로 연결되지는 않았기 때문이다.

결전이 반드시 전쟁의 승패를 좌우하지 못한다고 해서 결전의 중요성을 부인할 수 있는 것은 아니다. 적의 병력을 중심으로 간주하는 한 결전은 전쟁의 목적을 달성하기 위한 중요한 수단임에 틀림이 없다. 독일은 1939년부터 1941년까지 전격전을 통해 폴란드, 북유럽, 프랑스에서 결정적인 전과를 거두고 승리함으로써 현대전에서도 결전이 가능하다는 사실을 입증한 바 있다. 결전이 이루어지지 않는다면 전쟁의 승패를 가를 수 없다. 비록 전쟁의 범위가 확대되고 동원 규모가 증가함에 따라 결전의 효과가 상대적으로 약화된 면이 없지 않지만 결전은 여전히 전쟁의 중심에 서 있다고 할 수 있다.

군사적으로 약한 방자는 보다 강한 공자가 추구하는 결전을 회피할 수 있는가? 이 문제는 "방어는 공격보다 강하다"는 명제와 관련하여 매우 중요한 질문이다. 만일 공자가 추구하는 결전을 회피할 수 없다면 방자는 불리한 상태에서 결전을 강요당할 것이고, 공자는 그들의 공격이 정점에 도달하기 이전에 결정적인 승리를 달성할 수 있게 될 것이다. 즉 결전의 회피가 불가능하다면 방어는 공격보다 강한 형태의 전쟁이 될 수 없을 것이다.

---

54 Michael Sheehan, "The Evolution of Modern Warfare," John Baylis et al., eds., *Strategy in the Contemporary World* (New York: Oxford University Press, 2007), pp. 54-59; Brian Bond, *The Pursuit of Victory*, pp. 4-5.

적어도 나폴레옹 전쟁 이전의 전쟁에서 결전은 회피할 수 있었다. 즉 전투가 결정적일 수 있는 것은 오직 적도 그러한 의지를 가져야만 가능한 것으로, "대규모의 전투를 치르기 위해서는 서로의 동의가 있어야 했다."[55] 에스파냐 왕위계승전쟁에서 프랑스군에 결정적인 승리를 획득한 말버러 공작Duke of Marlborough은 전쟁에서 신속하고 결정적인 승리를 추구한 장군으로 잘 알려져 있다. 그러나 그는 언제나 프랑스군이 모험을 감행하지 않는 한 큰 전투는 없을 것이라고 하였으며, 1708년과 1709년의 결정적 승리는 오직 프랑스군이 전투에 응해서 가능한 것이었음을 시인한 바 있다.[56] 적이 응하지 않을 경우 공자는 결전을 추구할 수 없었던 것이다.

클라우제비츠는 결전회피의 가능성 여부에 대해 명쾌한 답을 주고 있지는 않다. 그는 자신의 저서 『전쟁론』 제4권에서 공자는 얼마든지 결전을 추구할 수 있으며 방자는 결전을 회피할 수 없다고 보았다. 그는 야전 지휘관이 적이 결전을 거부했기 때문에 전투가 이루어지지 않았다고 한다면 그것은 변명에 불과하다고 했다. 적이 결전에 응하지 않고 퇴각하더라도 적의 퇴로를 차단하여 공격하거나 기습을 통해 결전을 강요할 수 있다는 것이다.[57] 클라우제비츠의 이러한 주장은 아마도 나폴레옹 전쟁을 염두에 두고 있었던 것으로 보인다. 나폴레옹이 결전을 추구할 수 있었던 것은 전적으로 우세한 기동력을 보유했기 때문이었다. 그는 대규모의 부대를 사단 단위로 나누어 이동시키고 보속을 2배로 증가시켜 적보다 훨씬 효율적이고 빠른 속도로 이동할 수 있었다. 따라서 그는 언제든지 적

---

55 Jamel Ostwald, "The 'Decisive' Battle of Ramillies, 1706: Prerequisites for Decisiveness in Early Modern Warfare," *The Journal of Military History*, vol. 63, no. 3, July 2000, pp. 657, 665-677.

56 Jamel Ostwald, "The 'Decisive' Battle of Ramillies," pp. 657-658.

57 Carl von Clausewitz, *On War*, pp. 245-246.

을 포위하거나 퇴로를 차단하여 결정적인 성과를 얻을 수 있었다.

그러나 클라우제비츠는 곧 방자가 적의 공격에 대해 즉각 진지를 포기하고 철수하거나 적보다 빠른 속도로 철수할 수 있다면 공자가 추구하는 결전을 회피할 수 있다고 했다. 그는 결전의 추구 또는 회피에 관한 문제를 피아가 보유한 기동력의 문제로 보고 있음이 분명하다. 나폴레옹이 적보다 빠른 기동력으로 결전을 강요할 수 있었다면, 그것은 역으로 공자보다 더욱 신속한 기동력을 보유하게 될 경우 방자는 결전을 회피할 수 있다는 것을 의미한다. 사실상 나폴레옹 전쟁 이후 다른 유럽 국가들은 그들의 군 조직을 개선해 나갔고, 또한 철도를 비롯한 기동수단이 보편적으로 발달함에 따라 나폴레옹이 누렸던 상대적인 이점은 점차 사라지게 되었다. 이렇게 볼 때 클라우제비츠가 보고 있는 방자의 결전회피 가능성은 오직 결전을 회피하고자 하는 방자의 의지와 능력, 즉 신중한 주력 투입, 신속한 철수 결정, 그리고 군대의 기동력에 달려있다고 결론지을 수 있다.

다. 공격의 정점과 결전의 타이밍

공자는 결전을 통해 '신속하고 결정적인 승리'를 거두고자 할 것이다.[58] 공자는 직접적인 전략이 되었든 간접적인 전략이 되었든 결전을 통해 조기에 적의 중심을 격파하려 할 것이다.[59] 전쟁에서 신속하고 결정적인 승리가 이루어지지 않는다면 공격하는 국가의 기대효용expected utility은 시간이 감에 따라 감소한다. 그것은 정치적 목적이 변화하지 않는 반면 전쟁을 수행하는 비용이 점차 증가하기 때문이다.[60] 공격을 당한 국가는 동원을 통해 그들이 가진 전쟁 잠재력을 현실화할 것이며, 시간이 흐름에 따라 전장에서의 불확실성은 점차 증가할 것이다.[61] 적의 동맹국 또는 '현상유지status quo'를 원하는 국가가 개입함으로써 양면전쟁의 가능성이 대두할 것이며, 공격하는 국가의 입장에서 정치적·군사적으로 실수를 유발할 가능성이 높아질 것이다. 따라서 강자는 최대한 공격기세를 유지하면서 가능한 신속하게 전쟁을 종결해야 한다.[62]

공격하는 국가가 당장 결전을 추구하는 것이 유리하다면 방어하는 국가는 적이 추구하는 결전을 미루어야 한다.[63] 방어의 목적은 적의 공격기세를 둔화시키고 유리한 상황을 조성함으로써 적에게 결정타를 가할 반격의 기회를 포착하는데 있다. 따라서 방자는 공자가 추구하는 결전에 임해서는 안 되며, 적이 결정적인 성과를 거두지 못하도록 거부해야 한다. 방자도 반격을 가하여 결전을 추구할 수 있지만 그것은 오직 공자의 공격이 정점에 도달한 이후에 가능하다. 결국 방어란 당장의 불리한 결전을 회피하면서 차후의 유리한 결전을 '기다리는 것'이라 할 수 있다.[64]

공격의 정점은 결정적인 전투를 추구하고 회피하는데 있어서 공자와

---

58 Baron de Jomini, *The Art of War*, p. 73. 전쟁이 단기전으로 끝날 것이며 쉽게 승리할 수 있을 것이라고 기대할 경우 전쟁의 확률이 높다는 견해에 대해서는 Geoffrey Blainey, *The Causes of War* (New York: The Free Press, 1988), pp. 55-56 참조. 국가들이 전쟁 시 전격전을 통해 쉽게 종결되지 않고 소모전으로 나아갈 것으로 예측할 경우 '재래식 억지conventional deterrence'가 가능하다는 견해에 대해서는 John Mearsheimer, *Conventional Deterrence* (Ithaca: Cornell University Press, 1983), 제2장 참조. 손자, 조미니와 클라우제비츠를 비롯하여 대부분의 전략사상가들은 공격하는 국가의 경우 신속하게 전쟁을 종결하는 단기전을 치르는 것이 바람직하다고 논하고 있다. 또한 역사적으로 전쟁이 단기전이 될 것으로 예측한 경우가 대부분이었다.

59 Barry R. Posen, *The Sources of Military Doctrine* (Ithaca: Cornell University Press, 1984), p. 14. 포센Posen은 "공격원칙offensive doctrine은 적의 군대를 격멸하고 무장해제하는 것을 목표로 한다"고 주장한다.

60 Zeev Maoz, *Paradoxes of War*, (Boston: Unwin Hyman, 1990) p. 145.

61 P. H. Vigor, *Soviet Blitzkrieg Theory* (New York: St. Martin's Press, 1983), pp. 24-28.

62 P. H. Vigor, *Soviet Blitzkrieg Theory*, p. 17.

63 Raymond Aron, *Clausewitz*, p. 159. 결전은 전투력 균형이 유리하게 전환될 때까지 연기해야 한다.

방자 모두가 고려해야 할 매우 중요한 요소이다. 공자가 우세한 전력을 가지고 있을 때 결정적인 승리를 달성하지 못한다면 그의 전력은 시간이 지남에 따라 점차 감소하여 곧 정점에 도달하게 된다.[65] 공격의 정점이란 '공자의 우위superiority'가 사라지기 시작하는 순간을 말한다. 방자의 전투력이 꾸준히 보존되고 있다고 가정한다면, 또는 방자의 전투력이 공자의 전투력보다 더 적은 비율로 감소한다고 가정한다면, 공자와 방자의 전투력 균형은 정점에서 거꾸로 뒤집어질 것이다. 공자가 그 정점에 도달했음에도 불구하고 무리해서 계속 공세를 취한다면 이미 피아 전투력의 균형이 방자에 유리하게 돌아섰기 때문에 오히려 방자로부터 반격을 당할 수 있다. 한편 방자로서는 공격의 정점에 도달하지 않은 상태에서 반격을 개시한다면 피아 전투력 균형이 불리한 가운데 결전이 이루어지게 될 것이며 자칫 결정적인 패배를 당할 수도 있다. 물론 방자도 적의 공격이 정점에 도달하기 이전에 적의 허점을 노려 결전을 추구할 수 있다. 그러나 근본적으로 피아 전투력의 변화가 이루어지지 않은 상태에서 추구하는 약자의 결전은 오직 제한적인 범위 내에서만 가능할 것이며, 비록 작전에서 성공한다 하더라도 결정적인 성과를 거두기 어려울 것이다.[66]

　공격의 정점을 포착하는 것은 공자와 방자 모두에게 극히 중요하다. 그러나 수많은 요소들이 시시각각으로 변화하는 전쟁상황에 영향을 미치기 때문에 정확한 시점을 판단하기는 어렵다. 다만 클라우제비츠가 정의한

---

64 클라우제비츠는 방어의 특성을 '기다림'이라고 했다. Carl von Clausewitz, *On War*, p. 357. 이것은 적의 공격을 기다리거나 적이 방어진지 쪽으로 다가오기를 기다리는 것을 의미한다. 그러나 또 다른 측면에서의 '기다림'을 고려해 볼 수 있다. 즉 방어의 목적이 적에게 반격을 가하는 것이라는 점을 고려한다면 방어란 최소한 적의 공격이 정점에 도달하기를 기다리는 것이라고 할 수 있다.

65 Carl von Clausewitz, *On War*, p. 528.

66 Carl von Clausewitz, *On War*, pp. 566-573.

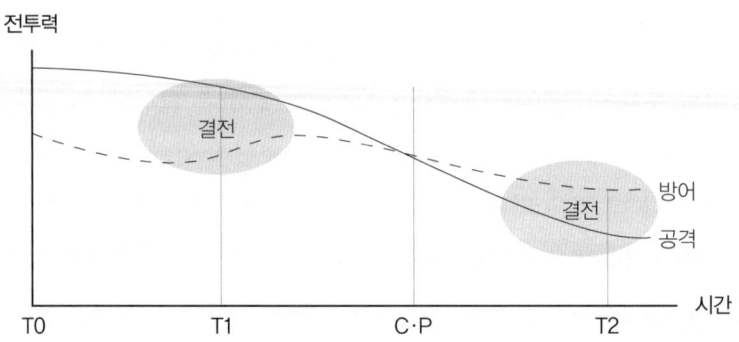

공격의 정점과 결전의 타이밍

대로 '군사적 천재military genius'라면 적의 공세가 둔화하는 현상과 적에 관한 정보, 그리고 그의 경험과 직관에 의해 이를 간파할 수 있을 것이다.[67]

지금까지의 논의를 요약하면 다음과 같다. 우선 방자는 결전을 회피할 수 있다. '결전회피 가능성'은 공격의 정점이 존재한다는 사실과 함께 방어가 공격보다 강할 수 있다는 확고한 논리를 제공한다. 따라서 방자는 강자가 추구하는 불리한 상황에서의 결전을 회피해야 한다. '결전회피'는 방어를 성공적으로 수행하기 위한 필요조건이 되는 셈이다. 방자는 최소한 적의 공격이 정점에 도달할 때까지 기다려야 한다. 적의 결전에 순순히 응하여 무리하게 '신속하고 결정적인 결과'를 추구한다면 그것은 오직 '신속하고 결정적인 패배'로 이어질 뿐이다.

---

67 이와 유사하게 조미니는 결정적인 지점과 시점을 판단하는 것은 천재성과 경험에 달려있다고 지적했다. Brian Bond, *The Pursuit of Victory*, p. 48.

4. 군사전략적 방어의 형태

군사전략적으로 방어는 크게 두 가지의 형태로 나누어 볼 수 있다. 하나는 전방에서 진을 치며 적을 맞아 싸우는 선(線)방어이고 다른 하나는 후방으로 후퇴하면서 싸우는 기동방어이다. 전자는 적 병력을 격멸하기 위한 것인 반면 후자는 우선 적 전투력을 약화하는데 그 목적이 있다. 그러나 방자의 전투력이 적보다 약할 경우 적을 전방에서 맞아 싸우는 선방어는 바람직하지 않다. 이러한 형태의 방어는 전투력을 엷게 분산하여 적의 집중적인 공격에 대항하기 어렵기 때문이다. "군사작전이 공간상에서 일어나고 전개된다는 측면에서 방자는 종종 전투시점을 지연하기 위해 영토의 일부를 포기할 수 있어야 한다."[68] 이러한 측면에서 결전을 회피하기 위한 군사전략적 방어의 형태는 다음과 같이 완충지대 확보전략, 공간양보전략, 선제공격전략으로 나누어 볼 수 있다.[69]

가. 완충지대 확보전략

완충지대는 방자에게는 시간을 부여하는 반면 공자에게는 보급의 문제를 가중시키고 결전시 가용한 전투력을 약화시키는 효과를 가져 온다.[70] 완충지대 확보전략은 정치적 수준에서 이루어지는 조치로 볼 수 있

---

68 Raymond Aron, *Clausewitz*, p. 153.

다. 그러나 이는 동시에 군사적인 성격을 갖는다. 예를 들어 1차대전 후 라인란트Rheinland 지역을 비무장하기로 한 것은 정치·외교적 타협의 결과였다. 그러나 프랑스 입장에서 볼 때 그것은 독일이 프랑스를 공격할 경우 일종의 장애물을 거치도록 하여 이에 대응할 수 있는 시간을 벌기 위한 것으로, 매우 중요한 군사전략적 조치라고 할 수 있다. 완충지대 확보전략을 추구하는 국가는 공격하는 적으로 하여금 완충지대를 먼저 극복하도록 하여 최초의 결전을 지연할 수 있을 뿐 아니라, 적의 전투력 손실을 강요할 수 있다. 방어하는 국가는 자국의 영토 밖에서 결전을 추구할 수도 있으며, 이 경우 자국의 영토와 자원의 손실을 최소화하는 가운데 안전을 확보할 수 있다.

역사적으로 대부분의 제국들은 완충지대를 확보하는 전략을 채택했다. 러시아의 팽창정책은 이와 유사한 안보적 이유에서 비롯되었다. 차르Tsar 시대로부터 러시아는 적을 저지할 수 있는 산, 사막, 바다 등 자연적 장애물을 갖지 못했기 때문에 타 국가와 타민족의 영토를 병합하여 방어가 용이한 지역에 국경을 설정하고 방어종심을 깊게 확보하는 전략을 추

---

69 완충지대 확보전략과 공간회피전략은 적에게 공간을 내줌으로써 결전을 회피하는 방법이다. 반면 선제공격은 적이 추구할 결전의 시점을 앞당겨 장차 불리한 상태에서의 결전을 회피하는 전략이다. 한편, 마지노선과 같은 고수방어static defense전략 또는 진지전positional warfare전략은 선방어로써 적과 결전을 회피하는 전략으로 볼 수 없기 때문에 논의 대상에서 제외한다. 전방방어전략forward defense strategy의 경우 전투지역 전단forward edge of battle area 전방에 어느 정도의 공간을 두어 전술적인 융통성을 갖는 것이 사실이지만, 보다 상위의 군사전략적 수준에서 보았을 때 그것은 선방어에 해당하는 개념이기 때문에 역시 고려하지 않기로 한다. 즉, 고수방어와 전방방어 모두 선방어에 해당한다. 고수방어의 경우 전략적·전술적 측면에서 모두 기동성이 결여된 반면, 전방방어의 경우 전술적 측면에서는 기동성을 가질 수있다. 고수방어와 전방방어에 관해서는 John J. Mearsheimer, *Conventional Deterrence*, pp. 48-49 참조.

70 Robert Jervis, "Cooperation under the Securiyt Dilemma," p. 194.

구했다.[71] 1939년 8월 독소불가침조약Nazi-Soviet Nonaggression Pact을 통해 폴란드를 분할 점령한 것은 소련이 완충지대를 추구한 대표적인 사례였다. 1918년 브레스트리토프스크Brest-Litovsk 조약과 1919년 베르사유 조약Treaty of Versailles으로 서부지역의 영토를 상실한 소련은 레닌그라드Leningrad의 안전을 위해 서부지역의 완충지대를 확보하고자 했다.[72] 이에 스탈린은 히틀러와의 조약을 통해 과거 상실한 영토에 대한 권한을 인정받았고 1939년 독일이 폴란드를 침공하자 폴란드의 동부를 점령할 수 있었다. 그런데 폴란드 전역에서 나타난 독일의 군사적 위력이 생각보다 훨씬 강한 것을 인식한 스탈린은 더욱 광대하고 방어에 효과적인 완충지대를 갖기로 결심하였으며, 이에 따라 라트비아·리투아니아·에스토니아를 합병하고 핀란드를 침공하게 되었다.[73] 한편 2차대전 직후 서구 국가들과 함께 영향권sphere of influence 확보 경쟁에 나선 소련이 동유럽 국가들을 공산화하고, 한반도를 분할한 것도 마찬가지로 완충지대 전략을 추구한 대표적인 사례로 볼 수 있다.

중국은 베트남Vietnam, 한반도, 티베트Tibet, 몽골Mongol에 속국의 지위를 부여하고 영향력을 행사하여 자국의 안보를 위한 완충지대로 활용했다. 특히 한반도는 비단 일본뿐 아니라 북방민족을 견제하기 위한 전략적 요충지였다. 신라의 삼국통일전쟁(660~676년)에 개입한 당唐은 통일된 한반도로부터의 잠재적 위협을 차단하기 위해 원산元山-대동강을 잇는 선의 북

---

71 Nocolai N. Petro and Alvin Z. Rubinstein, *Russian Foreign Policy: From Empire to Nation-State* (New York: Longman, 1997), p. 6.

72 William Keylor, *The Twentieth Century*, p. 175.

73 소련은 레닌그라드 주위에 방어지역을 확장하기 위해 핀란드 영토의 일부를 합병하려 했는데, 핀란드 정부가 영토를 내줄 용의가 없자 동계전쟁(1939~1940년)을 통해 핀란드를 점령했다. 이에 대해서는 Paul Huth & Bruce Russett, "Testing Deterrence Theory: Rigor Makes Difference," *World Politics*, vol. 41, no. 2, Juanuary 1989, p. 487 참조.

쪽지역을 영향권 내에 두어 완충지대로 삼았다. 임진왜란 시 명明은 조선에 원군을 파견하였으나 그것은 "기본적으로 조선에 대한 원조가 아닌 명의 안전보장을 위한 것"이었다.[74] 명은 한반도를 완충지대로 삼아 자국을 정벌하려는 일본을 한반도에 묶어두려 했다. 이 같은 사실은 명군의 개입시기가 일본군의 원산-대동강선 돌파 후였다는 점과 평양平壤 탈환에 성공한 이여송李如松이 이후 남쪽으로의 진출을 거부한데서 확인할 수 있다.[75] 명은 자국을 침공하려는 일본과 한반도에서 대적함으로써 대륙의 안보를 확보할 수 있었으며 동시에 일본의 전투력을 감소시키는 이중적 효과를 얻을 수 있었다. 비록 일본이 한반도를 점령하는데 성공했다 하더라도 이미 소진된 전투력을 가지고는 명을 침입하기 어려웠을 것이다.

지정학적 여건상 종심 깊은 방어진지를 갖지 못한 이스라엘도 주변국의 영토를 확보하여 완충지대 전략을 추구했다. 1967년 이스라엘은 6일 전쟁을 통해 골란 고원Golan Heights, 시나이Sinai 반도, 웨스트뱅크West Bank(요르단Jordan 강 서안) 지역을 확보했다. 이스라엘은 이집트, 시리아, 요르단을 불신하여 이 지역을 되돌려 주지 않은 채 계속 군사적으로 점령하고 있었고, 그 결과 1973년 10월 아랍 국가들의 기습공격으로부터 피해를 최소화할 수 있었다. 아바 에반Abba Eban의 다음과 같은 지적은 완충지대의 중요성을 단적으로 묘사하고 있다:

> 만약 우리가 골란 고원과 샤름엘셰이크Sharm el-Sheikh, 시나이 반도와 웨스트뱅크 지역 전체를 넘겨주는 정신 나간 짓을 했다면, 10월 6일 개시된 대공세는 수천 명의 우리 민간인들을 살해하고 인구밀집지역을 황

---

74 김용호, 「중국의 대한반도 군사개입에 관한 역사적 고찰」, 『軍史』, 27호, p. 63.
75 김용호, 「중국의 대한반도 군사개입에 관한 역사적 고찰」, pp. 63-65.

폐화함으로써 엄청난 재앙을 초래하지 않았겠는가? 단언하건대 아우슈비츠Auschwitz보다 훨씬 더 참혹한 대살육이 실제로 벌어져 이는 이스라엘의 존망이 걸린 문제가 되었을 것이다. 1967년 이전의 국경으로 되돌아가자고 하는 제안은 현실을 도외시한 무책임한 제안이다.[76]

나. 공간양보전략

공간양보전략은 자국의 영토를 적에게 내줌으로써 적이 추구하는 결전을 지연하고 회피하는 전략이다. 만일 방자가 충분한 병력 동원과 전투력의 집중, 동맹국의 지원 등으로 그 열세를 비교적 단시간 내에 만회할 수 있을 경우 방자는 자국의 영토를 '제한적'으로만 양보함으로써 전세의 역전을 꾀할 수 있을 것이다. 그러나 국력의 차이가 크고 제3국의 지원이 불가능할 경우에는 공간을 '무제한적'으로 양보해야 할 것이다. 공간양보전략은 적을 자국 영토로 끌어들여 공격이 정점에 도달할 때까지 적의 전투력을 소진하는 한편, 장차 결전을 위한 유리한 상황을 조성하는데 목적이 있다.

펠로폰네소스 전쟁 시 아테네의 현명한 지도자였던 페리클레스Pericles의 전략은 주변국의 지원을 기대할 수 없는 상황에서 취한 '무제한적' 공간양보전략이었다. 그는 아테네Athenae가 스파르타Sparta에 비해 해상전력 면에서는 월등하게 우세하나 육상전력 면에서는 크게 열세라는 사실을 인식하고, 육상에서는 철저하게 회피전략으로 일관할 것을 결심했다.[77] 그는 스파르타가 공격해 올 경우 영토와 주거지역까지도 기꺼이 포기하

76 *Time*, October 29, 1973, p. 44. Quoted in John G. Stoessinger, *Why Nations Go to War* (New York: St. Martin's Press, 1985), p. 170.

고 인명을 보존해야 한다고 주장함으로써 어떠한 경우에도 육상에서 이루어지는 불리한 결전에 임하지 않겠다는 의지를 분명히 했다.[78] 실제로 기원전 431년 스파르타의 왕 아르키다모스Archidamos가 아티카Attica의 아카르나이Acharnae 지역을 공격하고 유린했을 때, 분개한 아테네의 젊은이들이 당장 나가서 싸우자고 절규하는데도 불구하고 페리클레스는 단호하게 육상에서의 불리한 결전을 회피했다. 기원전 430년 스파르타가 다시 공격해 왔을 때에도 페리클레스는 일체 군사적으로 대응하지 않았으며, 오히려 아테네의 함선을 이끌고 해상으로 나가 스파르타 동맹국들에 대한 소규모의 원정을 시도했다.[79] 그는 아테네인들에게 침착하게 기다리면서 그들이 가진 해상전력에 의존하면 승리할 수 있다고 강조했다.[80] 육상전력이 약한 아테네가 스파르타와 결전을 벌일 경우 패배할 것이 명백한 이상 페리클레스는 자국의 영토와 도시를 포기하면서까지 철저하게 회피하는 전략으로 나아갔던 것이다.[81]

퀸투스 파비우스 막시무스Quintus Fabius Maximus는 제2차 포에니 전쟁 시 한니발Hannibal의 군대가 침입해 오자 이에 맞서 싸울 수 없음을 깨닫고 군사적 모험을 감행하지 않았다.[82] 이미 로마는 한니발의 군대를 맞아 티키

---

77 R. B. Strassler, *The Landmark Thucydides* (New York: The Free Press, 1996), p. 83.

78 Donald Kagan, "Athenian Strategy in the Peloponnesian War," eds. Williamson Murray, Macgregor Knox and Alvin Bernstein, *The Making of Strategy: Rulers, States, and war* (Cambridge: Cambridge University Press, 1994), p. 33.

79 R. B. Strassler, *The Landmark Thucydides*, p. 122.

80 R. B. Strassler, *The Landmark Thucydides*, p. 127.

81 Hans Delbrück, *History of the Art of War*, vol 1, trans., Walter J. Renfroe, Jr. (Lincoln: University of Nebraska Press), pp. 135-136. 한스 델브뤼크Hans Delbrüc는 아테네와 스파르타가 각각 해상과 육상에서 절대적으로 강했기 때문에 좀처럼 결전을 벌일 수 없었으며 이로 인해 전쟁이 27년이나 지연되는 결과를 가져왔다고 본다.

누스Ticinus, 트레비아Trebia, 트라시메누스Trasimenus 지역에서 정면승부를 건 바 있으며, 그 결과 로마군은 뛰어난 한니발의 전략과 기동에 의해 철저히 격파당한 상태였다. 파비우스는 군사적 결전을 회피하면서 적을 지연시키고 괴롭히는 게릴라전의 형식을 취했다. 그의 군대는 적의 주변에서 맴돌며 한니발이 견고한 군사기지를 확보하지 못하도록 방해했고, 소규모 군사행동으로 적의 신경을 자극하여 병사들의 인내력을 고갈시킴과 동시에 이탈리아의 도시와 카르타고Carthago의 기지로부터 병력을 보충하지 못하도록 방해했다. 파비우스 전략은 단순히 시간을 벌기 위해 전투를 회피하는 것이 아니라 적의 사기, 나아가 잠재적인 동맹국들에게 미치는 효과까지도 계산에 넣는 것이었다.[83] 그 결과 파비우스는 그때까지 한니발이 로마 영토에서 거두었던 승리의 빛이 바래도록 하고 과거 로마의 동맹국들이 한니발 쪽으로 이탈하는 것을 막을 수 있었으며, 신속한 승리를 갈망하는 카르타고군의 사기를 꺾을 수 있었다. 비록 로마는 파비우스의 후임 집정관인 바로Varro가 칸나이Cannae에서 한니발의 군대와 결전에 임하여 패배하고 말았지만, 파비우스의 전략은 강한 적과의 결전을 회피함으로써 적의 승리를 거부한 대표적인 사례가 되었다.

냉전기 핀란드의 방어전략은 '제한적' 공간양보전략으로 소련군 주력과의 결전을 회피하는데 초점을 맞추고 있었다.[84] 대전략의 수준에서 핀란드는 소련의 압력에 군사적으로 직접 대응하는 대신 소련의 위협에 대응하여 이루어지게 될 '북구의 균형Nordic Balance'에 의존하고 있었다. 즉 지

---

82 Ernest R. Dupuy and Trevor N. Dupuy, *The Encyclopedia of Military History: From 3500 B.C. to the Present* (New York: Harper & Row, 1977), pp. 61-65.

83 Liddell Hart, *Strategy*, pp. 26-27.

84 Edward Luttwak, "Level of War," *International Security*, vol. 5, no. 3, Winter 1980/81, pp. 61-79.

형적으로 핀란드는 노르웨이와 스웨덴에 이르는 공격로를 제공하고 있기 때문에 핀란드에 대한 소련의 군사적 압력이 증가할 경우 노르웨이의 나토(NATO)군이 이에 대응할 것이며, 중립을 유지하고 있는 스웨덴이 나토와 제휴함으로써 북유럽 내의 전략적 균형이 이루어지게 될 것으로 보았다. 핀란드는 이러한 개념 아래 소련이 공격해 올 경우 산업시설이 밀집한 남부지역에 대한 방어를 포기하고, 대신 노르웨이와 스웨덴에 이르는 접근로를 방어한다는 군사전략을 마련하고 있었다. 이때 핀란드의 방어 목적은 소련군의 전진을 저지하는 것이 아니라 단지 지연시키는 것으로, 노르웨이와 스웨덴이 방어력을 강화할 수 있는 시간을 벌어주는 데 있었다. 보다 하위의 작전적·전술적 수준에서 핀란드는 군대를 국경선에서부터 소련의 공격로를 따라 분산 배치하여 적의 측면을 공격하고 매복과 기습작전을 전개했다. 이들의 주요 목표는 적의 전차·기계화부대가 아니라 적 보급차량, 수송차량, 지원부대였다. 비록 소련군의 주력이 노르웨이-스웨덴 국경에 도착하는 것은 막을 수 없다 하더라도 최소한 그들의 전투지원부대를 약화시키고 병참선을 위협함으로써 결정적인 시기에 소련군의 공격력을 약화시킬 수 있다고 본 것이다.

그러나 공간양보전략은 정치적 반대에 부딪히게 될 가능성이 크다. 이 전략을 채택하는 국가는 일시적이나마 상당한 부분의 인구, 산업시설, 자원을 적에게 내주지 않으면 안 된다. 심지어 수도까지 포기해야 하므로 전체 국민의 사기에 부정적인 영향을 미칠 수도 있다.[85] 따라서 정치가들은 국토와 국민을 온전히 보존하기 위해 전방방어전략과 같은 선방어전략을 선호하는 경향이 있으며, 이들에게 기동방어 내지 종심방어는 최후의 선택일 수밖에 없다. 그러나 전투력이 약한 국가의 입장에서 선방어는

---

85 Carl von Clausewitz, *On War*, p. 470.

직접적인 결전을 강요당할 수 있는 위험을 안고 있다. 2차대전 시 독일의 공격에 대해 전방방어를 택한 폴란드가 그 예이다. 당시 체코슬로바키아와 오스트리아를 병합한 독일은 폴란드를 동쪽과 남쪽에서 포위하고 있었다. 독일의 공격에 효과적으로 대처하기 위해서는 나레프Narew_비스와 Wisła_바르타Warta 강을 잇는 선으로 철수하여 연합군의 지원을 기다리는 것이 바람직했다. 그러나 이러한 계획은 폴란드 서부에 집중하여 있는 산업시설과 인구밀집지역을 포기하는 것을 의미하였으므로 받아들일 수 없었던 것이다.[86]

1870년 보불전쟁 시 프랑스의 사례도 마찬가지였다. 프로이센이 프랑스 영토의 많은 부분을 점령하게 되자 전쟁장관 마르탱 푸리숑Martin Fourichon과 내무장관 레옹 강베타Léon Gambetta는 과거 나폴레옹 전쟁 시 에스파냐가 취했던 것과 마찬가지로 전 지역에서 '비정규군franc-tireur'에 의한 게릴라전을 전개할 것을 주장했다. 그러나 이 전략을 받아들이지 않고 대신 정면으로 맞서는 전략을 추구함으로써 프랑스는 패배하고 말았다.[87] 유럽의 전통적 강국인 프랑스가 정규전을 포기하고 게릴라전을 수행한다는 것은 정치가들에게는 자존심이 허락하지 않는 것이었다.

---

86 육군사관학교, 『세계전쟁사』 (서울: 일신사, 1985), pp. 312-313.

87 Adam Roberts, *Nations in Arms*, p. 17. 보불전쟁 당시 프랑스 비정규군에 의한 저항은 독일군을 곤혹스럽게 만들었으며, 이후 1차대전 시에도 독일군은 이에 대한 강박관념을 갖고 있었다. Geoffrey Best, "Restraints on War by Land before 1945," ed. Michael Howard, *Restraints on War* (Oxford: Oxford University Press, 1979), p. 33.

다. 선제공격전략

결전을 회피하기 위한 또 다른 군사전략적 선택은 선제공격preemptive attack 또는 전략적 기습strategic surprise이다. 이것은 장차 벌어질 적과의 결전을 현재로 앞당김으로써 미래의 결전을 회피하는 것이다.[88] 즉 가까운 미래에 전쟁이 불가피하며 그때의 결전이 더욱 불리할 것이라고 판단할 경우, 보다 유리하게 보이는 현재에 먼저 공격을 실시함으로써 결전을 앞당기는 전략이다.

선제공격은 대개 약자의 전략으로 다음과 같은 두 가지 특징을 갖는다.[89] 첫째, 선제공격은 제한된 전쟁목표를 추구한다.[90] 즉 전쟁을 시작하

---

[88] 예방전쟁이 시기적으로 보다 먼 장래의 결전을 앞당기는 것이라면 선제공격은 보다 가까운 기간 내에 다가올 결전을 앞당기는 것이라고 할 수 있다. 예방전쟁과 선제공격에 대한 이러한 정의는 Dan Reiter, "Exploding the Powderkeg Myth: Preemptive Wars Almost Never Happen," pp. 6-7 참조. 이와 다른 견해에 대해서는 Stephen Van Evera, *Causes of War*, p. 40, fn. 18; Richard K. Betts, *Surprise Attack: Lessons for Defense Planning* (Washington, D.C.: Brookings, 1982), p. 145 참조. 에베라와 베츠Betts에 의하면 예방전쟁은 상대가 더 강해지기 전에 전쟁에 돌입하는 것이며, 선제공격이란 전쟁의 주도권을 잡기 위한 공격으로 본다. 이때 선제공격에서는 양측 어느 쪽이든 먼저 공격을 취하는 쪽이 유리할 수 있는 상황이라고 한다. 그러나 공격과 방어란 어느 한쪽이 유리하기 때문에 이루어지는 것이지 양쪽 모두 유리하기 때문에 이루어지는 것은 아니다. 특히 결전의 타이밍을 고려해 볼 때 어느 한순간에서 이루어지는 결전은 어느 한쪽에만 유리하게 작용할 것이다. 이 논문에서는 강자와 약자의 전략을 다루는 만큼 전쟁의 시점을 놓고 볼 때 양쪽 모두 유리한 순간이란 있을 수 없다고 보고 댄 리터Dan Reiter의 견해를 따르기로 한다.

[89] Edward Luttwak, *Strategy: The Logic of War and Peace* (Massachusetts: The Belknap Press, 1987), p. 15.

[90] 군사적으로 현저하게 약한 국가가 강한 국가에 대해 전쟁을 시작할 수 있다는 견해에 대해서는 T. V. Paul, *Asymmetric Conflicts: War Initiation by Weaker Powers* (Cambridge: Cambridge University Press, 1994) 제1, 2장 참조. 폴Paul은 약한 국가가 단기전을 통해 제한된 목표를 신속하게 달성할 수 있을 것이라고 인식할 때 그들이 약하다는 사실을 알면서도 전쟁을 시작한다고 보았다. 이에 대한 견해는 같은 책 p. 13 참조. 이는 미어샤이머Mearsheimer가 그의 저서 *Conventional Deterrence*에서 논의한 것과 유사하다.

는 약한 국가는 궁극적으로 결전을 통해 승리를 획득하기보다는 단호한 의지를 과시함으로써 더 강한 적으로 하여금 미래에 더 큰 전쟁을 일으키지 못하도록 '경고'하는데 주안을 두는 경향이 있다. 따라서 선제공격을 가한 국가는 초반에 결정적인 성과를 거두었다 하더라도 더 이상의 전과 확대를 자제해야 한다. 기습이 성공했다고 해서 전쟁의 범위를 확대한다면 자칫 전쟁이 지연되면서 종국에는 기습을 당한 국가로부터 결정적인 패배를 당할 수 있기 때문이다. 따라서 기습은 종종 '의지의 표현'에 그치는 경우가 많다. 비록 확전을 피하지는 못했지만 일본의 진주만 기습은 미국의 참전을 유도하기 위한 것이 아니라 오히려 참전의지를 분쇄하기 위한 기습공격이었다.[91] 중국의 한국전쟁 참전도 대미 선전포고 없이 '항미원조抗美援朝'라는 명분만을 내세웠으며, 그들의 군대를 '중국인민지원군中國人民志願軍'으로 칭함으로써 전쟁을 한반도에 제한하고자 하는 의지를 분명히 했다.

둘째, 약자가 시도하는 선제공격이 제한된 목표를 갖는다면 그들이 추구하는 전략도 마찬가지로 제한될 수밖에 없다. 따라서 약자는 전격전이나 소모전과 같은 대규모의 장기전 전략을 추구하기보다는 단기적 기습공격에 의존하게 된다.[92] 전격전과 소모전을 통해 제한된 목적을 달성하려 할 경우, 전쟁은 크게 확대될 수밖에 없기 때문이다. 약소국이 강대국을 상대로 전격전이나 소모전을 치를 여력이 없다면, 결국 이들은 상대국가에게 전격적인 기습을 가한 후 즉각 정치적 협상에 나서는 전략을 취하려 할 것이다. 물론 제한된 목적을 달성하기 위해 기습을 취하더라도

---

91 Mack, "Why Big Nations Lose Small Wars?" *World Politics*, vol. 27, January 1975, pp. 175-200; Robert Jervis, "Deterrence Theory Revisited," *World Politcs*, vol. 31, January 1979, pp. 289-324.

92 John J. Mearsheimer, *Conventional Deterrence*, p. 26.

상대 국가가 원한다면 전쟁이 지연되고 확대될 수 있다. 이것이 바로 전략적 기습이 갖는 위험성과 한계이다.

전략적 기습을 성공적으로 달성했다 하더라도 평화조약을 체결하지 못한 채 전쟁이 지연된다면 그 국가는 전쟁에서 패배할 확률이 크다. 기습은 상대 국가의 국민들로 하여금 적대감을 고조시켜 전의를 불태우게 하는 효과를 가져오기 때문이다. 그리고 기습은 통상 상대적으로 약한 국가의 선택이기 때문에 상대적으로 강한 국가가 이를 흡수할 능력이 있을 경우 전세는 시간이 감에 따라 역전될 수밖에 없다.[93] 상대적 군사력이 약하면 약할수록 전략적 기습은 단기간 내에 종료해야 하며, '결전을 추구' 하기보다는 '미래의 결전을 무마'하는 데 초점을 맞추어야 할 것이다.

이상에서 약자가 취할 수 있는 세 가지의 군사전략적 방어의 형태를 살펴보았다. 군사적으로 강자는 최단시간 내에 결전을 추구하고, 약자는 강자가 추구하는 결전을 최대한 회피해야 한다. 약자로서는 적의 결전에 대해 공간을 양보하면서 이를 지연시키든지, 아니면 선제공격으로 결전의 시점을 앞당겨야 하는 두 가지의 선택만이 있을 뿐이다. 이러한 군사전략적 방어 형태는 앞으로 마오쩌둥의 전쟁수행전략을 분석하는 과정에서 보다 구체적으로 살펴볼 것이다.

.

---

93 Zeev Maoz, *Paradoxes of War*, pp. 171-172.

제3장

중국의
혁명전쟁전략

레닌이 클라우제비츠의 사상을 혁명적 필요에 따라 선택적으로 인용하고 또한 마오쩌둥에게 전수하였다면, 마오쩌둥은 레닌에 의해 일부 왜곡된 클라우제비츠의 사상을 보다 완벽하게 이해하고 적용한 것으로 평가할 수 있다. 그러나 마오쩌둥은 레닌의 공격지상주의를 거부하고 모든 전쟁에 공격과 방어가 모두 필요하다고 보았다. 엄밀하게 "혁명과 혁명전쟁은 공격이지만 거기에는 방어와 후퇴도 있다"는 것이다. 마오쩌둥이 레닌과 견해를 달리하고 있는 또 하나의 문제는 바로 '중심'에 관한 문제이다. 레닌은 무장봉기 시 중심을 '도시'로 규정했다. 그러나 마오쩌둥은 중심이 피아 전투력, 즉 '병력'임을 명확히 했다.

이 장에서는 중국혁명전쟁을 분석함으로써 현대 중국의 전략적 기원을 추적한다. 우선 마오쩌둥의 혁명전쟁전략인 지구전 및 인민전쟁전략이 형성되는 과정을 살펴보고, 다음으로 항일전쟁과 중국내전 사례를 통해 이러한 전략이 어떻게 수행되었는지 분석한다. 각 사례들은 결전의 회피, 공격의 정점, 중심에 관한 문제에 초점을 맞추어 다룰 것이다.

1. 클라우제비츠, 레닌, 마오쩌둥

마오쩌둥은 두 경로를 통해 클라우제비츠의 사상으로부터 영향을 받았다. 하나는 그가 1938년부터 클라우제비츠의 『전쟁론』을 직접적으로 연구하면서부터였다. 그는 옌안(연안延安)에서 중국어판 『전쟁론』을 여러 번 읽었을 뿐 아니라 홍군紅軍으로 하여금 '클라우제비츠 연구조'를 편성하여 본격적으로 그의 전략사상을 연구하도록 했다. 다른 하나는 간접적인 경로이다. 즉 클라우제비츠의 저서를 접하기 전 마오쩌둥은 이미 마르크스Marx와 레닌Lenin의 사상을 수용하는 과정에서 자연스럽게 클라우제비츠의 영향을 받지 않을 수 없었다. 일찍이 소련 군사사상의 여러 개념들은 클라우제비츠로부터 비롯한 것이었다. 레닌은 혁명과 전쟁에 관련한 그의 저작에서 클라우제비츠를 상당부분 인용하고 있으며, 2차대전 발발 전까지 소련의 모든 장교들은 거의 의무적으로 클라우제비츠를 연구하고 있었다.

이와 같이 레닌이 클라우제비츠의 사상을 혁명적 필요에 따라 선택적으로 인용하고 또한 마오쩌둥에게 전수하였다면,[1] 마오쩌둥은 레닌에 의해 일부 왜곡된 클라우제비츠의 사상을 보다 완벽하게 이해하고 적용한 것으로 평가할 수 있다. 먼저 이들의 사상이 다루고 있는 정치와 전쟁의

---

1 황병무, 『신중국군사론』 (서울: 법문사, 1992), p. 112, 각주 2). 또한 Samuel B. Griffith, *The Chinese People's Liberation Army* (New York: McGrow-Hill Book Co., 1967), p. 133 참조.

관계, 공격과 방어의 문제, 그리고 중심에 대해 고찰함으로써 레닌과 마오쩌둥이 클라우제비츠의 사상을 어떻게 받아들였는지 살펴본다.

레닌이 클라우제비츠의 영향을 받았음은 부인할 수 없는 사실이다.[2] 레닌의 많은 저서에는 클라우제비츠의 가장 핵심적인 주장 가운데 하나인 "정치와 전쟁 사이의 불가분한 관계"에 대해 언급하고 있으며, 특히 그가 제시한 전쟁수행 원칙은 대부분 클라우제비츠의 전쟁이론에 근거하고 있다.[3] 레닌의 전쟁수행 원칙은 다음과 같다. 첫째, 봉기를 절대로 장난삼아 하지 마라. 일단 봉기를 일으켰으면 최후까지 관철하라. 둘째, 결정적 지점과 결정적 시점에 월등한 병력을 집결시켜 우세를 달성하라. 그렇지 않으면 더 잘 준비되고 조직된 적이 봉기를 진압하게 될 것이다. 셋째, 일단 봉기를 시작하면 최대한의 결단력을 가지고 행동해야 하며, 무엇보다도 반드시 공세를 취해야 한다. "방어는 모든 무장봉기의 죽음이다." 넷째, 적을 기습하고 적 병력이 흩어질 때를 포착하라. 다섯째, 아무리 작은 것이더라도 매일, 매 순간 승리를 달성하도록 노력하고, 어떠한 대가를 치르더라도 사기를 높게 유지해야 한다.

이 가운데 봉기를 장난삼아 하지 마라는 원칙은 전쟁을 "신중한 목적에 대한 신중한 수단"으로 보는 클라우제비츠의 견해와 유사하다. 또한 전쟁을 수행하는데 있어서 병력의 집중원칙, 결단력 있는 공격의 강조, 사기의 중요성에 대한 인식, 그리고 무장봉기에 있어서 중심을 도시로 보고 있다는 점도 클라우제비츠의 견해와 일치한다. 그러나 다음에서 볼 수

---

2 Eric Alterman, "The Uses and Abuses of Clausewitz," p. 26; Byron Dexter, "Clausewitz and Soviet Strategy," pp. 43-46. 덱스터Dexter에 의하면 레닌은 1차대전이 발발했을 때 클라우제비츠의 저서를 읽었다.

3 V. I. Lenin, "Advice of an Onlooker," ed. Robert C. Tucker, *The Lenin Anthology* (New York: W. W. Norton & Company, 1975), pp. 413-414.

있듯이 레닌은 클라우제비츠의 주장을 선별적으로 수용하고 있으며, 일부 주장에 대해서는 본뜻을 크게 왜곡하고 있다.

레닌은 전쟁이 "다른 수단에 의한 정치의 연속"이라는 점을 강조하고 있으나 이것은 오직 프롤레타리아proletariat 계급에 의한 혁명전쟁을 정의의 전쟁으로 정당화하기 위한 것이었다. 전쟁이 정치의 한 수단이라면 전쟁을 누가 시작했는지는 문제가 되지 않는다. 다만 레닌에게 중요한 것은 교전국들이 어떠한 정책을 수행해 왔고 어떠한 계급에 의해 전쟁이 수행되느냐 하는 것이다. 이때 프롤레타리아, 또는 식민지 국가에 의해 수행되는 전쟁은 당연히 정당한 전쟁의 영역에 속한다. 왜냐하면 노동자들과 식민지 국가들은 착취 계급과 제국주의 국가들로부터 자신들의 임금과 재산을 보호해야 하므로 항상 방어적인 입장에 있기 때문이다.[4] 따라서 사회주의자들에 의한 전쟁은 다른 수단에 의한 정치의 연속으로서, 비록 이들이 먼저 전쟁을 시작한다 하더라도 언제나 방어적인 전쟁으로 정당한 전쟁이 되는 셈이다.[5]

이러한 레닌의 논리는 클라우제비츠가 "전쟁은 정치의 연속"이라고 언급한 것과 전혀 다른 의미를 갖는다. 클라우제비츠가 언급한 정치와 전쟁의 주체는 곧 '국가'이다. 그러나 레닌은 정치와 전쟁의 주체를 '계급'으로 보고 있다. 즉 클라우제비츠가 논하는 전쟁은 국가 간의 이익을 놓고 벌어지는 전쟁이지만 레닌의 전쟁은 계급의 이익을 놓고 싸우는 것이다. 클라우제비츠가 제기한 국가 간의 전쟁이 평화조약을 체결할 목적으

---

4 P. H. Vigor, *The Soviet View of War, Peace and Neutrality*, pp. 71-73; V. I. Lenin, "War and Revolution," *Collected Works*, vol. 24, pp. 341-398, tran. Bernard Issacs, from Internet "marxists.org 1999".

5 V. I. Lenin, "Socialism and War," ed. Robert C. Tucker, *The Lenin Anthology* (New York: W. W. Norton & Company, 1975), p. 185.

로 제한적인 목표를 추구하는 전쟁이라면, 레닌의 계급 간의 전쟁은 오직 착취 계급을 타도해야만 종결할 수 있는 절대적 형태의 전쟁이다.[6] 결국 클라우제비츠는 현실상의 전쟁이 제한되는 이유를 설명하기 위해 전쟁을 정치의 수단이라고 보았지만─즉 전쟁은 불필요하게 확대할 필요 없이 제한해야 한다고 보았지만─레닌은 이와 반대로 클라우제비츠의 주장을 혁명전쟁을 정당화하고 서로 다른 계급 간에 이루어지는 절대적 전쟁을 합리화하려는 논리로 삼았던 것이다.

한편 레닌은 클라우제비츠의 추종자였음에도 불구하고 "방어가 공격보다 더 강한 형태의 전쟁"이라는 그의 주장에 대해서는 별 관심이 없었던 것으로 보인다.[7] 그가 사회주의자들의 혁명전쟁을 '방어적 전쟁'이라고 규정한 것은 군사적 의미가 아니라 순수하게 정치적 성격을 띤 언급이었다. 즉 그것은 자본주의 국가들의 착취로부터 프롤레타리아 계급의 이익을 수호한다는 의미에서 사용한 것으로 '침략전쟁'이 갖는 부정적 이미지와 대비해 혁명전쟁의 정당성을 강변하기 위한 개념에 불과했다. 오히려 레닌은 그의 전쟁수행 원칙에서 볼 수 있듯이 오직 공격만을 선호했

---

[6] V. D. Sokolovskii, ed., *Soviet Military Strategy* (Englewood Cliffs: Prentice-Hall, Inc., 1963), p. 213; P. H. Vigor, *The Soviet View of War, Peace and Neutrality*, pp. 84-85. 레닌은 혁명이란 무장봉기를 통해 권력을 장악하는 것만으로 성공할 수 없으며, 반드시 부르주아의 국가통치 조직을 타도하여 반혁명세력들이 반격해 올 가능성을 차단해야 한다고 했다. 이를 위해 혁명세력은 구寶 군대와 경찰을 해체하고, 프롤레타리아의 법 체제를 장악하며, 아울러 은행과 산업시설을 국유화하고 반대세력을 무력으로 진압할 필요가 있다. 레닌은 한 술 더 떠서 반혁명세력이 저항하기를 원했다. 왜냐하면 그것은 무력을 동원하여 그들을 손쉽게 붕괴할 수 있는 명분을 제공하기 때문이다. 이렇게 볼 때 레닌이 추구하는 무장봉기와 혁명은 '적 타도'라는 절대적인 목적을 갖는다. 그래서 레닌은 내전 없이는 혁명에 성공할 수 없다고 반복해서 말했던 것이다.

[7] 사실 레닌은 클라우제비츠가 저서에서 제시한 세부적인 군사문제(야영, 행군, 숙영)에는 관심을 기울이지 않았고, 다만 '전쟁에서 요구하는 대담성'에 관한 부분에 주목했다. 이것은 그가 클라우제비츠를 편파적으로 수용하고 있음을 보여주는 단적인 증거이다. Dexter, Byron, "Clausewitz and Soviet Strategy," p. 43.

다. 그는 일단 봉기가 시작되면 최대한의 결단력을 가지고 반드시 공세를 취해야 한다고 하였으며, 심지어 "방어는 모든 무장봉기의 죽음"이라고까지 규정했다.[8] 실제로 소련에서는 2차대전 이전까지 방어를 편성하고 수행하는 문제에 대한 검토가 완전히 이루어지지 않고 있었다. 이러한 점은 혁명전쟁이 적을 완전하게 격멸하는 것을 목표로 하고 있으며, 이를 위해 절대적으로 공격을 선호한 레닌의 영향을 받았기 때문으로 볼 수 있다.[9]

마오쩌둥은 전쟁과 정치의 관계에 있어서 레닌의 영향을 받았다. 그것은 "역사상에는 오직 정의의 전쟁과 불의의 전쟁이 있을 뿐"이라든가 "전쟁을 없애는 방법은 오직 하나로 그것은 전쟁을 이용하여 전쟁을 반대하는 것"이라고 하는 마오쩌둥의 언급에서 볼 수 있다.[10] 따라서 마오쩌둥의 전쟁관은 레닌과 마찬가지로 사회주의 혁명을 지향하는 절대적 형태의 전쟁을 전제로 하고 있음을 알 수 있다. 실제로 마오쩌둥은 항일전쟁 및 국민당과의 내전을 통해 중국혁명전쟁이 적과의 타협이 불가능한 전쟁이며, 적에 대해 완전한 승리를 거둘 때까지 계속해야 하는 절대적 형태의 전쟁임을 보여주었다.[11]

그러나 마오쩌둥은 레닌의 공격지상주의를 거부하고 모든 전쟁에 공격과 방어가 모두 필요하다고 보았다. 그는 원칙적으로 혁명과 혁명전쟁이 공격적이어야 한다는 사실에 공감했다. 혁명이란 정권이 없었던 상태

---

8 V. I. Lenin, "Lessons of the Moscow Uprising," *Lenin's Selected Works*, vol. 1, pp. 529-534, from Internet "marxists.org 2000". 레닌의 이러한 태도는 1905년 모스크바 봉기 시 파업을 과감하게 무장봉기로 발전시키지 못한데 대한 뼈아픈 교훈에서 비롯한 것으로 볼 수 있다.

9 V. D. Sokolovskii, *Soviet Military Strategy*, p. 231.

10 Mao, Tse-tung, "Problems of Strategy in China's Revolutionary War," *SW*, vol. 1, pp. 182-183.

11 Mao, Tse-tung, "On Protracted War," *SW*, vol. 2, pp. 152-153.

로부터 정권을 창출하고 아무런 근거지가 없었던 상태에서 혁명근거지를 창설하는 등 무에서 유를 창조해야 하기 때문에, 본질적으로 적극적인 공격성을 요구한다는 사실을 명확히 인식하고 있었다. 그러나 마오쩌둥은 이러한 공격성을 강조하는 것이 정치적인 면에서는 옳으나 군사적인 영역에 적용할 경우 바람직하지 않을 수 있다고 지적한다. 엄밀하게 "혁명과 혁명전쟁은 공격이지만 거기에는 방어와 후퇴도 있다"는 것이다.[12] 따라서 그는 1906년의 러시아나 1927년의 중국에서와 같이 혁명이 퇴조를 보일 경우 무조건 공격을 시도하는 것은 옳지 않다고 보았다. 나아가 마오쩌둥은 레닌과 정반대로 "방어가 공격보다 더 강한 형태의 전쟁"이라는 클라우제비츠의 주장에 적극적으로 동조하고 있다. 이러한 마오쩌둥의 입장은 1927년 국공합작 붕괴 후 수차례의 무장봉기를 통해 강한 적과의 직접적인 대결이 무모하다는 사실을 깨닫기 시작하면서 나타나기 시작했다.

마오쩌둥이 레닌과 견해를 달리하고 있는 또 하나의 문제는 바로 '중심'에 관한 문제이다. 레닌은 무장봉기 시 중심을 '도시'로 규정했다. 그러나 마오쩌둥은 1920년대 후반 징강 산井岡山 투쟁기부터 병력의 보존에 최우선 순위를 두고 있었으며, 1947년 12월 중국공산당 중앙위원회 회의에서 제시한 열 가지의 군사원칙 가운데 "적의 병력 섬멸을 주요 목표로 하고 도시나 지역의 확보 또는 탈취는 주요 목표로 하지 않는다"고 함으로써 중심이 피아 전투력, 즉 '병력'임을 명확히 했다.[13] 중심에 대해 레닌과 마오쩌둥 사이에 나타나는 이러한 차이는 아마도 '혁명' 즉 무장봉기와 '혁명전쟁'의 차이에서 비롯한 것으로 볼 수 있다. 즉 혁명과 무장봉기가 도시를 중심으로 겨냥하는 반면 그것이 전쟁으로 확대되어 본격적인

---

12 Mao, Tse-tung, "Problems of Strategy in China's Revolutionary War," p. 204.

전투가 벌어질 경우에는 불가피하게 그 중심이 도시로부터 병력으로 전환되지 않을 수 없기 때문이다.

이상에서 클라우제비츠의 전쟁이론을 수용하고 있는 레닌과 마오쩌둥의 전략사상을 통해서 이들의 전략에서 나타나는 공통점과 차이점을 살펴보았다. 대체로 정당한 전쟁론이나 혁명전쟁이 갖는 절대성과 같이 전쟁일반에 대해서는 이 두 지도자의 생각이 일치하고 있음을 볼 수 있다. 반면 이들은 혁명과 혁명전쟁을 수행하는 데 있어서 방어의 강함과 중심에 대해서는 매우 다른 입장을 취했다. 여기에서 지적할 수 있는 한 가지 중요한 사실은 마오쩌둥이 레닌보다 더욱 클라우제비츠의 사상에 근접하고 있다는 점이다. 레닌이 공격일변도 전략을 추구했다면 마오쩌둥은 공격과 방어를 균형 있게 수용할 줄 알았던 군사전략가였다. 마오쩌둥은 자신이 약할 경우 방어의 강함을 이용할 줄 알았고, 적이 약할 때는 무자비하게 공격을 가할 줄 알았다. 상대보다 약할 경우 방어적 전쟁으로 약함을 보완해야 한다는 마오쩌둥의 인식은 공격지상주의자인 레닌을 뛰어 넘어 '방어 우위론'에 입각한 클라우제비츠의 전쟁이론을 보다 충실하게 구현했다고 평가할 수 있다.

---

13 Mao Tse-tung, "The Present Situation and Our Tasks," SW, vol. 4, pp. 161-162. 마오쩌둥이 제시한 열 가지 군사원칙은 다음과 같다: 첫째, 먼저 분산·고립된 적을 공격하고 뒤에 집중된 강력한 적을 공격한다. 둘째, 먼저 중소도시 및 광대한 농촌을 탈취하고 뒤에 대도시를 탈취한다. 셋째, 적의 병력 섬멸을 주요 목표로 하고 도시나 지역의 확보 또는 탈취는 주요 목표로 하지 않는다. 넷째, 압도적으로 우세한 병력을 집중해서 적을 포위하고 완전 섬멸한다. 다섯째, 준비 없는 전투와 승산 없는 전투는 하지 않는다. 승리를 확신할 수 있을 때만 전투에 임한다. 득실이 반반인 소모전은 극력 피한다. 여섯째, 용감하게 싸우고 희생이나 피로를 두려워하지 않고 연속적으로 싸울 수 있는 작풍作風을 발휘한다. 일곱째, 운동하면서 적을 섬멸하라. 동시에 진지공격전술도 중요시하여 적의 거점과 도시를 탈취한다. 여덟째, 적의 수비가 약한 거점이나 도시는 단호하게 탈취한다. 적의 수비가 견고한 도시나 거점은 시기가 무르익기를 기다려 탈취한다. 아홉째, 인력과 물력의 보급원은 전선에 있다. 적으로부터 노획한 무기와 포로로 보충한다. 열째, 전투의 틈을 이용하여 부대의 휴양과 정비, 훈련을 한다.

2. 마오쩌둥 전략의 형성과정

가. 중국공산당 초기 전략노선의 실패

마오쩌둥의 전략은 초기 중국공산당 전략노선의 실패를 반영하고 있다. 천두슈陳獨秀와 장궈타오張國燾가 적과 타협을 시도함으로써 혁명의 기회를 놓치는 결과를 가져왔다면, 취추바이瞿秋白, 리리싼李立三, 왕밍王明은 대도시지역에서의 무장봉기를 통해 국민당 군대와 무모하게 결전을 추구함으로써 패하고 말았다. 마오쩌둥은 이들의 실패를 교훈으로 삼아 '도시 중심'에서 '농촌 중심'으로, '도시탈취'에서 '병력보존'으로 전략을 전환함으로써 중국공산당의 노선에서 벗어나 독자적인 노선을 추구했다.[14] 이 절에서는 우선 초기 중국공산당의 전략이 실패하는 과정과 함께 마오쩌둥 전략이 1930년대 중반 '지구전론持久戰論'으로 결집되기까지의 배경을 살펴보기로 한다.

---

14 Mao Tse-tung, "Problems of Strategy in China's Revolutionary War," *SW*, vol. 1. 마오쩌둥 전략의 가장 큰 특징 가운데 하나는 마르크스-레닌의 사상을 모체로 하고 있으면서 그 성격을 철저하게 중국화한 데 있다. 그는 일반적인 전략뿐 아니라 특수한 중국의 혁명전쟁전략을 연구해야 한다고 주장했다. 심지어는 소련의 전략이나 군사교범을 그대로 적용하는 것은 발을 신에 맞추는 격으로, 그리 하면 전쟁에서 패배할 것이라고 했다. 그 대표적인 사례가 농민중심의 농촌혁명전략이다. 마오쩌둥은 1928년부터 줄곧 노동자 계급의 주도하에 혁명이 이루어져야 한다는 원칙을 자주 천명하여 레닌주의를 추종하는 듯하였으나 실제로 이 원칙을 결코 수용하지는 않았다. Stuart Schram, "Mao Tse-tung and Liu Shao-Ch'i, 1939-1969," *Asian Survey*, vol. 12, no. 4, April 1972, p. 277.

중국에서는 중심을 적의 병력보다는 도시로 간주하는 경향이 있었다. 군벌이 난립하던 시기부터 군사전략적 목표는 적의 도시였다. 도시를 탈취함으로써 군벌들은 그 지역에서 세금을 징수하고 자원을 수탈할 수 있었다. 이러한 도시들로는 만주滿洲 지역의 선양瀋陽, 북부의 베이징北京과 톈진天津, 서북지역의 시안西安, 동부의 난징南京과 상하이上海, 중부의 우한武漢, 그리고 남부의 광저우廣州를 들 수 있다.[15] 1926년 장제스가 이끄는 국민혁명군이 군벌을 소탕하기 위해 북벌을 추진했을 때에도 이러한 대도시들이 주요 공격 목표였다. 중국공산당도 마찬가지로 대도시가 갖는 정치적·경제적·군사적 중요성을 인식하고 있었으므로, 마르크스-레닌의 이론에 입각하여 도시지역을 중심으로 노동자가 주도하는 혁명을 추진하려한 것은 당연했다.

물론, 중국공산당이 초기부터 도시에서의 무장봉기를 감행한 것은 아니다. 국공합작 기간 동안 중국공산당은 국민당의 노선에 입각하여 반봉건·반제국주의 투쟁을 추구했기 때문에 무장봉기를 자제하고 있었다. 그런데 1925년 국공합작을 이끌었던 쑨원孫文이 사망하면서 국민당 내 노선 갈등이 첨예화되었다. 1926년 중산함中山艦 사건은 그러한 갈등이 본격적으로 표출된 것으로 장제스는 공산당 지도부와 소련 고문관을 축출하여 공산당의 영향력을 제거하고 자신이 가진 군권을 바탕으로 당과 정부의 실권을 장악하려 했다. 그럼에도 불구하고 이오시프 스탈린Iosif Stalin은 국민당과의 통일전선을 계속 유지하도록 하였으며, 1927년 4월 장제스가 상하이에서 쿠데타를 일으켜 국공합작을 파기했을 때에도 국민당 좌파와 계속 연합하도록 지시했다.[16] 당시 레온 트로츠키Leon Trotskii와 권력투쟁을

15 William W. Whitson, *The Chinese High Command: A History of Communist Military Politics, 1927-71* (New York: Praeger Publishers, 1973), p. 13.

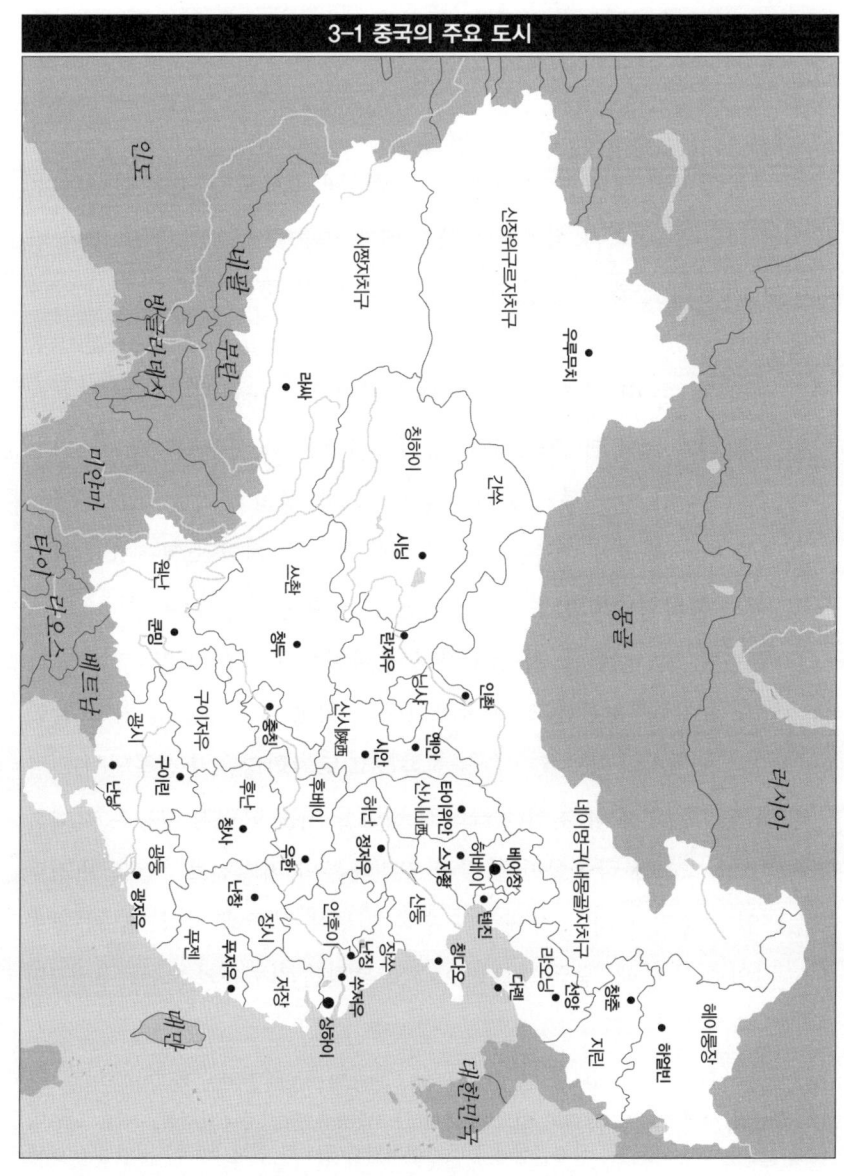

벌이고 있던 스탈린은 자신이 지지했던 국공합작을 파기할 수 없었던 것이다.

사실 1921년 중국공산당이 창당한 이후 코민테른Comintern과 소련이 제시한 중국혁명에 대한 방침은 중국의 상황에 부합하는 것이 아니었다. 1920년 레닌은 「민족과 식민지에 관한 테제」라는 논문에서 '부르주아 민족주의' 계층과 동맹이 가능하다고 주장했다. 즉 중국의 경우 힘이 약한 중국공산당이 국민당과 연계하여 통일전선을 결성할 수 있다는 것이다. 이후 소련에서는 이 문제를 놓고 논란이 있었다. 중국혁명에 대해 트로츠키는 스탈린과 반대로 중국 내의 독립적인 소비에트Soviet를 발전시켜야 한다고 주장했다. 이러한 노선의 대립은 권력투쟁의 성격을 갖고 있었으므로 스탈린은 중국의 상황을 고려하지 않은 채 자신의 노선을 고집하였으며, 이는 중국혁명의 방향을 설정하는 데 혼란을 가중시켰다.[17]

스탈린과 코민테른의 지침에 따라 중국공산당 총서기였던 천두슈는 국공합작을 계속 유지했고, 중국공산당은 혁명의 기회를 놓치고 말았다.[18] 그는 노동자와 농민운동을 조직화하고 토지혁명을 추진하면서도 국민당 좌파의 동요를 막기 위해 급진적 성향을 띠는 혁명적 행동은 자제하도록 했다. 그러나 국공합작은 결국 코민테른의 비밀전보사건을 계기로 7월 15일 국민당 좌파가 장제스의 우한 정부에 합류해 버림으로써 결렬되고 말았다.[19] 한때 '중국의 레닌'이라고 불렸던 천두슈의 노선은 8월 7일

---

16 Jonathan D. Spencer, *The Search for Modern China* (New York: Norton, 1990), p. 354.

17 중산함 사건 이후 스탈린의 입장에 대해서는 박광종 역, 『중국혁명론』(서울: 범우사, 1989), pp. 19-20, 스탈린이 국제공산당 중앙집행위원회에서 한 연설 "중국혁명전망"(1926년 11월 30일) 참조.

18 훗날 마오쩌둥은 당시 농민혁명을 급속히 추진할 수 있었으나 천두슈가 농민의 혁명적 역할을 이해하지 못했다고 비판했다. Edgar Snow, *Red Star over China* (New York: Grove Press, Inc., 1961), p. 162.

개최된 긴급회의에서 '우경기회주의'로 비판을 받게 되었고 훗날 '우경투항주의' 노선으로 간주되었다. 중국공산당은 "군사적 영도권을 포기함으로써 혁명을 실패로 돌아가게 하였으며 이후 혁명의 전도에 비관·실망하여 취소주의자로 전락하고 말았다"고 비난했다.[20]

국공합작이 붕괴한 직후 중국공산당은 본격적으로 무장투쟁을 전개하기 시작했다. 8월 1일 주더朱德, 허룽賀龍, 천이陳毅 등이 주동하여 난창南昌 봉기를 일으켰다.[21] 조직화되지 못한 농민은 국민당 군대에 무기력하게 짓밟혔으며, 중국공산당 내에서는 이 봉기를 계기로 새로운 무장력을 갖추는 것이 새로운 쟁점으로 부각했다. 즉 난창 봉기는 국민당 군대의 군사력이 막강하다는 사실을 깨닫게 하였으며, 중국혁명은 체계적으로 훈련된 병사들에 의한 군사행동을 통해서만 성공할 수 있다는 인식을 갖게 하는 계기가 되었다.[22] 그러나 8월 9일 당 총서기로 선출된 취추바이는 중국공산당의 전략노선을 급진화하여 대도시에서의 무장봉기를 추구했다. 여기에는 천두슈 노선의 실패를 만회하려는 의도가 크게 작용했다. 그는 도시지역에서 노동자들을 무장시켰으며 농촌지역에서는 토지혁명을 추진했다. 그리고 9월에는 10만의 농민을 동원하여 후난湖南, 후베이湖北, 광둥廣東, 광시廣西 지역에서 대규모의 추수폭동을 전개했다. 이때 마오쩌둥은 후난에서 추수폭동을 전개하고 이것이 성공하면 군대를 이끌고 창사長沙를 탈취하라는 지령을 받았다. 그러나 모든 봉기는 국민당의 무자비한 탄압

---

19 비밀전보사건에 대해서는 Spencer, *The Search for Modern China*, p. 358 참조.

20 Mao Tse-tung, "Problems of Strategy in China's Revolutionary War," p. 249 fn. 4.

21 Benjamin Yang, *From Revolution to Politics: Chinese Communists on the Long March* (Boulder: Westview Press, 1990), p. 22.

22 Jacques Guillermaz, "The Soldier," ed. Dick Wilson, *Mao Tse-tung in the Scales of History* (Cambridge: Cambridge University Press, 1977), p. 119.

으로 인해 농민들이 적극적으로 참여할 수 없었고, 공산당의 군사력이 압도적인 열세에 있었기 때문에 성공할 수 없었다. 당시 창사 공격에 참여한 마오쩌둥의 군대는 국민당 군대에 의해 사실상 와해되었으며, 마오쩌둥은 지주들로 구성된 민병대에 사로잡혔다가 구사일생으로 탈출했다.[23]

추수폭동의 실패에도 불구하고, 취추바이는 그해 11월에 연속혁명론을 제기하여 더욱 급진적인 정책을 추진했다. 이에 따라 하이루펑海陸豊 소비에트, 광저우 소비에트가 수립되어 한때 성공하는 듯 보였으나 결국 월등한 군사력을 갖춘 국민당 군대에 함락되어 무장봉기는 또다시 실패로 돌아갔다. 중국공산당은 1928년 6월 모스크바Moskva에서 제6차 당 대회를 갖고 취추바이 노선을 '좌경모험주의'라 비판했다.

그러나 취추바이에 이어 새로운 지도자로 등장한 리리싼의 노선 역시 급진적인 성격을 갖는 것이었다.[24] 리리싼은 '불균형 발전론'에 입각하여 장제스와 제국주의 정권이 장악하지 못한 지역에서 혁명을 우선적으로 성공시켜야 한다고 주장했다.[25] 불균형 발전론이란 전체적으로 혁명을 위한 조건이 성숙하지 않은 상태에서도 우선 제국주의 세력이 완전히 장악하지 못한 지역에서부터 우선적으로 혁명을 성공시킨 후, 다른 지역으로 파급해야 한다는 논리였다. 당시 1929년의 공황과 이로 인한 중국 내 대도시의 위기감이 커져가면서 중국혁명의 기운이 무르익은 것처럼 보였다. 또한 1929년과 1930년에는 군벌세력들이 반反장제스 선언을 하며 대

---

23 Samuel B. Griffith, *The Chinese People's Liberation Army*, p. 24.

24 Benjamin Yang, *From Revolution to Politics*, p. 33; Franklin W. Houn, *A Short History of Chinese Communism* (Englewood Cliffs: Prentice-Hall, 1973), p. 38.

25 Jerome Ch'ên, "The Communist Movement, 1927-1937," Lloyd E. Eastman et al., *The Nationalist Era in China, 1927-1949* (Cambridge: Cambridge University Press, 1991), pp. 84-88; 서진영, 『중국혁명사』 (서울: 한울, 1994), p. 139.

치하여 공산당으로서는 무장투쟁을 위한 절호의 기회가 다가온 것으로 보였다. 이러한 상황에서 리리싼은 취추바이 노선이 패배한 후 어느 정도 혁명역량을 회복한 것으로 판단했다. 1930년 6월 당 중앙정부만 농촌지역에 분산되어 유격전을 전개하고 있던 홍군으로 하여금 난창을 공격하도록 명령했고, 도시지역의 당 조직에도 노동자들의 총파업과 무장봉기를 지시했다. 그러나 난창, 우한, 창사 등 대도시에 대한 공격은 미국, 영국, 일본의 함포 지원을 받은 국민당 군대에게 참담한 패배를 당하여 또다시 실패로 돌아갔다.

중국공산당 전략노선이 실패한 원인은 스탈린과 코민테른의 지침이 중국의 상황에 부합하지 않았기 때문이다. 앞에서 언급한 바와 같이 권력투쟁에 몰두하고 있던 스탈린은 1927년 4월 장제스의 상하이쿠데타에도 불구하고 국민당과의 연합을 계속 유지할 것을 고집하여 혁명의 기회를 놓치는 결과를 가져왔다. 또한 중국의 산업구조 특성상 도시노동자 계층이 빈약한 상태에서 혁명의 주체를 농민이 아닌 노동자로 파악하고 무리하게 도시봉기를 추구함으로써 종국에는 중국공산당 조직의 와해를 초래했다. 도시는 국민당이 가장 중요하게 생각하는 중심으로서 강력한 군사력이 집중되어 있었다. 그럼에도 불구하고 제대로 무장되지도 않은 노동자·농민들로 하여금 도시를 반복해서 공격하도록 한 것은 무모하기 짝이 없는 전략이었다.

나. 마오쩌둥의 독자적 전략 형성과정

마오쩌둥은 1927년 9월 후난 추수폭동을 통해 이와 같은 '모험주의' 전략이 무모하다는 사실을 인식했다. 그래서 그가 내린 결론은 '농촌에서 도시를 포위'하는 것이었다. 도시란 다른 곳으로 이동하는 것이 아니기 때문에 우선 농촌에서 혁명역량을 강화한 다음 공격해도 된다는 것이다. 따라서 그는 혁명의 주체는 농민이 되어야 하며 홍군을 건설하여 이들로 하여금 무장한 수백만의 농민을 선도할 수 있어야 한다고 보았다.[26] 이러한 사실로 미루어 마오쩌둥은 후난 추수폭동을 계기로 이제 중국공산당에게 혁명을 달성하기 위한 진정한 중심은 도시가 아니라 병력이라는 사실과 함께, 혁명의 주체세력이 노동자가 아닌 농민이 되어야 한다는 사실을 인식하게 되었음을 알 수 있다.

마오쩌둥은 징강 산에 할거하면서 홍군의 건설에 주력했다. 후난 추수폭동에 실패한 마오쩌둥은 1927년 10월 무장세력을 이끌고 싼완三灣에 도착한 후 부대를 재정비하여 4개 연대 규모의 공농홍군工農紅軍 제1사단을 창설하고 장시江西 성과 후난 성 사이의 징강 산에 할거했다. 국민당 군대와 전쟁을 하고 있는 마오쩌둥에게 홍군의 건설은 생사가 걸린 문제였다.[27] 우세한 적에 대한 무모한 공격의 한계를 절감한 그는 우선 국민당의 통제가 약한 농촌에서 투쟁하며 혁명역량을 강화해 나가야 한다고 주장했다. 이러한 소극적인 투쟁방식으로 인해 징강 산에 할거한 마오쩌둥과 그의 일행은 당내 강경주의자들로부터 급진적인 정책을 실행하지 않는 '개량주의 집단'으로 낙인 찍혔다.[28]

그렇지만 싼완에서의 개편 시 약 1,000여 명에 불과하던 홍군은 점차 증강되어 갔다. 1928년 5월 난창 봉기의 실패로 패주하던 주더의 군대 약 1만 명이 합류하여 3개 사단 규모의 제4군단이 창설되었으며, 7월에는 국

---

26 후난 추수폭동은 실패로 돌아갔지만 마오쩌둥은 그 과정에서 농민의 혁명잠재력을 눈으로 확인했다. Mao Tse-tung, "Report on an Investigation of the Peasant Movement in Hunan," *SW*, vol. 1, p. 32; Jonathan D. Spencer, *The Search for Modern China*, p. 356.

27 Mao Tse-tung, "The Struggle in the Chingkang Mountains," *SW*, vol. 1, p. 80.

28 Edgar Snow, *Red Star over China*, p. 170.

민당 소속 장교였던 펑더화이彭德懷가 군대를 이끌고 합류하여 홍군 제5군이 창설되었다.[29] 1928년 말 국민당의 끈질긴 공격으로 마오쩌둥은 징강산을 포기하고 장시와 푸젠福建 성 사이의 산악지대에 새 거점을 마련하여 장시 소비에트의 중심지로 삼았다. 홍군은 확장을 거듭하여 1930년 5월까지 14개 군단에 약 7만의 병력으로 불어났으며 1934년에는 30만 명까지 증가했다.[30]

장시 시대는 마오쩌둥으로 하여금 '독자적인' 군사전략을 형성하게 한 시기였다. 당시 그의 전략은 단순한 유격전 전략으로, 적을 끌어들인 후 분산되어 약화된 적을 차례차례 집중적으로 공격하여 격멸하는 전략이었다. 이러한 그의 전략은 점차 '16자 전법'으로 구체화되었는데 그 내용은 "적이 진격하면 아군은 퇴각하고敵進我退, 적이 피로하면 아군은 공격하고敵疲我打, 적이 주둔하면 아군은 교란하고敵駐我擾, 적이 퇴각하면 아군은 추격한다敵退我追"는 것이었다.[31] 이 전략은 1930년 말부터 장제스가 공산당 세력을 뿌리 뽑기 위해 다섯 차례에 걸쳐 추진한 소공전掃共戰에 대항하는 과정에서 더욱 발전하였으며, 차후 지구전 전략의 기본 골격을 이루게 되었다.[32]

제1차 소공전은 국민당 군대가 1930년 12월 초부터 장시 성 남부의 공

---

29 William Whitson, *The Chinese High Command*, pp. 288-289, Chart G, "Evolution of the Fourth Field Army, 1928-69."

30 국방군사연구소, 『중국인민해방군사』 (서울: 국방군사연구소, 1998), pp. 33-35.

31 Mao Tse-tung, "Problems of Strategy in China's Revolutionary War," p. 213.

32 장제스의 포위토벌에 관해서는 Benjamin Yang, *From Revolution to Politics*, pp. 42-67; Edgar Snow, *Red Star Over China*, pp. 182-195; Mao Tse-tung, "Problems of Strategy in China's Revolutionary War," pp. 226-232; William W. Whitson, *The Chinese High Command*, pp. 268-281; 국방군사연구소, 『중공군의 전략전술 변천사』 (서울: 국방군사연구소, 1996), pp. 66-76; 국방군사연구소, 『중국인민해방군사』, pp. 38-48; Samuel Griffith, *Chinese People's Liberation Army*, pp. 38-46 참조.

산당 근거지를 공격하면서 시작되었다. 그해 7월 리리싼이 주도한 대도시 공격은 비록 실패했지만 장제스로 하여금 공산당 세력에 대한 위협을 느끼도록 하기에 충분하였으며, 이는 곧 국민당 정부가 대대적으로 공산당 토벌에 나서는 계기가 되었다. 당시 국민당 군대의 병력은 7개 사단 10만 명이었으며 이에 맞선 홍군 제1방면군의 병력은 4만 명에 불과했고, 그것도 무장을 제대로 갖춘 병력은 기껏해야 2만 5,000명에 지나지 않았다.[33] 마오쩌둥은 유적심입誘敵深入, 즉 뒤로 물러나면서 적을 깊이 유인한 뒤 매복을 통해 점진적으로 국민당 군대를 공격한다는 작전을 구상했다.[34]

상대가 서북지역을 가로지르는 간 강贛江 쪽에서 남하한다는 사실을 입수한 마오쩌둥은 강 서쪽에 있는 부대들을 모두 강 동쪽으로 이동시켰다. 11월 5일 강 서쪽의 진지에 대한 공격을 개시한 국민당 군대는 홍군이 이동한 사실을 알고 도하작전을 전개했다. 도하를 완료한 국민당 군대는 간 강 동쪽의 산악지대로 철수하여 집결하고 있던 홍군의 뒤를 쫓아 험준한 산악지역인 룽강龍岡으로 진입해 왔다. 이때 홍군 제12군의 1개 연대가 적 토벌군의 주력사단 가운데 하나인 제18사단을 유인하고, 이 가운데 2개 여단이 진격해 왔다. 이에 홍군은 적을 소비에트 지구 내의 협곡으로 깊숙이 끌어들인 다음 2개 사단을 집중시켜 포위공격을 가했다. 그 결과 국민당 군대 제18사단이 와해되었으며, 사단장을 포함한 9,000명이 홍군의 포로가 되었다. 나흘 후 홍군은 또 다시 국민당 군대의 제50사단을 유인, 함정에 빠뜨려 치명적인 타격을 가했다. 2개 사단이 와해되자 장제스는

---

33 기존 마오쩌둥·주더의 제4군단은 제1군으로 확장되었고 펑더화이의 홍군 제5군은 제3군으로 확장되었다. 그리고 1930년 8월 마오쩌둥의 제1군과 펑더화이의 제3군을 주축으로 제1방면군이 편성되었다. Benjamin Yang, *From Revolution to Politics*, p. 318; William Whitson, *The Chinese High Command*, pp. 288-289 Chart G 참조.

34 William Whitson, *The Chinese High Command*, p. 268.

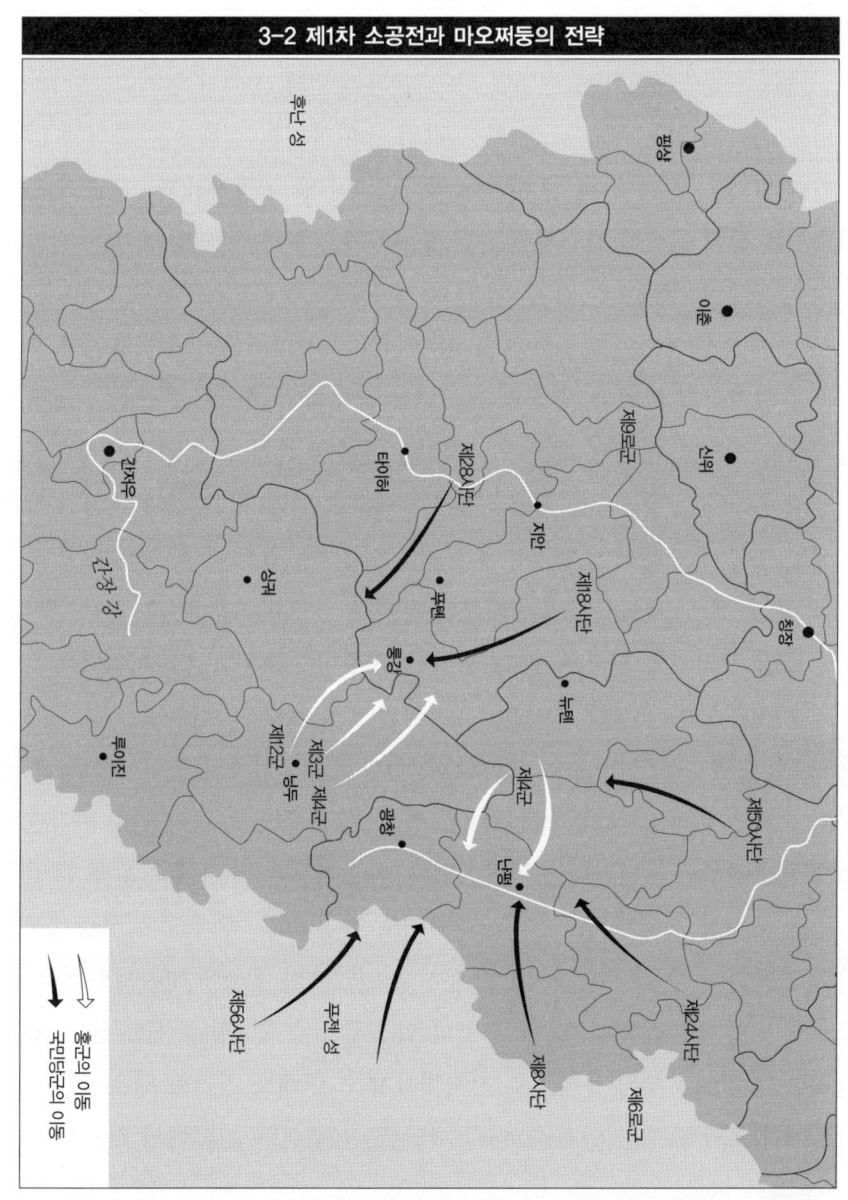

3-2 제1차 소공전과 마오쩌둥의 전략

제3장 중국의 혁명전쟁전략 89

1931년 1월 말 작전을 중단하고 군대를 철수시켰다.

　제2차 소공전은 1931년 4월 약 20만의 국민당 군대가 공격을 개시하면서 시작되었다. 국민당 군대는 제1차 소탕작전의 실패를 반복하지 않기 위해 장시 성과 푸젠 성 지역에 커다란 포위망을 형성한 후, 홍군의 근거지를 향해 서서히 전진하며 좁혀 들어가기로 했다. 국민당 군대는 홍군의 북쪽에 위치하여 간 강 우측에서부터 동쪽으로 가면서 제5·26·6로군路軍 순서로 배치되었고, 제19로군은 남서쪽에서 비스듬히 북상하면서 홍군을 압박하고 있었다. 공산당은 국민당 군대의 부대배치에 관한 정보를 획득하는 한편, 홍군에 대한 보급지원을 원활히 하기 위해 유격전 부대를 조직하고 마을 주민들을 동원하는데 주력하고 있었다. 그 결과 유격전 부대는 충분히 강화되어 정규부대 못지않은 전투력을 갖추게 되었다.[35] 장시 성, 푸젠 성, 광둥 성 일대의 홍군은 약 11만 7,000명이었고 그중 장시 성 중앙 근거지의 홍군은 제1차 소공전 때와 비슷한 약 4만 명이었다.

　마오쩌둥이 구상한 전략은 "유적심입誘敵深入, 피적주력避敵主力, 타기허약打其虛弱, 승퇴추섬乘退追殲"으로 요약할 수 있다.[36] 즉, 적을 깊숙이 유인하고, 적 주력을 피하고 적의 약한 부대를 먼저 친다. 그리고 적이 지쳐 퇴각할 경우 추격하여 섬멸한다는 전략이었다. 마오쩌둥은 적 부대 가운데 맨 좌측에 위치한 제5로군을 먼저 상대하기로 결정했다. 제5로군은 북방에서 막 도착하여 상황을 잘 파악하지 못하고 있었으며 홍군에 대해서도 잘 모르고 있었기 때문이다. 또한 홍군의 입장에서 공격방향을 제5로군이 위치한 간 강으로부터 동쪽으로 진격해야지 그 반대로 진격할 경우에는 간 강에 가로막힐 수 있었다. 그러나 제5로군은 푸톈富田 지역에서 견고한 진

35　William Whitson, *The Chinese High Command*, p. 270.

36　국방군사연구소, 『중공군의 전략전술 변천사』, p. 66.

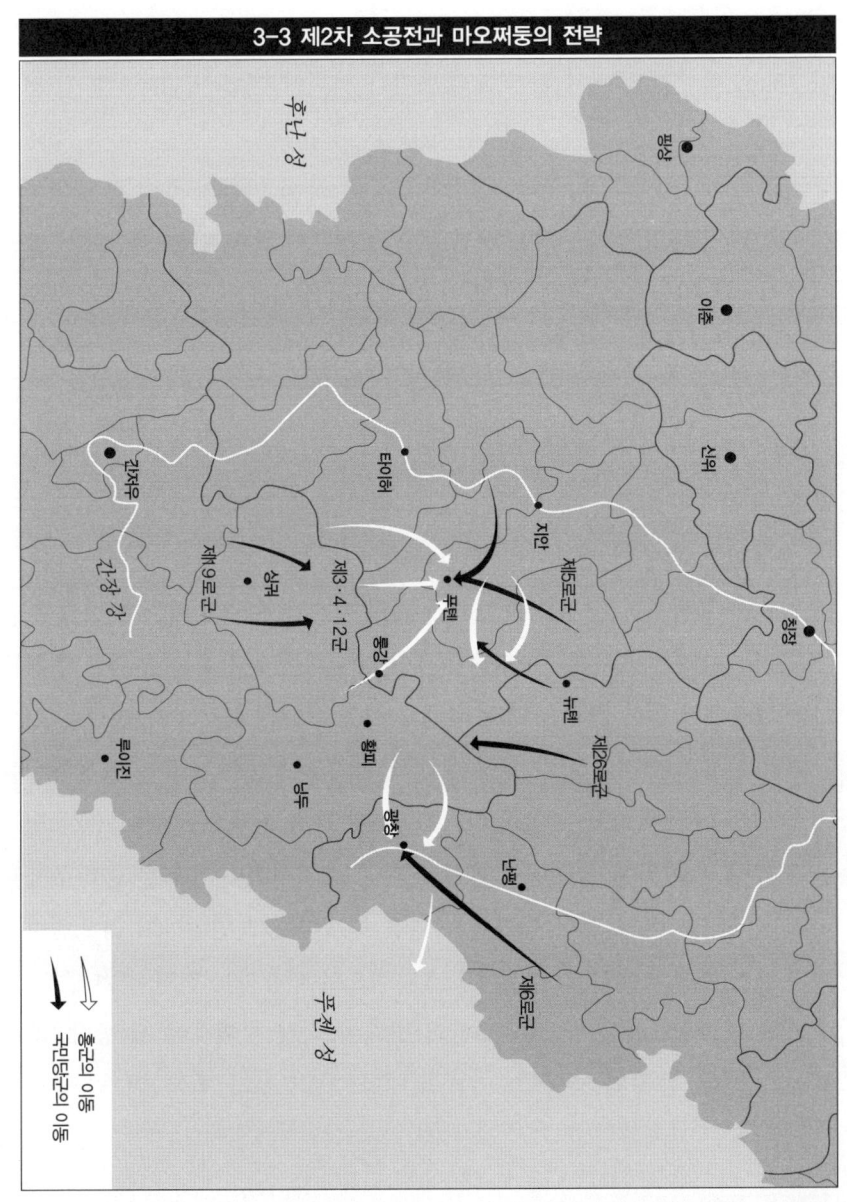

지를 구축한 채 움직이지 않고 있었다. 마오쩌둥과 주더는 적 진지로부터 약 15km 떨어진 곳에서 꼼짝도 않으면서 적이 진지를 벗어나기를 무려 25일 동안이나 기다렸다. 마침내 제5로군 예하 제28사단이 홍군을 향해 공격해 오자 주더의 제1군과 펑더화이의 제3군이 이들의 후방을 차단하여 국민당 군대의 추가증원을 막았고 린뱌오林彪의 제4군단은 정면에서 공격하여 제28사단을 섬멸했다. 그 다음 홍군이 동쪽으로 이동하면서 차례차례 적 포위부대를 각개격파하고, 국민당 군대가 북쪽으로 철수함으로써 작전이 종결되었다.[37]

국민당 군대의 총 규모가 압도적으로 우세함에도 불구하고 홍군이 잇달아 전투에서 승리할 수 있었던 것은, 적 일부에 대해 홍군이 병력을 집중 운용함으로써 매 전투마다 수적 우세를 달성할 수 있었기 때문이다. 매 작전마다 국민당 군대를 유인하기 위해 실시한 홍군의 퇴각은 적의 부대를 분산시키는 효과를 가져왔다. 국민당 군대는 퇴각하는 홍군을 추격하는 과정에서 좁은 산길을 따라 길게 늘어설 수밖에 없었으며, 홍군은 신장되거나 고립된 적의 약한 부분에 대해 병력을 집중하여 유리한 상황에서 적에게 타격을 가할 수 있었다. 그것은 손자가 지적했던 대로 강한 적을 분리해 놓고 약한 적부터 차례로 격파하는 것이었다.[38] 또한 클라우제비츠가 지적한 바와 같이 특정한 지역을 확보하는데 연연하지 않으면서 적의 약한 부분에 대한 기습공격을 효과적으로 이용하는 전략이었다.[39]

1931년 7월 1일 장제스는 30만의 병력을 직접 지휘하여 세 방향, 즉 북쪽의 난창, 동쪽의 난핑南平, 서쪽의 지안吉安으로부터 루이진瑞金의 중앙

---

37 국방군사연구소, 『중공군의 전략전술 변천사』, p. 69.

38 Ralph D. Sawyer, trans., *The Seven Military Classics of Ancient China*, p. 167; 손자, 『손자병법』, 제6장 허실편.

근거지를 향해 '장구직진長久直進, 분진합격分進合擊'의 전술로 홍군에 대한 제 3차 소공전에 나섰다.[40] 이번 국민당 군대의 공세는 홍군의 입장에서 볼 때 시간상의 기습을 당한 꼴이 되었다.[41] 홍군 제1방면군은 제2차 소공전 후 휴식과 정비를 완료하지 못한 상태에 있었으며, 그나마 병력은 생산활동을 위해 각지에 흩어져 있었다. 마오쩌둥은 일단 적을 깊숙이 유인하면서 시간을 벌기로 했다. 그의 작전계획은 우선 장시 성 근거지를 포기하고 적을 유인한 다음, 병력을 이끌고 적의 후방으로 돌아가 적 병참선을 차단하는 것이었다. 그리고 적이 헛물을 켜고 포기하고 돌아갈 때 피로에 지친 적에게 맹공을 가하기로 했다.

그러나 마오쩌둥의 작전의도가 국민당 군대에 노출되어 홍군은 오히려 적으로부터 추격을 받게 되었다. 홍군은 서쪽에 위치한 간 강을 등진 채 국민당 군대로부터 북쪽, 동쪽, 남쪽으로 포위되었다. 퇴로를 차단당한 급박한 상황에서 마오쩌둥은 중앙돌파를 감행하기로 결심하고 적이 전진해오고 있는 동쪽으로 이동했다. 8월 4일 홍군은 적의 집단군과 집단군 사이에 난 약 20km의 간격을 이용하여 동쪽으로 탈출하는데 성공했다. 그리고 11일 황피黃陂에 도착하기까지 적 부대 중에서 사단 규모를 넘

---

39 Carl von Clausewitz, *On War*, pp. 363-364. 클라우제비츠는 공격 시 기습의 효과를 평가 절하하면서도, 유독 방어에서는 기습이 매우 유용함을 지적하고 있다. 특히 방자가 기동방어에 의한 종심방어를 취해 특정지역의 확보에 연연하지 않고 행동의 자유를 가진다면 방자는 병력을 집중하여 공자의 병참선을 차단할 수 있으며, 공자가 병참선을 확보하기 위해 어쩔 수 없이 부대를 분리하여 일부만 진격해 올 경우 방자는 전력을 투입하여 적의 일부를 공격할 수 있다고 했다.

40 '장구직진, 분진합격'은 홍군의 전술로 멀리 있는 적을 향해 곧바로 이동, 병력을 분산해 접근한 다음 타격을 가할 때 전투력을 집중하는 전법이다. 즉, 신속한 기동, 병력의 분산과 집중의 원리를 이용하여 기습의 효과를 달성하는 것이다. 국방군사연구소, 『중국인민해방군사』, p. 41 참조.

41 국방군사연구소, 『중공군의 전략전술 변천사』, p. 71.

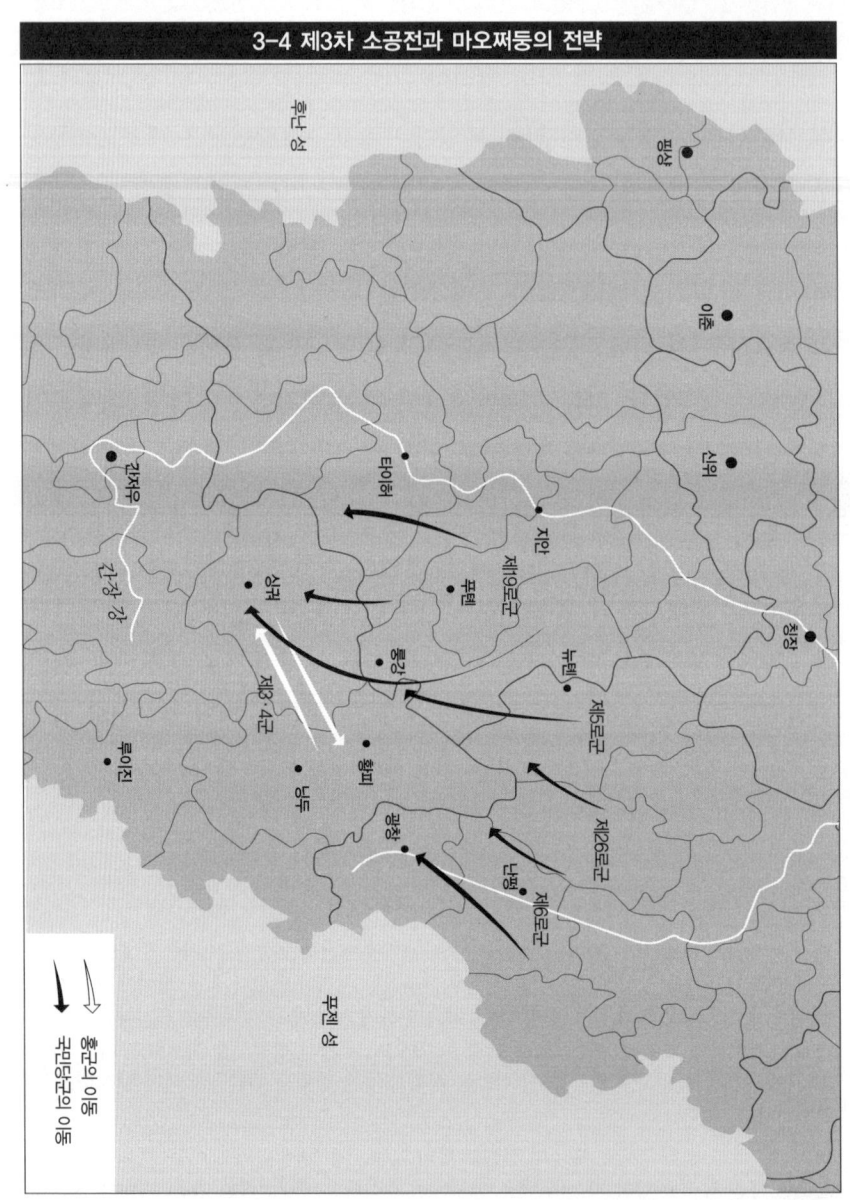

지 않는 소규모의 적을 상대로 공격을 가하여 세 차례의 승리를 거두었다. 9일 국민당 군대는 홍군의 주력이 탈출한 사실을 알고 서쪽과 남쪽으로 진출하던 부대들을 다시 동쪽으로 이동시켜 홍군이 위치한 황피 지역을 포위했다. 그러나 2만 5,000명의 홍군은 다시 적 부대 사이에 벌어진 약 10km의 간격을 발견하고 야음을 틈타 은밀하게 산을 넘어 서쪽으로 이동하여 원래 출발지였던 싱궈興國에 돌아와 집결했다. 적은 15일 이후에야 이 사실을 발견하고 퇴각하지 않을 수 없었다.[42] 제3차 소공전은 홍군이 기동전의 진수를 보여준 사례였다.

제4·5차 소공전은 홍군의 실패로 끝났다. 세 번에 걸친 장제스의 소공전에 대항하여 승리를 거두었음에도 불구하고 마오쩌둥의 유격전 전략은 당의 전략방침과 마찰을 빚게 되었다. 적을 깊숙이 유인함으로써 소비에트 지구의 상당부분을 장제스의 군대에 내줄 수밖에 없었고, 국민당 군대는 점령지역에서 무자비한 보복행위를 가한 결과 대중들 사이에서 동요가 일어나고 있었다. 당을 장악하고 있던 왕밍 등 소련 유학생파는 마오쩌둥의 유격주의에 반대하고, 농촌지역이 아닌 도시를 중점적으로 공략한다는 방침을 세우고 "한 개 또는 수개의 성에서 우선 승리를 쟁취한다"는 결정을 내렸다.[43] 즉 이제는 국민당 군대에 대해 회피하거나 물러서지 않고 적극적으로 맞서 싸우겠다는 것이었다. 이러한 전략노선에 따라 당 지도부는 홍군이 이제 정규화되었다는 것을 이유로 적을 깊이 유인하는 것에 반대하였으며, 더 이상 퇴각하지 않고 맞서 싸울 것을 지시했다.

---

42 William Whitson, *The Chinese High Command*, pp. 272-273; 국방군사연구소, 『중공군의 전략전술 변천사』, pp. 71-72.

43 Mao Tse-tung, "Problems of Strategy in China's Revolutionary War," p. 214.

제4차 소공전이 시작되기 전 마오쩌둥은 홍군의 지휘계통에서 제외되었고 저우언라이周恩來가 홍군의 총 정치위원으로 임명되어 지금까지의 '유격전'과 '기동전'이 아닌 '진지전'과 '정면대응전'을 전개하기로 했다. 그 결과 제4·5차 소공전에서 중국공산당은 공격일변도 전략과 고수방어전략을 채택하고, 결국 커다란 손실을 입지 않을 수 없게 되었다.[44] 다만 제4차 소공전에서 홍군은 결정적인 패배를 당할 위기에 처하나 1933년 초 일본군이 러허熱河 지역에서 작전을 개시하자 장제스가 이에 대처하기 위해 난창을 비우는 사이 반격의 기회를 살림으로써 상황을 반전할 수 있었다.

제5차 소공전은 중국공산당의 완전한 패배를 가져왔다. 국민당의 공세에 대항하여 왕밍이 내세운 전략은 적을 끌어들여 싸우는 것이 아니라 적을 정면에서 막는다는 것이었다. 왕밍, 저우언라이, 주더, 그리고 코민테른 고문인 리더李德(본명은 오토 브라운Otto Braun)는 홍군의 정규화에 박차를 가하고 있었다. 홍군의 군단 편제는 해체되었고, 대신 6,000명 단위의 정규사단 규모로 재편되었다. 그리고 병력을 운용하는 데 있어서 필요할 경우 적의 약한 부분에 집중적으로 운용하는 것을 포기하고, 평시부터 넓은 지역을 방어하기 위해 분산하여 배치하도록 했다. 여기에서 아이러니한 것은 홍군의 전략이 과거 국민당 정규군의 전략을 모방한 반면, 장제스는 과거 홍군이 사용했던 비정규전 전략을 도입하고 있었다는 사실이다. 1933년 5월에 시작된 제5차 소공전에서 장제스의 전략은 '지구전'과 '토치카주의'였다.[45] 적을 포위하기 위해 장제스는 커다란 포위망을 연하

---

44 국방군사연구소, 『중공군의 전략전술 변천사』, p. 75.

45 Chi-Hsi Hu, "Mao, Lin Biao and the Fifth Encirclement Campaign," *The China Quarterly*, no. 82, June 1980, pp. 272-280; Mao Tse-tung, "Problems of Strategy in China's Revolutionary War," p. 231.

여 요새진지를 구축하고 병참선을 안전하게 확보했다. 그리고 견고한 요새진지를 방벽 삼아 대기하고 있다가 공격해 오는 홍군을 섬멸했다.[46] 홍군의 공격이 없을 경우 국민당 군대는 소총 사거리 내 엄호가 가능한 지역으로 전진하여 요새진지를 구축했다. 국민당 군대는 1년에 걸쳐 이러한 작전을 반복하면서 홍군의 근거지를 한 발씩 옥죄어 나갔다. 결국 진지전을 위해 넓게 분산 배치된 홍군은 병력과 장비 면에서 우세한 국민당 군대의 상대가 되지 못했다. 1934년 4월 국민당 군대가 광창廣昌을 공격하자 홍군은 주력 9개 사단을 투입하여 또 다시 '결전'을 치름으로써 궤멸 수준의 타격을 입게 되었다. 이후 수세로 돌변한 홍군은 근거지가 날로 축소되면서 1년에 걸친 대장정大長征을 떠나지 않을 수 없게 되었다.[47]

다섯 차례에 걸친 소공전을 통해 나타난 마오쩌둥의 전략은 다음과 같이 요약해 볼 수 있다. 첫째, 국민당 군대와의 직접적인 전투를 회피했다. 마오쩌둥은 적의 군사력이 훨씬 강하기 때문에 이들과의 군사적 대결은 무모하다는 사실을 인식하고 있었다. 따라서 그는 무리한 도시공격을 지양하고 농촌 중심의 전략으로 전환하여 홍군의 건설과 보존에 주력했다. 마오쩌둥의 전략은 적의 공격에 대해 무모한 결전을 회피하고 대신 16자 전법과 같이 적을 유인·분산시키는 전술을 통해 오직 고립되고 약화된 적만 골라 각개격파하는 것으로, 도시봉기를 추구한 취추바이·리리싼의 무장투쟁 노선, 그리고 제4·5차 소공전에서 무모하게 정면대응에 나선 왕밍의 전략과 극적인 대조를 이루고 있다.

둘째, 방어의 이점을 십분 활용하는 전략이었다. 물론 그의 방어는 고정된 진지를 일렬로 점령하는 선방어가 아니라 뒤로 물러나면서 싸우는

---

46 국방군사연구소, 『중국인민해방군사』, p. 46.

47 William Whitson, *The Chinese High Command*, pp. 278-281.

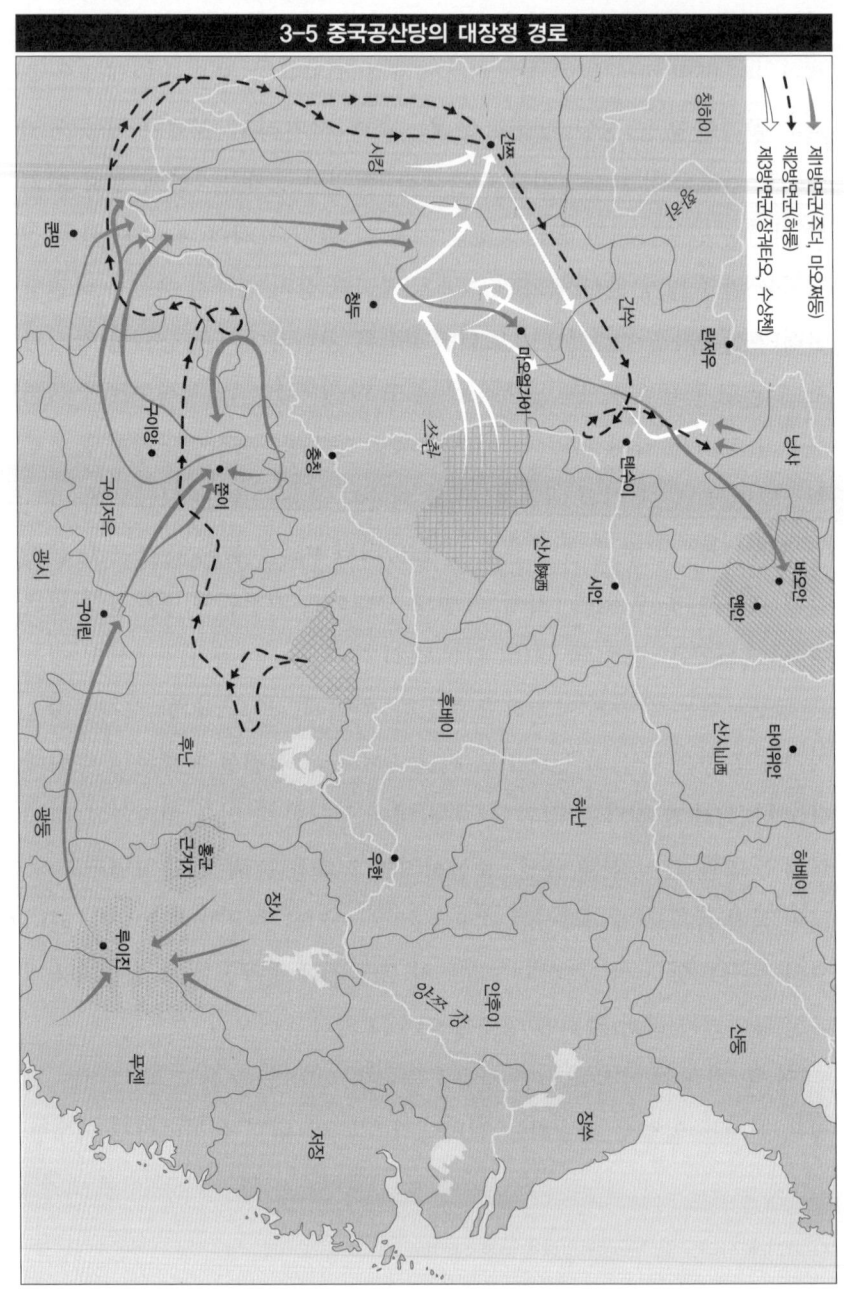

3-5 중국공산당의 대장정 경로

범례:
- 제1방면군(주더, 마오쩌둥)
- 제2방면군(허룽)
- 제3방면군(장궈타오, 쉬샹첸)

기동방어였다. 이를 통해 그는 험준한 지형으로 적을 유인함으로써 보다 유리한 조건을 조성하여 싸울 수 있었다. 마오쩌둥이 취한 전략적 퇴각은 아이러니하게도 홍군의 근거지로 유입되는 적으로 하여금 험준한 산길을 따라 좁고 길게 늘어서도록 하여 대규모의 적 병력을 분산시키는 효과를 가져왔으며, 홍군은 분산된 적에 대해 병력을 집중하고 상대적 우세를 달성하면서 싸울 수 있었다.

'퇴각-적 병력 분산-약화된 적 섬멸-적 전투력 고갈'로 이어지는 전략은 이후에도 마오쩌둥이 가장 강조하는 전략 원칙이 되었다.[48] 16자 전법도 이러한 전투경험에서 비롯한 전술개념이었다. 마오쩌둥은 이러한 전략을 통해 비록 국민당의 주력을 섬멸하지는 못하였으나 최소한 적의 승리를 거부할 수는 있었다. 무엇보다도 그는 어떠한 상황에서도 홍군의 주력을 보존할 수 있었고, 따라서 클라우제비츠가 언급한 방어의 목적, 즉 '병력의 보존'이라는 최소한의 목적을 달성할 수 있었다.

48 Stuart R. Schram, *The Political Thought of Mao Tse-tung* (New York: Praeger Publishers, 1963), p. 266.

3. 중국의 혁명전쟁 수행전략 :
인민전쟁과 지구전

중국의 안보전략에서 가장 많이 언급되는 용어 가운데 하나가 바로 '인민전쟁人民戰爭, people's war'이다. 인민전쟁이라는 개념은 마오쩌둥이 징강 산에서 투쟁하던 시기부터 1930년대 후반 항일전쟁, 그리고 중국내전을 통해 점차적으로 발전하게 되었으며, 이 용어가 공식적으로 등장한 것은 1945년 발표한 '연합정부론聯合政府論, On Coalition Government'을 통해서였다.[49] 마오쩌둥은 항일전쟁과 중국내전은 물론이고, 한국전쟁도 인민전쟁의 승리임을 강조한 바 있다.[50] 그가 이 용어를 사용한 것은 전쟁에서 승리하기 위해 정치적 의식을 갖춘 인민의 지원과 참여가 필요하다는 점을 인식했기 때문이다.

그러나 중국내전에서의 인민전쟁은 한국전쟁에서의 인민전쟁과 분명히 다르다. 엄격한 의미에서 인민전쟁은 두 가지로 구분할 수 있는데, 하나는 혁명전쟁을 수행하기 위한 인민전쟁이며 다른 하나는 국제전을 수행하기 위한 인민전쟁이다.[51] 혁명전쟁은 적과의 타협을 모색하는 것이 아니라 적의 타도를 목적으로 한다. 이 경우 인민의 무장과 참여가 불가피하며 전쟁의 성격은 절대전쟁, 즉 총력전이 된다. 국제전은 적과의 타

---

49 Mao Tse-tung, "On Coalition Government," *SW*, vol. 3, pp. 213-217.

50 Mao Tse-tung, "Our Great Victory in the War to Resist U.S. Aggression and Aid Korea and Our Future Tasks," *SW*, vol. 5, p. 115.

협과 협상을 통한 평화조약 체결을 목적으로 한다. 따라서 국제전에서 나타나는 인민전쟁은 반드시 인민의 무장을 필요로 하지는 않으며 다만 이들의 지지를 받아 제한적으로 이루어지는 전쟁이다.

인민전쟁론의 가장 큰 의미는 그것이 혁명전쟁이든 국제전이든 다 같이 클라우제비츠가 지적한 전쟁의 삼위일체trinity, 즉 정부government, 군military, 국민people 가운데 국민의 중요성을 인식했다는데 있다. 전쟁은 정부와 군, 인민이 상호 유기적인 관계를 맺는 가운데 이루어져야 하며, 그중에서도 인민의 지원을 받아 싸워야 승리할 수 있다는 것이 인민전쟁의 핵심이다.[52] 마오쩌둥은 전쟁에서 결정적인 요소는 무기가 아니라 인민이며, 따라서 이들로부터 전쟁의 정당성을 확보하고, 이들을 정치적으로 동원하며, 이들의 지원을 확보할 수 있을 때 전쟁에서 승리할 수 있다고 보았다. 그리고 인민들을 끌어들이기 위해 마오쩌둥은 우선적으로 정치교육과 훈련을 통해 충분한 역량을 보유한 정규 홍군을 건설했고, 이들을 통해 기층 인민들을 정치적으로 교화하고 조직화하며, 결국 전쟁을 수행하는데 필요한 경제적·재정적·정치적 수단을 확보할 수 있었다. 이렇게 볼 때 마오쩌둥 전략의 핵심은 군사적으로 보다 강한 적을 상대하기 위해 군사적 방책뿐 아니라 정치·사회적 수준에서의 방책을 동시에 모색하는 것으로, 서구와 달리 기존 전략의 범위를 군사영역을 넘어 정치 및 사회

---

51 유격전을 인민전쟁과 동일시하는 견해는 옳지 않으며, 정규전도 인민전쟁에 포함할 수 있다고 보는 견해에 대해서는 John M. Gate, "People's War in Vietnam," *The Journal of Military History*, vol. 54, July 1990, p. 327 참조. 즉 게이트Gate는 북베트남이 1968년 구정공세 등 정규전 전략을 추구했다는 이유로 인민전쟁을 수행한 것이 아니라고 보는 견해에 대해 반박하고 있다. 그의 주장은 인민의 무장이나 직접적인 참여가 아니더라도 인민전쟁이 될 수 있음을 의미한다.

52 Yeh Ch'ing, *Inside Mao Tse-tung Thought: An Analytical Blueprint of His Actions* trans. and ed. Stephen Pan et al. (New York: Exposition Press, 1975), pp. 123-124.

적 영역으로 확대했다는 데 그 의미가 있다. 마오쩌둥은 역사적으로 많은 전략가들이 도외시해왔던, 그리고 현재에도 그 중요성을 종종 간과한 채 혹독한 대가를 치르고 있는, 이른바 클라우제비츠가 제기한 삼위일체 가운데 '국민'이라는 요소를 재발견하고 그 중요성을 새삼 일깨운 것이다.

흔히 인민전쟁과 지구전을 동일한 것으로 보는 경향이 있으나 이는 엄격하게 구분해야 한다.[53] 인민전쟁은 정치·군사·외교·문화 등 여러 분야에서 동시에 이루어진다.[54] 즉 그것은 적이 공격해 올 경우 최전선에서 싸우는 정규군뿐 아니라 후방지역에 위치한 전 인민이 마찬가지로 일치단결하여 광범위한 저항을 전개해야만 승리할 수 있다는 국가수준의 전략, 즉 대전략이다.[55] 반면 지구전 전략은 그 하위전략인 군사전략으로서 순수하게 군사적인 개념이다. 즉 지구전 전략은 중국의 광활한 영토와 험준한 지형, 그리고 무한한 잠재력을 이용하여 적과의 결전을 회피하고 궁극적으로 피아 역량의 변화를 꾀하기 위한 전략이다. 이렇게 볼 때 인민전쟁은 '정부government'와 '군military'이 허약하기 때문에 불가피하게 '인민'의 참여와 지원에 의존해야 하는 상황에서 취한 전략방침이었다. 그리고 지구전 전략은 인민전쟁을 구현하기 위해 순수하게 군사적인 관점에서 제시된 전략, 또는 현대적 용어로 '작전술'이라고 할 수 있다.

마오쩌둥은 지구전의 긴 과정을 세 단계로 세분화하고 있다. 지구전의 제1단계는 적이 전략적 공격을 하고 홍군이 전략적 방어를 하는 단계이다. 이 단계에서 홍군은 적보다 군사적으로 열세에 있기 때문에 전략

---

53 이러한 주장에 대해서는 John M. Gates, "People's War in Vietnam," pp. 326-327 참조.

54 John M. Gate, "People's War in Vietnam," p. 328.

55 Gerald Segal and William Tow, *Chinese Defense Policy* (London: The Macmillan Press, 1984), 제1장 참조.

적으로 퇴각을 단행한다. 마오쩌둥은 다음과 같이 퇴각의 중요성을 강조했다:

> 우리는 퇴각할 수 있는 용기를 가져야 한다. … 결전추종자들은 이 이
> 치를 무시하고 현재 처한 상황이 불리함에도 결전을 추구해 겨우 한 개
> 의 도시나 일부지역을 탈취하려 한다. 그러나 결국 그들은 탈취한 도시
> 와 지역을 잃게 될 뿐 아니라 군사력마저 보존하지 못하는 결과를 가져
> 올 것이다.[56]

"전략적 퇴각은 전력이 열세에 있는 군대가 우세한 군대의 공격을 맞아, 그 공격을 신속히 격파할 수 없다는 것을 느꼈을 때 취하는 것으로, 우선 군사력을 보존하였다가 시기를 기다려 적을 격파하기 위해 취하는 하나의 계획적이고 전략적인 조치"이다.[57] 이러한 측면에서 제1단계는 '무조건적으로' 적이 추구하는 결전을 회피하는 단계라고 할 수 있다.

제1단계에서 이루어지게 되는 전략적 방어란 별다른 저항 없이 뒤로 물러서기만 하는 소극적 방어를 지양하고 적에게 부단한 기습을 감행하는 적극적 방어를 추구한다.[58] 소극적 방어는 적을 두려워하여 적에게 어떠한 공격도 가하지 못한 채 퇴각하는 것이며, 심지어는 적의 공격이 없

---

56 Mao Tse-tung, "On Protracted War," p. 172.

57 Mao Tse-tung, "Problems of Strategy in China's Revolutionary War," p. 221.

58 Mao Tse-tung, "Problems of Strategy in China's Revolutionary War," p. 207. 이러한 분류는 조미니의 분류와 똑같다. 조미니는 방어전쟁에 피동적인 작전과 적시적인 공격을 병행하는 능동적 작전이 있다고 했다. 또한 적극적 방어의 개념은 클라우제비츠가 제시한 방어개념과 극히 유사하다. 클라우제비츠도 방어가 순수한 저항 또는 피동적으로 인내하는 것이 되어서는 안 된다고 지적했다. Carl von Clausewitz, *On War*, p. 98; Baron de Jomini, *The Art of War*, p. 74.

는 경우에도 불필요하게 퇴각하는 것이다. 반면에 적극적 방어는 "공세적 방어라고도 할 수 있으며, 전략적으로는 방어를 취하되 전역이나 전투는 공격성을 지니는 것이다."[59] 즉 퇴각하는 도중에 방어진지를 구축하여 저항하며, 때로 적의 후방을 공격하기도 하고, 때로는 부분적으로는 대담하게 적을 깊이 유인하여 포위·섬멸을 시도하는 방어이다. 마오쩌둥은 방어작전 시 군 전체가 자칫 소극적이고 피동적인 위치로 전락하기 쉽다는 점을 인식하고 보다 적극적인 방어로 전장의 주도권을 장악하고자 했던 것이다.

제1단계에서 주요한 전쟁형태는 운동전이며, 유격전과 진지전은 보조적이다.[60] 운동전을 통한 전략적 퇴각은 방어의 이점을 제공하므로 적의 공격기세를 둔화할 수 있다. 즉 홍군이 퇴각할 경우 적은 오지로 유인되어 생소한 지형과 적대적인 인민들 사이에서 싸워야 할 것이며, 병참선이 신장되고 병력이 분산되어 취약해질 것이다. 반면 아군은 익숙한 지형과 내선작전의 이점, 그리고 인민의 지원 등 유리한 여건에서 싸울 수 있으며, 원하는 장소에서 병력을 집중하여 적을 격파할 수 있다.

제2단계는 전략적 대치단계로 적이 전략적 수비를 하고 홍군이 반격을 준비하는 시기이다. 제1단계의 말기에 이르면 적은 신장된 병참선을 방어해야 하기 때문에 병력이 부족할 것이고 또한 홍군의 저항이 증가함으로써 공격의 정점에 가까울 것이다. 따라서 적은 부득이하게 공격을 중지하고 이미 점령한 지역 가운데 전략적 요충지나 거점을 확보하는데 치중할 것이다. 이때 홍군은 전략적 공세를 취한다. 다만 이러한 공세는 결전을 추구하는 것이 아니기 때문에 확실하게 승리할 수 없는 강한 적에

---

59 국방군사연구소, 『중공군의 전략전술변천사』, p. 102.

60 Mao Tse-tung, "On Protracted War," p. 137.

대해서는 공격하지 않으며, 유격대의 역량으로 제압할 수 있는 적의 일부에 대해서만 집중적인 공격을 가한다.[61]

이 단계에서 주요한 작전형태는 유격전이며 운동전과 진지전은 보조적이다.[62] 적이 더 이상 결전을 추구하지 않는 이상 운동전을 통해 퇴각할 필요가 없기 때문이다. 따라서 제2단계에서는 이미 구축한 근거지를 이용하여 광범위한 유격전이 전개될 것이다. 약한 군대가 강한 군대와 싸우는데 있어서 필요한 조건 가운데 하나는 "약한 부분을 골라서 치는 것"이다. 적의 병참선을 차단하고 소규모의 적에 대해 부단한 기습을 가하며, 도로와 철도를 파괴하는 활동을 통해 적의 전투력이 집중되는 것을 방해하고 심리적인 부담을 가할 것이다. 유격전의 누적된 효과는 결국 피아 역량의 변화를 가져와 전략적 반격으로 나아갈 수 있는 기회를 제공할 것이다. 이러한 가운데 적의 공격은 정점에 도달할 것이며, 피아 전투력 균형은 아군에 유리하게 전환될 것이다.

제3단계는 홍군이 전략적 반격을 하고 적이 전략적 퇴각을 하는 단계로 결전을 추구하는 단계이다. 마오쩌둥은 "오직 결전만이 양군 간의 승패문제를 판가름할 수 있다"고 했다.[63] 적은 아군이 결전을 회피함에 따라 결정적인 승리를 얻는데 실패하고 홍군의 근거지에 깊숙이 들어와 있다. 유격전에 시달리고 피로에 지친 적은 전투의지를 상실한 채 방어에 급급하고 있다. 이때가 반격으로 전환할 수 있는 적기다. 그런데 결정적인 전투는 비정규군이 수행하는 유격전이 아니라 정규군에 의한 정규전을 통해서만 가능하다.[64] 따라서 이 단계에서 주요한 전쟁형태는 운동전과 진

---

61 Mao Tse-tung, "Problems of Strategy in Guerrilla War Against Japan," SW, vol. 2, p. 106.

62 Mao Tse-tung, "On Protracted War," p. 138.

63 Mao Tse-tung, "Problems of Strategy in China's Revolutionary War," p. 224.

지전이 핵심이 되고 유격전은 보조적 수단으로 전략적 배합이 이루어질 것이다.[65]

　마오쩌둥 전략의 성격이 방어적이며 전술적으로 유격전을 주요한 형태의 전쟁으로 간주한다고 해서, 그의 전략을 시종 방어일변도의 전략 또는 유격전과 동일한 것으로 보는 견해는 잘못된 것이다. 오히려 그는 극단적 유격주의에 대해 적극 반대하고 충분한 군사력을 갖추었을 경우에는 정규전을 통한 결전을 추구해야 한다고 강조했다.[66] 그의 방어적 전략은 오직 피아 군사력 강약의 차이에서 아군이 불리하기 때문에 비롯한 것임을 명심해야 한다. 그는 다음과 같이 지적했다:

　　무장봉기를 일으킨 후 한순간이라도 공격을 중지해서는 안 된다고 한 마르크스의 말은 전적으로 옳다. 그러나 이것은 피아 쌍방이 이미 군사적으로 대치하고 있고 또 적이 우세한 형편에서 적의 압력을 받고 있는 경우에도 혁명자들이 방어수단을 취해서는 안 된다고 말한 것은 아니다. 만일 그렇게 생각하는 사람이 있다면 그는 가장 어리석은 사람이다.

　이러한 언급은 힘이 약할 경우 무모한 공격이 어리석음을 지적한 것이다. 그러나 그는 힘이 강할 경우에는 공격이 필요하다는 것을 다음과 같이 강조하고 있다.

　홍군의 역량이 적을 능가할 경우에는 일반적으로 전략적 방어가 필요

64　Mao Tse-tung, "On Protracted War," pp. 172-174.

65　Mao Tse-tung, "On Protracted War," p. 140.

66　Samuel B. Griffith, *The Chinese People's Liberation Army*, p. 35.

106　현대 중국 전략의 기원

하지 않다. 그때의 방침은 전략적 공격뿐이다. 이러한 전환(즉 방어에서 공격으로의 전환)은 피아 역량의 총체적 변동에 의존한다.[67]

마오쩌둥은 강한 적의 공격에 대해 물러설 줄 알았다. 그것은 취추바이, 리리싼 노선에 따른 대도시 무장봉기의 실패와 다섯 차례에 걸친 국민당 군대의 포위토벌을 겪으면서 얻은 경험에서 비롯한 것이었다. '적극적 방어'를 취한 것은 강력한 적과의 결전을 회피하는 가운데 피아 전투력의 불리한 균형을 뒤집기 위해서였다. 처음부터 적보다 강하다고 한다면 굳이 방어가 필요하지 않았을 것이다. 만일 홍군이 적보다 우세한 군사력을 보유하고 있었다면 마오쩌둥의 전략적 선택은 '적극적 방어'가 아닌 '적극적 공격'이 되었을 것이며, 농촌이 아닌 대도시를 겨냥하여 한순간이라도 공격을 중지하지 않았을 것이다.

전쟁은 일회성 게임이 아니라 피아간에 공격과 방어를 반복해서 주고받는 행위이다. 초기 중국공산당이 국민당에 대해 무력투쟁을 전개하는 데 있어서 어느 한편이 승리하지 못하고 공격과 방어, 격파와 반격파, 포위토벌과 반포위토벌이 반복적으로 일어난 것도 바로 그러한 이유 때문이다. 공산당이 도시를 공격하여 탈취하면 국민당 군대가 곧 이를 격파했고, 국민당 군대가 다섯 차례에 걸쳐 포위토벌을 시도했을 경우에는 홍군이 반포위토벌로 이를 극복했다. 이러한 포위토벌과 격파가 반복되는 것은 곧 법칙이다. 이 법칙을 부정하는 것은 단 한 번의 결전 또는 공격일변도의 전략으로 승리할 수 있다고 하는 위험한 주장과 연결된다. 실제로 리리싼과 왕밍의 노선이 바로 그러한 경우였다. 1930년 난창 공격과 1934년 제5차 소공전과 같이 아군의 전투력이 적에 비해 크게 불리한 상황에서

---

[67] Mao Tse-tung, "Problems of Strategy in China's Revolutionary War," p. 208.

결전을 추구해 강한 적과 단 한 번에 승부를 내려고 한 것은 차후 전투를 고려하지 않은 무모하기 짝이 없는 행동이었다.[68]

포위토벌을 계속 반복한다면 전쟁은 언제 끝날 것인가? 이 질문에 대한 마오쩌둥의 대답은 "피아간의 강약 대비에 근본적인 변화가 일어날 때"라는 것이다. 즉 홍군이 더욱 강해질 때 전쟁은 끝날 것이다. 물론 국민당의 군대도 훨씬 강해질 수 있다. 그러나 국민당은 제국주의 세력으로서 인민의 호응을 얻을 수 없기 때문에, 오직 인민의 편에 서서 정의로운 전쟁을 수행하고 있는 공산당이 적보다 강해질 때 비로소 진정한 피아 역량의 변화를 일으켜 전쟁을 끝낼 수 있다는 것이다.[69]

여기에서 한 가지 중요한 사실을 발견할 수 있다. 마오쩌둥은 인민의 역할과 지원의 중요성에 대해 강조하고 있으며 "인간은 무기를 이길 수 있다"고 역설하고 있지만 결국 그의 전략의 출발점은 무력, 또는 군사력이라는 사실이다. 사실 마오쩌둥이 지구전 전략을 채택한 것은 홍군이 적보다 훨씬 약하기 때문이었다. 예를 들어 그는 항일전쟁의 정세를 판단함에 있어서 중국과 일본 사이에 피아 역량의 차이가 너무 크기 때문에 항일전쟁은 그 끝을 예측할 수 없으며, 심지어 국제적으로 미국과 소련의 군사적 지원이 있어야만 일본을 이길 수 있다고 보았다.[70] 그리고 그의 지구전 전략은 일본 제국주의의 '무기'가 압도적으로 강한 상황에서 단기전 승리가 불가능하기 때문에 나온 고육지책이었다. 그가 '인간'이라는 요인을 강조한 것은 적의 '무기'에 굴복하지 않는 중국 인민들의 의지를 고양시킴으로써 피아 군사력 균형을 전환하기 위한 시간을 벌고, 아군의

---

68 Mao Tse-tung, "Problems of Strategy in China's Revolutionary War," pp. 203-204.

69 Mao Tse-tung, "Problems of Strategy in China's Revolutionary War," pp. 204-205.

70 Mao Tse-tung, "On Protracted War," *SW*, vol. 2, pp. 134-136.

역량을 강화할 여건을 조성하기 위한 고도의 정치적 전략이었다. 결국 마오쩌둥 전략의 출발점이자 구심점은 정신력과 같은 무형전력보다는 궁극적으로 군사력과 같은 유형전력을 강화하는데 있다고 보아야 한다. 인간이 무기를 이길 수 있다는 구호는 정치적으로 유용할지 모르나 군사적으로는 오해를 불러일으키거나 작전에 역효과를 가져올 수 있다.

4. 중국혁명전쟁(1937~1949년) :
항일전쟁과 중국내전

항일전쟁과 중국내전은 마오쩌둥의 지구전 전략을 적용함으로써 승리를 거둘 수 있었던 사례였다. 군사적으로 강한 적에 대항하여 결정적인 전투를 회피하고 전략적 반격으로 전환하여 승리를 거두는 과정은 약자의 승리라고 하는 '전략의 패러독스' 그 자체였다. 항일전쟁은 외형적으로 두 국가의 전쟁이라는 점에서 국제전으로 볼 수 있다. 다른 한편으로 당시 중국에 통일된 정부가 들어서지 못했다는 점을 고려할 때 이 전쟁은 민족해방전쟁으로 볼 수도 있다. 사실상 통일 정권이 수립되기 이전에 이루어지는 전쟁은 다른 국가들과의 전쟁이라 해도 국제전이 아니라 민족해방전쟁 또는 반제국주의 전쟁으로 분류할 수 있다. 그리고 이러한 경우 전쟁은 여러 가지 성격을 동시에 가질 수 있다.[71] 예를 들면 베트남 전쟁의 경우 호치민胡志明, Ho Chi Minh의 입장에서 볼 때는 민족해방전쟁이자 공산혁명을 위한 전쟁이었다. 그러나 마오쩌둥이 정의하는 중국혁명이란 반봉건·반제국주의를 의미한다는 측면에서, 또한 항일전쟁의 성격이 절대성을 갖는다는 측면에서 이 연구는 중국의 항일전쟁을 국가 간의 전쟁이면서 동시에 넓은 의미에서의 혁명전쟁으로 간주한다. 마오쩌둥 자신도 「중국혁명전쟁의 전략문제」라는 제목의 논문에서 항일전쟁을 혁명전쟁이라 표현하고 있다.[72]

---

71 Raymond Aron, *Clausewitz: Philosopher of War*, p. 350.

가. 중국의 항일전쟁 수행

(1) 장제스의 상하이전투와 결전추구, 그리고 전략적 실패

1936년 체결한 제2차 국공합작은 중일전쟁 발발의 주요 원인으로 작용했다. 당시 소련을 주적主敵으로 인식하고 있던 일본은 장제스와 공산당의 항일공동전선 형성 움직임에 소련의 중국 영향력이 확대될 것을 크게 우려하여, 국공합작이 성사될 경우 군사적 행동을 취할 수 있음을 경고하고 있었다.[73] 1937년 7월 7일 루거우차오(노구교盧溝橋) 사건이 발생하자 고노에 후미마로近衛文麿 내각은 사건해결을 위해 난징 정부에 만주국滿洲國 인정, 공산주의 근절을 위한 중일협력, 그리고 중국 내 반일세력 탄압이라는 세 가지 요구사항을 제시했다. 이는 중국이 소련과의 관계를 단절하고 반공노선으로 회귀할 경우, 일본과의 전쟁을 피할 수 있음을 의미하는 것이었다.[74] 그러나 장제스는 일본의 요구가 중국을 소련으로부터 고립시켜 침략을 노골화하려는 의도에서 비롯된 것으로 보고 이를 거부했고, 고노에 내각은 전쟁을 통해 난징 정부의 태도를 바꾸려 했다.

7월 27일 루거우차오 일대의 전투를 시작으로 전쟁이 중국 북부 전역으로 확대되자 일본은 3개월 이내에 승리를 거둘 수 있을 것으로 전망하고 속전속결을 추구했다. 물론 여기에는 중국의 전쟁 잠재력이 동원되는 것을 막고 소련이 군사적으로 개입할 시간을 주지 않아야 한다는 전략적 고려가 작용하고 있었다.[75] 일본군은 루거우차오 부근의 완핑宛平에서 승

---

[72] Mao Tse-tung, "Problems of Strategy in China's Revolutionary War," p. 207.

[73] Bruce A. Elleman, *Modern Chinese Warfare, 1795-1989* (New York: Routledge, 2001), p. 202.

[74] Edward L. Dreyer, *China at War, 1901-1949* (New York: Longman Group Limited, 1995), p. 211; Bruce A. Elleman, *Modern Chinese Warfare, 1795-1989*, p. 204.

[75] Peter Zarrow, *China in War and Revolution, 1895-1949* (New York: Routledge, 2005), p. 306.

리한 후 7월 30일 톈진과 베이징을 점령하는 등 파죽지세로 화베이(화북華北) 지역을 휩쓸었다. 일본군이 베이징을 점령했을 때 도쿄에서는 육군대신 스기야마 하지메杉山元 장군이 히로히토裕仁 천황에게, 중일전쟁은 한 달 이내에 종결되고 일본은 반드시 승리할 것이라고 자신 있게 보고했다.[76] 일본 정부는 조기에 전쟁을 승리로 이끈다는 방침하에 15개 사단을 추가로 파견하기로 결정하였으며, 동시에 국민당 정부가 위치한 난징과 그 관문인 상하이에 대한 공격 가능성을 검토하기 시작했다. 7월 27일 일본 해군성은 전쟁의 확대가 불가피하다고 판단하고 중국에 파견한 해군으로 하여금 전면전에 대비할 것을 지시하였으며, 이튿날 일본 정부는 양쯔 강揚子江 연안에 거주하는 일본인 2만 9,000명에 대해 8월 9일까지 상하이로 철수하라는 훈령을 하달했다.[77]

장제스는 상하이 일대에서의 전투에 대비하지 않으면 안 되었다. 전쟁이 발발하기 전에 국민당 지도부가 구상한 항일전략은 중국의 거대한 인력과 광활한 영토, 그리고 지형적 특성을 최대한 이용하여 '지구소모전'을 전개하는 것이었다. 1930년대 초부터 장제스는 일본의 대륙침공을 예상하면서, 군사적으로 우세한 적의 공격에 직접적으로 대응하기보다는 공간과 시간을 맞바꾸는 원칙에 입각하여 전쟁을 최대한 지연할 계획을 갖고 있었다. 일본이 공격해 올 경우 18개의 성 가운데 쓰촨四川, 구이저우貴州, 윈난雲南 성을 확보한다면 나머지 15개 성을 내어주더라도 결국에는 일본군을 무찌르고 잃어버린 영토를 회복할 수 있다고 보았다.[78] 이 과정

---

76 Frederick F. Liu, *A Military History of Modern China, 1924-1949* (Princeton: Princeton University Press, 1956), p. 197.

77 中共中央黨史硏究室第一硏究部 編著, 『中華民族抗日戰爭史, 1931-1945』 (北京: 中共黨史出版社, 2006), p. 123.

78 Bruce A. Elleman, *Modern Chinese Warfare, 1795-1989*, p. 121.

에서 최악의 경우에는 중국의 수도를 시짱西藏으로 옮길 수도 있다는 견해를 피력하기도 했다. 장제스의 전략참모인 바이충시白崇禧와 야전지휘관 리쭝런李宗仁도 공간을 양보하는 전략과 함께 소규모의 승리를 누적하여 최종적인 승리를 달성해야 한다고 주장했다.[79] 독일 군사고문 알렉산더 폰 팔켄하우젠Alexander von Falkenhausen도 중국의 가장 큰 장점인 무한한 인력과 광활한 지형적 여건을 충분히 활용하면 승리할 수 있을 것으로 보았다. 또한 마오쩌둥이 이끄는 공산당 측에서도 이와 유사한 지구전 전략을 항일전쟁 전략으로 제기하고 있었다.[80]

이와 같이 대다수의 중국 지도자들은 칸나이 스타일의 섬멸전을 추구하는 일본군에 대해 정면으로 맞서는 것이 바람직하지 않다는 견해를 갖고 있었다. 즉 중국군은 일본군의 공격에 대해 전방과 측방에서 기동전을 수행하되 적 후방에서는 유격전 전술을 구사하며, 적에게 도시를 내어주더라도 주력은 보존하는 '지구소모전'을 추구해야 한다고 보았다.

상하이에서의 전운이 고조되는 가운데 장제스는 8월 3일 국방회의를 소집하여 항일전략으로 지구소모전을 채택하고, 일본군의 진출을 지연시키기 위해 상하이로부터 난징에 이르는 지역에 축차적인 진지를 구축하여 단계적으로 방어작전을 수행하기로 했다.[81] 그러나 이와 같은 장제스의 항일전쟁 전략은 기존의 전략구상과 크게 다른 것이었다. 그의 전략은

---

79 Frederick F. Liu, *A Military History of Modern China, 1924-1949*, p. 104.

80 1936년 마오쩌둥은 항일전쟁이 지구전이 될 것으로 예견하였으며, 주더도 1937년 7월 같은 전망을 내놓았다. 1938년 5월 마오쩌둥은 옌안 항일전쟁 연구회의에서 지구전에 대한 강의를 했다. 국방군사연구소, 『중국인민해방군사』, pp. 107-108; Lyman P. van Slyke, "The Chinese Communist Movement during Sino-Japanese War, 1937-1945," eds. Lloyd Eastman et al., *The Nationalist Era in China*, p. 182; 中共中央黨史研究室第一研究部 編著, 『中華民族抗日戰爭史, 1931-1945』, p. 134.

81 中共中央黨史研究室第一研究部 編著, 『中華民族抗日戰爭史, 1931-1945』, p. 132.

기존에 구상했던 '기동전'에 의한 지구전 전략이 아니라 '진지전'에 의한 지구전 전략이었으며, 적을 유인한 후 기회를 틈타 '약한 적을 포위·섬멸'하는 전략이 아니라 '강한 적에 정면으로 대응'하는 전략이었기 때문이다.[82] 즉 중일전쟁 발발 이전과 이후의 전략은 다 같이 전쟁을 지연시킨다는 점에서 유사한지 몰라도 전자가 '퇴각'을 통한 지연전인 반면 후자는 '사수'를 통한 지연전이라는 점에서, 그리고 전자가 일본이 추구하는 결전을 회피하는 반면 후자는 결전에 임한다는 측면에서 전혀 다른 전략이었던 것이다.[83]

사실 장제스는 일본군이 무기와 화력, 훈련 면에서 중국군보다 훨씬 우세하다는 사실을 인식하고 있었다. 그럼에도 그가 진지전을 통해 일본군과 결전을 추구하기로 결심한 이유는 다음과 같다. 첫째로 독일 군사고문단에 의한 군대의 개편을 추진하여 어느 정도 군사적인 준비가 된 것으로 판단했다.[84] 당시 장제스는 분권화된 군을 일원화하는데 성공하였으며 특히 중앙군은 가장 정예화한 군대였다. 둘째로 1936년 후반기에 푸줘이 傅作義가 쑤이위안綏遠 일대에서 일본군에 두 차례의 승리를 거둠으로써 군의 사기가 고양되어 있었다.[85] 장제스는 푸줘이의 승리에 대해 "민족부흥과 중국독립의 역사적 전환점"이 될 것이라고 평가하며 일본과의 전쟁에 자신감을 보였다. 셋째로 진지전에 대한 믿음 때문이었다. 당시 중국 육군참모대학의 교과과정은 1차대전 시 출현한 참호전을 현대전의 전투형

---

82 金玉國, 『中國戰術史』(北京: 解放軍出版社, 2002), p. 315.

83 中共中央黨史研究室第一研究部 編著, 『中華民族抗日戰爭史, 1931-1945』, p. 133.

84 Lloyd Eastman, "Nationalist China during the Sino-Japanese War," *The Nationalist Era in China* (New York: Cambridge University Press, 1991), p. 125; F. F. Liu, *A Military History of Modern China*, p. 109.

85 F. F. Liu, *A Military History of Modern China*, p. 114.

태로 간주하고 있었다. 특히 프랑스의 마지노선에 대한 믿음이 강화되면 서 중국에도 영향을 미쳐, 장제스와 중국 지도부는 상하이와 난징을 잇는 축차적 방어선이 일본의 공격을 막아낼 수 있을 것으로 보았다.[86] 마지막 으로 장제스는 상하이가 갖는 전략적 효과를 고려했다. 국제도시인 상하 이를 포기할 경우 국내여론의 비난을 감수해야 하지만, 만일 이곳을 고수 한다면 최악의 경우 패하더라도 국제적으로 동정적인 여론을 얻을 수 있 을 것으로 판단한 것이다.[87]

그 결과 그의 전략적 선택은 적의 공격을 회피하는 것이 아니라 상하 이와 난징을 잇는 지역에 마련된 축차적 진지에서 '사수'하는 것이었다. 장제스는 독일 군사고문단에 의해 훈련된 정예부대인 중앙군 71개 사단 약 50만 명의 병력과 해군함정 40여 척, 공군기 250여 대를 배치하여 상 하이 외곽에 진지를 구축했다. 이에 대해 독일 군사고문단은 화력 면에서 절대적으로 우세한 적에 맞서 고정된 진지를 완고하게 방어하는 것은 잘 못된 것이며, 최악의 경우 주력을 상실하고 회복할 수 없을 정도의 타격 을 입을 수 있다고 경고했다.[88] 그러나 장제스는 각 제대의 지휘관들에게 사상자는 고려하지 말고 작전에 임할 것과 최후의 한 사람까지 진지를 사 수할 것을 명령했다.

그리하여 8월 13일 시작된 상하이전투는 1차대전 시의 베르됭Verdun 전 투 이후 최대의 격전으로 기록되었다.[89] 그러나 장제스의 판단과 달리 전

---

86 F. F. Liu, *A Military History of Modern China*, pp. 106-107.

87 Lloyd Eastman, "Nationalist China during the Sino-Japanese War," p. 119.

88 F. F. Liu, *A Military History of Modern China*, p. 163.

89 베르됭 전투는 1916년 독일이 베르됭에 위치한 프랑스의 요새를 10개월 동안 포위하면 서 치른 진지전으로 이 전투에서 독일군은 34만 명, 프랑스군은 35만 명의 사상자를 내었다. William R. Keylor, *The Twentieth Century World*, p. 56.

쟁이 발발한 시점은 중국에 불리했다. 팔켄하우젠의 주도하에 추진한 근대적 무기도입과 해군의 건설은 아직 완성되지 않은 상태였다.[90] 반면 일본군은 8월 13일 상하이에 2개 사단을 상륙시킨 데 이어 9월 중순까지 6개 사단 약 20만 명의 병력을 투입하였으며, 전함 130여 척, 항공기 400여 대, 전차 300여 대, 그리고 포병과 특수부대를 갖추고 있었다.[91] 일본군은 병력면에서 열세에 있었지만 해·공군 화력과 기동력에 있어서는 절대적인 우세를 점하고 있었다.

최초 1주일간은 중국군이 일본군의 공세를 저지하며 성공적으로 방어하는 듯했다. 그러나 일본군은 증원병력을 상하이 북쪽의 양쯔 강 기슭에 상륙시키는데 성공하였으며, 곧이어 함포를 동원하여 중국군의 진지를 초토화하기 시작했다. 비록 국민당 군대가 수적으로 우세하고 높은 정신력으로 무장하고 있었지만 보다 우세한 화력과 장비를 갖춘 일본군의 공격을 효과적으로 저지할 수는 없었다. 10월 20일까지의 전투 결과 중국군 사상자는 13만 명에 달했다. 11월 5일 항저우杭州 만에 추가로 상륙한 3만 명의 일본군이 상하이 남서쪽 약 20km 지점까지 진출하여 상하이전선의 우측방과 후방을 위협하자 장제스는 후방이 차단될 것을 우려하여 난징으로 철수할 것을 명령했다. 이 과정에서 상하이로부터 난징에 이르기까지 축차적으로 점령하기로 되어 있던 방어진지는 무용지물이 되고 말았다. 국민당 군대가 심리적 공황상태에 빠져 무질서하게 후퇴했을 뿐 아니라 지휘통제가 미숙하여 미처 병력을 배치할 여유를 갖지 못했기 때문이다.

---

90 F. F. Liu, *A Military History of Modern China*, pp. 101-102.

91 中共中央黨史研究室第一研究部 編著, 『中華民族抗日戰爭史, 1931-1945』, p. 166; Edward L. Dreyer, *China at War*, 1901-1949, p. 217.

난징에서는 또 하나의 결전이 추구되었다. 국민당 지휘관들은 그들의 수도를 사수하는 데만 골몰하여 중앙군을 무모하게 투입함으로써 방어에는 별 도움이 되지 못한 채 최정예 전투력만 낭비하는 결과를 가져왔다.[92] 결국 12월 중순 난징은 함락되었다. 여기에서 일본군은 공세를 늦추고 7주에 걸쳐 민간인에 대한 대학살을 자행했다. 일본군은 국민당 군대를 추격할 경우 군사적으로 과도하게 신장되어 후방이 차단될 것을 우려하여 전과확대를 자제하는 대신, 의도적으로 민간인에 대한 잔학행위를 가하여 장제스로 하여금 경각심을 갖고 일본의 요구조건을 수용토록 강요한 것이다.[93] 그러나 결과적으로 일본군은 퇴각하는 중국군을 섬멸하고 무방비 상태에 있던 우한과 충칭重慶을 점령할 수 있는 절호의 기회를 상실하고 말았다.

난징이 함락되기까지 약 3개월 동안 발생한 일본군 사상자 수가 4만인데 비해 중국군은 27만에 달했다.[94] 중국군 사상자는 이 전투에 투입한 국민당 군대의 60%에 해당하는 규모로 장제스의 결전추구가 얼마나 무모했는지를 단적으로 보여주고 있다. 무엇보다도 장제스가 중국군의 최정예 부대인 중앙군을 투입함으로써 전력에 큰 손실을 가져왔다. 비록 상하이와 난징에서의 전투가 적을 지연시켜 항공기 조립공장이나 무기고와 같은 군수산업시설을 내륙지역으로 이동할 시간을 벌었다 하더라도, 그에 못지않게 중국의 귀중한 전투력을 잃게 된 것은 부인할 수 없는 사실이다. 바이충시와 팔켄하우젠은 정예군대가 궤멸되지 않았더라면, 그리고 장제스가 병력을 절약하고 결전을 회피하라는 그들의 충고를 따랐더

---

92 F. F. Liu, *A Military History of Modern China*, p. 199.

93 Edward L. Dreyer, *China at War, 1901-1949*, p. 220.

94 Lloyd Eastman, "Nationalist China during the Sino-Japanese War," p. 120.

라면 이후 전쟁의 과정은 매우 달라졌을 것이라고 평가했다.[95] 일본 측에도 전략적 실수가 있었다. 즉 일본은 7주 동안 난징에서 민간인 학살에 열을 올림으로써 중국군을 궤멸하고 전쟁을 신속하게 종결지을 수 있는 기회를 놓쳤다.[96] 이후 전쟁이 지연될 수 있었던 것은 장제스의 전략이 성공했기 때문이 아니라 일본군의 과감한 전과확대가 이루어지지 않았기 때문이었다.

국민당 지도부는 전략을 이제 '사수 결전'에서 '지구소모전'으로 전환하지 않을 수 없었다. 1938년 2월 7일 장제스는 다음과 같이 언급했다:

> 항일전쟁에서 적을 격퇴하기 위해 우리는 광대한 영토를 이용해야 한다. 우리는 민족생존을 위한 투쟁에서 우세한 인적자원을 활용해야 한다. 이 전쟁에서 승패는 두 가지 요소─공간과 시간에 의해 결정될 것이다. 적이 중국 전체를 점령할 수 없으므로 공간의 이점은 우리의 것이다. … 광범위한 영토를 방어하기 위해 우선 시간이 필요하다. 적을 소진시키고 승리를 달성하기 위해 우리는 전쟁을 지연시켜야 한다. 광활한 우리 국토는 적을 극복하기 위해 필요한 시간을 부여해 줄 것이다.[97]

장제스가 다시 제시한 전략은 일본군과 직접적이고 값비싼 희생이 요구되는 충돌을 회피함으로써 중국의 주 전투력을 보존하고, 일본군을 중국의 광활한 내륙지역으로 끌어들여 적의 측면과 후방에서 유격전과 운동전을 수행하는 것이었다. 우세한 화력으로 무장한 적 앞에서 오직 애국

---

95 F. F. Liu, *A Military History of Modern China*, p. 165.

96 Lloyd Eastman, "Nationalist China during the Sino-Japanese War," p. 125.

97 Keiji Furuya, ed. Chung-ming Chang, *Chiang Kai-shek: His Life and Times* (New York: St. John's University, 1981), p. 610에서 인용.

심만으로 무장한 국민들의 희생을 강요하는 것은 무모하다는 사실을 깨달은 것이다. 그러나 그 시기는 너무 늦은 감이 없지 않았다.

(2) 마오쩌둥의 지구전과 결전회피

마오쩌둥은 항일전쟁 초기의 전투를 평가하면서 "국민당 군사당국의 주관적 오류로 말미암아 진지전을 주요한 자리에 올려놓았으나 전체적 단계로 보면 진지전은 여전히 보조적인 것"이라고 언급했는데, 이것은 국민당이 진지전을 통해 상하이전투 시 막대한 피해를 감수하면서 일본군과 결전을 치른 데 대한 비판적 평가로 해석할 수 있다.[98] 중국공산당은 중일전쟁이 발발하자 8월 22일 산시陝西 성 뤄촨洛川에서 회의를 열고 작전지침을 마련했다. 마오쩌둥은 항일전쟁 상황에 대해 일본의 주요 공격대상은 허베이河北이고 상하이는 공격의 중간목표이기 때문에 홍군의 주요 작전지구는 진차지晉察冀 3성(산시山西 성, 차하르察哈爾, Chakhar 성, 허베이 성)이 교차하는 곳이라고 했다.[99] 즉 일본군이 허베이 지역을 점령할 경우 후방지역에서 이들에 대해 유격전을 펼치겠다는 의도였다. 그리고 당 중앙은 지구전 개념에 입각하여 "군의 기본 임무를 근거지 건립, 적에 대한 견제와 소멸, 우군과의 작전배합, 홍군의 보존과 확대"로 규정하고, 작전방침으로 "산간지방의 유격전 … 승리 가능한 전투의 지속 및 패전 시의 즉각퇴각, 근거지의 건설" 등을 내놓았다.[100]

---

98 Mao Tse-tung, "On Protracted War," p. 137.

99 이태훈, 「항전시기의 중국공산당」, 『중국공산당사』 (서울: 첨성대, 1990), p. 451. 『중국인민해방군사』, p. 103에서 재인용. 당시 주더는 국민당 군대와 함께 일본군에 맞서 싸울 것을 주장하였으나 마오쩌둥은 이를 반대했다. 마오쩌둥은 일본군과의 진지전을 통한 정면전이 무모하다고 판단하여 적 후방에서 유격전을 펼칠 것을 주장했다. Chung-ming Chang, *Chiang Kai-shek*, p. 585.

100 국방군사연구소, 『중국인민해방군사』, pp. 103-104.

뤄촨 회의를 통해 중국공산당은 소비에트 지구를 중화민국 특구정부인 변구邊區로 개칭하고 이를 근거지로 후방지역에서 일본군에 대해 유격전을 감행하기로 했다. 홍군은 국민혁명군 제8로군으로 재편성하고, 사령관은 주더, 부사령관은 펑더화이가 임명되었다. 예하 제115사단은 린뱌오, 제120사단은 허룽, 그리고 제129사단은 류보청劉伯承이 지휘를 맡았다. 한편 대장정에 참여하지 않고 양쯔 강 남쪽에 남아 있던 천이와 예팅葉挺의 부대가 규합하여 신4군으로 편성되었으며 예팅이 지휘를 맡았다.[101] 물론 홍군을 국민혁명군 예하부대로 편성한 것은 형식적인 것에 불과했고 공산당 군대는 계속해서 독자성을 유지하고 있었다.

상하이전투에서의 승리로 일본은 중국의 대도시 대부분을 점령하고 전 중국의 3분의 1을 지배할 수 있게 되었다. 투입한 병력은 24개 사단에 100만 명에 이르렀다. 일본군이 우한을 점령함으로써 이제 국민당의 통치지역은 쓰촨 성, 윈난 성, 광시 성, 구이저우 성 등의 내륙지방으로 축소되었다. 그러나 제1단계인 전략적 방어단계는 비교적 성공적으로 수행되었다고 할 수 있다. 즉 일본이 결정적인 승리를 얻지 못한 채 전쟁이 지연되고 있었기 때문이다. 상하이·난징전투 후 일본은 전과를 확대하여 우한까지 진격할 수 있었으나 7주 동안 난징에서 지체함으로써 중국군의 군사력을 궤멸할 수 있는 기회를 놓쳤다.[102] 따라서 전쟁이 지연된 것은 장제스의 '결전추구' 전략 때문이 아니라 일본군의 과감한 전과확대가 이루어지지 않았기 때문이라고 할 수 있다.

---

101 Lyman P. van Slyke, "The Chinese Communist Movement during Sino-Japanese War, 1937-1945," p. 181.

102 Lloyd Eastman, "Nationalist China during the Sino-Japanese War," p. 125; F. F. Liu, *A Military History of Modern China*, p. 199.

1938년 10월 중국공산당은 교착 단계가 도래하였다고 공식적으로 선언했다. 당시 일본군의 공세가 둔화하고 있었으므로 중국공산당 지도부가 근거 없이 낙관적인 것은 아니었다. 1938년 평균적으로 하루에 약 8km를 진격하던 일본군은 이듬해에는 약 3.2km, 그리고 그 다음 해에는 약 1.6km 밖에 진격하지 못했다.[103] 중일전쟁이 교착상태를 유지했던 데에는 몇 가지 이유가 있다. 첫째, 이미 100만의 병력을 투입하고도 승리를 거두는데 실패함에 따라 일본군은 장기전을 예상하고 점령한 지역을 공고화하지 않을 수 없었다. 둘째, 국민당 정부가 장기항전의 태세를 굳히고 산악지역으로 이동하여 진지를 구축함으로써 포병과 기계화부대를 운용할 수 없었다. 셋째, 후방지역에 준동하고 있는 게릴라를 소탕해야 했다. 이로 인해 일본군은 더 이상 결전을 추구하지 못하고 경제적인 봉쇄를 통해 국민당 군대의 근거지를 압박해 나가는 전략으로 나아갔다.[104]

전선이 교착되자 마오쩌둥은 변구의 확대에 주력했다. 싼간닝陝甘寧 근거지는 산시, 간쑤甘肅, 닝샤寧夏 성의 경계에 위치하며 유일하게 일본군의 후방이 아닌 지역에 자리 잡고 있었다. 이곳은 1931년부터 공산당이 장악하고 있던 근거지이자 대장정의 기착지로서, 중국공산당 중앙위원회, 항일군정대학, 중앙군사지도부 등 많은 조직들이 옌안을 중심으로 설치되어 있었다.[105] 유격전을 수행하기 위해 린뱌오와 네룽전聶榮臻의 제115사단이 오대산을 중심으로 산시 성, 차하르 성, 허베이 성의 경계선 일대에서 항일근거지를 건설하고, 1937년 11월 주변의 유격부대들을 통합하여 진

---

103 Edward L. Katzenbach, Jr. and Gene Z. Hanrahan, "The Revolutionary Strategy of Mao Tse-tung," p. 331.

104 서진영, 『중국혁명사』, pp. 200-201.

105 쟝 셰노, 프랑소와즈 르 바르비에, 마리-끌레르 베르제르, 신영준 옮김, 『중국현대사: 1911-1949』 (서울: 까치, 1977), p. 303.

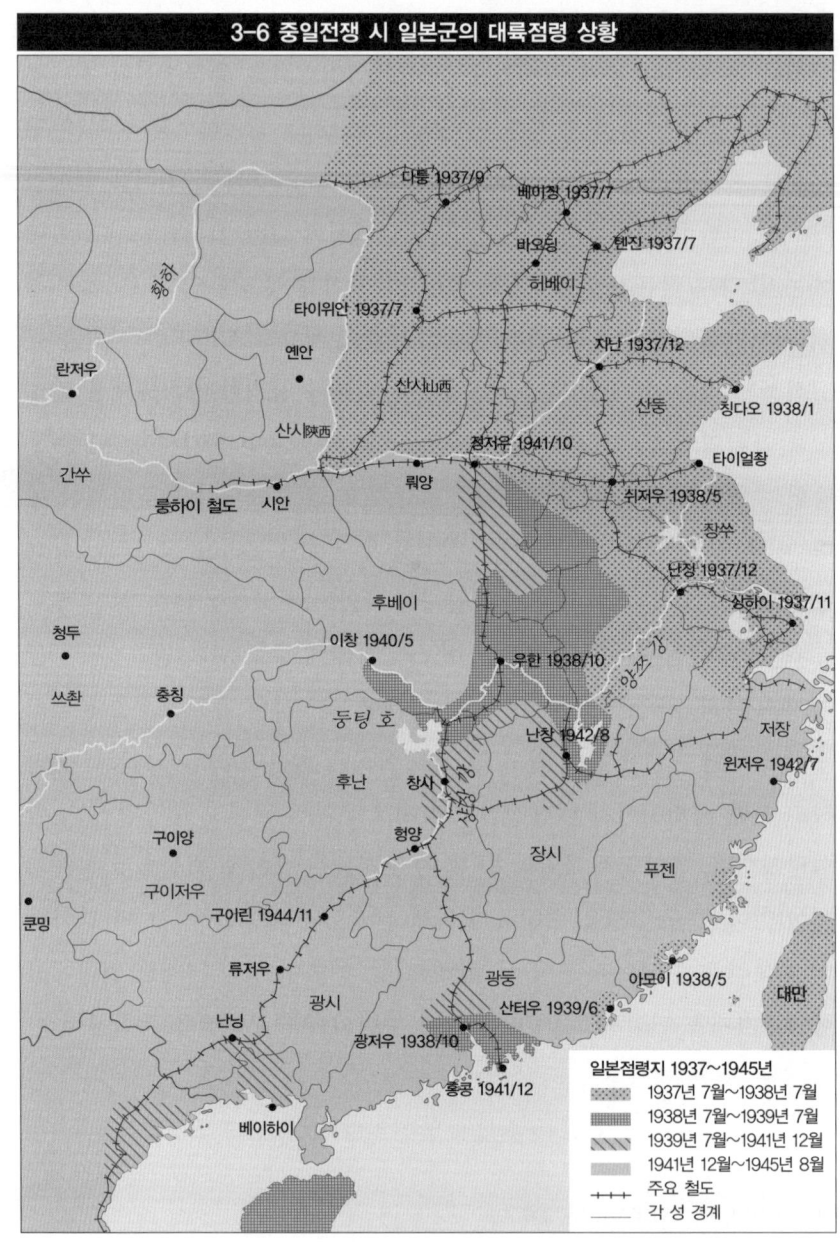

3-6 중일전쟁 시 일본군의 대륙점령 상황

다퉁 1937/9
베이징 1937/7
바오딩
톈진 1937/7
허베이
타이위안 1937/7
옌안
지난 1937/12
산시山西
산둥
칭다오 1938/1
산시陝西
정저우 1941/10
란저우
타이얼좡
간쑤
룽하이 철도   시안
뤄양
쉬저우 1938/5
창쑤
난징 1937/12
상하이 1937/11
후베이
이창 1940/5
우한 1938/10
황하
둥팅 호
난창 1942/8
청두
쓰촨
충칭
후난
창사
저장
윈저우 1942/7
구이양
형양
장시
푸젠
구이저우
쿤밍
구이린 1944/11
류저우
광둥
아모이 1938/5
광시
산터우 1939/6
난닝
대만
광저우 1938/10
홍콩 1941/12
베이하이
양쯔강

일본점령지 1937~1945년
1937년 7월~1938년 7월
1938년 7월~1939년 7월
1939년 7월~1941년 12월
1941년 12월~1945년 8월
+++ 주요 철도
——— 각 성 경계

차지 군구軍區를 설립했다. 1937년 7월 허룽이 이끄는 제120사단은 산시성 북부에서 근거지를 개척하였으며, 1941년에는 류보청과 쉬샹첸徐向前의 제129사단이 산시·허베이·허난 성의 접경지역에 진지위루晉冀豫魯 군구를 설립했다. 신4군은 1938년 화중華中 지방에 근거지를 형성하기 시작했다. 그 결과 항일전쟁 전 8만 명에 불과하던 제8로군 병력이 1938년 말에는 16만 명, 1940년에는 40만 명으로 증가하였으며 신4군도 1만 명에서 2만 5,000명, 10만 명으로 증가했다.[106] 이와 같이 일본군 후방지역에서 이루어진 변구의 확대는 그 자체로 일본군에게 커다란 위협이 되었으며 점차 증가하는 유격전 활동은 적의 활동을 둔화하는 데 기여했다.[107]

중일전쟁 과정에서 중국공산당이 보여준 제2단계 전략은 유격전과 기습을 통해 일본군의 후방을 교란하고 적의 전투력을 분산시키며, 일본 정부가 추구하는 '중국문제의 신속한 해결'을 좌절시키기 위한 것이었다. 이미 마오쩌둥은 제2단계에서 시행해야 할 작전으로 적의 병참선을 광범위하게 파괴하고 적의 수송을 방해함으로써 정규군의 작전을 지원해야 한다고 지시했었다.[108] 1940년 8월부터 12월 초까지 시행한 백단대전百團大戰이 그 대표적인 사례였다. 제8로군 총부에서는 일본군 점령지역 후방에서의 대규모의 교통파격전, 즉 철도나 도로를 파괴하여 적의 후방을 교란하는 작전을 추진했다. 그 결과 철도 474km, 도로 1,500km, 그리고 교량 및 터널 260개를 파괴 또는 차단할 수 있었다. 이러한 상황에서 일본군은 후방지역의 유격대를 소탕하기 위한 노력을 경주하지 않을 수 없었다.

---

106 Lyman P. van Slyke, "The Chinese Communist Movement during Sino-Japanese War," p. 189.

107 Shum Kui-Kwong, *The Chinese Communists' Road to Power: The Anti-Japanese National United Front, 1935-1945* (Oxford: Oxford University Press, 1988), p. 131.

108 Mao Tse-tung, "Problems of Strategy in Guerrilla War Against Japan," p. 106.

1940년 6월부터 7월까지 제8로군의 진시베이^{晋西北} 근거지에 대한 소탕작전을 비롯하여 1941년 2월부터 8월까지는 신4군의 근거지 소탕작전, 그리고 1941년 11월과 12월에는 제8로군이 장악하고 있던 산둥(산동山東) 지역에 대한 소탕작전을 펼쳤다. 이러한 일본의 후방작전은 상대적으로 전방에서의 전투력 집중을 방해하는 요인으로 작용했다.

1945년 8월 15일 일본이 무조건 항복을 선언하면서 항일전쟁은 종결되었다. 제2단계가 피아 역량의 변화를 일으켜 전략적 반격을 위한 준비기간이라면, 그러한 역량의 변화는 마오쩌둥이 예측한대로 미국과 소련이라는 두 강대국이 일본과의 전쟁에 참여함으로써 가능하게 되었다. 그결과 중국이 마오쩌둥의 전략에 입각하여 일본을 패배시켰는지는 분명하지 않다.[109] 일본의 진주만 기습 이후 공산당과 국민당 모두 항일전쟁보다는 전쟁 종결 후 중국 본토를 석권하는데 관심이 있었고, 따라서 장제스와 마오쩌둥은 일본군과의 정면대결을 회피하고 전력을 보존·확대하는데 더 많은 관심을 기울였다. 그렇지만 일본군은 초전에 압도적인 군사력으로 눈부신 전과를 올렸음에도 불구하고 신속하고 결정적인 승리를 거두는데 실패했다. 중국이 일본군의 결정적인 승리를 거부하면서 약 9년동안의 항쟁을 지속할 수 있었던 것은 지구전을 통한 전략이 성공적이었음을 입증하는 것이라 하겠다.

---

[109] Samuel B. Griffith, *The Chinese People's Liberation Army*, p. 73.

나. 중국내전의 서막 : 만주 확보 경쟁

중일전쟁이 종결되면서 국민당과 공산당 간의 대립은 급속하게 표면화되기 시작했다. 마오쩌둥과 장제스는 중국 주재 미국대사 패트릭 헐리 Patrick Hurley의 중재하에 회담에 임하였으나 정치·이념·군사적 문제를 해결하기에는 서로에 대한 불신이 너무 컸다. 이들은 회담을 진행하면서도 내전이 불가피하다는 인식을 갖고 있었으며, 일단 협상에서 유리한 고지를 점유하기 위해서라도 각자의 통제범위를 확대하는데 주력하지 않을 수 없었다.

국민당과 공산당의 관심은 모두 만주로 쏠렸다. 양쪽 모두에게 만주는 절대적으로 확보해야 할 최고의 우선순위를 갖는 지역이었다. 첫째로 만주는 중국 전체 산업능력의 4분의 3을 차지하고 있어 '중국의 생명선'으로 간주할 만큼 중국경제에 매우 중요한 산업지대였다.[110] 1943년 당시 만주 지역은 중국 내 선철銑鐵 생산의 87%, 전력의 78%를 차지하고 있었다. 둘째로 일본 관동군의 무기저장고가 만주 지역에 위치하고 있어 이를 확보할 경우 군사력을 크게 증강할 수 있었다. 셋째로 만주는 공산당에게 훌륭한 근거지를 제공할 수 있었던 반면 국민당에게는 공산당을 포위할 수 있는 전략적 가치를 갖고 있었다. 이러한 이유로 만주를 점령한다면 어느 쪽이든 협상에서 유리한 고지를 점할 수 있었다.[111] 더구나 소련군의 철수가 임박하고 있었다. 1945년 8월 14일 장제스와 스탈린 간에

---

110 John Gittings, *The Role of the Chinese Army* (London: Oxford University Press, 1967), p. 4, fn. 5; Melvin Gurtov and Byong-moo Hwang, *China under Threat: The Politics of Strategy and Diplomacy* (Baltimore: John Hopkins University Press, 1980), p. 28.

111 Odd Arne Westad, *Cold War and Revolution: Soviet-Americn Rivalry and the Origins of the Chinese Civil War, 1944-1966* (New York: Columbia University Press, 1993), p. 74.

체결한 중소조약을 통해 소련은 일본과의 전쟁 종결 후 3개월 이내에 철군할 것을 약속했기 때문에 양당 모두 만주로의 진군을 서두르지 않을 수 없었다.

만주를 점령하는 문제가 대두함에 따라 마오쩌둥은 기존의 농촌 중심 전략에서 벗어나 대도시를 점령하는 전략으로 방침을 수정하고 있었다. 8월 10일 마오쩌둥은 일본군이 항복할 경우 즉각 모든 대도시와 중소도시, 그리고 중요한 수송로를 확보할 수 있도록 철저히 준비하라고 지시했다.[112] 정규군은 대도시와 주요 수송로를 확보하고 유격대와 민병대는 소도시를 장악한다는 계획이었다. 이 같은 방침에 입각하여 공산당 군대는 어떻게든 만주를 점령하여 관동군의 무기를 획득함으로써 군사적으로 국민당에 비해 열세인 입장을 만회하고, 이 일대를 그들의 근거지로 삼고자 했다. 소련군의 만주 철수 시한이 임박하면서 상대적으로 만주에 더 가까이 위치한 공산당이 만주를 점령하는 것은 시간문제로 보였다. 이러한 상황에서 다급해진 국민당은 만주 점령을 더욱 서두르지 않을 수 없었다.

그러나 스탈린은 8월 14일 국민당과의 중소조약 체결 직후 마오쩌둥에게 어떠한 경우에건 내전이 발생해서는 안 된다는 전갈을 보냈다.[113] 스탈린은 중국내전이 격화되어 통제할 수 없는 혼란에 빠질 경우 미국이 군사적으로 개입하여 영향력을 확대할 것에 대해 우려하고 있었다. 따라서 그는 마오쩌둥에게 국민당과의 군사적 충돌을 피하고 협상에 임하도록 요구하는데, 이는 곧 중국공산당으로 하여금 만주 지역에서 대도시 점령

---

112 "Instruction, CCP Central Committee, 'Prepare to Occupy Cities and Important Transportation Lines after Soviet Participation in the War,' 10 August 1945," Shuguang Zhang and Jian Chen, eds., *Chinese Communist Foreign Policy and the Cold War in Asia* [이하 *CCFP*] (Chicago: Imprint Publications, 1996), p. 27

113 *CCFP*, p. 29 fn. 59.

을 포기하라는 의미였다.[114] 이미 중소조약을 통해 장제스는 스탈린에게 소련이 그토록 원하던 외몽골의 독립을 인정하는 대신, 중국공산당에 대한 지원을 중단한다는 스탈린의 약속을 이끌어낸 바 있었다.[115] 당시 일본군을 접수할 수 있는 중국 내 합법적인 주체는 국민당 정부였으며, 소련과 국민당 간의 중소조약을 인정하지 않을 수 없었던 만큼 마오쩌둥은 만주에서의 대도시 점령 전략을 포기해야 했다.

마오쩌둥은 이와 관련하여 중대한 결심을 하지 않을 수 없었다. 그는 만주의 대도시를 포기하더라도 만주 내 대도시 주변지역, 특히 중소조약에 구속받지 않는 러허와 차하르 지역을 완전히 장악하여 국민당과의 협상에서 유리한 고지를 점한다는 전략을 구상했다. 만주 지역에 대해서는 소련이 중국의 내부문제에 간섭하지 않는다는 중소조약의 조항에 따라 소련이 공산당의 만주 진입을 묵인하고, 또 공산당이 중소조약을 침해하지 않는 범위 내에서 주변지역을 장악한다면 만주에서 최대한도로 세력을 확대할 수 있다고 본 것이다.[116] 구체적으로 마오쩌둥은 만주의 소도시와 농촌지역은 군대를 비밀리에 잠입시킨 후 민병대를 조직하여 점령하고, 대도시에 대해서는 당 간부를 잠입시켜 활동시키다가 소련군이 철수할 때 즉각 세력을 확대하여 장악하기로 했다.

당시 중국공산당 군대는 제8로군이 약 60만 명으로 중국의 북부와 북서부에 위치하고 있었고, 신4군은 약 28만 명으로 동부와 중앙에 위치하

---

114 Rao Geping, "The Kuomintang Government's Policy toward the United States, 1945-1949," eds. Harry Harding and Yuan Ming, *Sino-American Relations, 1945-1955: A Joint Reassessment of a Critical Decade* (Wilmington: Scholarly Resources Inc., 1989), p. 99.

115 Burce A. Elleman, *Modern Chinese Warfare, 1795-1989* (New York: Routlegde, 2001), pp. 212-213.

116 "Instruction, CCP Central Committee, 'Enter the Northeast and Control the Vast Rural Areas,' 29 August 1945," *CCFP*, p. 34.

고 있었다. 그리고 남부에는 약 2만 명의 유격대가 있었다.[117] 마오쩌둥은 일단 산둥의 주력부대 가운데 약 3만의 병력을 이동시켜 허베이, 진저우錦州, 러허를 확보하여 소련군이 철수한 후 국민당 군대가 만주로 진입하는 것을 차단하고, 이후 상황을 보아 추가로 병력을 이동시키기로 했다. 장 쑤江蘇, 안후이安徽, 저장浙江 성 일대의 신4군 8만 명은 산둥과 허베이의 동부로 이동시켜 이 지역의 방어를 담당하도록 했다. 이로써 양쯔 강 이남의 모든 병력은 강북으로 이동하게 되었다. 이러한 부대배치는 9월 말 미국이 장제스 군대의 베이징·톈진 점령을 지원하기 위해 친황다오秦皇島, 톈진, 탕구塘沽 등에 상륙하겠다고 발표함에 따라 더욱 신속하게 추진되었다.[118]

이때 중국공산당에 대한 소련의 지원이 은밀하게 이루어지기 시작했다. 스탈린은 우선 국민당 군대가 만주 지역 항구에 상륙하는 것을 거부했다. 당시 국민당은 10월 중순부터 소련 측에 다롄大連, 후루다오葫蘆島, 잉커우營口, 탕구에 그들의 군대가 상륙하도록 허가해 달라고 요청하고 있었다. 스탈린은 그들이 직접 통제하고 있던 다롄 항에 대해서는 국민당 군대의 상륙을 노골적으로 거부하였으며, 다른 항구들에 대해서는 상륙할 경우 안전을 보장할 수 없다는 입장을 표명했다. 그리고는 마오쩌둥에게 추가 병력을 만주에 보내도록 권고한 후, 조용히 이 세 항구를 공산당 측에 넘겨주었다. 차르 시대부터 만주는 소련에게 전략적으로 매우 중요한 지역이었다. 따라서 스탈린은 얄타 회담Yalta Conference 등에서 공식적으로 표명한 것과는 달리 만주 지역을 미국의 지원을 받고 있는 국민당에게 쉽게 내줄 수 없었다.[119] 이로 인해 국민당은 예정된 일정에 맞추어 신속하

---

117 John Gittings, *The Role of the Chinese Army*, p. 2, fn. 3.

118 "Instruction, CCP Central Committee, 'Take the Offensive in the North and Maintain the Defensive in the South,' 19 September 1945"; "Telegram, CCP Central Military Committee to Luo Ronghuan and Li Yu, 29 September 1945," in *CCFP*, pp. 35-38.

게 만주에 진입하는데 실패했다.

한편 소련은 비밀리에 공산당과 접촉하여 만주를 점령하도록 종용했다. 10월 초 만주 지역에 위치한 소련 당국은 중국공산당 동북국東北局에 전갈을 보내와 30만의 병력을 산하이 관山海關에 배치하여 국민당 군대의 만주 지역 진입을 차단하도록 권유했다. 10월 말 소련은 다시 만주 지역을 공산당이 완전히 장악해야 하며, 이 지역의 공장, 장비, 산업시설은 물론 주요 도시에 대한 정치적 권력을 공산당에게 이양하겠다는 의사를 밝혔다. 심지어 소련은 공산당의 포병훈련을 지원할 것이며, 장제스 군대가 공격해 오면 공산당 군대를 도와 격퇴하겠다는 약속까지 해 주었다.[120] 12월 말 린뱌오가 이끄는 만주 지역의 공산당 군대는 약 20만으로 증가하였으며 소련군이 제공한 일본군 무기로 무장하여 월등한 전투력을 구비하게 되었다.[121]

소련 측의 비협조적인 태도로 국민당의 만주 점령은 지체되고 있었다. 만주 지역을 접수하기 위해 동북지역으로 진격하고 있던 국민당 군대는 11월 5일에야 겨우 산하이 관에 도달할 수 있었다. 이러한 상황에서 만주에 주둔하고 있던 소련군은 11월 5일 창춘長春에 있는 국민당 정부의 관리에게 그달 10일부터 철수를 시작할 것이며 철수한 지역에 대해서는 더 이상 책임을 지지 않을 것이라고 통보했다. 만일 소련군이 철수를 시작한다면 창춘, 선양, 지린吉林 등 주요 대도시들이 공산당의 손에 들어갈 것이 분명했다. 따라서 국민당 정부는 소련에 철군을 연기하도록 요청하지 않

119 Sergei N. Goncharov et al., *Uncertain Partners: Stalin, Mao, and the Korean War* (Stanford: Stanford University Press, 1993), p. 12; Vladimir Petrov, "Mao, Stalin, and Kim Il Sung: An Interpretive Essay," *Journal of Northeast Asian Studies*, vol. 13, no. 2, Summer 1994, p. 8.

120 *CCFP*, p. 43, fn. 84.

121 Edward L. Dreyer, *China at War*, p. 324.

을 수 없었다.[122]

1945년 11월 14일 앨버트 C. 웨드마이어^{Albert C. Wedemeyer} 특사는 본국에
보낸 보고서를 통해 소련이 중국공산당을 지원하고 있으며 이는 명백한
중소조약의 위반임을 지적했다.[123] 장제스와 미국은 이에 대한 항의와 함
께 외교적 압력을 행사하여 소련으로 하여금 적어도 외형상으로는 공산
당에 대한 지원을 단절하도록 하는데 성공할 수 있었다. 소련은 어쩔 수
없이 국민당의 손을 들어줄 수밖에 없었다. 그것은 첫째로 2차대전 후 얻
은 이권을 유지하고, 둘째로 미국의 중국내전 개입을 방지해야 했기 때문
이다.[124] 따라서 스탈린은 선양과 창춘 지역에 대한 국민당 군대의 공수를
허가하였으며 국민당으로 하여금 만주 지역의 중부와 남부의 대도시를
통제할 수 있도록 했다. 그리고 자국 군대의 철수를 약 2개월 미루어 다음
해 1월 3일로 연장하는 조치를 취했다.

이로써 만주 지역의 대도시를 장악하려는 마오쩌둥의 계획은 수포로
돌아갔다. 그렇지만 그는 동만주, 서만주, 북만주 지역에 공산당 군대의
근거지를 마련하는 한편, 러허와 허베이 지역 동부에서의 활동을 강화했
다.[125] 국민당이 장악한 대도시와 창춘 철도 주변지역에 대한 침투를 강화
했고, 중소도시와 농촌지역의 통제에 주력했다. 그 결과 비록 마오쩌둥이
장제스의 만주 진입을 막는 데는 실패했다 하더라도 중국공산당은 그해
겨울 창춘 철도 주변지역을 확보할 수 있게 되었으며, 무엇보다도 이 과
정에서 일본 관동군의 무기를 소련으로부터 인수할 수 있었다. 이 무기는

---

122 이종석, 「국공내전시기 북한·중국 관계(3)」, 『계간전략연구』, 1998년 제1호, pp. 242-245.

123 Department of State, *United States Relations With China: with Special Reference to the Period 1944-1949*, August 1949, pp. 131-132.

124 Vladimir Petrov, "Mao, Stalin, and Kim Il Sung," p. 10.

125 Mao Tse-tung, "Build Stable Base Areas in the Northeast," *SW*, vol. 4, pp. 81-85.

선양 시 근처에 있던 관동군 무기고에서 획득한 것으로 소련에 보내기 위해 만저우리滿洲里에 보관 중이던 것이었다. 그 양은 소총 30만 정, 기관총 13만 8,000정, 화포 2,700문이었다.[126] 소련은 또한 비밀리에 다롄에 탄약 제조공장을 건설해 주었다. 이러한 소련의 지원은 공산당 군대의 전투력을 급속히 향상시켜 주었으며, 이제 공산당은 대규모 화포와 전차를 동원하여 싸울 수 있었다. 제3야전군 부사령관이었던 쑤위粟裕는 내전 말기에 이러한 소련의 지원이 화이하이淮海 전역에서의 승리에 결정적으로 기여했다고 시인했다.[127]

마셜Marshall의 중재가 점차 교착상태에 빠짐에 따라 장제스와 마오쩌둥은 누가 먼저랄 것도 없이 내전에 대비하여 만반의 군사적 준비를 갖추었다. 항일전쟁이 종결된 지 10개월이 지났으나 형세는 항일전쟁 당시와 별반 다를 바가 없었다. 공산당은 중국 북부와 중앙지역을 장악하고 있었고, 중국공산당의 입장에서 볼 때 국민당은 일본을 대신하고 있었다.

국민당은 최초 군사력 면에서 압도적으로 유리하다고 보았다. 1945년 9월 국민당 정부의 공식 통계에 의하면 국민당은 병력 370만 명, 소총 160만 정, 야포 6,000문을 보유한 반면, 공산당은 병력 32만 명, 소총 16만 정, 야포 600문을 보유한 것으로 판단하고 있었다. 1946년 7월 내전이 본격화되는 시점에서의 병력은 국민당이 430만인데 비해 공산당은 120만으로 여전히 국민당이 약 4배의 압도적인 수적 우세를 유지하고 있었다.[128] 국민당은 국제정세도 유리하게 이끌어가고 있었다. 1945년 8월 장제

---

126 F. F. Liu, *A Military History of Modern China*, p. 228. 소련군이 노획한 전리품은 비행기 925대, 전차 369대, 장갑차 35대, 야포 1,226문, 박격포 1,340문, 기관총 4,836정, 소총 30만 정, 자동차 2,300대, 탄약과 기타 보급물자 742개 등이었다. 이종석, "국공내전 시기 북한·중국 관계(3)," p. 244. 기관총의 숫자는 리우Liu의 계산과 다르다.

127 Sergei N. Goncharov et al., *Uncertain Partners*, p. 12.

스는 스탈린과 비밀조약을 체결하여 외몽골의 독립과 만주에서의 이권을 양보하는 대신 소련이 중국공산당을 지원하지 않는다는 약속을 받았다.[129] 미국은 일본의 항복 이후 국민당 군대 약 54만이 만주 지역으로 이동할 수 있도록 공중 및 해상 수송수단을 제공하는가 하면, 1946년 9월부터는 칭다오青島, 상하이, 톈진 등 주요 도시에 해병대를 상륙시켜 국민당을 지원하고 있었다.

다. 장제스와 마오쩌둥의 중국내전 수행

(1) 제1단계 : 국민당의 진격과 공산당의 전략적 퇴각

1946년 6월 26일 국민당 군대는 공산당 근거지에 대해 전면적인 공세를 취했다. 장제스는 우선 3개월에서 6개월 이내에 중원中原의 공산당 군대를 격멸하고 화북으로 진출하여 관내를 평정한 다음, 만주 지역의 문제를 해결한다는 계획을 갖고 있었다.[130] 그리고 그는 모든 전선에서 주요 도시를 장악하고 양쯔 강 북부의 주요 보급로를 확보하는 것을 최우선 목표로 설정하고, 그 다음으로 주요지점과 철도망을 통해 도시 주변지역과 외곽지역에 대한 통제를 확대하여 나간다는 전략을 내세웠다.[131] 그러나 이러한 전략은 정작 적 병력을 격멸하는 것보다는 적을 밀어내는 것에 주안을 두고 있기 때문에, 공산당 군대가 적극적으로 저항을 하지 않는 한 결정

---

128 中國國防大學, 『中國人民解放軍戰史簡編』(北京: 解放軍出版社, 2001), pp. 517-518.

129 Bruce A. Elleman, *Modern Chinese Warfare*, 1795-1989, p. 204. 만주에서의 이권은 동만주 철도, 뤼순, 다롄에 대한 권리를 포함한다.

130 中國國防大學, 『中國人民解放軍戰史簡編』, p. 518.

131 Suzanne Pepper, "The KMT-CCP Conflict, 1945-1949," in Eastman, p. 326, fn. 147; 中國國防大學, 『中國人民解放軍戰史簡編』, p. 271.

적 성과를 얻기는 어려웠다.

초기 국민당 군대는 눈부신 전과를 올렸다. 1946년 9월 말 이들은 베이징 시 서북방에 위치한 공산당의 주요 거점도시인 장자커우張家口를 공격하여 10월 10일 점령했다. 같은 날 러허 성에 있던 공산당의 마지막 거점인 츠펑赤峰 시도 점령했다. 10월 25일에는 신의주新義州 건너편에 있는 단둥(단동丹東)을 점령하고 10월 말까지 압록강鴨綠江에 인접한 남만주의 주요 도시들을 장악할 수 있었다. 1947년 중반까지 국민당은 하얼빈哈爾濱, Harbin을 제외한 만주의 거의 모든 도시와 장쑤 성 북부지역의 도시들을 점령하고, 중국공산당의 수도라 할 수 있는 옌안마저도 점령했다. 롄윈강連雲港-시안을 잇는 철도와 톈진-칭다오 철도를 점령하고, 만주의 베이징-선양 철도를 장악했다.

국민당의 공세에 대한 공산당의 전략은 항일전쟁 당시의 전략과 큰 차이가 없었다. 그리고 내전은 이미 10년 전 마오쩌둥이 제시한 지구전 전략에 입각하여 수행되었다.[132] 1946년 7월부터 10월까지 중국공산당은 제8로군과 신4군으로 구성된 그들의 군대를 5개 야전군으로 개편하고 '중국인민해방군中國人民解放軍'으로 개칭했다. 군 편제는 야전군, 병단兵團, 군, 사단, 연대로 되었으며, 야전군은 서북야전군, 중원야전군, 화동야전군, 동북야전군, 화북야전군의 5개 야전군으로 편성되었다.[133] 서북야전군은 펑더화이, 중원야전군은 류보청, 동북야전군은 린뱌오, 화북야전군은 녜룽전, 그리고 화동야전군은 천이가 각각 지휘를 맡았다.

---

132 Edward L. Katzenbach, Jr. and Gene Z. Hanrahan, "The Revolutionary Strategy of Mao Tse-tung," p. 334.

133 1948년 11월부터는 야전군의 명칭에 숫자를 사용했다. 서북야전군은 제1야전군, 중원야전군은 제2야전군, 화동야전군은 제3야전군, 동북야전군은 제4야전군으로 칭하였으며, 화북야전군은 인민해방군 총사령부 직할이었다. 국방군사연구소, 『중국인민해방군사』, p. 156.

중국공산당 군대는 지구전의 제1단계인 전략적 방어개념에 입각하여 점령하고 있던 도시를 포기하면서 퇴각했다.[134] 그들은 국민당 군대와 맞서 싸우려 하지 않았으며, 전력을 보존하기 위해 그들의 근거지인 농촌지역으로 전략적 퇴각을 단행했다. 마오쩌둥은 "장제스를 패퇴시키기 위한 전투방법은 운동전이며, 최종적인 승리를 거두기 위해서는 특정 도시와 지역을 포기하는 것이 불가피할 뿐 아니라 반드시 필요하다"고 강조했다.[135] 1946년 10월 마셜은 장제스와 현 상황을 논의하는 자리에서 이러한 마오쩌둥의 전략에 대해 칭찬을 아끼지 않았다. 그는 장제스의 면전에서 "공산당은 도시를 잃고 있지만 군대는 잃지 않고 있으며, 어떤 곳에서도 정지하거나 끝까지 싸우려고 하지 않기 때문에 군대를 잃지 않을 것"이라고 언급했다.[136]

마오쩌둥은 퇴각을 통해 장제스 군대가 과도하게 신장될 것을 노리고 있었다. 그는 중국공산당이 승리할 수 있는 이유에 대해 장제스 군대의 전선이 너무 넓은 반면 그 병력이 부족하기 때문이라고 했다.[137] 당시 장제스의 군대는 총 190여 개 여단을 보유하고 있었으나 이 중 절반이 점령지역을 방어해야 하기 때문에 실제로 가용한 전투력은 나머지 절반에 불과하였으며, 그나마도 인민해방군이 전투를 통해 국민당 군대를 감소시킬 경우 그 수는 더욱 줄어들 수밖에 없었다. 마오쩌둥은 공격이란 반드시 공격과 방어가 동시에 이루어지는 전쟁형태로써 갈수록 후방지역에

---

134 Mao Tse-tung, "Smash Chiang Kai-shek's Offensive by a War of Self-Defense," SW, vol. 4, p. 89; Department of State, United States Relations With China, p. 314.

135 Mao Tse-tung, "Smash Chiang Kai-shek's Offensive by a War of Self-Defense," SW, vol. 4, p. 89.

136 Department of State, United States Relations With China, p. 202; Edwin P. Hoyt, The Day the Chinese Attacked (New York: NcGraw-Hill Publishing Co., 1990), p. 43 참조.

137 Mao Tse-tung, "A Three Months' Summary," SW, vol. 4, pp. 113-114.

대한 방어 소요가 증가한다는 사실을 인식하고 있었던 것이다.

마오쩌둥은 전략적 퇴각을 단행하면서도 신장되고 약화된 적에 대해서는 과감하게 병력을 집중하여 각개격파를 하도록 지시했다.[138] 그는 1946년 9월 당내 지시문을 통해 병력을 집중하여 적을 섬멸하되 "적군의 유생역량有生力量을 섬멸하는 것을 주요 목표로 하고, 지방을 고수하거나 탈취하는 것을 주요 목표로 삼지 않도록" 강조했다.[139] 국민당 군대는 공세를 취하고 있으며 공산당 군대보다 더 강하고 우수했다. 따라서 마오쩌둥은 열로 하나를 대적한다는 개념에 입각하여 운동전을 통해 병력을 집중하여 적을 신속하게 격멸하되, 상황이 여의치 않을 경우에는 신속히 후퇴하여 전투력을 보존하도록 했다. 이러한 전략은 오직 적의 병력을 목표로 하는 것으로 적의 중심은 도시가 아니라 병력에 있다는 사실을 명확히 인식하고 있었음을 보여주고 있다.

내전의 첫해 국민당은 눈부신 진격을 하고 있었지만 그것은 공산당의 군사전략에 휘말리고 있는 것에 불과했다.[140] 마오쩌둥은 시간을 얻기 위해 공간을 내주었고, 병력을 보존하기 위해 도시를 내주었다. 한편으로 린뱌오는 만주에서 차후 결전을 준비하기 위해 동북야전군을 훈련하고 있었으며, 중국공산당은 전 지역에서 적의 역량을 고갈하기 위해 소모전을 계속해 나갔다.

한때 린뱌오의 군대는 위기에 처하였으나 북한의 도움으로 모면할 수 있었다. 1946년 여름 국민당이 창춘과 선양을 점령함으로써 남만주와 북

---

138 John Gittings, *The Role of the Chinese Army*, p. 6.

139 Mao Tse-tung, "Concentrate a Superior Force to Destroy the Enemy Forces One by One," *SW*, vol. 4, pp. 102-108

140 Edward L. Katzenbach, Jr. and Gene Z. Hanrahan, "The Revolutionary Strategy of Mao Tse-tung," p. 333.

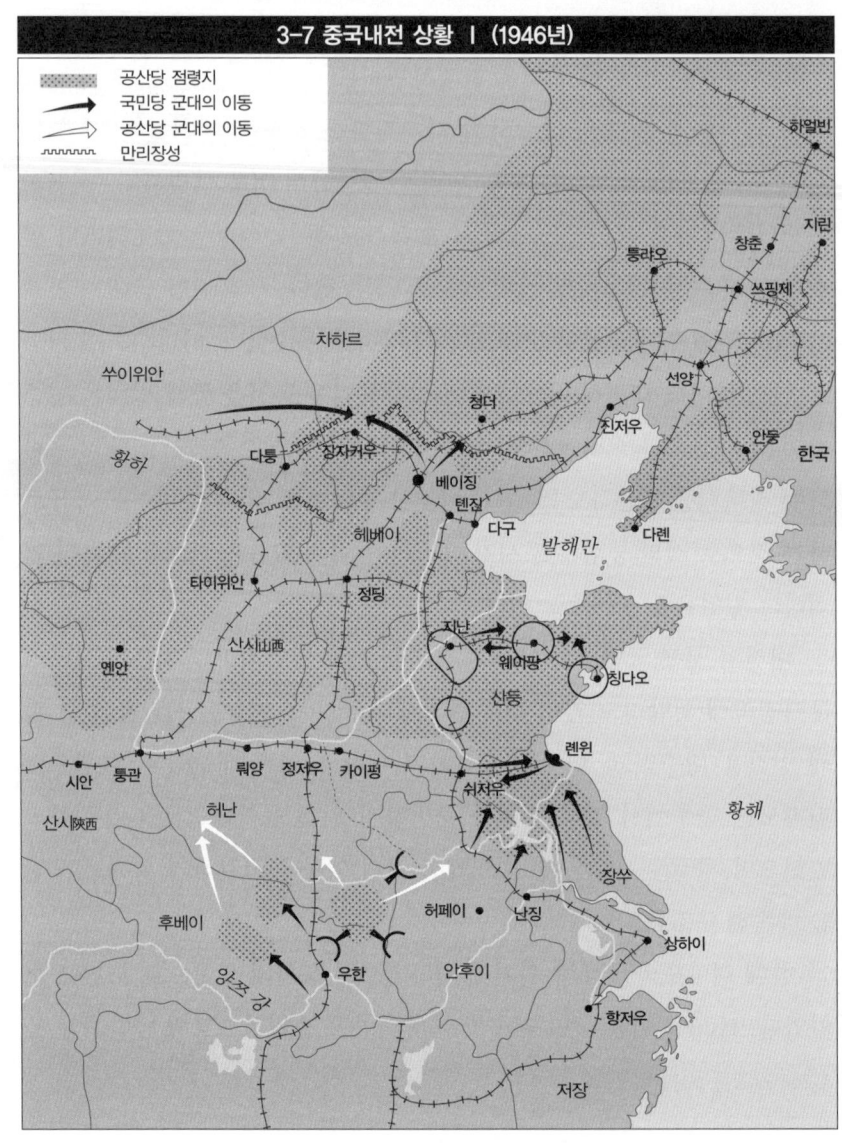

3-7 중국내전 상황 I (1946년)

공산당 점령지
국민당 군대의 이동
공산당 군대의 이동
만리장성

하얼빈

지린

창춘

쓰핑제

퉁랴오

선양

진저우

안둥

한국

쑤이위안

차하르

청더

다롄

황하

다퉁

장자커우

베이징

톈진

다구

발해만

헤베이

타이위안

정딩

산시山西

옌안

지난

웨이팡

칭다오

산둥

시안

퉁관

뤄양

정저우

카이펑

쉬저우

롄윈

산시陝西

황해

허난

후베이

우한

허페이

난징

장쑤

상하이

양쯔 강

안후이

항저우

저장

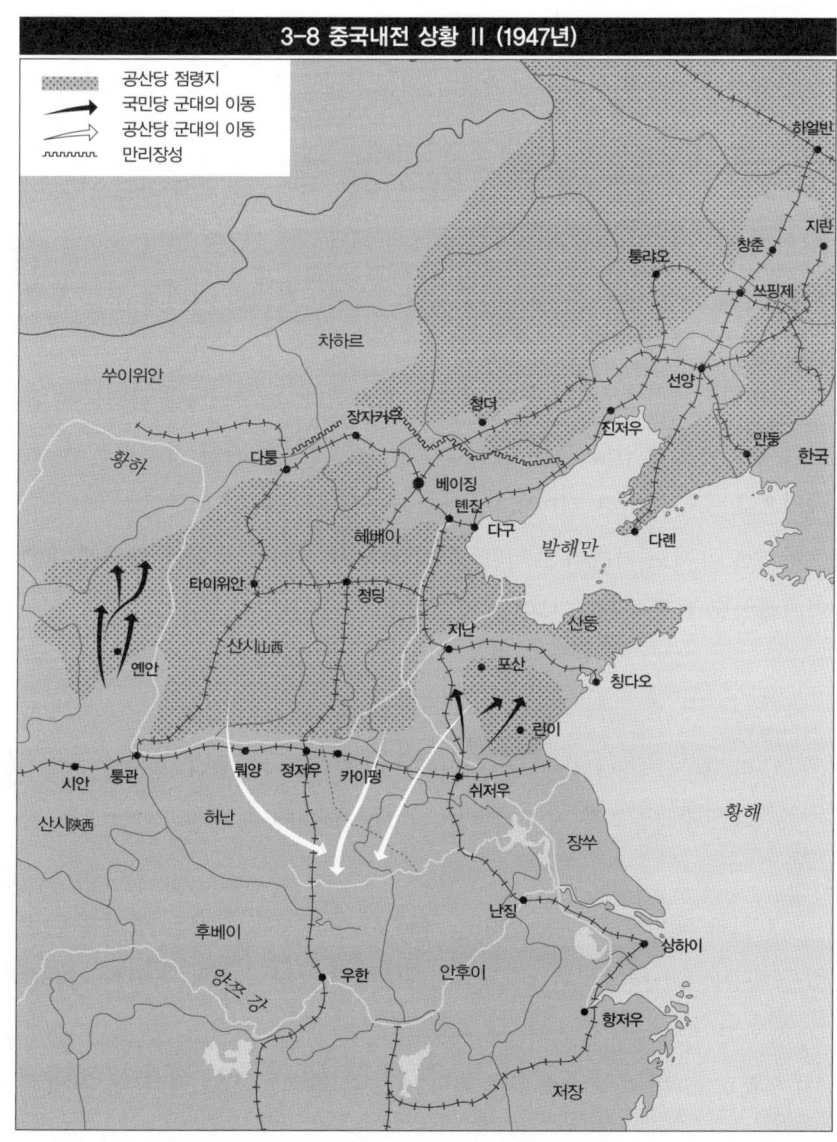

3-8 중국내전 상황 II (1947년)

공산당 점령지
국민당 군대의 이동
공산당 군대의 이동
만리장성

하얼빈

지린
창춘
통랴오
쓰핑제

차하르

쑤이위안
장자커우
청더
선양
진저우
만둥
한국

황하
다퉁
베이징
톈진
다구
발해만
다롄

헤베이
타이위안
청딩
지난
산둥
칭다오

산시山西
포산
린이

엔안

시안
통관
뤄양
정저우
카이펑
쉬저우
황해

산시陝西
허난
장쑤

후베이
난징
상하이

양쯔 강
우한
안후이
항저우

저장

만주를 잇는 동북지역의 주요 보급로가 차단되자, 북한은 국경 인근지역을 중국공산당에게 사실상의 후방기지로 제공했다. 그리고 1946년 하반기 국민당 군대가 남만주 깊숙이 진격해 오자 막다른 길에 몰린 중국공산당은 1,800명의 부상병과 군인가족들을 북한 지역으로 철수시켰으며, 이와 함께 남만주 지역 전략물자의 85%에 해당하는 2만여 톤의 물자를 후송할 수 있었다. 이후 북한은 남만주와 북만주, 관내와 관외를 잇는 보급로를 제공해 주었다.[141]

국민당은 별 실효성이 없는 전투를 계속했다. 1947년 3월 국민당은 홍군의 수도였던 옌안을 점령하나 그것은 상징적인 효과를 가져왔을 뿐 전략적으로는 무의미한 것이었다. 마오쩌둥은 군사력을 보존하기 위해 그들의 수도마저도 기꺼이 포기할 수 있었다.[142] 국민당의 옌안 공격에 대해 인민해방군 화동야전군 사령관 천이는 다음과 같이 진술했다:

> 정통 군사정책에 의하면 공산당은 수도를 방어하기 위해 군대를 배치해야 했다. 그러나 실제로는 이러한 조치를 취하지 않았다. 우리는 오직 장제스 군대를 어느 정도 섬멸할 수 있을 것인가에만 관심이 있었다.[143]

그 결과 국민당 군대는 옌안을 점령하는 과정에서 많은 병력을 손실했을 뿐 아니라 병참선과 보급선이 과도하게 신장되었다. 귀중한 시간을

---

141 이종석, 「국공내전시기 북한·중국 관계(3)」, 『계간전략연구』, 1998, 제1호, pp. 243-250; Douglas J. Macdonald, "Communist Bloc Expansion in the Early Cold War," *Interarntional Security*, vol. 20, no. 3, Winter 1995/96, p. 173.

142 Howard L. Boorman and Scott A. Boorman, "Chinese Communist Insurgent Warfare, 1935-49," *Political Science Quarterly*, vol. LXXXI, no. 2, June 1966, p. 181.

143 Edward L. Katzenbach, Jr. and Gene Z. Hanrahan, "The Revolutionary Strategy of Mao Tse-tung," p. 333에서 재인용.

낭비한 셈이었고, 다른 지역에서 유용하게 사용할 수 있었던 병력을 무의미하게 놀리는 꼴이 되었다. 반면 공산당의 정규군은 북만주와 북한 지역에서 대부분 별다른 손실 없이 보존되었다.[144]

국민당의 공세가 결정적 성과를 달성하는데 실패하고 점점 약화되기 시작하자, 동북을 비롯한 각지에 나뉘어 있던 공산당 군대는 간헐적으로 반격을 가하기 시작했다. 쏭화 강(송화강松花江) 북쪽으로 밀려났던 린뱌오의 군대는 전투력을 재정비하여 1946년 말부터 이듬해 5월까지 약 6개월 동안 국민당이 점령한 지역에 대해 기습과 양동, 전격적인 공세작전을 5회에 걸쳐 실시했다. 그 결과 중국공산당은 1947년 봄에 계획된 국민당 군대의 최종 공격을 수포로 돌아가게 했을 뿐 아니라 만주 전역에서 주도권을 장악할 수 있었다.[145] 특히 5월에 실시한 제5차 공세에서는 초전에서만 약 2만 정의 소총을 노획함으로써 공산당 군대의 사기를 진작할 수 있었음은 물론, 지린, 창춘, 쓰핑제四平街에 주둔하고 있던 국민당 군대를 고립시키는데 성공했다.[146]

(2) 제2단계 : 전략적 대치

국민당의 공격이 정점에 도달한 것으로 판단한 마오쩌둥은 내전의 제2단계가 도래한 것으로 내다보았다. 그는 1947년 4월 서북야전군의 펑더화이에게 보낸 전문에서 반격을 개시하도록 지시했다.[147] 또한 1947년 9월에는 '해방전쟁 제2차년도의 전략방침'을 내놓고 전국적으로 반격을 가

---

144 Suzanne Pepper, "The KMT-CCP Conflict, 1945-1949," p. 337.

145 Dick Wilson, *China's Revolutionary War* (London: Weidenfeld and Nicolson, 1991), pp. 147-149.

146 Department of States, *United States Relations With China*, p. 315; Suzanne Pepper, "The KMT-CCP Conflict, 1945-1949," pp. 332-336.

하되 적지에서 보다 적극적으로 작전을 전개하도록 지시했다. 그것은 전쟁을 국민당 지역으로 끌고 가 해방된 지역에서의 피해를 줄이고 적 지역에서 보다 많은 적을 섬멸하겠다는 의도였다. 작전방침은 전과 동일하여, 분산되고 고립된 적을 먼저 치고 집중되고 강한 적을 후에 치는 것이었다. 물론 전략적 방어에서 부분적 반격으로 전환한 마오쩌둥의 전략방침이 국민당에 대해 결전을 추구하는 것은 아니었다.[148] 마오쩌둥은 수비가 약한 거점과 도시를 공략하되 튼튼한 거점과 도시를 내버려두라는 지침을 하달하여 아직은 결전에 임하지 않도록 했다.

1947년 후반기부터 상황은 반전되기 시작했다. 중국공산당은 보다 많은 소련의 원조를 받을 수 있었고, 농촌을 장악함으로써 이들의 지지를 기반으로 충분한 군대를 확보할 수 있었다. 무엇보다도 전략적인 측면에서 중국공산당은 만주의 대도시들을 잇는 교통의 요지를 장악함으로써 대도시를 점령한 국민당의 병참선을 차단하고 적을 고립시킬 수 있었다.[149] 국민당 군대는 고립된 상황에서 그들이 점령하고 있던 대도시를 잃지 않기 위해 수세로 전환하지 않을 수 없었으며, 공격의 주도권은 중국공산당으로 넘어가게 되었다. 이제 공산당은 주요 도시 단위에서 마치 섬처럼 나뉘어 고립된 국민당 군대에 대해 수적인 우세를 달성하면서 작전을 전개할 수 있게 되었다.

1946년 9월 미국의 군사전문가들은 국민당 군대의 공세가 과도하게 신장되어 언젠가는 좌초할 것이라고 예측하면서도, 인력과 장비가 우수하기 때문에 장기적으로 버틸 수 있을 것으로 보았다. 그러나 이러한 예

---

147 Mao Tse-tung, "The Concept of Operations for the Northwest War Theater," *SW*, vol. 4, pp. 133-134.

148 Mao Tse-tung, "Strategy for the Second Year of the War of Liberation," *SW*, vol. 4, p. 141.

149 Department of State, *United States Relations With China*, p. 318.

상은 빗나갔다. 1947년 한 해 동안 국민당 군대와 공산당 군대 사이의 전투력 균형은 예상보다 빠르게 반전되었다. 중국공산당이 소련으로부터 인계한 일본 관동군의 무기로 무장하여 전력을 강화한 반면, 국민당 군대의 사기는 급속도로 저하되고 있었다.[150] 만주에 주둔하고 있던 국민당 군대의 고위급 지휘부는 균열되어 있었으며, 병사들은 1년 동안 대도시를 방어하는 임무만 수행하여 공세정신이 약화되어 있었다. 따라서 마오쩌둥이 제2단계에서 구상한 유격전은 예상만큼 장기간에 걸쳐 지속되지 않았다.

(3) 제3단계 : 공산당의 결전추구

제3단계는 전략적 반격 단계로서 최초 작전은 만주에 주둔하고 있던 린뱌오의 동북야전군에 의해 이루어졌다. 중국공산당의 군대는 만주를 시작으로 국민당 주력을 격파하기 시작하였으며 산하이 관을 통과한 다음 화베이 평야(화북평야)를 휩쓸어 나갔다. 결전이 이루어졌던 대표적인 3대 전역은 랴오선遼瀋 전역(랴오양遼陽과 선양 지역), 핑진平津 전역(베이징과 톈진 지역), 그리고 쉬저우徐州 일대에서 치렀던 화이하이 전역이었다. 마오쩌둥은 국민당 정부가 위치한 지역으로부터 가장 먼 지역의 약한 적부터 차례로 격파하는 전략을 구상했다. 장제스는 이미 전세가 기울었음에도 불구하고 기존에 확보하고 있던 모든 도시를 고수하고자 했다. 미국 군사고문 데이비드 바David Barr 장군은 장제스에게 창춘, 지린, 쓰핑제의 병력을 철수하여 선양으로 집결시키도록 건의했다. 당시 만주에 주둔한 국민당 군대는 완전히 고립되어 물자와 보급품을 공수에 의존하고 있었다. 그러나 장제스는 지린 성의 병력만 철수시켜 창춘을 강화하는 조치를 취했다.

---

150 Department of State, *United States Relations With China*, p. 325.

그의 미온적인 조치는 병력을 한 지역에 집중하지 못하고 군대를 분산된 상태로 방치함으로써 공산당 군대의 포위공격을 당해내지 못하고 무기력하게 패하는 결과를 자초했다. 이것은 결전에 임하는데 있어서 도시점령이 무의미하다는 사실을 잘 보여준 사례로, 만일 장제스가 몇몇 도시를 포기하고 병력을 집중하여 운용했다면 공산당 군대의 공격에 그렇게 쉽게 무너지지는 않았을 것이다.[151]

랴오선 전역은 1948년 9월에서 11월 초까지 린뱌오가 만주 지역에서 마지막으로 치른 전역이었다.[152] 당시 린뱌오의 군대는 70만으로 50만을 보유한 국민당 군대보다 약 20만을 더 보유하고 있었다. 마오쩌둥은 적이 진저우, 선양, 창춘 세 지역에 나뉘어 포진하고 있으며, 그 가운데 선양에 23만으로 가장 많은 병력을 배치했음을 확인했다. 결국 첫 타격목표는 진저우로 결정되었다. 그 이유는 진저우를 장악할 경우 나머지 만주 지역의 국민당 군대는 중원 지역과 차단되어 완전히 고립될 수밖에 없으며, 선양에서 증원군을 보내더라도 이를 격퇴하기가 용이하기 때문이었다. 9월 12일 진저우를 포위한 중국공산당은 우세한 병력을 앞세워 일부 치열한 전투를 제외하고는 별 어려움 없이 10월 15일 진저우에 입성할 수 있었다. 이 과정에서 선양으로부터 10만의 병력이 증원군으로 파견되었으나 이미 진저우의 대세가 기울어졌음을 알고는 다시 선양으로 복귀하지 않을 수 없었다. 린뱌오는 놓치지 않고 퇴로를 차단·포위해서 10월 28일 이 증원병력으로부터 항복을 받아낼 수 있었다. 증원병력을 파견하여 병력이 반으로 감소한 선양의 국민당 군대는 최소한의 저항만을 보인 후에 11월

---

151 Department of State, *United States Relations With China*, p. 325.

152 Mao Zedong, "The Concept of Operation for the Liaohsi-Shenyang Campaign," *SW*, vol 4, pp. 261-266; Suzanne Pepper, "The KMT-CCP Conflict, 1945-1949," pp. 343-345.

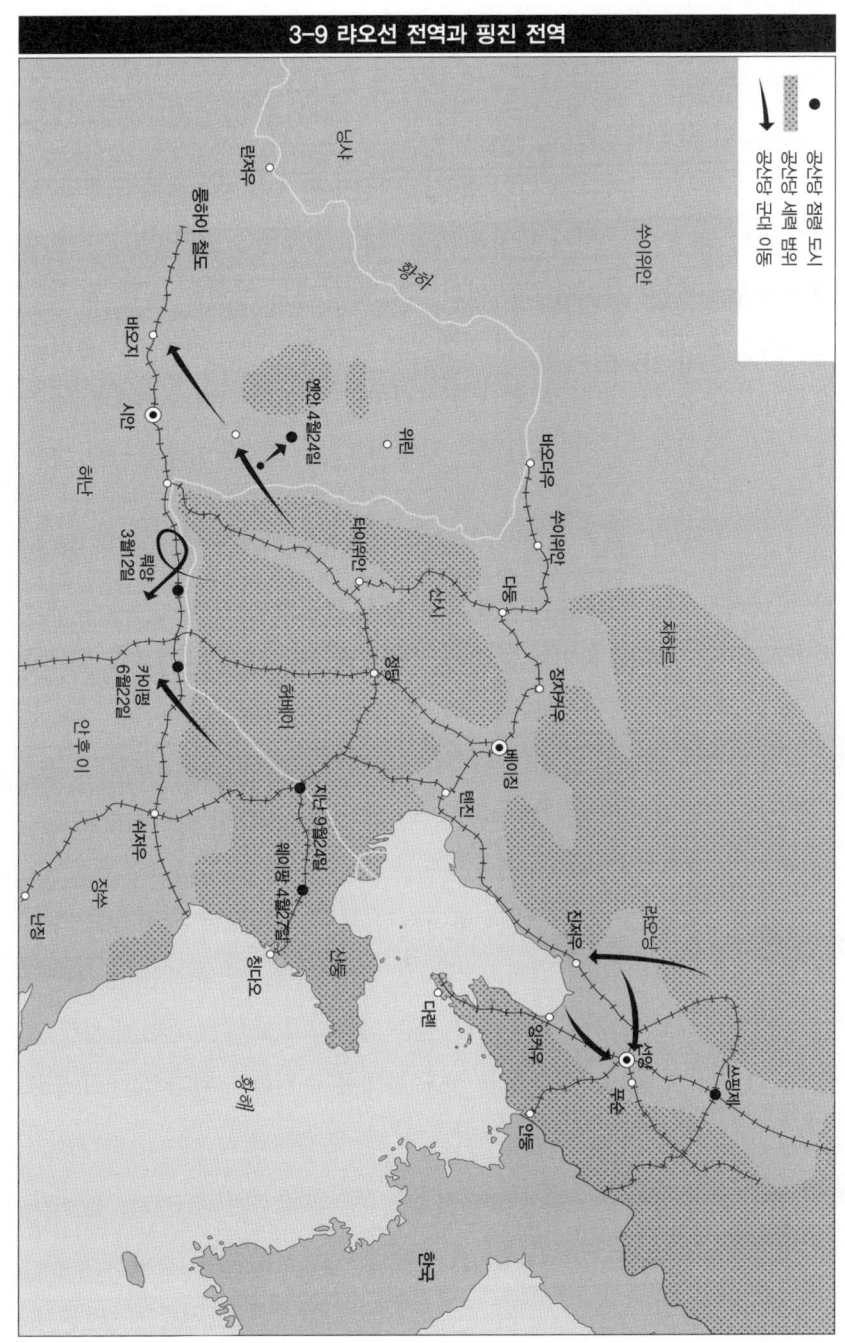

3-9 랴오선 전역과 핑진 전역

공산당 점령 도시
공산당 세력 범위
공산당 군대 이동

2일 항복했다. 창춘의 국민당 군대는 공산당 군대의 포위 속에서 아사餓死 직전의 상황까지 도달한 끝에 속속 저항을 포기했다.

평진 전역은 랴오선 전역에서 승리를 거둔 직후 남쪽으로 이동한 린뱌오의 동북야전군과 녜룽전이 이끄는 화북야전군이 공동으로 수행한 전역이다.[153] 최초 이 전역의 목적은 적을 고착·견제하는 것이었다. 즉 베이징과 텐진 지역에 위치한 푸쭤이의 국민당 군대로 하여금 11월 초 장쑤성 북부를 놓고 또 다른 결전이 벌어지고 있던 화이하이 전역으로 병력을 증원하지 못하도록 고착 및 견제하는 것이었다. 이에 따라 린뱌오는 베이징, 텐진, 장자커우, 신바오안新保安, 탕구의 다섯 지역에서 푸쭤이의 병력을 포위해서 적의 도주를 차단함과 동시에 남쪽의 국민당 군대에 대한 병력지원을 막으려 했다. 포위가 성공적으로 이루어지자 린뱌오는 가장 약한 지역에서부터 공격을 개시했다. 베이징 북서쪽의 신바오안이 무너졌고, 이어 장자커우의 국민당 군대가 항복했다. 베이징을 방어하던 푸쭤이는 둑을 터뜨려 공산당 군대의 진입을 방해하려 하였으나, 이미 그의 군대는 곳곳에서 패배하고 있었으며 퇴로는 차단된 상태였다. 그의 군대는 1월 22일 자발적으로 베이징 지역을 넘겨주고 고스란히 인민해방군으로 재편성되었다.

내전의 세 번째 격전이었던 화이하이 전역은 1948년 11월부터 다음해 1월까지 이루어졌다. 일찍이 쉬저우 일대의 국민당 군대는 공산당이 텐진을 함락하고 안후이 성과 후난 성을 장악하자 포위될 위기에 처해 있었다. 그러나 장제스는 쉬저우를 차후 북벌을 추진하기 위한 전략적 요충

---

153 Mao Zedong, "The Concept of Operation for the Peping-Tientsin Campaign," SW, vol 4, pp. 289-293; Suzanne Pepper, "The KMT-CCP Conflict, 1945-1949," pp. 345-346. 당시 푸쭤이의 국민당 군대는 50만, 이와 직접 대치한 린뱌오의 군대는 75만이었다. Edward L. Dreyer, China at War, p. 341.

지라고 판단하고 이를 고수하기로 결심했다.[154] 공산당과 국민당 군대의 전력은 각각 60만으로 비슷한 상태였으나[155] 결정적으로 공산당 측은 인민들의 지원을 얻을 수 있었으며, 그 결과 전역에 제공할 군수물자 보급을 위해 200만의 주민을 추가로 동원할 수 있었다. 첫 작전에서 천이가 지휘하는 화동야전군은 약 15만 명의 국민당 군대를 포위공격으로 섬멸하는데 성공했다. 전세가 공산당 측에 유리하게 전개되어 가자 국민당은 마오쩌둥의 예상대로 증원군을 파견했다. 그러나 국민당의 증원군은 모두 공산당 게릴라에 의해 도중에 와해되거나 저지당해 복귀했다. 쉬저우 지역의 국민당 군대는 최초 투입한 병력 거의 모두를 잃고 말았으며, 화이하이 전역은 내전을 통해 가장 결정적인 전투로 기록되었다.[156] 이 전역에서 승리함으로써 중국공산당은 양쯔 강 이북지역을 석권하였으며, 이제 내전의 승리를 목전에 두게 되었다.

(4) 중국내전 분석

장제스는 회피할 수 있었음에도 불구하고 승산이 없는 결전에 임하여 자멸을 초래했다. 1948년 3월 초 린뱌오의 총반격에 앞서 미국의 군사고문단은 장제스에게 만주에 주둔하고 있는 부대를 철수시키도록 권고했다. 당시 공산당은 70만 명의 정규군과 33만 명의 예비전력을 보유하고 있었지만 국민당은 예비전력 없이 정규군만 50만 명을 보유하고 있었다. 공산당은 병력을 자유로이 이동시켜 원하는 곳에 집중할 수 있었으나 국

---

154 Edward L. Dreyer, *China at War*, p. 336.

155 Mao Zedong, "The Concept of Operation for the Huai-Hai Campaign," *SW*, vol 4, pp. 279-282; Suzanne Pepper, "The KMT-CCP Conflict, 1945-1949," pp. 346-348.

156 Edward L. Dreyer, *China at War*, p. 339.

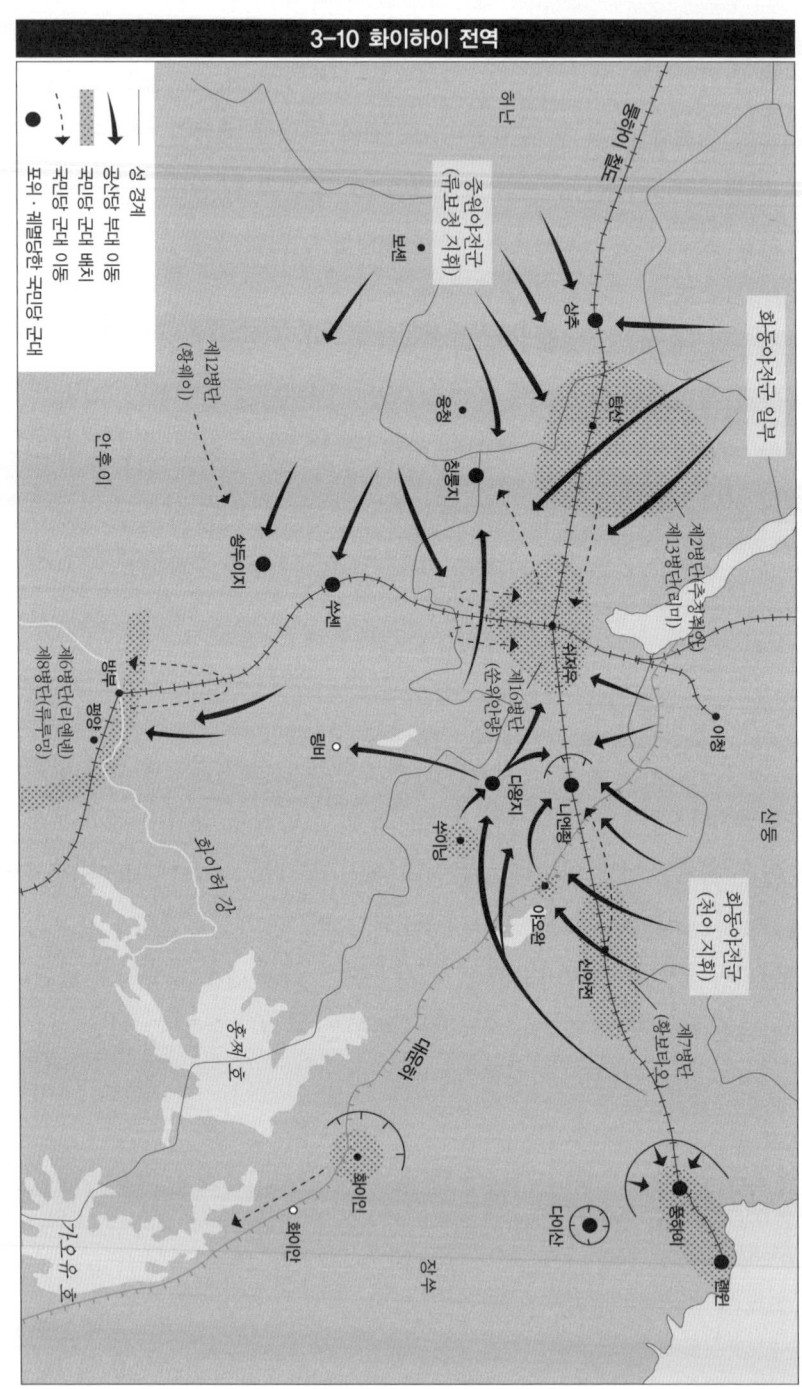

3-10 화이하이 전역

민당은 선양에 23만, 나머지는 진저우와 창춘에 나누어 도시를 방어하도록 하여 수적으로 열세에 있었다. 장제스는 고문단의 권고를 받아들이지 않았다. 결국 만주의 국민당 군대는 9월부터 3개월 동안 실시한 랴오선 전역에서 중국공산당 군대에게 일방적으로 각개격파 당하고, 이로써 국민당은 만주에서의 통제력을 완전히 상실하게 되었다.

산둥 성의 요지인 지난濟南을 방어하고 있던 국민당 군대는 1948년 봄부터 완전한 고립상태에 빠져 있었으며 9월에는 공산당의 군대가 포위를 거의 완료한 상태에 있었다. 미국 고문단은 가망이 없다고 판단하고 이 지역에서 병력을 철수할 것을 권고하였으나 장제스는 이를 거부했다.[157] 이미 국민당 군대의 공격이 정점에 도달한 상태에서 피아 전투력의 균형이 불리하다는 사실을 인식하고 있었음에도 불구하고 그는 적이 추구하는 결전을 회피하지 않고 있었다. 그 결과 지난의 국민당 군대는 화이하이 전역 이전에 이미 천이의 화동야전군에 포위되어 격파되고 말았다.

국민당 군대는 3대 전역에서 결정적인 패배를 당했고 내전의 향방은 공산당의 승리로 기울어지게 되었다. 1949년 초 공산당 군대가 완전한 승리를 거두기 위해 양쯔 강을 도하하기 직전 장제스는 스탈린에게 내전을 중재해 줄 것을 요청했다. 이때 마오쩌둥의 반응은 다음과 같았다:

> 전범자들을 포함한 난징 정부의 인사들과 평화협상을 해야 하는지는 철저하게 고려해 보아야 한다. 지금 우리는 다음과 같은 입장을 견지하고 있다: 중국 인민들에게 진정한 평화를 가능한 한 빨리 안겨주기 위해 난징 정부의 무조건 항복이 필요하다.[158]

---

[157] Department of State, *United States Relations With China*, p. 325; Suzanne Pepper, "The KMT-CCP Conflict, 1945-1949," p. 343.

마오쩌둥이 장제스에 대해 무조건 항복을 요구하고 있었다는 사실은 중국내전이 적을 완전히 타도한다는 절대적인 목표를 추구한 혁명전쟁이었음을 보여주고 있다.

항일전쟁과 중국내전은 지구전을 채택함으로써 승리를 거둘 수 있었던 사례였다. 항일전쟁 시 국민당과 공산당은 다 같이 적을 유인하고 약화시킨 후 반격하는 3단계에 걸친 지구전 전략을 적용했다. 그러나 내전에 돌입하면서 장제스는 중일전쟁에서 얻었던 교훈을 망각했다. 그는 어느새 일본과 같은 입장이 되어 마오쩌둥이 구사하는 지구전 전략에 말려들었다. 마오쩌둥은 적과의 결전을 회피하고 대신 전투력을 보존하는 데 힘썼다. 도시와 주요 철도노선의 점령을 우선한 장제스의 전략으로는 중국공산당 군대와의 결전을 추구할 수 없었고, 결과적으로 마오쩌둥의 결전회피전략을 도와준 셈이 되었다.[159] 국민당 군대는 중국 전역에 걸쳐 주요 도시와 철도노선을 따라 엷게 분산·고립되었으며, 종국에는 적에 의해 포위되어 제각기 무기력하게 격파되었다.[160] 결정적으로 장제스는 군사력 균형이 역전된 후 마오쩌둥이 추구한 결전을 회피하지 않았다. 그는 점령하고 있던 모든 도시를 고수하려고 하였으며, 이로 인해 필요한 시간과 장소에 최대한의 병력을 집중할 수 없었다. 반면 마오쩌둥의 군대는 이미 분산된 적을 고착시키면서 유리한 결전을 통해 차례차례 격파해 나갈 수 있었다.

---

[158] "Mao Zedong to Stalin, 13 January 1949," trans. Odd Arne Westad, *CWIHP Bulletin*, Issues 6-7, p. 28.

[159] Franklin W. Houn, *A Short History of Chinese Communism*, p. 69.

[160] Suzanne Pepper, "The KMT-CCP Conflict, 1945-1949," p. 337.

라. 중국 혁명전쟁전략 분석

마오쩌둥의 중국 혁명전쟁전략은 강자에 대한 약자의 승리라는 전략의 패러독스를 보여준 사례였다. 마오쩌둥 전략은 열세한 군대가 더 강하고 더 잘 무장한 군대를 맞아 승리할 수 있는 원칙과 전략·전술, 그리고 기술을 제공하고 있다.[161] 중국혁명전쟁 사례에서 나타난 전략적 의미를 다음과 같이 정리해 볼 수 있다.

첫째, 결전은 회피할 수 있다. 제1차 소공전부터 제3차 소공전에 이르기까지 마오쩌둥은 국민당 군대의 공격에 대해 공간을 양보하면서 결전을 벌이지 않았다. 중국내전에서도 그는 도시를 포기하고 퇴각하며 결정적인 전투를 회피했다. 비록 실패한 사례이지만 항일전쟁 시 장제스의 상하이전투도 충분히 회피할 수 있는 결전이었다. 또한 중국내전의 3대 전역 가운데 하나인 랴오선 전역에서도 장제스가 만주 지역의 국민당 군대를 철수시켜 집결운용하였다면 불리한 결전을 회피하거나 결정적인 패배를 당하지 않을 수 있었다. 즉 결전을 회피할 수 있었음에도 이를 회피하지 않았기 때문에 국민당의 패배로 귀결된 것이다.

둘째, 적 공격이 정점에 도달하기 전에 결전에 임한다면 결정적인 패배를 당할 가능성이 높다. 취추바이와 리리싼, 왕밍의 전략이 이를 입증하고 있다. 또한 항일전쟁 시 장제스가 추구한 상하이전투도 마찬가지였다. 장제스는 초기 단계에서 일본군의 공격에 대해 '퇴각'이 아닌 '사수'를 결심하여 결전에 임하였으며, 그 결과 국민당의 정예부대인 중앙군이

---

161 Ralph Powell, "Maoist Military Doctrines," *Asian Survey*, vol. 8, no. 4, April 1968, p. 250; J. L. S. Girling, *People's War: The Conditions and the Consequences in China & in South East Asia* (London: Shenval Press, 1969), p. 65.

궤멸해 차후 전쟁수행에 큰 차질을 빚게 되었다. 내전 말기 3대 전역에서
도 마찬가지였다. 랴오선·핑진·화이하이 전역은 내전의 승패를 결정짓
는 분수령이었다. 피아 전투력의 균형이 무너진 상태에서 장제스는 군대
의 철수를 거부한 채 공산당이 추구하는 불리한 결전에 임하여 결정적인
패배를 자초했다.

셋째, 결전이 적의 중심을 격파하는 것이라면 그 중심은 도시나 지역
이 아니라 적 병력임을 알 수 있다. 국민당과 공산당의 전략에서 나타나
는 극명한 차이는 전략목표가 상이하다는 점이다. 장제스는 항일전쟁과
내전 모두 도시나 철도와 같은 지역 확보를 목표로 한 반면, 중국공산당
은 도시를 포기하면서 병력을 보존하려 하였으며 반격에 나선 다음에는
적의 병력을 섬멸하는데 모든 노력을 기울였다.[162] 항일전쟁 시 일본의 전
략적 목표도 국민당의 그것과 다를 바가 없었다. 초기 단계에서 얼마만큼
의 지역을 확보하든지간에 적 병력의 감소가 없다면 결정적인 결과를 얻
었다고 할 수 없다. 오히려 불필요한 '부동산'의 증가는 이를 다시 빼앗기
지 않기 위해 방어를 하는 부담으로 작용할 뿐이었다.

넷째, 중국혁명전쟁은 방어 시 공간양보의 중요성을 극명하게 보여주
고 있다. 무엇보다도 퇴각을 통해 공간을 양보함으로써 얻을 수 있는 효
과는 적이 추구하는 결전을 지연할 수 있다는 점이다. 이렇게 해서 얻은
시간은 공산당 군대의 전투력을 보존하면서 국민당 군대의 전투력을 소
모시키는데 사용되었다. 공산당 군대를 추격하는 과정에서 국민당 군대
는 병참선이 신장되고 전투력이 분산되지 않을 수 없었다. 이는 마오쩌둥
으로 하여금 엷게 분산되고 고립된 적 부대에 대해 압도적인 병력의 우세

---

162 Jerome Ch'ên, *Mao and the Chinese Revolution* (London: Oxford University Press, 1965), p.
288.

를 이용하여 기습공격을 가할 수 있는 기회를 제공했다.

　마오쩌둥 전략은 제2장에서 언급한 전략사상가들의 방어전략이론, 즉 클라우제비츠가 지적한 방어 시 기습의 유용성, 조미니가 주장한 공세적 방어전 개념, 프리드리히 대왕이 강조한 주도권의 장악, 그리고 리델 하트가 제시한 제한된 목표하의 전쟁수행과 그 맥을 같이 하고 있다. 이러한 전략개념은 마오쩌둥이 제기한 '적극적 방어' 또는 '전략적 방어, 전술적 공격'이라는 용어로 요약할 수 있으며, 그 핵심은 강한 적과의 결전을 회피하는데 있다. 초기 중국공산당의 혁명전략에서부터 중국혁명전쟁에 이르기까지 강한 적에 대해 무모하게 결전을 추구한 사례는 모두 실패로 귀결되었다. 반대로 결전을 회피했던 모든 전역과 전쟁에서는 차후 적의 공격이 정점에 도달한 후에 반격을 가함으로써 승리할 수 있었다. 지금까지의 논의에서 결전은 회피가 가능하며, 결전의 회피가 없이는 방어에 성공할 수 없다는 결론을 내릴 수 있다. 또한 방어는 공격보다 강한 형태의 전쟁이라는 클라우제비츠 이론의 타당성을 입증할 수 있다.

제4장

신생 중국의
대전략

마오쩌둥은 아시아 혁명을 추구했지만 실제 아시아 국가들에 대한 혁명지원은 없었다. 오직 인도차이나에 대한 지원만이 있었다. 그러나 그 지원마저도 결국은 중국 본토의 안전을 확보하기 위한 '완충지대 확보전략'의 일환에서 가능한 것이었다. 이러한 사실은 신생 중국이 탄생한 이후 마오쩌둥 전략이 더 이상 혁명전쟁전략이 아니라 국제전 전략으로 변한 것을 입증한다. 또한 신생 중국이 장차 불가피할 것으로 보이는 미국과의 전면전에서 전략적으로 불리한 상황에 처하는 것을 방지하기 위해 완충지대를 확보함으로써 결전회피전략을 추구하고 있었음을 보여준다.

이 장에서는 중화인민공화국 수립 직후 나타난 중국의 대전략을 분석한다. 중국혁명에 성공한 마오쩌둥이 가장 우려한 것은 미국의 군사개입 가능성이었다. 그는 중국의 안보를 공고히 하고 대만해방을 추진하기 위해 소련과의 동맹조약을 체결했다. 한편으로 마오쩌둥은 중국혁명을 모델로 동아시아에서 공산혁명을 확대할 수 있다고 보고, 주변 국가들의 혁명을 지원하려 했다. 그러나 아시아에서 공산화가 확산될 경우 이 지역에 미국이 군사적으로 개입할 구실을 제공하게 되므로, 그의 아시아혁명지원 전략은 중국의 안보전략과 상충하지 않을 수 없었다. 마오쩌둥은 어떠한 상황에서도 미국과 직접적인 군사대결을 회피하고자 했다. 따라서 겉으로는 아시아 혁명을 표방했음에도 불구하고 주변국에 대한 혁명지원보다는 중국 본토의 안보를 우선적으로 고려하는 전략을 추구했다. 아시아 혁명지원은 중국의 대외안보 차원에서 미국과의 대결을 회피한다는 전제하에 제한적으로만 이루어질 수 있었던 것이다. 결국 신생 중국의 대전략은 소련과의 제휴를 통해 미국의 위협에 대비하는 것이며, 아시아 혁명을 지원한 것은 단지 주변국의 일부를 '완충지대화'하여 중국의 안보를 강화하기 위한 것으로 귀결되었다.

1. 신생 중국의 대미 위협인식

신생 중국의 당면과제는 무엇이었는가? 많은 학자들은 국내정치적 안정과 경제력 회복에 초점을 맞추고 있다. 그러나 앞으로 다룰 '외부위협 우선론'에서 볼 수 있듯이 마오쩌둥은 "미국이 아시아에서 팽창주의적 목적을 실현하기 위해 군사적으로 개입할 것이라는 두려움"을 갖고 있었으며, 따라서 신생 중국의 내부안정보다도 대외 안보에 더 큰 우선순위를 부여하고 있었다.[1]

가. 중국공산당의 대미 적대감 심화 (1944~1946년)

1945년 초반까지만 해도 중국공산당은 미국에 대해 우호적인 인식을 갖고 있었다. 미국은 2차대전 동안 소련과 함께 유럽에서 반反파시즘fascism 전선에 나선 연합국이었다. 또한 미국은 동아시아에서 태평양전쟁에 참가함으로써 마오쩌둥이 그토록 갈구하던 국제적 항일전선에 동참했다. 1944년 7월 4일 옌안에서는 미국의 독립기념일을 열광적으로 축하했고, 8월에 중국공산당은 프랭클린 D. 루스벨트Franklin D. Roosevelt의 극동정책이 일본을 패배시키며 제3차 세계대전을 막고 세계평화에 기여할 것이라고

---

[1] Shu Guang Zhang, *Mao's Military Romanticism: China and the Korean War, 1950-1953* (Lawrence: University of Kansas Press, 1995), p. 54.

치켜세웠다.[2] 1945년 3월 마오쩌둥은 전후 중국의 경제발전을 지원할 수 있는 가장 적합한 국가로 미국을 지목하고 양국 간에 어떠한 오해나 갈등도 있어선 안 된다고 강조했다. 스탈린과 몰로토프Molotov 등 소련의 지도자들도 미국이 중국의 통일과 군사·경제적 지원에 있어서 주도적 역할을 하는 것을 환영했다.[3]

미국은 장차 강하고 효율적인 중국을 건설하여 이 지역의 안정과 평화에 중추적인 역할을 담당하도록 한다는 정책목표를 설정해 놓고 있었다.[4] 미국의 이러한 대중정책은 아시아에서 중국을 독자적인 세력으로 만들어 소련의 영향권에서 벗어나도록 하려는 것이었다. 이러한 정책목표 아래 미국 정부는 장제스의 국민당 정부를 지지한다는 방침을 채택하고, 1944년 10월 패트릭 헐리를 중국대사에 임명하여 국민당과 공산당이 모든 문제를 대화로 해결하도록 중재하는 역할을 부여했다.[5] 그러나 헐리의 중재에도 불구하고 국민당과 공산당은 서로에 대한 뿌리 깊은 불신으로 인해 어떠한 합의에도 도달할 수 없었다. 이들 사이에 언제나 동일한 사안이 문제가 되었다. 장제스는 공산당 군대를 포함하여 중국 내 모든 군대에 대한 통제권을 자신이 행사해야 한다고 요구했고, 마오쩌둥은 국민당이 일당독재를 포기하고 진정한 연합정부가 수립될 때까지 공산당 군

---

2 "Report, CCP Southern Bureau, 'Opinions on Diplomatic Affairs and Suggestions to the Central Committee,' 16 August 1944," *CCFP*, p. 6.

3 Department of State, *United States Relations With China*, pp. 71-72, 94-96.

4 James F. Schnabel, *History of the Joint Chiefs of Staff*, vol. 1: The Joint Chiefs of Staff and National Policy 1945-1947 (Washington, D.C.: Office of Joint History, 1996), p. 186; John Lewis Gaddis, "The American 'Wedge' Strategy, 1949-1955," eds. Harry Harding and Yuan Ming, *Sino-American Relations, 1945-1955*, p. 158.

5 Hoyt, *The Day the Chinese Attacked* (New York: NcGraw-Hill Publishing Co., 1990), p. 14; Jerome Ch'ên, *Mao and the Chinese Revolution*, p. 277.

대를 넘길 수 없다는 입장을 고수했다.

중국공산당은 헐리의 중재과정에서부터 항일전쟁에 필요한 자금을 국민당에게만 일방적으로 제공하는 미국의 태도에 실망하지 않을 수 없었다. 1945년 1월 홍군(제8로군) 사령관 주더는 미국에 2,000만 달러의 차관을 중국공산당에 제공해 줄 것을 요청한 바 있다. 미국 내에서는 이에 대한 찬반 논란이 일었다.[6] 대리대사 조지 애치슨George Atcheson은 중국공산당에 대한 자금지원을 옹호하는 입장에 섰다. 1945년 초 그는 헐리의 워싱턴 방문기간 동안 국무부에 전문을 보내 미국이 국민당 중앙정부만 지원하는 것은 당연하지만 이로 인해 중국공산당이 미국의 태도에 불만을 갖고 있기 때문에 내전의 가능성이 커지고 있음을 지적했다. 그리고 그는 항일전쟁을 수행하는 명목으로 제한적이나마 중국공산당을 지원함으로써 이와 같이 불편한 상황을 완화해야 한다고 주장했다. 그러나 헐리는 중국공산당에 대한 미국의 지원은 장제스 정부를 공식정부로 인정한다는 미국의 정책에 부합하지 않으며, 따라서 군사적·재정적 지원을 현재 중국의 합법정부로 인정받고 있는 국민당 정부에만 제공할 것을 주장했다.[7] 미국 정부는 헐리의 입장을 반영하여 공산당 측의 지원요구를 받아들이지 않기로 결정했다. 중국공산당은 이러한 미국의 태도가 '편파적'이며, 앞으로 중국 내에서 공산당을 견제하려는 것으로 인식하고 경계하기 시작했다.[8]

---

6 Hoyt, *The Day the Chinese Attacked*, p. 15.

7 Department of State, *United States Relations With China*, pp. 86-92. 1945년 7월에도 헐리는 한 보고서를 통해 중국공산당이 국민당에 비협조적인 것은 소련이 그들을 지원할 것이라고 믿기 때문이라고 평가하고, 국민당과 소련 간에 조약이 체결되면 이러한 기대가 무산되어 공산당이 국민당에 협조하지 않을 수 없을 것이라고 보았다.

8 "Telegram, CCP Central Committee to CCP Guangdong Regional Committee, 16 June 1945," *CCFP*, p. 23.

2차대전이 종결된 직후 일본군을 접수하는 과정에서 나타난 미국의 대중정책은 '중립'을 표방했지만 중국공산당에게는 '적대적'인 것으로 인식되었다. 1945년 8월 10일 일본군의 항복에 즈음하여 미 합동참모본부(JCS)는 장제스의 참모장인 웨드마이어에게 다음과 같은 기본 지침을 전달했다. 그것은 중국내전이 발생할 경우 중립을 지킨다는 원칙에 입각하여, 첫째로 미 지상군은 중국 내 어느 전역에도 휘말리지 않아야 하며, 둘째로 미 태평양전역군은 중국의 주요 항구와 통신소를 확보하며, 셋째로 현재로서는 중앙정부군에 군사원조를 제공하며, 넷째로 중앙정부군을 중국의 주요 지점에 신속히 수송할 수 있도록 지원하라는 것이었다.[9] 이 것은 중국공산당의 입장에서 볼 때 한마디로 '중립을 견지하되 국민당을 지원한다'는 애매모호한 정책이었다.

미국은 일본의 항복 후 3개 군을 상하이, 난징, 베이징 등 동부와 북부 지역의 주요 도시로 공수하였으며, 약 40~50만의 병력을 해상으로 수송했다. 그리고 일본군의 송환을 돕고 북중국의 주요 지역을 통제하기 위해 미 제1·6해병사단 5만 명을 1945년 9월 30일 톈진과 칭다오에 상륙시켰다.[10] 당시 상황을 고려하면 미국은 국민당 정부를 돕지 않을 수 없는 처지에 있었다. 국민당과 공산당이 서로 일본군을 접수하고 만주를 먼저 차지하기 위해 경합을 벌이고 있는 상황에서 장제스 정부는 병력을 수송할 수단이 절대적으로 부족했다. 특히 만주 지역은 소련이 종전 3개월 이내에 철수하기로 되어 있었기 때문에 그 이전에 점령하지 못한다면 공산당이 통제하게 될 것이 분명했다. 그러나 국민당에 대한 미국 정부의 일방적 지원과 중국 본토에 대한 미 해병대 투입은 중국공산당에게 심각한 위

---

9 James F. Schnabel, *History of the Joint Chiefs of Staff*, vol. 1, p. 187.

10 Department of State, *United States Relations With China*, pp. 311-312.

협으로 작용했다.

중국공산당과 국민당의 내전 가능성이 고조되자 미국은 조지 C. 마셜 George C. Marshall을 중국에 파견하여 국민당과 공산당 간의 협상을 중재하려 했다. 무엇보다도 트루먼은 중국공산당이 소련의 지령에 따라 움직이고 있을지 모른다고 우려했다. 그는 국민당으로 하여금 만주 지역을 장악하도록 하고 공산당을 연합정부에 끌어들이는 것으로 중국공산당에 대한 소련의 영향력을 배제할 수 있다고 보았다.[11]

최초 중국공산당은 마셜이 공정한 중재자로서 중국내전을 막아줄 것으로 기대했다. 그러나 마셜의 중재와 동시에 미국은 국민당 군대의 만주 지역 공수를 도와주고 군사적 지원을 계속했다. 1946년 2월 25일 마셜의 중재하에 국민당과 공산당이 군 조직을 개편하기로 합의하던 날, 미국은 장제스 정부에 군사고문단을 지원하기로 결정하였으며 다음 달에 군사고문단을 파견했다. 미국은 국제연합 구제부흥사업국(UNRRA)에서 담당하는 중국재건 프로그램에 5억 달러를 기부하였으며, 그 기금 대부분은 국민당에 전달되었다. 6월에는 장기차관의 형식으로 5,200만 달러 규모의 민간장비와 보급품을 제공했다.[12] 중국공산당은 점차 공정한 중재자일 것으로 믿었던 마셜이 국민당의 편에 서 있으며 대외경험이 부족한 공산당을 속이고 있다는 인식을 갖게 되었다.[13]

국민당의 만주 지역 점령과 관련한 장제스의 약속 불이행은 마셜의

---

11 John Lewis Gaddis, *We Now Know: Rethinking Cold War History* (Oxford: Oxford University Press, 1997), p. 61.

12 Department of State, *United States Relations With China*, pp. 225-227.

13 Qiang Zhai, *The Dragon, the Lion, & the Eagle* (Kent: the Kent State University Press, 1994), p. 219, fn. 10; He Di, "The Evolution of the Chinese Communist Party's Policy toward the United States, 1944-1949," pp. 31-50.

중재에 대한 중국공산당의 신뢰를 더욱 악화시켰다. 1946년 초 소련의 만주 철수와 동시에 중국공산당이 창춘을 점령하자 장제스는 대규모 군대를 동원하여 창춘을 공격하려 했다. 이 과정에서 마셜은 중재에, 나서 공산당이 창춘을 넘겨주는 대신 국민당은 창춘만 점령하고 곧바로 협상에 임한다는 약속을 이끌어 냈다. 그러나 1946년 5월 공산당 군대가 창춘에서 자발적으로 철수하고 국민당 군대가 창춘을 점령할 즈음, 군대를 통제한다는 명목으로 마셜의 전용비행기를 이용하여 선양에 나타난 장제스는 창춘만을 점령하겠다는 최초의 약속을 어기고 국민당 군대로 하여금 하얼빈과 지린 방향으로 계속 진격하도록 했다.[14] 이 사건을 계기로 중국공산당은 창춘의 양보를 중재한 마셜이 약속을 어기고 국민당에 동조한 것으로 인식하였으며, 이후 미국과의 협력을 더 이상 기대하지 않게 되었다.[15]

1946년 9월 마오쩌둥은 미국인 기자 A. T. 스틸Steele과의 회견에서 미국 정부의 중재를 일종의 연막작전이라고 비난했다. 미국은 국민당과 공산당의 이견을 조정한다고 하면서 장제스에게 엄청난 규모의 원조를 은밀하게 제공함으로써 내전을 걷잡을 수 없는 지경에 이르도록 했고, 이러한 배경에는 장제스를 이용하여 중국의 민주세력을 제거하고 중국을 사실상 미국의 식민지로 만들려는 의도가 있다는 것이다.[16] 이듬해 6월 마오쩌둥은 당시를 회고하면서 "우리는 그때 실수를 하고 있었다. … 미 제국주의자들을 대하는 것은 그때가 처음이었기 때문에 우리는 경험이 없었다. 결과적으로 우리는 속았던 것이다. 이것을 경험으로 삼아 다시는 속지 않을 것이다"라고 언급했다.[17]

---

14 He Di, "The Evolution of the Chinese Communist Party's Policy," p. 39.

15 Department of State, *United States Relations With China*, pp. 153-156.

16 Mao Tse-tung, "The Truth about U.S. 'Meditation' and the Future of the Civil War in China," *SW*, vol. 4, p. 109; Shu Guang Zhang, *Mao's Military Romanticism*, p. 33.

마오쩌둥의 '중간지대론中間地帶論'은 그가 이미 1946년 중반에서부터 장차 미국과의 대결이 불가피하다는 인식을 가지고 있었음을 보여주고 있다.[18] 1946년 8월 미국인 기자 애너 루이즈 스트롱Anna Louise Strong과 가진 회견에서, 마오쩌둥은 미국과 소련은 서로 대치하고 있으나 "유럽, 아시아, 아프리카의 많은 자본주의 국가, 식민지 국가, 반식민지 국가들로 구성되어 있는 거대한 중간지대에 의해 떨어져 있다"고 당시 국제정세를 평가했다. 따라서 미국이 소련을 공격하기 위해서는 이러한 중간지대의 국가들을 먼저 굴복시키지 않을 수 없는데, 중간지대를 장악하기 위한 미국의 최우선적 목표는 바로 중국일 수밖에 없다고 보았다. 중국을 점령함으로써 미국은 아시아를 장악할 수 있고, 유럽으로 진출하기 위한 초석을 다질 수 있기 때문이라는 것이다.[19] 이러한 논리에 의하면 트루먼 독트린Truman Doctrine, 마셜 플랜Marshall Plan, 독일과 일본의 재건, 미국의 남한 점령, 그리고 무엇보다도 미군의 국민당 지원과 미 해병대의 중국 해안지역 주둔은 일종의 중간지대를 확보하기 위한 미국의 투쟁으로 볼 수 있다.

1946년 여름과 가을은 중국공산당과 미국의 향후 관계를 설정하는 분기점이 된 시기였다. 미국이 중국내전에 간여하지 않았다 하더라도 그 결과는 여전히 국민당이 아닌 공산당의 승리로 끝났을 확률이 높았다. 그러니 미국은 중립을 지킴으로써 최소한 중국공산당의 대미 적대감을 크게

---

17 He Di, "The Most Respected Enemy: Mao Zedong's Perception of the United States," *The China Quarterly*, March 1994, no. 137, p. 147.

18 Mao Zedong, "Talks with the American Correspondent Anna Louise Strong," *SW*, vol. 4, p. 99.

19 Shuguang Zhang, "Threat Perception and Chinese Communist Foreign Policy," ed., Melvyn P. Leffler and David S. Painter, *Origins of the Cold War: An International History* (New York: Routledge, 1994), p. 278; Mao Tse-tung, "Farewell, Leighton Stuart!" *SW*, vol 4, pp. 433-434.

완화할 수 있었을 것이다.[20] 그런데 미국은 중국내전 당시 철수하지 않고 오히려 국민당에 대한 지원을 강화했다. 미국은 1946년 6월 말로 종료되는 무기임대 프로그램Lend-Lease Program을 연장하며, 국민당 군대 39개 사단을 무장하고 25개 비행대대를 지원하는 전시프로그램을 계속 제공하기로 결정했다. 또한 장제스 정부에 임대한 무기의 소유권을 이전해 주기로 결정하고, 미군 차량과 병참물자 등을 북중국과 만주에서 작전하는 국민당 군대에 넘겨주었다. 총 131척의 잉여 해군함정과 부속 장비가 장제스의 해군에 이양되었으며, 1947년 북중국에서 미 해병대가 철수할 때에는 이들이 보유하고 있던 탄약과 물자가 추가로 이양되었다.[21]

1946년 8월 마셜은 국민당의 공세를 제지하기 위해 전투장비 금수조치를 발동하고 있었다. 그럼에도 불구하고 같은 달 30일 미국과 국민당 정부 간에는 태평양의 여러 섬에 보관하고 있던 잉여 전쟁물자에 대한 판매협정이 체결되었다.[22] 당시 국민당과 공산당 간의 협상을 중재하고 있던 마셜은 공산당 측의 저우언라이에게 이 협정에는 기계, 차량, 통신장비, 의료기구, 식량과 같은 비전투물자만이 해당한다고 해명했다. 그러나 저우언라이는 미국이 제공할 트럭, 통신장비, 비상식량과 군복은 내전이 발발할 경우 즉시 사용될 수 있으며, 다른 품목들도 시장에 내다 판다면 얼마든지 군사적 목적으로 유용할 수 있음을 지적하고 이에 대해 신랄하게 비난했다. 이와 같이 중국내전 가능성이 고조되면서 중국공산당은 국민당을 일방적으로 지원하는 미국에 대해 돌이킬 수 없는 적대감을 갖게 되었다.

---

20 Hoyt, *The Day the Chinese Attacked*, p. 37.

21 James Schnabel, *History of the Joint Chiefs of Staff*, vol. 1, pp. 235-236.

22 Department of State, *United States Relations With China*, pp. 180-181; Rao Geping, "The Guomintang Government's Policy," p. 101.

나. 미국의 군사개입 우려 증가 (1947~1950년)

국제정치적 냉전구조가 심화되면서 미국의 대중정책에도 적지 않은 영향을 미쳤다. 1947년 소련은 폴란드, 불가리아, 루마니아를 위성국衛星國으로 만들었고, 헝가리와 체코슬로바키아에 대한 공산화를 추진하고 있었다. 아시아에서는 필리핀, 말레이시아, 인도차이나Indo-China에서 공산혁명이 발생하였으며, 소련은 한반도에서 북한 정권을 강력하게 지원하고 있었다. 이러한 상황에서 미국은 중국의 공산화 가능성에 대해 우려하지 않을 수 없었다. 미국은 중국공산당이 소련으로부터 모종의 지령을 받고 있다고 믿었으며, 따라서 공산주의와 싸우기 위해 국민당 편에 서지 않을 수 없었다. 문제는 국민당을 지원하느냐 마느냐의 여부가 아니라 언제, 어떻게 지원하느냐에 있었다.[23] 중국내전이 격화되고 지연되면서 미국은 '중립'에서 '국민당일변도'의 정책으로 선회하고 있었던 것이다. 1947년 7월 트루먼은 웨드마이어를 중국에 보내 현 상황을 파악하라는 임무를 부여했다.[24] 그것은 '진상조사fact-finding'의 임무를 띠고 있었지만, 실제로는 미국의 새로운 대중정책에 대한 여론의 지지를 확보하기 위한 수순에 불과한 것이었다.

웨드마이어는 복귀 후 보고서에서 중국에 해·공군지원을 포함한 군사적 원조를 제공할 것, 만주를 다섯 강국의 보호 아래 두거나 유엔(UN)이 신탁통치하여 미국의 영향력을 강화할 것, 그리고 국민당 정부의 주요 활동에 미 고문들이 참여할 것 등을 권고했다. 미 의회는 웨드마이어의 진상조사 결과를 바탕으로 1948년 4월 4일 중국원조법안The China Aid Act을

---

23 Rao Geping, "The Kuomintang Government's Policy," p. 103.

24 James F. Schnabel, *History of the Joint Chiefs of Staff*, vol. 2, pp. 237-238.

통과시켰다.[25] 이로써 국민당은 경제적 원조의 명목으로 3억 3,800만 달러, 군사적 목적을 포함한 기타 용도로 사용할 수 있는 1억 2,500만 달러를 제공받게 되었다. 일본이 항복한 이후 1949년 3월까지 미국이 장제스 정부에 지원한 경제·군사적 원조는 보조금이 약 16억 달러, 차관 약 20억 달러, 국제 보조 및 차관이 약 22억 달러, 그리고 미국 정부의 잉여재산 판매가 약 12억 달러로 집계되고 있다.[26]

마오쩌둥은 미국의 이러한 지원이 장제스로 하여금 협상의지를 약화시켜 내전을 일으키도록 한 원인이 되었을 뿐 아니라 내전의 규모를 확대하여 수백만 명의 중국인을 살육하는 결과를 가져왔다고 믿었다. 그래서 그는 이러한 미국의 지원을 '우호'가 아닌 '침략'으로 규정했다.[27] 마오쩌둥은 미국을 '선전포고 없이 전쟁에 참여'하여 국민당을 돕고 있는 국가로 인식했다. 그는 1949년 8월 "잘 가시오, 레이턴 스튜어트!Farewell, Leighton Stuart!"라는 글에서 다음과 같이 지적하고 있다.

> 미 해군은 칭다오, 상하이, 대만에 기지를 두었으며, 미 육군은 베이징, 톈진, 탕산唐山, 친황다오, 칭다오, 상하이, 난징에 주둔하고 있고, 미 공군은 중국 영공을 장악하여 내전에 광범위하게 참여했다. 특히 미 공군은 장제스 군대를 수송한 것 외에도 중국공산당의 순양함 충칭호를 공격하여 침몰시켰다. 이러한 사실로 볼 때, 미국이 선전포고를 하지는 않았지만 아무리 소규모라 하더라도 미국 군대가 내전에 직접 참여한 것은 명백한 사실이다.[28]

---

25 James F. Schnabel, *History of the Joint Chiefs of Staff*, vol. 2, pp. 239-241.

26 James F. Schnabel, *History of the Joint Chiefs of Staff*, vol. 2, pp. 252-253.

27 Mao Zedong, "'Friendship' or Aggression?" *SW*, vol. 4, p. 448.

사실 마오쩌둥은 이전부터 미국이 언제든 중국내전에 개입할 수 있다고 믿었다. 지금까지 미국이 개입하지 못한 것은 트루먼과 마셜이 중국에 대한 침략의도를 갖지 않아서가 아니라 다만 여건이 미흡했기 때문이라고 보았다. 미국은 이미 1918년 러시아의 볼셰비키 혁명을 진압하기 위해 개입하였으며, 과거 중국에서 1850~1864년의 태평천국太平天國의 난과 1900년의 의화단義和團 사건에도 개입한 바 있다. 따라서 마오쩌둥은 중국이 공산화될 경우, 이를 저지하기 위해 미국은 반드시 군사적으로 개입할 것으로 전망하고 있었다.

내전이 중국공산당의 승리로 기울어지면서 미국의 내전 개입 가능성에 대한 마오쩌둥의 우려는 더욱 증폭되었다.[29] 1949년 초 마오쩌둥은 러시아 측에 "미국은 일본, 국민당과 군사동맹을 계획하고 있으며, 300만 명의 병력을 동북지역에 상륙시키고 만주, 극동 지역, 시베리아Siberia 지역에 선정된 표적에 대해 핵 공격을 감행할 것"이라고 주장했다.[30] 당시 베이징에서 마오쩌둥과 스탈린 사이의 연락을 담당하던 코발레프Kovalev는 이러한 언급을 스탈린에게 타전하는데, 스탈린은 미국이 또 다시 전쟁을 치를 여력이 없다는 점을 들어 이 정보를 신뢰하지 않았다. 비록 이 같은 마오쩌둥의 주장은 상당히 과장된 것임에 분명하지만, 최소한 그가 중국이 공산화될 경우 미국이 가만히 있지는 않을 것이라고 우려하고 있었음을 알 수 있다.

---

28 Mao Tse-tung, "Farewell, Leighton Stuart!," pp. 434-435.

29 Michael H. Hunt, *Crises in U.S. Foreign Policy* (New Haven & London: Yale University Press, 1996), pp. 174, 190-192.

30 John Lewis Gaddis, *We Now Know: Rethinking Cold War History*, p. 64; Sergei N. Goncharov, Interview with I. V. Kovalev, trans. Craig Seibert, "Stalin's Dialogue with Mao Zedong," *Journal of Northeast Asian Studies*, vol. 10, no. 4, Winter 1991-92, pp. 51-52.

미국의 군사개입 가능성에 대한 우려는 중국공산당이 국민당을 몰아내고 대도시를 점령하는 과정에서 보여준 외국 외교관들에 대한 조심스러운 태도에서도 드러난다. 마오쩌둥은 과거 열강들이 중국에 대한 개입의 구실로 '자국인 보호'를 내세웠음을 인식하고 있었다. 1948년 2월 중국공산당 중앙위원회는 외국인을 어떻게 대우할 것인가에 대한 지침을 하달하고 이를 준수하도록 강력하게 통제했다.[31] 그것은 공산당이 외교 경험이 없었기 때문이기도 했지만, 동시에 외국인에 대한 잘못된 대우, 상해, 사고를 일으켜 해당 국가로 하여금 중국의 내정에 간섭하는 일이 없도록 하기 위해서였다.[32]

당시 스튜어트 사건은 마오쩌둥에게 미국의 중국내전 개입 여부를 탐색하기 위한 기회로 작용했다. 1949년 초 공산당의 난징 점령이 임박하자 중국 주재 미국대사 존 레이턴 스튜어트John Leighton Stuart는 국무부 승인하에 난징에 체류하며 중국공산당 측과 접촉을 시도했다. 중국공산당은 4월 그와 인연이 있는 황화黃華를 난징 군사통제위원회 산하기구인 외사국장에 임명하여 스튜어트와 접촉할 기회를 주었다. 5월 13일 황화와 스튜어트는 난징에서 만날 수 있었다. 이러한 중국 측의 조치에 대해 일부에서는 마오쩌둥이 미국과의 관계개선을 타진할 의향이 있었다고 주장하고 있다.[33] 그러나 실제 마오쩌둥의 관심은 중미화해가 아니라 인민해방군이

---

31 "Instruction, Central Committee, 'How to Treat Foreigners in China,' 7 February 1948," *CCFP*, pp. 85-87.

32 Chen Xiaolu, "China's Policy toward the United States, 1949-1955," eds. Harry Harding and Yuan Ming, *Sino-American Relations, 1945-1955*, p. 186.

33 스튜어트의 베이징 방문이 성사되었다 하더라도 중미 간의 오해와 적대감을 해소할 수 있는 기회가 되지는 못했을 것이라는 견해에 대해서는 Yu-ming Shaw, "John Leighton Stuart and U.S.-Chinese Communist Rapprochement in 1949: War There Another 'Lost Chance in China'?" *The China Quarterly*, no. 89, March 1982, pp. 74-96 참조.

양쯔 강을 도하하려는 시점에서 미국의 군사개입 가능성 여부를 타진해 보려는데 있었다.[34] 4월 말과 5월 초에 걸쳐 칭다오에 주둔한 미군의 활동이 증가함으로써 마오쩌둥은 미국의 군사적 개입 가능성에 대해 무척 민감하게 반응하고 있었다.[35] 마오쩌둥은 황화와 스튜어트의 대화에 관해 주도면밀한 지침을 내렸다. 그는 황화로 하여금 중국의 입장에 대해 원론적 수준에서만 이야기하고, 주로 스튜어트로부터 정보를 입수하는데 주력하도록 했다. 또한 중미관계 개선의 전제조건으로 국민당과의 관계를 단절할 것을 요구함으로써 원칙적인 입장을 고수하라고 지시했다. 실제로 황화는 스튜어트로부터 "미국은 중국내전에 개입하지 않을 것이며, (미국 정부는) 상하이의 미국 함대에 전투지역을 벗어나도록 명령했다"는 사실을 입수하였으며, 이는 이후 인민해방군이 '안심하고' 양쯔 강을 도하하여 본격적으로 대륙 통일을 완성하는 계기로 작용했다.[36] 즉 스튜어트 사건은 마오쩌둥이 미국의 군사개입을 우려한 나머지 그 가능성을 신중하게 탐색하기 위한 것이었음을 알 수 있다.

1949년 초반 스탈린도 미국이 중국내전에 개입할 가능성을 조심스럽게 전망하고 있었다. 이미 패색이 짙어진 국민당이 중국내전 종전을 중재해 줄 것을 요청하자, 스탈린은 1월 10일과 11일 마오쩌둥에게 두 차례의 전문을 보내 국민당과 협상에 임할 것을 권유했다. 이에 대해 브라이언 머리Brian Murray는 소련이 중국의 통일을 저지하려는 의도가 있었다고 주장

---

34 Chen Jian, *China's Road to the Korean War* (New York: Colombia University Press, 1994), p. 53; "Telegram, CCP Central Committee to CCP Nanjing Municipal Committee, 10 May 1949," *CCFP*, p. 111-112.

35 He Di, "The Evolution of the Chinese Communist Party's Policy," p. 44.

36 Chen Jian, *China's Road to the Korean War*, p. 53; Chen Xiaolu, "China's Policy toward the United States," p. 186.

한다.[37] 그러나 양쯔 강 도하에 대한 스탈린의 권고는 강압적인 것이 아니었으며, 중국의 통일을 방해하려고 의도한 것은 더욱 아니었다.[38]

1월 10일에서 15일까지 여섯 차례에 걸쳐 주고받은 전문에 의하면, 스탈린은 마오쩌둥이 국민당의 협상제의를 거부할 경우 국제적 비난과 함께 미국과 서구 국가들로 하여금 내전에 군사적으로 개입할 빌미를 제공할 수 있다는 점을 지적하고 있다.[39] 그래서 그는 중국공산당측이 협상을 수용하되 '전범자의 협상참여 불가'와 같이 국민당이 절대로 수용할 수 없는 조건을 제시함으로써 장제스가 제기한 평화협상을 무산시키고, 결국 그 책임을 국민당 측에 전가하는 것이 바람직하다는 조언을 전달했다. 그러나 마오쩌둥의 견해는 달랐다. 그는 스탈린에게 전문을 보내 소련이 중국문제에 대한 불간섭 입장을 내세워 국민당이 요청한 내전 중재를 거절하기를 희망한다는 입장을 피력했다. 자칫 미국과 영국, 프랑스가 중재에 개입한다면 내전이 지연될 가능성이 있다고 보았던 것이다.[40]

마오쩌둥의 협상불가 방침에 대해 스탈린은 재차 '전략적' 접근을 권고했다. 그는 공산당측이 협상을 거부할 경우 오히려 미국이 중국 내 평화적 해결이 불가능하다는 점을 빌미로 내전에 개입할 수 있음을 지적하고, 일단의 평화협상에 환영의 뜻을 표하되 그 조건으로 외국 대표의 간

---

37 Brian Murray, "Stalin, the Cold War, and the Division of China: A Multi-Archival Mystery," *CWIHP Working Paper*, no. 12, pp. 5-10.

38 Vojtech Mastny, *The Cold War and Soviet Insecurity* (London: Oxford University Press, 1996), p. 86; Macdonald, "Communist Block Expansion in the Early Cold War," p. 175.

39 Odd Arne Westad, "Rivals and Allies: Stalin, Mao and the Chinese Civil War, January 1949," *CWIHP Bulletin*, vol. 6-7, pp. 27-29.

40 "Stanlin to Mao Zedong, 10 January 1949"; "Stanlin to Mao Zedong, 11 January 1949"; "Mao Zedong to Stalin, 13 January 1949," in Odd Arne Westad, *CWIHP Bulletin*, Issues 6-7, pp. 27-28.

여 금지, 국민당이 정부가 아닌 당으로서 협상에 임할 것, 협상에서 합의가 이루어지기 전까지 적대행위는 계속해야 한다는 것 등을 제시하여 국민당으로 하여금 이러한 조건을 도저히 받아들일 수 없도록 해야 한다고 언급했다. 심지어 그는 어떠한 경우에도 적대행위를 중지해서는 안 된다고 강조함으로써 협상과 군사행동 중단은 별개의 문제임을 명확히 했다. 즉 스탈린의 협상 권고는 미국이 중국내전에 개입하는 것을 막기 위한 것이었지 중국공산당의 양쯔 강 도하를 방해하려는 것은 아니었던 것이다.

이에 대해 마오쩌둥은 스탈린의 견해에 전적으로 동의하고, 국민당 측에 장제스 등 전범자 43명의 협상참여를 금지한다는 조건을 포함하여 여덟 개 조항을 협상조건으로 제시했다. 물론 국민당으로서는 이러한 조건을 받아들일 수 없었고, 중국공산당 군대는 양쯔 강을 도하하여 대륙을 석권할 수 있었다.

이렇게 볼 때 스탈린은 중국혁명을 방해하려는 의도를 갖지 않았음을 알 수 있다. 다만 1947년 터키 위기와 그리스 위기에서와 같이 미국이 군사적으로 개입하여 중국의 공산화를 저지할 것으로 믿었기 때문에, 개입의 구실을 제공하지 않기 위해 마오쩌둥에게 이와 같이 조언했던 것이다.[41] 오히려 그는 마오쩌둥이 오해하지 않도록 매우 신중하게 접근하였으며, 양쯔 강 도하에 관한 최종 판단을 마오쩌둥에게 맡김으로써 '조언' 이상의 무게를 두지 않았다.

1949년 4월 인민해방군이 양쯔 강을 도하할 무렵 마오쩌둥은 최종적으로 미국의 군사적 개입 가능성을 고려하여 부대를 배치했다. 그는 한 달 전 개최된 제7기 중국공산당 중앙위원회 제2차 전체회의(2중전회)에서

---

41 "Stalin to Mao Zedong, 14 January 1949," *CHIHP Bulletin*, vol. 6-7, p. 29; Sergei N. Goncharov, Interview with I. V. Kovalev, pp. 48-50 참조.

"전쟁을 계획할 때에는 항상 미국 정부가 해안 일부도시를 점령하고 우리와 직접 싸우기 위해 병력을 파견할 가능성을 고려하지 않으면 안 된다. 우리는 이 같은 일이 현실화되어 기습을 당하지 않도록 계속 준비해야 한다"고 지적한 바 있다. 여기에는 마오쩌둥의 대미 위협인식과 미국의 개입 가능성에 대한 스탈린의 조언이 반영된 것으로 볼 수 있다.[42] 마오쩌둥은 미국이 중국혁명을 저지하기 위해 영국과 프랑스와 공동으로 중국 북부나 동부지역에서 국민당 군대와 함께 상륙하여 후방을 타격할 수 있다고 전망했다. 그래서 그는 양쯔 강을 따라 서쪽으로 진격하게 될 류보청의 제2야전군 작전을 보류하고, 대신 이들로 하여금 동부지역에서 주요 도시를 점령하기로 한 천이의 제3야전군 작전을 지원하도록 함으로써 미국의 개입 가능성에 대비했다. 마오쩌둥은 인민해방군이 상하이와 푸저우福州, 칭다오를 점령하게 되면 미국의 개입 가능성은 사실상 사라진 것으로 볼 수 있으며, 그때에 가서야 제2야전군은 비로소 서쪽으로 진격할 수 있다고 했다.[43]

중국공산당 지도자들은 1949년 10월 1일 중화인민공화국 수립을 선포한 후에도 미국이 계속해서 중국의 혁명을 전복하려 한다고 믿고 있었다. 1950년 3월 20일 저우언라이는 외무부 간부들을 대상으로 행한 연설에서 미국이 유럽에서 제국주의 동맹을 강화한다는 점, 독일과 일본을 재무장시키고 있다는 점, 그리고 언제든 전쟁을 야기할 가능성이 있다는 점을 강조했다.[44] 1950년 중반, 직접적인 군사개입 가능성이 사라졌음에도

---

42 He Di, "The Evolution of the Chinese Communist Party's Policy," p. 42.

43 "Instruction, CCP Central Military Commission, 'Military Deployment Plans for Advancing on the Whole Country,' 23 May 1949," *CCFP*, pp. 113-114.

44 "Speech, Zhou Enlai, 'on the International Situation and Our Diplomatic Affairs after the Signing of the Sino-Soviet Alliance Treaty,' 20 March 1950," *CCFP*, pp. 144-145.

불구하고 마오쩌둥은 여전히 미국이 중국의 전복을 시도하고 있는 것으로 인식했다. 마오쩌둥은 대만과 티베트의 해방을 이루지 못한 상황에서 국민당 잔당들이 비밀기관과 첩자를 운용하여 대중들 사이에 유언비어를 유포하고 당과 정부요인들에 대해 암살을 시도하고 있다는 사실을 지적하면서, 이들의 배후에 미국 제국주의가 도사리고 있다고 주장했다.[45] 그는 제7기 중국공산당 3중전회 연설에서 이러한 미국의 음모에 대한 투쟁을 끝까지 전개할 것을 촉구했다.[46]

다. 외부위협에 우선적으로 대비하는 정책 추구

중국의 대미 적대감과 미국의 내전 개입 가능성에 대한 우려로 인해 마오쩌둥은 내부위협보다도 외부위협에 우선적으로 대처한다는 방침을 세웠다. 즉 외부의 적이 너무 강하기 때문에 내부의 잠재적인 적과 연합하여 이에 우선적으로 대처해야 한다는 것이다. 이러한 방침은 중국에서 새로이 등장한 정부형태인 '인민민주주의 전정人民主主義傳政'에서도 엿볼 수 있다. 그것은 노동자, 농민, 프티부르주아petty-bourgeois, 민족부르주아의 네 계층이 연합한 정부형태로서, 프롤레타리아 계급이 정치를 주도하지만 민주적 부르주아계급의 대표성을 인정하고 이들의 정파를 수용한다는 측면에서 매우 파격적인 조치였다.[47]

즉 마오쩌둥은 제국주의, 봉건주의, 관료적 자본주의에 반대한다면 일부 부르주아 계층까지도 포용하기로 한 것이다. 중국의 '인민민주주의

---

45 Mao Tse-tung, "Fight for a Fundamental Turn for the Better in the Nation's Financial," *SW*, vol. 5, pp. 26-27; Melvin Gurtov and Byong-moo Hwang, *China under Threat*, p. 31.

46 Mao Tse-tung, "Don't Hit Out in All Directions," *SW*, vol. 5, p. 34.

47 Mao Tse-tung, "On the People's Democratic Dictatorship," *SW*, vol. 4.

전정'은 1905~1907년 러시아 혁명기간에 레닌이 도입한 '노동자와 농민의 민주전정'과 유사한 형식을 갖지만, 궁극적으로 '인민민주주의 전정'이 민주적 부르주아계급의 대표성을 인정하고 이들의 정파를 수용한다는 데서 레닌의 전정과는 결정적으로 차이를 보이고 있다.

그러면 왜 마오쩌둥은 민주적 부르주아 계층을 포함하면서 이들과 계속적인 타협과 단결을 강조하고 있는가? 그것은 외부로부터의 안보위협, 즉 미국의 위협에 대한 인식에 기인한다. 마오쩌둥은 중국에 대한 위협을 외부위협과 내부위협으로 구분했다. 내부위협이란 인민민주주의 전정을 구성하고 있는 서로 다른 계층 간에 나타나게 될 계급적 모순과 대립을 의미하며, 외부위협이란 제국주의자들이 중국혁명을 방해하고 본토에 대한 공격을 가하려는 위협을 일컫는다.[48] 그런데 내부위협은 외부위협에 비하면 부차적인 것에 불과하다. 전자가 중국 내부에서 사회적 혼란과 분규를 가져오는 반면, 후자는 중국의 국가생존과 운명에 직결된 중대한 문제이기 때문이다. 따라서 마오쩌둥은 외부적 위협에 우선적으로 대처하기 위해 중국의 모든 역량을 결집해야 할 필요성을 느꼈으며, 이를 위해 민족부르주아 세력을 포용하지 않을 수 없었다. 민족주의적 부르주아 계층에 대한 포용이 이루어지지 않으면 이들은 제국주의자들의 편에 서 대내외적으로 더 큰 혼란을 가중시킬 수 있기 때문에 이들과 계속적인 타협과 단결을 강조할 필요가 있었던 것이다.

결국 신생 중국의 탄생에 즈음하여 마오쩌둥의 국내정치와 대외정책은 최우선적으로 미국의 군사적 위협에 초점을 맞추고 있었다. 1946년 중반부터 형성된 미국에 대한 적대적 인식은 중국내전을 통해 심화되었으며, 내전 말기에 와서는 미국의 개입에 따른 군사적 충돌 가능성을 우려

---

48 "Memorandum, Liu Shaoqi to Stalin, 4 July, 1949," *CCFP*, pp. 118-122.

하는 상황으로 전개되었다. 그리고 중화인민공화국이 수립되면서 마오쩌둥은 다른 무엇보다도 미국의 군사적 위협으로부터 본토의 안전을 확보하기 위한 전략을 구상하지 않을 수 없었다.

2. 본토방어전략 : 중소군사동맹

중국의 전략은 단기적으로 미국으로부터의 직접적인 본토 공격에 대비하고, 장기적으로는 동아시아 주변지역에서 미국과의 충돌 가능성에 대비하는 것이었다.[49] 기본적으로 미국의 위협에 대비하기 위한 마오쩌둥의 선택은 소련과 군사동맹을 체결하는 것이었다. 그는 신생 중국을 수립한 직후 국가기반을 공고히 해야 할 중요한 시기에 베이징을 떠나 약 2개월 동안이나 모스크바에 체류할 정도로 소련과의 동맹 체결에 매우 강한 집착을 보였다. 중국의 대전략적 견지에서 중소동맹 체결은 대미 억제력을 확보함과 동시에, 최악의 경우 '소련과 함께하는 인민전쟁'을 구현하기 위한 전략적 선택이었다.

가. 대소일변도 외교

중국내전을 통해 형성된 적대감으로 인해 중국은 미국을 비롯한 서구 진영 국가들과의 관계개선 가능성에 대해 회의적이었다. 마오쩌둥은 1949년 3월 제7기 중국공산당 2중전회에서 "평등의 원칙에 입각하여 모든 국가와 외교관계를 수립할 용의가 있다"고 전제하였으나, "중국 인민들에게 적대적인 제국주의 국가들이 우리를 평등하게 대우하는 일은 결

---

49 Chen Jian, *China's Road to the Korean War*, p. 94.

코 없을 것"이라고 부정적으로 언급했다.[50] 그해 8월 마오쩌둥은 미국의 전통적인 대중정책이 제국주의 정책에 불과하다고 지적하면서 미국·영국과의 관계개선에 미련을 갖지 말고 투쟁에 나설 것을 촉구했다.[51] 특히 그는 미국이 『중국백서United States Relations With China』를 통해 밝힌 "중국 공산주의와 소련 공산주의의 성격이 다르기 때문이 중국이 결국 레닌주의를 포기할 것"이라는 견해에 대해 중소관계를 이간질하려는 술책으로 간주하고, 오히려 이를 역이용하여 미국의 음모를 분쇄해야 한다고 강조했다.[52] 10월 중화인민공화국을 수립한 후에도 "마오쩌둥과 그의 공산당 지도자들은 공산화된 중국을 미국이 인정할 가망이 없다고 인식하였으며, 서구 국가들과 조기에 외교관계를 체결하지 않겠다는 점을 강조했다."[53]

중국은 심지어 그들을 인정하려는 국가의 '호의'마저도 외면했다. 1950년 1월 6일 영국은 베이징 공산당 정부를 공식 인정했다. 그러나 중국은 영국이 대만에 공사를 파견하고 있으며 유엔에서 대만 대표를 축출하려는 중국의 노력을 지지하지 않는다는 점을 이유로 상호 대사 교환을 거부했다. 사실 중국으로서는 서구 국가들과 관계를 개선할 경우 경제적으로 많은 지원을 얻을 수 있고 수십 년간 전쟁으로 피폐해진 경제를 활성화하는데 매우 큰 도움을 받을 수 있었다. 그러나 마오쩌둥에게 경제적 이익보다 더 중요한 것은 신생 중국에 대한 인정, 그것도 '영국식(대만과 정상적 관계 유지)'이 아닌 '소련식(대만과 적대관계 유지)'의 인정이었다.

---

50 Mao Zedong, "Report to the Second Plenary Session of the Seventh Central Committee of the Communist Party of China," *SW*, vol. 4, p. 371.

51 Mao Zedong, "Cast Away Illusions, Prepare for Struggle," *SW*, vol. 4, pp. 425-432.

52 Mao Zedong, "Cast Away Illusions, Prepare for Struggle," pp. 430-431.

53 Chen Jian, *China's Road to the Korean War*, p. 58; 조너선 폴락, 「한국전쟁에서의 중국의 역할과 중·소 동맹」, 『계간 사상』, 1990 봄호, p. 131.

중국은 유엔 대표권 문제에 대해서도 큰 기대를 갖지 않았으며, 이에 관해 서구 국가들과 타협하려고 하지도 않았다. 로버트 R. 시먼스[Robert R. Simmons]는 중국이 유엔에서의 대표권을 획득하기 위해 노력했다는 증거로, 1월 17일 유엔에서 이루어진 중국 대표권 문제에 대한 표결날짜와 1월 18일 중국이 북베트남의 호치민 정부를 인정한 날짜를 연계하고 있다. 즉 호치민이 1950년 1월 14일 외교적 관계를 수립할 것을 요청해 왔을 때 중국은 17일 안전보장이사회에서의 표결을 (특히 프랑스의 표를) 의식하여 나흘 후인 18일에야 베트남을 인정했다는 것이다.[54] B. 웽[Weng]도 마찬가지로 중국이 호치민 정부를 인정한 것은 유엔의 표결 결과에 대한 보복조치였을 것이라고 추측하고 있다.[55]

그러나 최근 공개된 소련 측의 비밀문서에 의하면 이러한 주장들은 잘못된 것이다. 당시 중소조약 체결을 위해 모스크바에 머무르고 있던 마오쩌둥은 1월 14일 호치민의 국가 인정 요청 공문을 접수하지 않은 상태에서 류사오치[劉少奇]에게 전문을 보내, 다음 날부터 사흘 동안 레닌그라드로 여행을 떠날 것이므로 당분간 자신과 연락이 닿지 않을 것임을 알리고 있다.[56] 그리고 마오쩌둥은 17일 레닌그라드에서 복귀하여 호치민의 국가인정 요청에 관한 전문을 본 즉시 베이징에 답신을 보내, 류사오치로 하여금 즉각 호치민에게 그의 요청을 수락한다는 내용의 답장을 띄우고 다음 날인 18일 방송을 통해 이를 보도하도록 지시했다.[57] 이렇게 볼 때

---

54 Robert R. Simmons, *The Strained Alliance: Peking, Pyoungyang, Moscow, and the Politics of the Korean Civil War* (New York: Free Press, 1975), p. 96.

55 Byron S. Weng, "Communist China's Changing Attitudes Toward the United Nations," *International Organization*, vol. 20, no. 4, Autumn 1966, p. 680, fn. 14.

56 "Mao Cable from Moscow, Jan 13 1950," Sergei N. Goncharov, *Uncertain Partners*, p. 249.

중국은 호치민의 요청에 대해 유엔의 표결을 의식하여 답변을 일부러 미룬 것이 아니라, 마오쩌둥이 모스크바를 떠나는 바람에 부득이하게 연락을 취할 수 없었던 것이다. 오히려 마오쩌둥의 신속한 조치는 유엔 대표권 문제에 대해 별다른 미련을 갖고 있지 않았음은 물론, '일변도一邊倒 외교'에 대한 확고한 입장을 견지하고 있었음을 입증하고 있다.

마오쩌둥은 소련에 기대어 정치·경제·군사적 지원을 얻을 수 있다고 보았다. 그리고 중소조약을 체결하는 것만이 그러한 지원을 확실하게 확보할 수 있는 제도적 장치가 될 것으로 믿었다. 중소조약은 국제적으로 최소한 사회주의권 내에서는 신생 정권의 정통성을 인정받을 수 있는 계기가 될 것이며, 국내적으로는 정치·사회적 결속을 강화할 수 있는 기회를 제공해 줄 수 있었다. 또한 내전으로 피폐해진 중국의 경제를 회복하기 위해 필요한 차관을 제공받을 수 있으며, 제반 기술적인 지원을 얻을 수 있었다. 그러나 무엇보다도 가장 중요한 것은 군사적 지원이었다. 비록 정치·경제적인 국내문제가 시급한 현안이라 하더라도 미국으로부터의 위협에 비한다면 부차적인 문제에 불과했다. 소련과의 동맹관계 체결은 미국의 군사적 위협을 억제할 수 있는 가장 확실한 조치가 될 것이 분명했다.

이러한 상황에서 과거의 역사적 경험은 소련에 대한 지원을 기대하기에 충분했다. 평생 중국혁명을 추진하기 위한 국제적인 지원을 요청했던 쑨원은 모든 국가로부터 거절당하고, 오직 1920년대 초반 소련으로부터 도움을 얻을 수 있었다.[58] 마오쩌둥이 소련과의 관계를 본격적으로 개선

---

57 "Mao Cable from Moscow, Jan 17 1950," Sergei N. Goncharov, *Uncertain Partners*, p. 251.

58 Mao Zedong, "On the People's Democratic Dictatorship," *SW*, vol. 4, p. 417.

하고자 한 것은 인민해방군이 양쯔 강을 도하하여 난징을 점령한 후였다. 1949년 6월 30일 마오쩌둥은 "인민민주주의 전정에 관하여"라는 제목의 라디오 연설을 통해 '일변도' 외교정책 노선을 발표했다:

> 외부적으로 중국을 동등하게 대우하는 국가들과 단결하고 전 세계 인민들과 단결하여 공동 투쟁에 나서자. 즉 소련, 인민민주주의 국가들, 그리고 다른 모든 국가의 수많은 인민대중들과 제휴하여 국제통일전선을 구축하자… 우리는 일변도 정책으로 나가야 한다.[59]

마오쩌둥의 일변도 외교 선언은 류사오치의 소련 방문 시점에 맞추어 이루어진 것으로 새로 등장할 중국의 대외정책 노선을 대내외에 천명한 것이었다.

7월 10일 류사오치와 그의 일행은 모스크바에 도착하여 11일 스탈린과 회담을 가졌다. 류사오치의 소련 방문은 그해 1월 미코얀Mikoyan의 중국 방문에 대한 답방으로 이루어졌으나 한편으로는 추후 마오쩌둥의 소련 방문을 위한 사전 접촉의 성격을 띠고 있었다. 향후 중국이 소련에 동맹 조약을 제의하기 위한 사전 포석이었다. 류사오치는 스탈린에게 새로 들어설 중화인민공화국의 국내정책과 대외정책 노선을 설명하고 신생 정권에 대한 지지와 협조를 당부했다. 특히 새로 등장하게 될 연합정부가 민족부르주아 계급을 포용한 것에 대한 이념적 오해를 불식하기 위해 이러한 조치가 외부위협에 대처하기 위한 차원에서 불가피한 것이었음을 설명하고, 신생 정부는 마르크스–레닌주의를 충실하게 추종할 것이며 중도나 제국주의의 편에 서지 않을 것임을 강조했다. 아울러 중국이 당면한

---

59 Mao Tse-tung, "On Democratic Dictatorship," p. 415

문제를 해결하는 데 소련이 적극적으로 지원해 줄 것을 요청했다.[60]

대만공격을 위한 소련의 군사적 지원 요청도 이루어졌다. 류사오치는 11일 스탈린과의 회담에서 차후 대만을 공격하는데 필요한 공군과 잠수함을 지원해 줄 것을 요청했다. 그러나 스탈린은 소련의 군사력이 대만공격에 참여할 경우 미국과의 군사적 충돌이 불가피하며, 자칫 3차대전으로 비화할 수 있다고 지적하면서 유보적인 입장을 밝히고, 다만 이 문제를 당 중앙정치국회의에서 추가로 논의할 것을 약속했다. 이러한 소련의 입장을 보고받은 마오쩌둥은 스탈린의 입장을 이해하고 27일 정치국회의에 참석하고 있던 류사오치에게 전문을 보내 대만공격을 위한 소련의 군사력 지원 요청을 철회하도록 지시했다.[61]

대만문제만 제외한다면 류사오치 일행에 대한 스탈린의 반응은 놀라울 정도로 호의적이었다.[62] 우선 스탈린은 과거 소련이 중국혁명을 방해한 부분에 대해 인정하고 정중히 사과했다. 그리고 신생 중국에 대한 강한 지지를 표명했다. 당시 마오쩌둥과 당내 지도자들은 소련이 중국을 인정할 것인지에 대해 확신하지 못하고 있었는데, 그것은 1945년 8월 스탈린과 장제스 간에 체결한 중소조약이 아직 유효하기 때문이었다. 류사오치가 1950년 1월 1일 중앙정부를 수립하겠다는 의사를 밝히자 스탈린은 "중국 내에 장기간의 무정부상태가 존재해서는 안 된다"는 이유를 들어 정부수립을 앞당기도록 권유했다. 신생 중국에 대한 스탈린의 확고한 지지 의사를 확인한 셈이다.

류사오치의 소련 방문에서 나타난 한 가지 중요한 사실은 "소련이 국

60 "Memorandum, Liu Shaoqi to Stalin, 4 July 1949," *CCFP*, pp. 118-122.

61 Sergei N. Goncharov, Interview with I. V. Kovalev, p. 53.

62 Chen Jian, *China's Road to the Korean War*, pp. 71-72.

제프롤레타리아 혁명의 중심에 위치하고 있지만, 아시아 혁명을 증진하는 것은 중국이 그 주요한 책임을 맡는다"고 하는 일종의 임무분담에 대해 합의했다는 점이다.[63] 류사오치 일행을 맞이한 자리에서 스탈린은 중소 간의 단결이 앞으로 세계혁명에 중요한 영향을 미칠 것이라고 지적한 뒤 다음과 같이 언급했다:

> 서구 유럽의 사회주의 국가들은 마르크스와 엥겔스Engels의 사망 이후 거만함으로 인해 뒤쳐지기 시작했습니다. 세계혁명의 중심은 서양에서 동양으로 옮겨졌습니다. 이제 그 중심은 중국과 동아시아로 옮겨가고 있습니다. … 우리 사이에 임무분담이 필요합니다. … 나는 중국이 식민지, 반식민지, 종속국가에서의 민족운동과 민주혁명운동을 돕는데 더 많은 책임을 맡아주기 바랍니다. … 당신들은 동양에서의 과업에 더 많은 책임을 질 수 있고… 우리는 서양에서 더 많은 책임을 떠맡을 수 있습니다.

그리고 스탈린은 중국이 소련을 "큰 형"으로 부르는 것을 염두에 두고서 계속 말했다:

> 나는 진심으로 동생이 언젠가는 큰 형을 따라잡고 추월하기를 바랍니다. 이것은 단지 나와 내 동료의 희망일 뿐만 아니라 역사적 법칙입니다. 후발주자는 결국 선두주자를 따라잡기 마련입니다. 동생이 형을 제치기를 기원하며 건배합시다.[64]

---

63 Chen Jian, *China's Road to the Korean War*, p. 74; Zhang Shuguang, "Threat Perception," p. 281.

중국 대표단은 너무도 놀라서 건배에도 응하지 못하고 꼼짝 않고 서 있었다. 분명한 것은 스탈린이 혁명에 대한 책임을 중국과 분담할 것을 분명히 밝혔으며, 이로 인해 중소관계에 새로운 전기가 마련되었다는 사실이다.

류사오치가 중국도 코민포름Cominform에 가입하겠다는 의사를 표명하자 스탈린은 이에 대해 부정적 견해를 제시하고,[65] 그 이유로 동양에서의 혁명과 서양에서의 혁명이 근본적으로 다르다는 점을 지적했다.[66] 서양의 경우 혁명과정에서 부르주아가 파시스트에 협조했기 때문에 타도의 대상이 되었고 그 결과 프롤레타리아 독재가 수립되었지만, 동양에서는 민족 부르주아가 일본에 굴복하지 않았고 미국과 장제스에 협조하지 않았기 때문에 이들을 제거해야 할 아무런 근거가 없다는 것이다. 따라서 중국의 상황이 동유럽의 상황과 상이한 만큼 중국은 코민포름에 가입하기보다는 아시아 혁명을 위한 '아시아 공산당 연합Union of Asian Communist Parties'을 창설하는 것이 더욱 적절하다는 논리였다.[67] 이러한 스탈린의 언급은 공산혁명에 대한 역할분담뿐 아니라 중국의 새로운 인민민주주의 전정을 마르

---

64 Sergei N. Goncharov, Interview with I. V. Kovalev, p. 53; John Lewis Gaddis, *We Now Know*, pp. 66-67.

65 코민포름은 코민테른의 후신으로, 미국이 경제적으로 유럽에 대한 영향력을 강화하자 사회주의 국가들의 결속을 위해 1947년 9월 22일 탄생했다. William R. Keylor, *The Twentieth Century World*, p. 266.

66 "Stalin Remarks to Liu Shaoqi re Creating a Union of Asian Communist Parties, July 1949," Sergei N. Goncharov et al., *Uncertain Partners*, p. 233.

67 1950년 11월 16일 세계노동조합연맹World Federation of Trade Union: WFTU에 참여하는 아시아 13개 국가들이 베이징에서 중국혁명이 극동 지역 전체 혁명에 유용한 사례임을 결의했다. Max Beloff, *Soviet Policy in the Far East, 1944-1951* (London: Oxford University Press, 1953), pp. 84-87; King C. Chen, *Vietnam and China, 1938-1954* (Princeton: Princeton University Press, 1969), pp. 216-220.

크스-레닌주의 내에 포용할 수 있음을 인정하는 것으로, 주목할 만한 대목이 아닐 수 없다.

중국은 당장 소련으로부터 경제적 지원을 받을 수 있게 되었다. 류사오치는 귀국하면서 러시아 경제전문가 96명을 대동했는데, 이들은 피폐해진 중국경제를 진단하고, 재건하는데 필요한 조언을 제공하는 임무를 맡고 있었다. 또한 1주일 이내에 200명의 전문가가 추가로 입국하기로 되어 있었다. 그러나 이는 군사적 지원에 비하면 부차적인 것이었다.

7월 27일 류사오치는 스탈린에게 100~200대의 야크Yak기와 40~80대의 폭격기를 제공해 줄 것과 함께 1,200명의 조종사와 500명의 항공기술자를 소련 비행학교에서 훈련시켜 줄 것을 요청했다. 스탈린은 항공기 지원 요청을 받아들이고, 소련에서 조종사와 기술자를 훈련시키는 대신 중국에 비행학교를 건설해 주기로 약속했다. 이에 따라 8월 소련의 중국 공군 지원에 관한 논의가 중국 공군 대표와 소련 공군장관 사이에 보다 구체적으로 진행되었다. 이때 중국 대표는 1951년 대만공격을 위해 300~350대의 전투기로 구성된 공군사단을 1년 이내에 건설해 달라고 요청했다. 이에 소련은 6개의 비행학교를 설립해 주고 434대의 항공기를 판매하며, 878명의 공군 전문가를 지원하기로 했다. 양국 대표는 이에 합의하고 10월 초 스탈린의 재가를 받았다. 그리하여 10월 15일 처음으로 야크기 1개 전대 20대가 중국으로 출발할 수 있었다.[68] 10월 24일에는 23명의 공군기술자가 중국에 입국하였으며, 비행학교는 12월 1일 건설이 완료되어 1년에 350명의 조종사를 양성할 수 있게 되었다. 그리고 1949년 말까지 185대의 각종 항공기가 중국에 도착했다. 한편 중국의 해군력 건설에도 진전이 이

---

68 Xiaoming Zhang, "China and the Air War in Korea, 1950-1953," *The Journal of Military History*, no. 62, April 1998, pp. 337-338.

루어져 그해 9월에는 양측 사이에 중국 해군 건설에 대한 본격적인 논의가 이루어졌고, 11월까지 90명의 소련 고문단이 도착하여 해군 건설에 착수했다.

류사오치의 모스크바 방문은 마오쩌둥의 일변도 외교를 확고하게 하는 결과를 가져왔다. 중소 간의 이념적 갈등이 해소되었으며 소련으로부터 경제·군사적 지원을 받을 수 있게 되었다. 중국공산당 일각에서는 소련에 대한 일변도 외교가 불필요하게 제국주의자들을 자극하는 결과를 가져올 수 있다는 비난이 일었다. 이에 대해 마오쩌둥은 "자극을 하든 하지 않든 호랑이는 사람을 잡아먹는 동물"이라고 비유하면서 제국주의자들은 중국이 자극하지 않아도 반동적인 행동을 계속할 것이라고 지적했다. 그는 오히려 혁명세력과 반동세력을 명확히 구분함으로써 반동세력에 대해 경계와 주의를 기울이고 투쟁의지를 고양하는 것이 적을 물리칠 수 있는 가장 좋은 방법이라는 논리를 폈다.[69]

나. 중소동맹조약 체결

1949년 12월 16일 마오쩌둥은 모스크바에 도착하여 스탈린과 회담을 가졌다. 마오쩌둥의 가장 큰 관심사는 중국의 안전을 보장받는 것, 사회주의 국가로서 정통성을 인정받는 것, 그리고 경제적·군사적 지원을 얻는 것이었다. 마오쩌둥은 중소조약을 새로이 체결함으로써 이 모든 요구를 동시에 충족할 수 있다고 판단했다. 1945년 8월 스탈린과 장제스 간에 체결한 중소조약을 폐기하고 스탈린과 마오쩌둥 간에 새로운 조약을 체결하는 것은 신생 중국의 입장에서 볼 때 명분이나 실리 모든 면에서 매

---

69 Mao Zedong, "On the People's Democratic Dictatorship," pp. 415-416.

우 큰 의미를 갖지 않을 수 없었다.

중소동맹을 체결하자는 마오쩌둥의 제안에 대해 스탈린은 부정적인 반응을 보였다.[70] 이미 소련공산당 내부에서는 1945년 국민당과 소련 간에 체결한 중소조약을 개정하지 않기로 의견이 모아지고 있었다. 기존에 체결한 조약은 미국과 영국의 동의하에 이루어졌으므로 소련이 공산화된 중국과 새로운 조약을 체결한다면, 미국과 영국은 얄타 회담에 의해 소련이 획득한 쿠릴Kuril 열도와 남부 사할린Sakhalin의 이권에 대해 이의를 제기할 수 있기 때문이었다.[71] 따라서 스탈린은 마오쩌둥의 입장을 고려하면서 '실질적인 수정방안'을 내놓았다.[72] 현 조약을 그대로 둔 상태에서 뤼순 항 문제와 같은 현안문제를 해결하자는 것이었다.

그러나 1950년 1월 2일 스탈린은 기존의 입장에서 180도 선회하여 마

---

70 Vladimir Petrov, "Stalin, Mao and Kim Il Sung," p. 16. 페트로프Petrov는 그의 연구논문에서 스탈린이 이미 조약을 개정할 준비를 해 놓고 있었으며, 그를 방문한 마오쩌둥에게 두 사람이 이 문제를 결정지을 것을 요구했다고 한다. 그러나 마오쩌둥은 조약 서명이 외무장관 사이에 이루어져야 한다고 했다. 이것이 문제가 되어 두 사람은 신경전이 벌어졌고 결국 스탈린은 1월 2일 몰로토프와 미코얀을 보내 조약에 대한 협상을 위해 저우언라이의 방문을 허락하는 의사를 전달했다고 한다. 그러나 이러한 주장은 문서가 아닌 인터뷰와 회고록을 근거로 나온 것이기 때문에 의문의 여지가 있다. 따라서 이 연구에서는 중국, 러시아 문서와 전문의 내용을 우선하기로 한다.

71 스탈린은 일본과의 전쟁에 참가하는 대가로 쿠릴 열도와 남부 사할린 등 러일전쟁에서 상실한 영토와 이권을 회복해 줄 것을 요구했고, 이 요구는 얄타 회담에서 받아들여졌다. William R. Keylor, *The Twentieth Century World*, p. 246. 1945년 8월 14일 서명한 중소우호동맹조약은 얄타협정 결과 이루어진 것으로 그 내용은 다음과 같다: 1) 외몽골의 독립자치 승인; 2) 동북 창춘 철도의 공동경영; 3) 다롄을 자유항으로 하고 창춘 철도에 의한 소련의 수출입 물자는 관세 면제; 4) 뤼순을 양국 공동 사용의 해군 근거지로 한다. 동시에 소련은 1) 국민당 정부에 대한 군수품과 그 밖의 원조, 2) 중국 동부에 있어서의 영토와 주권의 완전성 승인, 3) 일본군 항복 후 3개월 이내 완전히 철수한다는 것이었다. Department of State, *United States Relations with China*, pp. 116-118.

72 "Conversation between Stalin and Mao, Moscow, 10 December 1949," Talks with Mao Zedong and Zhou Enlai, 1949-53, with commentaries by Chen Jian, Vojtech Mastny, Odd Arne Westad, and Vladislav Zubok, *CWIHP Bulletin*, Issues 6-7, p. 5.

오쩌둥에게 새로운 중소조약을 체결하겠다는 의사를 통보했다. 그 후 스탈린은 1월 22일 마오쩌둥 및 저우언라이와 새로운 조약을 논의하는 자리에서, 과거 국민당과의 조약은 일본을 겨냥한 것이므로 일본이 패망한이상 무의미하다는 논리를 내세웠다. 그러나 실제 스탈린이 심경에 변화를 보인 것은 중국이 서구 국가들과 관계를 개선할까 우려했기 때문이었다.[73] 1949년 말부터 영국과 인도는 중국의 국가인정 문제를 거론하기 시작하였으며, 영국은 1950년 1월 6일 공식적으로 중국을 인정한다고 발표했다. 12월 22일 마오쩌둥은 모스크바에서 당 중앙에 보내는 전문을 통해영국, 미국, 일본, 인도를 비롯한 국가들과 무역을 개시할 경우에 대비토록 지시하는 등 친서구적인 태도를 보였다.[74] 12월 24일 코발레프의 보고는 스탈린의 우려를 더욱 증폭시켰다. 코발레프는 중국 내의 친서구적 인사들이 미국, 영국과 즉각 수교하는 방안을 검토하고 있다고 보고했다.[75] 그는 이러한 인물들로 류사오치, 리리싼, 저우언라이 등을 거명하고, 특히 저우언라이는 소련 기술자를 톈진과 상하이에 파견하는 문제에 대해부정적인 견해를 보이고 있는데 그 이유는 미국과 영국이 그곳에 경제적으로 많은 관심을 갖고 있기 때문이라고 했다. 이러한 상황에서 스탈린은1950년 1월 트루먼과 애치슨이 대만을 포기하는 정책을 발표하자 중미관계가 개선될 가능성에 대해 크게 우려하지 않을 수 없었으며, 이로 인해그때까지 중소동맹에 대해 유보적이었던 입장을 바꾸어 중국을 끌어안기

---

73 Vojtech Mastny, *The Cold War and Soviet Insecurity: The Stalin Years* (New York: Oxford University Press, 1996), pp. 89-90.

74 "Mao Cable from Moscow, December 22 1949, 0300," Sergei N. Goncharov et al., *Uncertain Partners*, p. 240.

75 "Excerpts from Kovalex Report to Stalin, 'Some Policies of the CCP Central Leadership and Practical Problems,' Dec. 24, 1949," Sergei N. Goncharov et al., *Uncertain Partners*, pp. 240-241.

로 작정한 것이다.[76]

스탈린의 이러한 대중정책은 일명 '이간외교divisive diplomacy'로 간주할 수 있을 것이다. 스탈린은 1921년 레닌이 독일과 체결한 브레스트리토프스크 조약을 가리켜 제국주의 국가 간의 모순, 즉 관계악화를 노린 조약으로 평가하였으며, 그 자신이 1939년 독일과 불가침조약을 체결한 것도 이러한 취지에서 비롯했다.[77] 즉 독일을 끌어들임으로써 서구와 독일 간의 관계개선 가능성을 차단하고, 이들 사이의 대립을 심화시켜 어부지리를 얻으려 했던 것이다. 중소조약을 새로 체결하기로 결정한 스탈린의 계산에도 이와 같은 중미대결 가능성을 고려하고 있었을 수 있다.

그러나 중소조약은 독소조약과는 본질적으로 다른 것이었다. 중국은 독일과 달리 소련과 이념적으로 상당부분 동질성을 갖고 있었으며 미국이라는 공동의 적을 눈앞에 두고 있었다.[78] 조약에 명시하였듯 양국은 군사적으로 경쟁관계가 아니었으며, 서로 협력이 필요하고 또한 협력이 가능한 관계였다. 소련으로서는 중국을 약화시키기보다는 강화시킴으로써 미국과의 대결에서 유리한 고지를 점할 수 있었다. 앞에서 살펴본 바와 같이 그 동안 '중소불화설'을 주장한 증거들, 즉 마오쩌둥과 스탈린 사이의 양쯔 강 도하문제를 둘러싼 갈등이나 중소 간의 이념적 갈등에 관한 문제들은 새로 밝혀진 역사적 사실들에 의해 잘못된 것이었음을 입증할 수 있다. 이렇게 볼 때, 스탈린이 중국과 조약을 체결하기로 하면서 중미

---

76 Sergei N. Goncharov, et al., *Uncertain Partners*, p. 211.

77 Rober C. Tucker, "The Emergence of Stalin's Foreign Policy," ed. Alexander Dallin, *Soviet Foreign Policy, 1917-1990* (New York: Garland Publishing, 1992), pp. 574, 584.

78 중국의 친미적 태도에 대해 의심을 갖고 있던 코발레프도 당시 중소 양국이 미 제국주의자들을 주적으로 간주하고 있었음을 증언하고 있다. Sergei N. Goncharov, Interview with I. V. Kovalev, p. 62.

대결을 조장하려 했다거나 중미대결을 유도하기 위해 한국전쟁을 일으켰다는 주장은 근거가 약한 것으로 보인다. 중국은 독일과 달리 '사회주의 형제국가'였다.

1950년 1월 22일 중소조약 체결을 위한 마오쩌둥과 스탈린의 회담이 이루어졌다. 이 자리에는 몰로토프, 말렌코프Malenkov, 미코얀, 비신스키Vyshinskii, 로신Roschin, 저우언라이 등이 참석했다. 우선 스탈린은 뤼순 항에 주둔하는 소련군이 철수할 수 있다는 의향을 내비쳤으나, 마오쩌둥은 소련군이 당분간 주둔하기를 희망했다. 그는 소련군의 조기 철수가 중국의 안보에 저해요인이 될 수 있음을 지적하고, 뤼순 항을 양국 간 군사협력을 증진하기 위한 기지로 삼고 싶다는 의사를 표명했다. 최종적으로 합의한 문서에서는 일본과 평화조약을 체결할 때까지 소련군이 뤼순 항에 주둔하되 늦어도 1952년 말까지 철수하는 것으로 명시했다.[79] 한편 소련은 다롄 항을 즉각 반환하겠다는 의사를 표명하면서 이곳을 자유항으로 전환할 수 있을 것임을 시사했다. 이에 마오쩌둥은 기본적으로 스탈린의 입장에 찬성하면서 이 항구를 소련과의 경제협력을 위한 전초기지로 삼고 싶다고 했다. 최종합의에서는 중국이 다롄의 행정권을 가지며, 모든 재산은 양국이 합동위원회를 구성하여 1950년 말까지 중국에 이양하기로 했다. 창춘 철도에 관해서는 중국이 철도행정을 일임할 것인지를 두고 이견이 있었으나, 최종합의에서는 소련이 철도에 관련한 모든 재산을 포함하여 일체의 행정권을 중국정부에 이양하되 그 시기는 소련이 일본과 평화조약을 체결하는 시점으로 하고, 늦어도 1952년 말까지는 이양을 완료하

---

79 "Agreement between the People's Republic of China and the Union of Soviet Socialist Republics on the Chinese Changchun Railroad, Port Arther, and Dairen, Feb. 14, 1950," Sergei N. Goncharov et al., *Uncertain Partners*, p. 262.

기로 했다. 이외에 중국은 외몽골의 독립을 허용하고, 소련은 중국에 3억 달러의 차관을 제공하는데 합의했다.[80] 3억 달러의 규모는 마오쩌둥이 정한 것으로, 그는 대외 채무가 너무 커질 것을 우려하여 가급적 많은 차관을 얻으려 하지 않았다.

다. 중소조약 체결의 의미

중소동맹의 핵심은 중국의 안보를 공고히 하는 데 있었다. 마오쩌둥은 중소조약 체결을 위한 회담이 이루어지기 전에 저우언라이에게 "동맹조약의 기본 정신은 일본과 그 동맹의 중국침략 가능성을 방지하는 것이 되어야 한다"고 언급한 바 있다.[81] 이에 따라 저우언라이는 협상과정에서 소련과 굳건한 군사적 동맹관계를 구축하는데 초점을 맞추었다. 최초 소련이 작성한 조약 초안에는 한 측이 제3자로부터 공격을 받을 경우 다른 측은 "지원을 제공할 것"이라고 되어 있었다.[82] 저우언라이는 이 문구가 모호하다고 판단하고 "군사적인 지원을 포함한 모든 지원을 전적으로 제공해야 한다"는 '의무' 조항을 반드시 명시해야 한다고 주장했다.[83] 이것은 핵무기 지원까지도 포함할 수 있기 때문에 소련 측은 이 주장을 받아

---

80 중소우호동맹 상호지원 조약과 기존에 체결한 중소조약의 내용과 차이점에 대해서는 Henry Wei, *China and Soviet Russia* (Princetonf: D. Van Nostrand Company, 1956), pp. 269-277; Max Beloff, *Soviet Policy in the Far East*, pp. 70-78; William Stueck, *The Korean War: An International History* (Princeton: Princeton University Press, 1995), p. 39 참조.

81 "Telegram: Mao to CCP Central Committee, January 2 1950," *CCFP*, p. 132.

82 "Treaty of Friendship, Alliance, and Mutual Assistance between the People's Republic of China and the Union of Soviet Socialist Republics, Feb. 14, 1950," Sergei N. Goncharov et al., *Uncertain Partners*, p. 260.

83 Sergei N. Goncharov et al., *Uncertain Partners*, p. 118; Shu Guang Zhang, *Mao's Military Romanticism*, p. 41.

들이려 하지 않았다.[84] 그러나 저우언라이가 단호한 태도로 일관하며 한 발도 물러서지 않음으로 인해 이 주장은 받아들여질 수 있었고, 조약에 상호군사지원을 분명하게 명시할 수 있었다.[85]

다만 스탈린은 개입의 시기를 '군사교전 시' 대신 '전쟁상태 돌입 시'로 대치함으로써 소규모의 군사적 충돌에도 자동적으로 개입해야 하는 위험을 어느 정도 완화할 수 있었다.[86] 이는 소련이 중국을 군사적으로 지원하기 위해서는 중국과 교전국 간에 선전포고가 이루어져야 하는 것을 의미했다. 이와 같은 협상의 결과로 '중소우호동맹 상호지원 조약'의 제1항은 어느 한 측이 일본 또는 그 동맹국(미국)으로부터 공격을 받아 전쟁상태에 돌입하게 될 경우 다른 측은 "군사적 지원을 비롯한 다른 모든 지원을 제공하기 위해 전력을 다해야 한다"고 규정했다.

뤼순 항에 소련군의 주둔을 허용한 것은 마오쩌둥이 미국의 군사적 위협에 대해 우려하고 있었음을 보여준다. 당시 스탈린은 중소 간에 새로운 조약이 체결되지 않더라도 뤼순 항에 주둔하고 있는 군대를 철수할 의향이 있음을 밝혔다. 그럼에도 불구하고 마오쩌둥은 "중국군이 제국주의자들의 침략에 대항하여 효과적으로 싸우기에는 불충분하기 때문에 현 상태를 유지하는 것이 낫다"고 언급하여 소련군의 주둔을 희망한다는 의사를 피력했다.[87] 소련군의 중국 내 주둔은 비록 그 규모가 제한된 것이라고 해도 미국의 공격을 억제하는 효과가 있으며, 유사시 소련의 군사적

---

84 Rosemary Foot, "New Light on the Sino-Soviet Alliance: Chinese and American Perspectives," *Journal of Northeast Asian Studies*, vol. 10, no. 3, Fall 1991, p. 18.

85 Shuguang Zhang, "Threat Perception and Chinese Communist Foreign Policy", p. 283; Chen Jian, "The Sino-Soviet Alliance and China's Entry into the Korean War", *CWIHP Working Paper*, no. 1.

86 Sergei. N. Goncharov et al., *Uncertain Partners*, p. 118.

지원을 보장받기 위한 담보물의 성격을 갖는 것이었다.[88]

중소동맹 체결로 마오쩌둥이 얻은 가장 큰 소득 가운데 하나는 소련으로부터 인민해방군을 현대화할 수 있는 군사적 지원을 제공받게 되었다는 것이다.[89] 마오쩌둥은 조약 체결 당일 소련으로부터 586대의 항공기를 구매하기로 하고, 이튿날 추가로 628대를 판매해 줄 것을 요청했다. 2월 26일부터 3월 9일 사이에 소련 공군 1개 사단(항공기 119대와 병력 3,500명)이 상하이, 난징, 쉬저우 지역에 배치되어 영공방어를 담당하게 되었다. 그 결과 5월 초순까지 상하이 지역에서 5대의 국민당 항공기를 격추하는 등 중국의 방공능력은 크게 강화되었다. 8월에는 또 다른 소련 공군사단의 미그MiG-15기 122대가 중국 동북지역의 영공방어를 위해 전개했다. 이두 사단의 병력은 그해 10월 소련으로 복귀하면서 중국 군사지원 프로그램의 일환으로 모든 항공기를 중국 공군에 넘겨주었다. 중국은 소련으로부터 받은 항공기를 이용하여 10월에 2개 사단, 11월에 1개 사단, 도합 3개의 항공사단을 창설할 수 있었다. 한편 소련은 인민해방군의 정규화를 지원하기 위해 대규모 군사고문단과 해·공군 전문가를 파견하기로 했다. 이로써 1949년 중반 류사오치의 모스크바 방문을 통해 이루어진 중국군 건설 지원 약속이 본격적으로 이행될 수 있었다.

중소동맹의 성사로 마오쩌둥과 저우언라이는 공산화된 중국이 미국의 위협에 맞설 수 있는 든든한 동반자를 얻게 되었다고 믿었다. 저우언

---

87 "Conversation between Stalin and Mao, Moscow, 10 December 1949," Talks with Mao Zedong and Zhou Enlai, 1949-53, with commentaries by Chen Jian, Vojtech Mastny, Odd Arne Westad, and Vladislav Zubok, *CWIHP Bulletin*, Issues 6-7, pp. 5-7.

88 Vojtech Mastny, *The Cold War and Soviet Insecurity*, pp. 89, 91.

89 Chen Jian, "The Sino-Soviet Alliance and China's Entry into the Korean War", *CWIHP Working Paper*, no. 1.

라이는 3월 외무부 간부들 앞에서 한 연설에서 중소동맹조약으로 인해 미국은 동아시아에서 새로운 전쟁을 도발할 수 없게 되었다고 언급했다.[90] 마오쩌둥은 4월 제6차 중국인민정부회의에서 행한 연설에서 중소동맹을 체결함으로써 중국의 대외적 지위가 강화되었으며, 제국주의자들이 공격해 올 경우에 대비하여 중국은 이미 원군을 얻은 것이나 다름없다고 강조했다.[91] 당시 중국 내 신문의 한 사설에서는 다음과 같이 논평했다:

> 소련군은 현대전쟁을 수행하기 위한 모든 무기와 기술을 갖추었다. 만일 제국주의자들이 전쟁을 도발한다면 소련군이 완전히 격멸할 것이다. 중국군대의 강화된 군사력을 감안한다면 제국주의 침략자들은 전연 가망이 없게 될 것이다.[92]

중소동맹은 신생 중국의 안보에 있어서 알파(α)와 오메가(ω)였다. 즉 그것은 다음과 같이 기본적으로 대외 위협을 억제하는 기능을 하지만, 최악의 경우에는 미국과의 전면전 가능성에 대비한 최후의 보루로서 버팀목 역할을 할 수 있었다. 중소동맹이 중국의 안보에 미치는 의미를 다음과 같이 분석해 볼 수 있다.

첫째, 중국은 이제 미국의 군사적 위협에 대한 억제력을 확보할 수 있었다.[93] 사실 인민전쟁전략 자체만으로도 중국은 대외적으로 억제력을 갖

---

90 "Speech, Zhou Enlai, 'On the International Situation and Our Diplomatic Affairs after the Signing of the Sino-Soviet Alliance Treaty,' 20 March 1950," *CCFP*, p. 144.

91 "Report, Mao Zedong, At the Sixth Session of the Central People's Government Council, 11 April 1950," *CCFP*, p. 148.

92 John Gittings, *The Role of the Chinese Army*, p. 128에서 재인용.

93 Vojtech Mastny, *The Cold War and Soviet Insecurity*, p. 93.

고 있었지만, 여기에 핵을 포함한 강력한 군사력을 소련으로부터 제공받을 수 있게 되어 중국의 안보는 크게 강화되었다.[94] 실제로 중소동맹은 한국전쟁 기간 동안 억제의 기능을 했다. 1950년 12월 맥아더의 공세가 실패하자 미 합동참모본부에서는 중국을 침략자로 규정하고 공군·해군에 의한 타격 가능성을 거론했다. 이에 영국 수상 클레멘트 R. 애틀리[Clement R. Attlee]가 미국을 방문하여 해리 S. 트루먼[Harry S. Truman] 대통령과 회담을 갖고, 중소조약으로 인해 소련과의 전쟁으로 확대될 것을 우려하여 중국 본토를 타격하지 않기로 했다.[95] 인도차이나 전쟁에서도 마찬가지였다. 1954년 봄 미국은 인도차이나의 상황이 프랑스군에 불리하게 돌아가자 군사적 개입을 신중하게 고려하였으나, 영국 외무장관 로버트 A. 이든[Robert A. Eden]은 미국의 개입이 중미대결을 가져오고 결국은 중소조약이 발효되어 대전으로 비화할 것을 우려하여 끝까지 개입을 반대했다. 결국 미국은 소련의 개입을 우려한 영국의 반대와 함께, 이에 영향을 받은 의회의 동의를 구하지 못해서 인도차이나 개입을 포기할 수밖에 없었다.[96]

둘째, 중소조약은 최악의 시나리오를 가정한 방위전략이었다.[97] 마오쩌둥은 중국의 안보이익을 유지하는 가장 좋은 방법은 공산당이 앞장을 서 중국민족을 동원하는 것이라고 강조한 바 있다.[98] 그것이 곧 인민전쟁 전략으로 "인민의 '대량동원'을 통해 '모든 인민이 전사'가 되어 대규모

---

94 인민전쟁의 목적이 핵무기와 같이 억지에 있다는 견해에 대해서는 Rosita Dellios, *Modern Chinese Defense Strategy* (Houndmills: Macmillan, 1989), pp. 12, 22 참조.

95 Roger Dingman, "Truman, Attlee, and the Korean War Crisis," *The East Asian Crisis, 1945-1951: The Problem of China, Korea and Japan* (London School of Economics and Political Science, 1982), p. 21; Chen Xiaolu, "China's Policy toward the United States," p. 187.

96 King C. Chen, *Vietnam and China*, pp. 297-305.

97 Rosemary Foot, "New Light on the Sino-Soviet Alliance," p. 18.

98 Chen Jian, *China's Road to the Korean War*, p. 27

정규군, 지방군, 민병에 의해 전투를 수행하는 지연되고, 분산된 전쟁"을 수행하는 것을 의미한다.[99] 이러한 가운데 중소동맹으로 미국이 중국 본토를 공격할 경우 소련으로부터 군사적 지원을 받을 수 있는 제도적 장치를 마련하게 되었다. 여전히 인민전쟁전략이 유효하지만, 과거 내전 시와 달리 소련으로부터 군사적 지원을 받아 전쟁을 할 수 있게 된 것이다. 따라서 중소동맹 체결은 대전략적 수준에서 중국으로 하여금 '소련과 함께하는 인민전쟁people's war with the USSR'을 가능케 했다. 또한 군사전략적 수준에서는 '소련과 함께하는 지구전' 또는 '소련의 군사적 지원 아래 치르는 지구전'을 가능케 했다.[100]

이와 같이 소련의 지원을 받아 수행하는 인민전쟁과 지구전은 곧 공간양보전략의 연장선에 서 있다고 할 수 있다. 중국혁명전쟁 시 전략이 아무런 외부의 지원이 없이 추구한 '무제한적 공간양보전략'이었다면, 신생 중국의 전략은 소련의 든든한 군사적 지원을 받을 수 있기 때문에 '제한적 공간양보전략'이 되는 셈이다. 한국전쟁 개입 여부를 결정하는 회의석상에서 펑더화이는 "만일 중국이 전쟁에서 패배할 경우 해방전쟁이 몇 년 더 지속되는 셈 치면 된다"고 했는데 이것은 최악의 경우 미국과의 '지구전'을 염두에 둔 것으로 볼 수 있다.[101]

지구전에 입각한 인민전쟁전략이 유효하다고 해서 신생 중국이 전면전 혹은 절대전쟁을 추구하고 있었던 것은 결코 아니다. 신생 중국이 탄

---

99 Ralph Powell, "Maoist Military Doctrines," p. 243.

100 Ralph Powell, "Maoist Military Doctrines," p. 243.

101 Stephen Walt, *War and Revolution*, p. 321. 물론 이러한 전략은 최악의 경우를 가정한 것으로 당시 중국 지도부는 전쟁이 확대되지 않을 것으로 믿었다. Shu Guang Zhang, *Deterrence and Strategic Culture: Chinese-American Confrontations, 1949-1958* (New York: Cornell University Press, 1992), p. 107.

생한 직후 마오쩌둥의 전략은 이미 혁명전쟁전략에서 벗어나 국제전 전략으로 변화하고 있었다. 그는 내전을 통해 비대한 군의 규모를 감축하고 소련의 군사적 지원을 통해 해군과 공군의 전력을 강화함으로써 인민해방군의 정규화를 추구했다. 이는 중국이 최악의 경우 인민이 참여하는 전쟁을 각오하고 있었지만, 궁극적으로 군의 정규화를 통해 혁명전쟁보다는 국가 대 국가의 전쟁에 대비하고 있었음을 보여준다. 신생 중국의 전략이 '혁명전쟁전략'이 아니라 '국제전 전략'이었음은 다음 절에서 명확히 규명할 수 있을 것이다.

3. 대아시아 전략 :
대만, 인도차이나, 한반도 문제

중소동맹 체결로 입지를 강화한 중국은 일부 아시아 국가들의 혁명을 지원하고자 했다. 그러나 마오쩌둥은 아시아 공산화를 추구하는 과정에서 미국의 군사적 개입 가능성에 대해 우려했다. 따라서 중국의 주변국 공산혁명 지원은 미국과의 직접적인 군사적 충돌을 회피한다는 대전제 아래에서만 가능한 것이었다. 즉 마오쩌둥의 아시아 공산혁명전략은 중국 안보전략의 틀을 벗어날 수 없었으며, 그 결과 주변국의 혁명은 중국 본토의 안전을 보장하기 위한 '완충지대'를 확보하는 전략에 지나지 않았다.

가. 대만공격의 실패와 그 영향

1949년 말부터 1950년 초에 걸쳐 '미국의 위협'에 대한 중국공산당의 인식에 근본적인 변화가 나타났다. 중소조약 체결을 기점으로 중국 본토에 대한 즉각적인 위협보다는 주변 아시아 국가들에서 벌어질 중미대결에 주목하기 시작한 것이다. 그 논리는 다음과 같다. 중국혁명은 하나의 성공적인 모델로서 아시아 국가들에 적용할 수 있다. 아시아 지역 국가들은 민족해방과 독립을 쟁취하기 위해 중국의 모델을 따를 것이며, 장차 아시아에는 커다란 혁명의 물결이 일어날 것이다. 그런데 미국은 서구에서와 마찬가지로 아시아에서도 공산혁명을 저지하려 할 것이다. 따라서 중국과 미국 간 대결은 불가피할 것이며, 대만, 인도차이나, 한반도는 이러한 불씨를 안고 있는 가장 위험한 지역이 될 것이다.[102] 이후 대만해방의 실패, 인도차이나 전쟁 격화, 한국전쟁 발발은 이 같은 미국과의 군사적 충돌 가능성에 대한 중국의 경각심을 높여주었다.

1949년 중반부터 중국공산당은 대만해방에 관심을 갖기 시작했다. 정치·외교적 측면에서 공산당이 정통성을 가진 합법적인 정권이 되기 위해서는 국제무대에서 중국을 대표하고 있는 국민당 정권을 제거해야만 했다. 안보적 측면에서 볼 때 대만에 있는 국민당 세력이 미국의 군사적 지원 하에 전열을 갖추어 본토 수복을 노릴 수 있으며, 장제스가 아니더라도 미국이 대만을 도약대 삼아 중국을 직접 공격할 수 있었다. 1949년 6월 14일 마오쩌둥은 제3야전군 지휘관들에게 보내는 전문에서 "즉각 대만을 탈취하는 문제에 주목할 것"을 촉구하고 그 구체적인 시행방법을 강구하도록 지시했다.[103] 여기에서 그는 대만해방 문제가 단기간에 해결되지 않을 경우 대만은 장차 미국의 중국 본토 침공을 위한 도약대가 될 것이며, 상하이를 비롯한 해안지역 도시들이 심각한 위협을 받게 될 것이라고 경고했다.

중국에게 대만해방이 최우선 과제 가운데 하나였음에는 틀림이 없지만 대만공격을 즉각 이행할 수는 없었다. 중국은 상륙작전에 필요한 해군과 공군력을 보유하지 못하고 있었기 때문이다.[104] 1950년 중반 하이난섬海南島을 비롯한 본토 주변의 섬을 공격할 때 돛단배에 모터를 장착하여 병력을 상륙시켰을 정도로 미미한 수준의 군사력을 보유한 중국 해군이

---

102 Chen Jian, *China's Road to the Korean War*, p. 94.

103 "Telegram, CCP Central Military Commission to Su Yu and Others, 14 June 1949," *CCFP*, p. 117.

약 200km 떨어진 대만을 공격한다는 것은 거의 불가능에 가까웠다.[105] 그럼에도 불구하고 마오쩌둥은 1949년 중반부터 대만해방을 서둘렀다. 내전에서 패배한 국민당 군대의 사기는 크게 저하되어 있었다. 또한 미국은 마오쩌둥의 우려와 다르게 내전 막바지에 개입하지 않고 있었으며, 1949년 6월에는 한반도에서 미 군사력을 모두 철수하는 조치를 취했다. 이에 따라 중국 지도부는 대만을 공격하더라도 미국이 개입하지 않을 것으로 판단하고, 1950년 공격을 실행하기 위해 1949년 9월부터 준비에 착수하기로 결정했다.[106]

1949년 10월 인민해방군은 대만공격을 위한 사전 조치로 덩부 섬登步島과 진먼 섬金門島에 대한 공격을 감행했다.[107] 그러나 결과는 내전 중 국민당과 치른 전투 가운데 유례없이 참담한 실패로 나타났다. 10월 3일 중국은 5개 대대 규모의 병력을 동원하여 저장 성 동부에 위치한 저우산舟山 군도의 덩부 섬을 공격했다. 이들은 섬을 점령하는 데는 성공하였으나 곧바로 국민당 해군에 의해 보급로가 차단되어 고립되면서 1,490명의 사상자를 내고 물러날 수밖에 없었다. 10월 24일에는 인민해방군 제10군단이 진먼

---

104 Michael Hunt, "Beijing and the Korean Crisis, June 1950-June 1951," *Folitical Science Quarterly*, vol 107, no. 3, Fall 1992, p. 457. 당시 중국인민해방군은 장비를 제대로 갖추지 못하고 있었다. 내전이 끝나면서 인민해방군은 국민당 군대로부터 134대의 항공기와 122척의 군함을 노획한 것으로 보고되었으나 이것은 잘못된 수치였으며, 그나마 노획한 것도 고철덩어리에 지나지 않았다. 그러므로 쑤위가 "현대 중국 역사상 가장 큰 규모의 군사작전"이 될 것이라고 말한 대만해방을 1950년도에 추진하는 것은 무리였다. Russell Spurr, *Enter the Dragon: China's Undeclared War against the U.S. in Korea, 1950-51* (New York: Newmarket Press, 1988), p. 66.

105 Jon W. Huebner, "The Abortive Liberation of Taiwan," *The China Quarterly*, no. 110, June 1987, p. 267.

106 Chen Jian, *China's Road to the Korean War*, p. 98.

107 Jon W. Huebner, "The Abortive Liberation of Taiwan," pp. 263-264.

섬을 공격하여 일단 상륙에 성공하였으나, 이들 역시 해·공군의 지원을 받지 못하고 곧바로 국민당 해군의 반격을 받아 9,086명의 병력을 잃는 참담한 패배를 당했다.[108] 당시 중국은 류사오치와 스탈린의 회담에서 합의한 대로 해군의 건설을 위해 소련의 도움을 받기로 되어 있었으나, 소련의 해군 전문가들은 10월부터 입국하기 시작했기 때문에 덩부 섬과 진먼 섬 공격 시에는 변변한 해군력을 갖추지 못하고 있었다. 인근의 작은 섬들에 대한 공격이 실패로 돌아가자 마오쩌둥을 비롯한 중국공산당 지도자들은 대만공격을 위해 해군과 공군의 대규모 증강이 절대적으로 필요하다는 사실을 통감하였으며, 소련의 지원하에 해군력과 공군력을 강화하는 데 더욱 박차를 가하게 되었다.[109]

대만공격을 당장 이룰 수 없게 되자 마오쩌둥은 대만이 미국의 수중에 들어갈 가능성을 우려하게 되었다. 1950년 1월 12일 한반도와 대만을 미국의 도서방위선Defense Perimeter에서 제외한다는 딘 G. 애치슨Dean G. Acheson의 기자회견에 대한 마오쩌둥의 반응이 그 예이다. 1월 17일 몰로토프와 비신스키가 모스크바에 체류하고 있던 마오쩌둥의 숙소를 방문하여 애치슨의 기자회견 내용을 알려주었을 때, 마오쩌둥은 애치슨의 주장에 대해 중소관계를 이간질하려는 비열한 행위라고 비난한 뒤 애치슨의 비방적인 성명이 오히려 대만을 점령하려는 미 제국주의자들의 일종의 연막작전이 아니냐고 반문했다.[110] 당시 중국은 일변도 외교를 추구하면서 소련과 동

---

108 Shu Guang Zhang, *Mao's Military Romanticism*, p. 53.

109 Shu Guang Zhang, *Mao's Military Romanticism*, p. 52 참조.

110 "Conversation, V. M. Molotov and A. Y. Vyshinsky with Mao Zedong, Moscow, 17 January 1950," Translated Russian and Chinese Documents on Mao Zedong's Visit to Moscow, December 1949-February 1950. From internet source by CWIHP. 이러한 마오쩌둥의 물음에 대해 몰로토프는 그럴 가능성을 배제할 수 없다고 답변했다.

맹조약을 체결하는 과정에 있었으며, 마오쩌둥은 이러한 일변도 정책이 미국을 자극하여 이들로 하여금 대만을 다시 점령할 빌미를 제공하지 않을까 우려하고 있었던 것이다.

사실 중소조약 체결 전후로 대만문제는 새로운 국면을 맞고 있었다. 1949년 말부터 미국은 중소분열을 예측하고 이를 조장하기 위해 중국에 대해 유화정책을 펴고 있었다. 애치슨은 12월 29일 합동참모본부와의 특별회의에서 대만에 대한 미국의 지원은 중소관계를 강화하고 중미관계를 악화시킬 것이라고 지적하였으며, 트루먼도 전적으로 애치슨과 같은 입장이었다.[111] 1950년 1월 5일 트루먼은 중국에 대한 유화정책의 일환으로 미국이 '현재로서는' 대만에 군사기지를 설치하거나 이권을 얻을 의향이 없음을 공식적으로 발표한다. 이어 1월 12일 애치슨은 기자회견을 통해 대만이 미국의 도서방위선에서 제외되었음을 분명히 했다. 베이징 주재 미국총영사 에드먼드 클럽Edmund Clubb은 마오쩌둥의 모스크바 체류가 장기화되는 것에 대해 중소 간의 이념적 갈등이 있을 것이라는 전망을 내놓음으로써 쐐기전략의 성공 가능성을 부풀리기도 했다.[112] 즉 1950년대 초반까지 미국은 중소분열을 조장하고 중국을 유인하기 위해 대만을 포기하는 입장을 취하고 있었던 것이다.[113]

그러나 머지않아 미국의 판단은 잘못된 것으로 드러났다. 2월 14일 중

111 Gordon H. Chang, *Friends and Enemies: The United States, China, and the Soviet Union, 1948-1972* (Stanford: Stanford University Press, 1990), pp. 60-62; John Lewis Gaddis, "The American 'Wedge' Strategy," p. 161.

112 Gordon H. Chang, *Friends and Enemies*, p. 64.

113 Rosemary Foot, *The Wrong War: American Policy and the Dimensions of the Korean Conflict, 1950-1953* (Ithaca: Cornell University Press, 1985), p. 50. 한편 중국은 미국의 유화적 태도를 일종의 연막으로 간주하고 있었다. Melvin Gurtov and Byong-moo Hwang, *China under Threat*, p. 40.

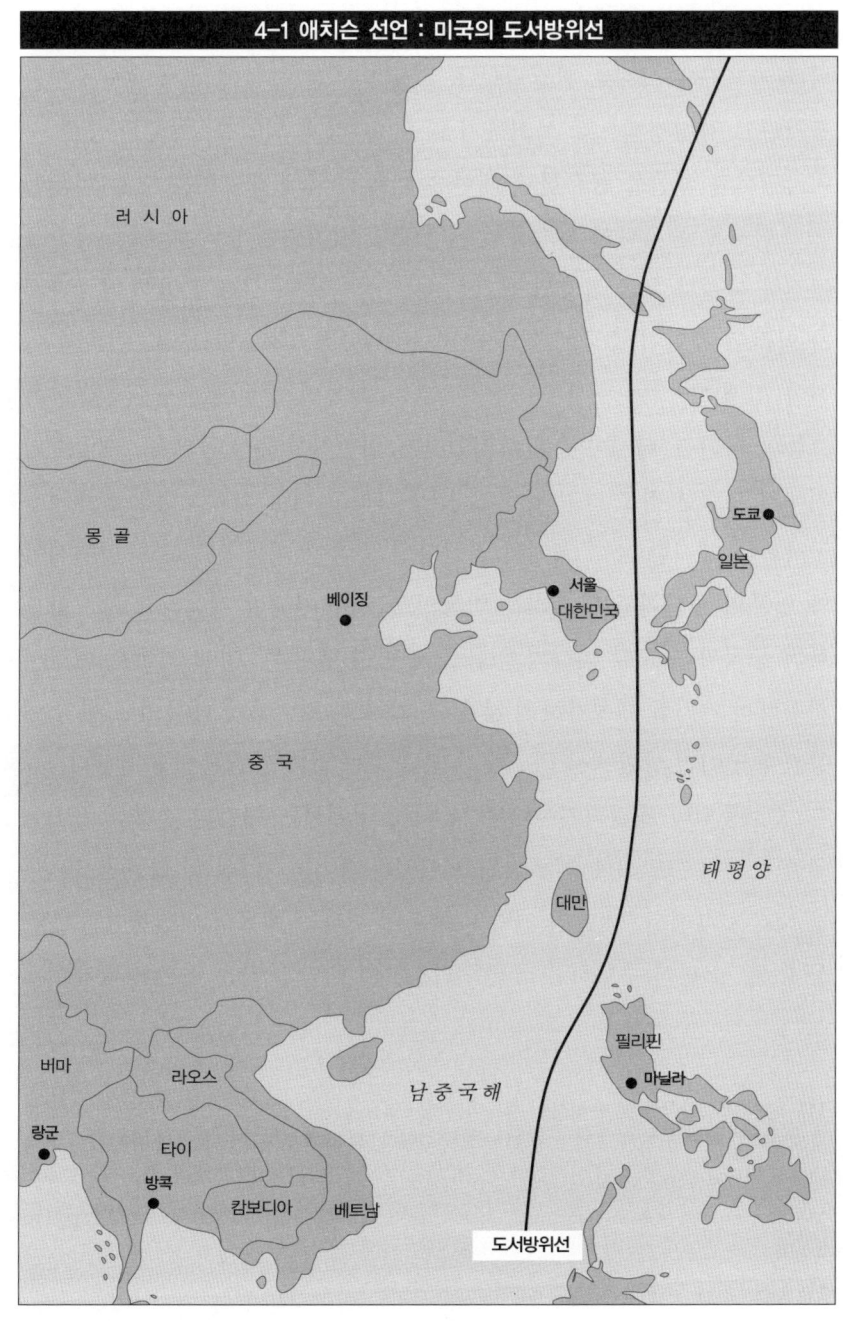

4-1 애치슨 선언 : 미국의 도서방위선

러 시 아

몽 골

베이징

서울
대한민국

도쿄

일본

중 국

대만

태 평 양

버마

라오스

랑군

남 중 국 해

필리핀

마닐라

타이

방콕

캄보디아

베트남

도서방위선

제4장 신생 중국의 대전략 201

소동맹조약이 발표되어 중소관계가 예상보다 공고했음이 밝혀졌고 미국의 쐐기전략은 실패로 귀결되었다. 결국 미국은 중국에 대해 유화정책을 포기하고 강경정책으로 선회하지 않을 수 없게 되었다. 미국은 중국 내 미국영사관 재산을 몰수한데 대한 항의로 중국에 주재하는 모든 미국인을 소환하고 중국과의 접촉을 끊어버렸다. 애치슨은 중국 내 미국 자산을 동결한 사실과 최근 석방된 앵거스 워드Angus Ward의 사례를 들어 양국관계가 악화된 책임이 중국에 있다고 비난했다.[114] 그는 3월 25일 "미국의 아시아 정책United States Policy toward Asia"이라는 제목의 연설에서 중국공산당은 그들의 나라를 러시아에 팔아먹었다고 비난하고 중소동맹을 "제국주의 지배의 불길한 징조"라고 규정했다.[115] 그리고 미국 외교정책의 총체적인 군사화를 제시한 NSC 68에서 공산화된 중국에 대한 인정은 동남아시아와 일본의 공산화를 막으려는 미국의 노력을 저해할 것이라고 경고함으로써 중국과 수교할 의사가 없음을 분명히 했다.[116] 이제 미국은 대만의 지정학적 가치를 재평가하지 않을 수 없었고, 결국 중국대륙이 소련의 영향권에 떨어진 상황에서 대만마저 내줄 수는 없다는 결론에 도달했다.

중소동맹이 체결되기 이전에도 미국 내에서는 대만의 전략적 가치에 대한 논의가 활발하게 이루어지고 있었다. 1948년 11월 미 합동참모본부는 NSC 37/1에서 "대만의 전략적 중요성"이라는 제목의 비망록memorandum을 통해 "소련이 주도하는 공산주의자들의 대만 장악은 일본과 말레이시

---

114 국민당이 퇴각한 후 총영사인 워드와 직원 4명은 1949년 10월 24일 중국 공안에 의해 체포되었다가 재판을 거쳐 그해 12월 11일 석방되었다. 이 사건은 자국민 보호와 관련하여 미국 내에서 커다란 반향을 불러 일으켰다. Chen Jian, *China's Road to the Korean War*, pp. 59-60.

115 Department of State Bulletin, 27 March, 1950, pp. 467-472. Quoted from *CCFP*, p. 146 fn. 91.

116 Gordon H. Chang, *Friends and Enemies*, p. 70.

아 사이의 해상교통로를 지배할 수 있을 뿐 아니라 필리핀, 류큐琉球 제도, 그리고 궁극적으로 일본을 위협함으로써 미국의 안보에 극히 치명적인 결과를 가져올 것"으로 결론지은 바 있다.[117] 1950년 1월 26일 미 합동참모본부는 과거의 이러한 입장으로 돌아가 전쟁 발발 시 대만의 공산화를 방지하기 위한 긴급계획을 최소한 1951년 중반까지 유지해야 한다고 강조하였으며, 2월 14일 루이스 존슨Louis Johnson 국방장관은 애치슨에게 대만에 추가로 군사지원을 제공할 수 있도록 기준을 마련하자고 제의했다.

중소분열을 노린 미국의 '대만 포기정책'은 이제 중소동맹 체결을 기점으로 '대만 고수정책'으로 선회했다. 중소동맹 체결이 중국에게 대만 해방을 위한 유리한 여건을 제공해 준 만큼, 반대로 미국은 대만의 공산화를 막기 위해 더 많은 노력을 기울이지 않을 수 없었다. 5월 19일 미 국무부 정보평가보고서는 유사시 제7함대를 파견하여 대만을 중립화하는 방안을 고려하고 있었다.[118] 제7함대를 파견하여 대만을 중립화하자는 방안은 1950년 1월 3일 놀런드Noland와 태프트Taft에 의해 제기되었으나, 그 기원은 미 해군을 파견하여 대만을 보호하자는 후버Hoover 전 대통령의 주장으로 거슬러 올라간다. 딘 러스크Dean Rusk도 마찬가지로 5월 30일 애치슨에게 제출한 비망록을 통해 대만 중립화 방안을 제의하고 나섰다. 그는 미국이 중국문제에 대해 불간섭 입장을 고수해 왔지만, 지금은 안보상황이 변했기 때문에 대만이 공산화되지 않도록 단호한 태도를 견지해야 한다고 주장했다. 그는 안보상황이 변화한 예로서 첫째로 중소동맹 체결,

117 NSC 37/1, "The Strategic Importance of Formosa," November 24, 1948, *Documents of the National Security Council: China & Japan* (1948-1954), 국방군사연구소, 한국전쟁 자료총서 3, pp. 142-151.

118 Walter S. Poole, *History of the Joint Chiefs of Staff*, vol. 4: 1950-1952 (Washington DC: Office of Joint History, 1998), p. 199.

둘째로 중국이 호치민 정부를 인정한 사실을 지적하고, 이는 공산주의가 아시아 지역으로 팽창할 징조라고 주장했다.[119] 그는 6월 9일에도 유사한 내용의 보고서를 재차 제출했다. 그리고 미국이 대만문제에 대해 유화적인 모습을 보일 경우 우방국들의 미국에 대한 신뢰도는 떨어질 것이며, 나아가 동남아시아와 중동 지역이 커다란 혼란에 빠질 것이라고 경고했다.

대만문제는 미국의 권위와 직결되고 세계평화와 관련된 문제이기 때문에 위험을 감수하고라도 대만을 중립화해야 한다는 주장이 우세했다. 맥아더MacArthur는 보다 전략적인 관점에서 대만의 중요성을 제기했다. 그는 5월 29일 국방부에 보낸 보고서에서 소련 공군기가 중국의 상하이와 베이징으로 이동하여 배치된 것은 곧 대만을 공격하기 위한 사전 조치라고 평가하고, 소련이 대만을 통제하게 될 경우 말레이 반도, 필리핀, 일본에 이르는 항로를 차단할 것이며 일본을 고립시킬 것이라고 전망했다. 또한 그는 전쟁 시 대만의 가치는 '침몰하지 않는 항공모함unsinkable aircraft carrier'이자 해상의 함선정비소와 같으며, 소련의 전략적 목적 달성을 방해하고 극동 지역에 대한 공격을 저지하기에 이상적인 위치를 차지하고 있다고 주장했다.[120]

많은 학자들이 한국전쟁 발발로 인해 중국의 대만통일 기회가 무산되었다고 주장한다.[121] 그러나 한국전쟁 발발 직후 미국이 취한 대만해협 중립화 조치는 엄밀히 말해 한국전쟁과는 무관한 것이었다. 앞서 언급한대로 미국은 중소동맹 체결 직후 이미 대만을 고수하려는 방침을 검토하였

119 Dean Rusk, "U.S. Policy toward Formosa," May 30 1950, *Records of the Policy Planning Staff of the Department of State: Contury & Area Files: China (1947-1954)*, pp. 560-565, 576.

120 Allen Whiting, "The U.S.-China War," ed. Alexander L. George, *Avoiding War: Problems of Crisis Management* (Boulder: Westview Press, 1991), p. 110; Peter Lowe, *The Origins of the Korean War* (London: Longman, 1986), p. 152.

으며, 1950년 5월부터는 제7함대를 파견하여 대만을 중립화하는 안을 마련해 놓고 있었다. 흥미로운 사실은 제7함대를 파견할 경우 대통령이 대외적으로 발표할 완성된 성명서까지 미리 준비되어 있었다는 것입니다.[122] 이렇게 볼 때 한국전쟁이 발발하지 않았더라도 중국이 대만을 공격할 조짐이 있었더라면 미국은 한국전쟁 당시와 똑같이 대만해협을 중립화하는 조치를 취했을 것이다.[123] 중국공산당이 이미 소련의 일부로 전락한 이상 미국은 어떠한 경우에든 대만이 공산권으로 떨어지는 것을 좌시할 수 없었던 것이다.[124] 결국 미국이 제7함대를 파견하여 대만해협을 봉쇄한 것은 한국전쟁 때문이 아니라, 중소조약 체결 이후 아시아 지역을 둘러싼 냉전의 심화와 미중 간의 전략적 갈등에서 비롯한 것으로 볼 수 있다.

그러나 대만공격은 미국의 개입 여부에 관한 문제이기 이전에 중국이 가진 군사적 능력의 문제였다.[125] 어쩌면 한국전쟁이 없었더라도 마오쩌둥의 대만점령은 불가능했을지 모른다. 중국은 그때까지도 충분한 해군력과 공군력을 확보하지 못하고 있었다. 어선과 돛단배 수준의 해군력으로 대만의 최신 함정과 전투기를 극복하면서 상륙하는 것은 불가능했다.

---

121 Cheng-yi Lin, "The Legacy of the Korean War: Impact on U.S.-Taiwan Relations," *Journal of Northeast Asian Studies*, vol. 11, no. 4, Winter 1992, p. 40; Joseph L. Nogee and Robert H. Donaldson, *Soviet Foreign Policy since World War II* (New York: Pergamon Press, 1988), p. 95.

122 Department of State, "Consequences of Fall of Taiwan to Chinese Comminists," *Records of the Policy Planning Staff of the Department of State: Contury & Area Files: China (1947-1954)*, pp. 578-588. 또한 Peter Lowe, *The Origins of the Korean War*, pp. 153-154 참조.

123 한국전쟁 이전에라도 미국이 중국의 대만공격을 저지했을 것이라는 견해에 대해서는 Jon W. Huebner, "The Abortive Liberation of Taiwan," p. 275; Chen Xiaolu, "China's Policy toward the United Staets," p. 188 fn 참조.

124 William Stueck, *The Korean War*, p. 53; Gordon H. Chang, *Friends and Enemies*, p. 68.

125 Russell Spurr, *Enter the Dragon*, p. 66.

중국 공군은 1950년 말 한국전쟁이 중미 간의 전쟁으로 격화되면서 한반도 북부지역에서 겨우 운용되기 시작했을 뿐이었다.[126] 이러한 현실을 감안하여 중국공산당 중앙군사위원회는 한국전쟁이 발발하기 이전인 1950년 6월 6일 대만공격을 이듬해 여름으로 연기할 것을 결정하였으며, 다만 국민당 군대가 점령하고 있던 주변의 섬을 탈취하는 작전은 계속해 나가기로 했다.[127] 이는 대만을 공격하기 위한 중국의 군사적 준비가 예상보다 훨씬 지연되고 있었음을 보여주는 증거로 볼 수 있다.

대만을 공격하기로 한 계획이 또다시 1년 늦추어지면서 차질을 빚게 되자, 마오쩌둥은 대만해방이 쉽게 이루어질 수 없음을 인식하고 미국이 대만을 점령할 가능성에 대해 우려하지 않을 수 없었다. 그는 1950년 초부터 "미국이 대만을 중국을 공격하기 위한 기지로 만들기 위해 장제스 정권을 이용하려는 정책을 더욱 노골적으로 펴게 될 것"으로 전망했다.[128] 그리고 2월 14일 중소조약 체결 이후 중국에 대해 본격화된 미국의 적대적 태도는 이러한 우려를 더욱 증폭시켰다. 이와 함께 마오쩌둥은 미국과의 양면전쟁 가능성에 대해 우려하지 않을 수 없었다. 미국이 대만을 도약대로 삼아 중국 본토를 공격할 경우, 인도차이나 또는 한반도를 통해 양면에서 동시에 공격한다면 중국은 전략적으로 매우 불리한 상황에 처할 수밖에 없을 것이기 때문이다.

지금까지의 연구는 대만의 지정학적 중요성이 바로 본토에 대해 일종의 포위를 가하는 전략, 즉 양면전쟁을 강요할 수 있는 전략적 가치에 있다는 점을 간과해 왔다. 그러나 마오쩌둥과 공산당의 입장에서 전략적 포

---

126 Chen Xiaolu, "China's Policy toward the United States," p. 186 fn.

127 Sergei N. Goncharov et al., *Uncertain Partners*, p. 152; Chen Jian, *China's Road to the Korean War*, p. 101.

128 Jon W. Huebner, "The Abortive Liberation of Taiwan," p. 260.

위 및 양면전쟁과 관련한 위협인식은 그 뿌리가 매우 깊었다. 1920년대 말부터 1934년 대장정에 나서기까지 다섯 차례에 걸친 장제스의 소공전은 홍군에 대한 포위였으며, 이에 대항한 마오쩌둥의 전략은 적의 포위망에서 벗어나는 것이었다. 1년에 걸친 중국공산당의 대장정은 이러한 반포위전략이 최고의 정점에 올랐던 것으로 볼 수 있다. 또한 마오쩌둥이 중국혁명전쟁을 통해 강조했던 '적극적 방어'는 적을 끌어들인 다음 분산되고 약화된 적의 퇴로를 차단하는 것으로써 결국은 적을 포위하거나 양면에서 공격하여 섬멸하는 전술 또는 작전술이었다. 농촌으로부터 도시를 포위한다는 개념은 대전략적 수준에서 이루어진 또 하나의 포위전략이었다. 이러한 포위의 중요성은 앞으로 살펴볼 한국전쟁에서도 펑더화이가 일관되게 강조한 전략개념이었다. 마오쩌둥의 전략은 중국혁명전쟁에서부터 한국전쟁에 이르기까지, 그리고 전술 및 작전술의 수준에서부터 대전략에 이르기까지 '포위와 반포위'라는 대립된 개념으로 점철되어 있다.

중국혁명이 성공한 이후 '포위와 반포위'라는 개념은 이제 아시아 지역 수준에서 중국과 미국 간에 또 하나의 전략적 포위, 혹은 양면전쟁이라는 개념으로 다시 등장했다.[129] 전략적 포위에 대한 반포위 개념은 중국혁명전쟁 시기 장제스의 소공전에 대한 마오쩌둥의 거부전략으로 나타났으나, 이는 1949년 중국내전이 끝나가면서부터는 미국의 포위에 대한 중국의 거부전략으로 대체되었다. 즉, 전략적 세 지점(대만, 인도차이나, 한반도) 가운데 대만이 당분간 미국의 수중에 놓이게 된 이상 다른 두 지점이

---

129 역사적으로 중국은 해양, 특히 인도양으로부터의 위협에 촉각을 곤두세우지 않을 수 없었다. 1839~1842년의 아편전쟁, 1894~1895년의 청일전쟁은 열강들에 식민지 침략의 구실을 제공했다. Francis J. Romance, "Peking's Counter-Encirclement Strategy: The Maritime Element," *Orbis*, vol. 20, no. 2, Summer 1976, p. 438.

미국의 수중에 들어간다면 중국으로서는 전략적으로 포위되거나 양면전쟁을 강요당하는 매우 불리한 입장에 처하지 않을 수 없게 된다. 따라서 중국 입장에서 인도차이나와 한반도는 반드시 확보해야만 하는 절대적인 목표가 되었다. 만일 이 두 지역에서 전면적인 공산화가 불가능하다면 최소한 어느 정도의 완충지대는 확보해야만 했다.

이러한 측면에서 한국전쟁 발발 직후 미국의 대만 중립화 조치는 중국의 안보에 치명적인 타격을 가한 것이었다. 더구나 트루먼은 대만에 제7함대를 파견하면서 필리핀과 인도차이나에 대한 군사적 지원을 강화했는데 이는 곧 중국에 대한 전략적 포위를 노골화하는 것으로 볼 수밖에 없었다.[130] 사실 중국의 입장에서 볼 때 미국의 개입으로 대만통일의 기회를 놓쳤다는 것은 어쩌면 부차적인 문제에 불과한 것일 수 있다. 더욱 중요한 사실은 미국이 추가적으로 한반도와 인도차이나로 진출함으로써 본토를 포위할 수 있게 되었으며, 장차 불가피할 것으로 보이는 미국과의 군사적 대결에서 중국이 전략적으로 극히 불리한 위치에 놓이게 되었다는 점이다. 따라서 중국은 미국이 시도하는 전략적 포위를 거부하고 양면전쟁을 회피하기 위한 노력을 경주하지 않을 수 없었다.[131]

실제로 중국은 한국전쟁 기간 동안 양면전쟁 가능성을 염두에 두고 있었다. 당시 제3야전군의 주력은 푸젠 성에 주둔하여 미국의 공격에 대

---

130 The Associate Press, "Statement on Korea," *The New York Times*, June 28, 1950. 이와 유사한 견해로는 Melvin Gurtov and Byong-moo Hwang, *China under Threat*, p. 58 참조.

131 양면전쟁에 관해서는 Thomas J. Christensen, "Threats, Assurances, and the Last Chance for Peace," *International Security*, vol. 17, no. 1, Summer 1992, p. 136; Sergei N. Goncharov, et al., *Uncertain Partners*, p. 181 참조. 대만과 한반도를 연계한 양면전쟁에 관한 중국군사지도자의 인식에 대해서는 시성문, 조용전, 『중국인이 본 한국전쟁: 판문점 담판』, 윤영무 옮김 (서울: 한백사, 1991), p. 95; 홍학지, 『중국이 본 한국전쟁』, 홍인표 옮김 (서울: 고려원, 1992), pp. 34-35; 엽우몽, 「참전 중공군이 쓴 한국전 비록」, 김철범 엮음, 『진실과 증언』 (서울: 을유문화사, 1990), p. 219 참조.

비하여 방어태세를 갖추고 있었다. 제3야전군 가운데 약 3만의 병력이 산둥 반도 해안지역으로 재배치되었으며, 이후 제4야전군 3만 병력이 이 지역에 추가로 배치되었다. 이 같은 배치는 푸젠 성의 제3야전군으로 하여금 대만을 견제하도록 하는 한편, 유사시 상하이와 만주 양쪽으로 파병이 가능하도록 한 것이다.[132] 즉 마오쩌둥은 미국이 한국전쟁에 개입하면서 한편으로 동부 해안지역으로 상륙할 수 있다고 판단하고 있었으며, 비록 그러한 가능성에 큰 비중을 두지는 않았다고 하더라도 양면전쟁의 가능성을 분명히 염두에 두고 있었다. 이후 산둥 반도에 배치된 병력은 한국전쟁이 전면전으로 확산되지 않을 것이 확실해지고 대만에서 본토로 상륙작전을 시행할 가능성이 사라지자 곧 만주를 거쳐 북한 지역으로 진입했다. 10월 24일 저우언라이도 이 같은 가능성에 대해 다음과 같이 언급했다:

> 우리는 본토 방어에 주의를 기울여야 한다. 적이나 장제스의 공군이 우리를 폭격할 수도 있다. 그렇지 않으면 적이 우리 해안에 상륙하여 괴롭힐 수 있다. 그러므로 우리는 이에 대한 방어를 강화해야 한다.[133]

중국인민지원군中國人民志願軍, CPV이 한국전쟁에 개입하여 제2차 공세를 시작하기 직전인 11월 16일 천윈陳雲도 미국과의 양면전쟁 가능성을 제기했다. 그는 전쟁이 한반도에 국한될 경우, 미국이 중국 본토에 폭격을 가할 경우, 적이 해안에 상륙하여 본토가 전쟁에 휘말릴 경우의 세 가지 가능성을 제시하고, 당분간 두 번째의 가능성에 대비하는 것이 기본 방침이

---

132 Allen Whiting, "Chinese Policy and Korean War," ed. Allen Guttmann, *Korea: Cold War and Limited War* (Lexington: D.C. Health and Company, 1972), p. 138.

133 "Speech, Zhou Enlai, at the 18th Meeting of the Standing Committee of the Chinese People's Political Consultative Conference, 24 October 1950," *CCFP*, p. 190.

IMMEDIATE RELEASE   JUNE 27

STATEMENT BY THE PRESIDENT

In Korea the Government forces, which were armed to pre border raids and to preserve internal security, were att invading forces from North Korea. The Security Council of United Nations called upon the invading troops to cease host ties and to withdraw to the 38th parallel. This they have do done, but on the contrary have pressed the attack. The Secu Council called upon all members of the United Nations to re every assistance to the United Nations in the execution of th resolution. In these circumstances I have ordered United Stat air and sea forces to give the Korean Government troops cover and support.

The attack upon Korea makes it plain beyond all doubt that Communism has passed beyond the use of subversion to conquer independent nations and will now use armed invasion and war. It has defied the orders of the Security Council of the United Nations issued to preserve international peace and security. In these circumstances the occupation of Formosa by Communist forces would be a direct threat to the security of the Pacific area and to United States forces performing their lawful and necessary functions in that area.

Accordingly I have ordered the Seventh Fleet to prevent any attack on Formosa. As a corollary of this action I am calling upon the Chinese Government on Formosa to cease all air and sea operations against the mainland. The Seventh Fleet will see that this is done. The determination of the future status of Formosa must await the restoration of security in the Pacific, a peace settlement with Japan, or consideration by the United Nations.

I have also directed that United States Forces in the Philippines be strengthened and that military assistance to the Philippine Government be accelerated.

I have similarly directed acceleration in the furnishing of military assistance to the forces of France and the Associated States in Indo China and the dispatch of a military mission to provide close working relations with those forces.

I know that all members of the United Nations will consider carefully the consequences of this latest aggression in Korea in defiance of the Charter of the United Nations. A return to the rule of force in international affairs would have far reaching effects. The United States will continue to uphold the rule of law.

I have instructed Ambassador Austin, as the representative of the United States to the Security Council, to report these steps to the Council.

대통령 성명

국경 수비와 국내 치안을 담당하고 있던 한국군이 북한군의 침략으로 공격을 받았다. 유엔 안전보장이사회는 침략군에게 적대 행위의 중단과 38선으로의 철수를 요구하는 결의를 한 바 있으나, 북한은 이에 응하지 않고 있다. 안전보장이사회는 모든 유엔 회원국들에게 본 결의를 수행하는 데 필요한 모든 지원을 해 줄 것을 요청한 바 있으며, 이러한 상황에서 본인은 미 해·공군이 한국군을 지원할 것을 명령했다.

남한에 대한 공격은 독립 국가에 대한 공산당의 전복행위이며 나아가 침략과 전쟁임이 명백하다. 그들은 세계 평화와 안보를 지키려는 유엔 안전보장이사회의 결의를 무시하고 있는데, 이러한 상황에서 본인은 대만에 대한 공산당의 점령은 곧 태평양의 안보와 이 지역에서 합법적이고 필수적인 역할을 하고 있는 미군에 대해 직접적인 위협이 될 것이라고 판단하고 있다.

따라서 본인은 대만에 대한 어떠한 공격 행위도 막아내기 위해 미 제7함대의 파견을 명령했다. 또한 대만 정부에게 (중국) 본토에 대한 모든 해·공군 작전을 중단할 것을 요청하였으며, 제7함대는 그것이 지켜지는지 감시하게 될 것이다. 장차 대만의 지위는 태평양의 안전 회복과 일본의 평화 정착, 또는 유엔의 고려에 의해 결정될 것이다.

본인은 또한 필리핀 주둔 미군 증강과 필리핀에 대한 군사 원조를 조속히 실천하도록 명령했다. 본인은 프랑스군과 인도차이나 국가들에 대한 군사 원조의 강화와 이들 군과 유기적인 관계를 가질 군사 사절단의 파견을 명령했다.

본인은 유엔의 모든 회원국이 한국에서 최근 발생한 침략이 유엔헌장을 무시한 것임을 주의 깊게 고려하리라 생각한다. 국제 관계에서 힘의 법칙은 좋지 않은 결과를 낳는다. 미국은 법률의 원칙을 고수할 것이다.

본인은 유엔대사 오스틴Austin에게 이러한 조치를 안전보장이사회에 통보하도록 지시했다.

출처: 미 국무부 한국 국내상황 관련문서 Ⅰ : 한국전쟁 자료총서 39, 448쪽

지만 세 번째의 가능성이 실현된다면 재정 및 경제정책을 재조정해야 할 것이라고 언급했다.[134] 이와 같이 한국전쟁 기간 동안 중국 지도부는 미군이 대만을 통해 중국의 해안지역에 상륙할 가능성이 있다고 판단하였으며, 이로 인해 양면전쟁을 강요당할 수 있다는 우려를 갖고 있었다.

물론 한국전쟁 기간 동안 중국 지도부에서 일어난 양면전쟁 가능성에 대한 우려는 단지 그 가능성만을 제시한 매우 제한적인 것이었다. 아직 인도차이나와 한반도가 미국의 수중에 완전히 들어간 것이 아니었기 때문이다. 그러나 만일 전황이 악화되어 최악의 경우 미국이 한반도 전체를 석권하고 프랑스군이 북베트남 전체를 장악한다면, 미국은 대만해협을 포함해 중국을 3면에서 전략적으로 포위함으로써 장차 양면전쟁 또는 삼면전쟁을 강요할 수 있을 것이었다.

중국이 양면전쟁의 가능성을 우려한 것과 동일한 논리로 한국전쟁 시 미국도 중국에 대한 양면공격의 가능성을 염두에 두고 있었다. 1950년 11월 20일 한국전쟁 상황이 유리하게 전개되고 있을 때 미 합동참모본부는 국방부에 발송한 비망록에서, 유사시 중국 본토 공격이 요구될 경우 대만의 군사적 중립화 조치는 미국의 전략적 입지를 축소하는 결과를 가져올 수 있다는 점을 지적하고 있다.[135] 즉 필요할 경우 양면에서 중국 본토를 공격할 수 있어야 하는데 이미 대만을 '중립화'함으로써 이러한 가능성을 스스로 포기했다는 아쉬움을 토로한 것이다. 이 같은 언급은 한국전쟁이 중미 간의 전면전으로 확산될 경우 미국도 중국이 우려한 것처럼 대만과 한반도에서 동시에 본토를 공격할 수도 있었음을 보여주고 있다.

---

134 "Speech, Chen Yun, 'The Finacial and Economic Work,' 16 November 1950," *CCFP*, P. 204.

135 Department of State, *Foreign Relations of the United States* [이하 *FRUS*], 1951, vol. 7, China & Korea (Washington, D.C.: GPO, 1983), p. 1475.

요약하면, 대만해방의 실패는 상대적으로 한반도와 인도차이나의 전략적 가치를 높여주었다. 대만을 무력으로 해방할 여력을 갖지 못한 중국은 한반도와 인도차이나가 미국의 수중에 떨어질 경우 양면 또는 삼면에서 본토를 위협할 것으로 보았다. 마오쩌둥은 대만문제의 해결을 뒤로 미루면서 주변지역으로 눈을 돌렸고, 이제 중미대결의 장은 한반도 또는 인도차이나로 전환되었다.

나. 인도차이나 혁명지원

　　전략적 포위, 또는 양면전쟁 가능성에 대한 우려가 증폭함에 따라 중국은 인도차이나와 한반도에 견고한 완충지대를 구축해야 했다. 그런데 1950년 초반 한반도는 소련의 영향력 아래 북한 정권이 강력하게 버티고 있었다.[136] 따라서 중국은 입지가 매우 취약했던 호치민의 북베트남으로 눈을 돌리지 않을 수 없었다.

　　중국은 인도차이나에서 미국의 정책변화에 주목하고 있었다. 2차대전이 끝난 직후 인도차이나에 대해 중립적이던 미국의 태도는 1950년대 초를 기점으로 크게 변화했다. 미국은 1950년 1월 중국과 소련이 호치민 정부를 인정하자 베트민Vietminh을 적대시하기 시작했다. 인도차이나에서 공산화의 도미노 현상을 우려한 미국은 이 지역에서 프랑스에 대한 군사적·경제적 지원을 강화했다.[137] 인도차이나에서 프랑스를 상대로 북베트남의 공산혁명이 성공할 가능성은 거의 없었다. 그럼에도 불구하고 마오

---

136 Shu Guang Zhang, *Mao's Military Romanticism*, pp. 44-45.

137 George C. Harring, *America's Longest War: The United States and Vienam, 1950-1975* (New York: McGrow-Hill, Inc., 1996), p. 17.

쩌둥은 인도차이나에서 프랑스군을 상대로 어렵게 투쟁하고 있는 호치민을 지원하여 본토의 안전을 도모해야 했다.[138] 중국이 북베트남을 대규모로 지원한 것은 미국의 전략적 포위에 대한 위협인식이 그만큼 절박했기 때문이었다.

중국공산당은 중국혁명 사례가 반제국주의 투쟁을 하고 있는 아시아 식민지 국가들에게 하나의 성공적인 모델이 될 것으로 자신했다. 중소동맹을 체결하는 과정에서 세계혁명과 아시아 혁명의 책임을 놓고 소련과 영향권을 분할한 것은 이러한 혁명적 열망을 더욱 부채질했을 것이다.[139] 그러나 그러한 열망과 대대적인 선전에도 불구하고, 인도차이나에 대한 혁명지원 사례는 중국이 미국과의 군사적 대결을 철저히 회피해야 하는 상황에서 이루어진 것으로써 중국의 혁명지원이 자국의 안보라는 틀에 의해 크게 제한을 받고 있었음을 보여준다.

호치민이 제1차 인도차이나 전쟁에서 승리한 데 대한 기존의 연구는 주로 베트남 대중의 지원과 테러 정책에 의해 가능했던 것으로 보고 있다.[140] 그러나 중국 측의 자료가 공개되면서 중국의 역할에 대한 새로운 조명이 가능해졌으며, 그 결과 호치민이 프랑스와의 전쟁에서 승리하는 데 중국의 지원이 결정적인 역할을 담당했다는 사실이 드러났다.[141] 중국

---

138 Douglas J. Macdonald, "Communist Bloc Expansion in the Early Cold War," p. 182.

139 King C. Chen, *Vietnam and China, 1938-1954*, p. 223. '영향권 분할' 또는 '퍼센트 합의 percentages agreement'에 대해서는 Nicolai N. Petro and Alvin Z. Rubinstein, *Russian Foreign Policy*, p. 46 참조.

140 호치민이 제1차 인도차이나 전쟁에서 대중의 지원과 테러에 의해 승리를 거두었다는 주장에 대해서는 Frankin A. Lindsay, "Unconventional Warfare," *Foreign Affairs*, vol. 40, no. 2, January 1962, pp. 264-269 참조.

141 Qiang Zhai, "Transplanting the Chinese Model: Chinese Military Advisers and the First Vietnam War, 1950-1954," *The Journal of Military History*, no. 57, October 1993, pp. 689-715; Douglas J. Macdonald, "Communist Bloc Expansion in the Early Cold War," pp. 181-185.

은 1950년 3월부터 본격적인 전투가 시작되는 9월까지 1만 4,000정의 소총, 1,700정의 기관총, 약 150문의 화포를 지원했고, 2,800톤의 곡물, 막대한 양의 탄약, 의료물자, 군복과 통신장비를 제공했다. 그해 4월 중국은 북베트남에 군사학교를 설립해 주었고 6월에는 호치민의 요청에 따라 고위급 군사고문으로 천겅陳賡을 파견했다. 그리고 7월에는 웨이궈칭韋國淸을 단장으로 하는 중국군사고문단(CMAG)을 공식적으로 설치했다. 베트남 전쟁 기간 중 중국은 베트민의 군사전략뿐 아니라 군 구조 개편, 작전계획, 그리고 전술적 문제에까지 매우 깊숙이 간여했다.[142] 군사고문단을 통해 거의 모든 전역에서의 작전을 통제하는가 하면, 중국혁명에서 입증된 지구전 개념을 실제 작전에 적용하도록 했다. 1952년에는 호치민이 비밀리에 베이징을 방문하여 대전략 수준의 전략계획을 협의하기도 했다. 이 전쟁은 중국이 아시아 국가의 혁명을 성공적으로 지원한 대표적인 사례였다.[143]

제1차 인도차이나 전쟁을 수행하기 위한 베트민의 최초 전략은 중국의 혁명전쟁전략을 그대로 답습한 것이었다. 이 전쟁을 수행하는 과정에서도 강한 적에 대한 결전회피의 중요성을 입증할 수 있다. 1950년 9월 16일에서 11월 2일 까지 실시한 국경전역에서 북베트남은 험준한 산악지형을 이용하여 적을 분리한 후 각개격파하는 마오쩌둥의 전략을 채택하여 승리할 수 있었다.[144] 중국혁명전쟁 시 유용했던 유격전과 소규모 기동전

142 Qiang Zhai, "Transplanting the Chinese Model," pp. 704-713. 추가 군사지원에 대해서는 King C. Chen, *Vietnam and China*, 1938-1954, p. 271 참조.

143 Qiang Zhai, "Transplanting the Chinese Model," pp. 689-715; Douglas J. Macdonald, "Communist Bloc Expansion in the Early Cold War," pp. 181-185.

144 Qiang Zhai, *China and the Vietnam Wars, 1950-1975* (Chapel Hill: The University of North Carolina Press, 2000), pp. 26-33.

을 통해 얻은 승리였다.

그러나 국경전역에서 승리한 직후 북베트남 최고사령관 보 구엔 지아프Vo Nguyen Giap는 과도한 자신감에 사로잡힌 나머지 1951년 구정까지 적을 섬멸하고 하노이Hanoi를 탈취하겠다고 장담했다. 그리고는 1950년 12월부터 홍 강 전역을 준비했다. 1951년 1월 초 한반도에서 조중연합군이 제3차 전역을 통해 서울을 점령하자 이에 고무된 지아프는 인도차이나에서도 반격의 시기가 도래한 것으로 판단했다. 그는 결전을 자제하라고 요구하는 중국군사고문단이 너무 조심스럽다고 불평하며 홍Hong 강 삼각주의 평야지대에 위치한 프랑스군에 대해 총반격을 감행했다. 그 결과 구정공세Tet Offensive는 크게 실패하여 최소한 6,000명이 전사하는 가운데 참담한 패배로 끝이 났다. 지아프는 3월에 같은 방식으로 프랑스군에 대해 다시 공세를 취하였으나 또 다시 실패하고 말았다. 무리한 결전을 추구한 것은 물론, 적 주력을 격파하기보다는 하노이라는 특정지역을 목표로 설정함으로써 과거 장제스와 같은 전략적 오류를 범한 것이다.

그러자 베트남 라디오 방송에서는 항일전쟁 시 마오쩌둥 전략이 현 베트남의 상황과 유사하기 때문에 마오쩌둥의 전략을 수용할 필요가 있다는 의견이 제기되었다. 또한 베트민군이 승리를 자신할 수 없는 전투는 회피할 것과, 마을이나 지역을 점령하려 하지 말고 적의 주력군을 점진적으로 소멸할 것을 촉구했다. 아울러 마오쩌둥의 전략을 소화하는 것은 베트민의 '의무'라고 규정하고, 다시 유격전을 강화할 것을 요구했다. 이러한 방송은 지아프의 무모한 전략에 대한 일종의 경고 메시지였지만 지아프는 이를 무시하고 5월에 다시 한 번 총공세를 펼쳤다. 결과는 또 다시 참패로 나타났다.

홍 강 전역에서 세 차례에 걸친 공격이 실패한 것은 우세한 기동력과 화력을 보유한 프랑스군에 대해 무모하게 결전을 추구한 결과였다. 프랑

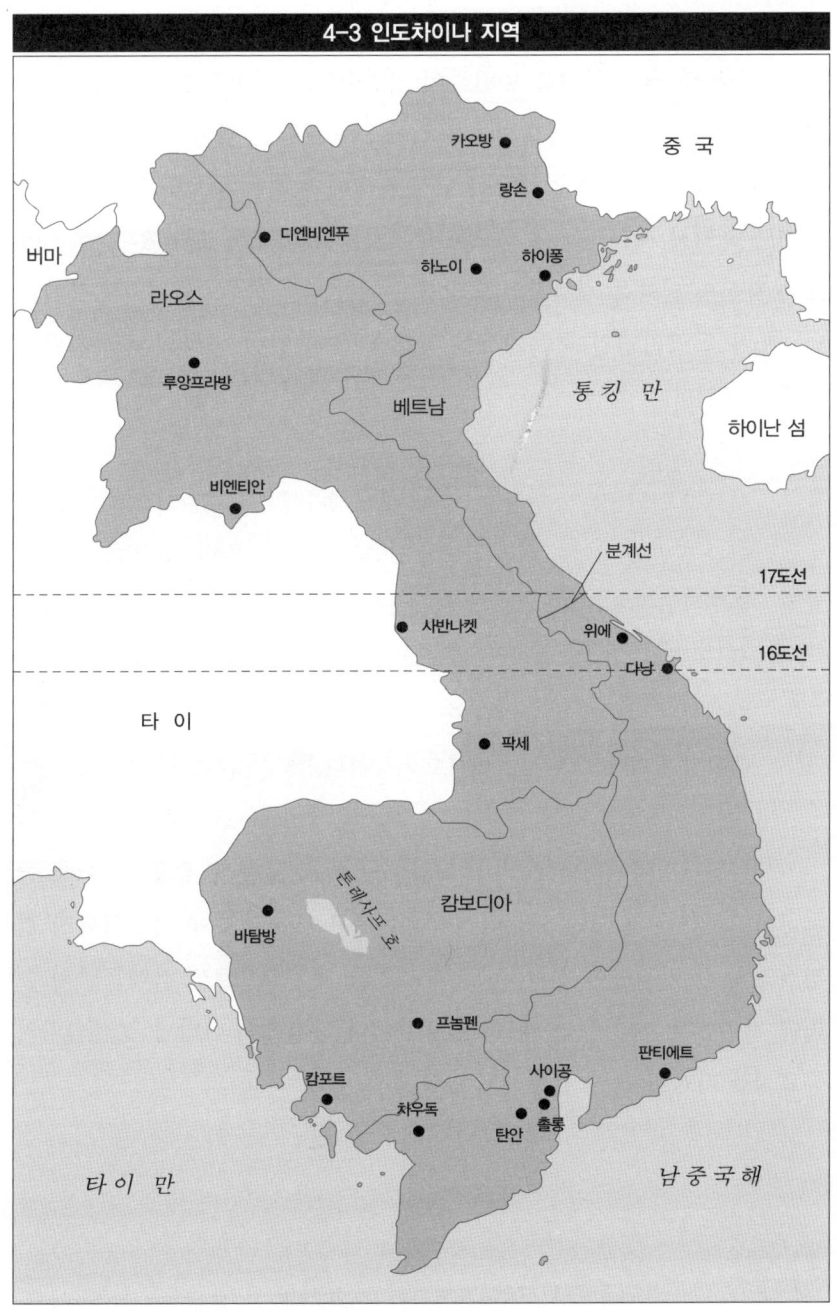

카오방

랑손

중국

디엔비엔푸

버마

하노이

하이퐁

라오스

베트남

통킹만

루앙프라방

하이난 섬

비엔티안

분계선

17도선

사반나켓

위에

16도선

다낭

타이

팍세

톤레사프 호

캄보디아

바탐방

프놈펜

판티에트

캄포트

사이공

차우독

탄안

쫄롱

타이만

남중국해

스군은 인도차이나 전역에서 병력과 장비를 공수하며 전투력을 증강하였으며, 공중 및 해상 화력을 동원하여 정면승부를 걸어오는 베트민군에게 막대한 피해를 가했다. 마오쩌둥은 지아프가 강행한 세 차례의 공세가 실패로 돌아간 것을 과거 공산당이 도시에 대해 공격을 무모하게 펼친 사례에 비유하면서 베트민군에 무모한 공격을 자제하도록 요구했다.[145] 지아프는 자신의 전략을 재평가하지 않을 수 없었다. 그는 1951년 9월 북베트남 제6차 독립기념일 축하기사를 통해 다음과 같이 중국의 군사전략에 대해 언급했다:

> 베트민 인민군은 소련군으로부터 프롤레타리아 국제주의를 배웠고, 인민과 인민의 이익에 대한 강인하고 흔들림 없는 헌신을 배웠다. 그리고 중국인민해방군으로부터는 식민지와 반식민지 국가에 적합한 군사사상, 전략과 전술을 배웠다. 중국혁명의 승리는 식민국가와 반식민지 국가에서 무장투쟁이 승리할 수 있다는 것을 보여주고… 그것은 한국과 베트남과 같은 작은 국가에서도 가능하다.[146]

지아프는 결국 마오쩌둥의 전략을 수용하지 않을 수 없었다. 이후 중국군사고문단은 1954년 5월 디엔비엔푸Dien Bien Phu 전투에 이르기까지 결정적인 순간에 귀중한 전략·전술적 조언을 제공함으로써 북베트남의 승리에 기여했다. 지아프는 제1차 인도차이나 전쟁에서 나타난 결전회피의 중요성을 다음과 같이 인정하고 있다:

---

145 Qiang Zhai, *China and the Vietnam War*, p. 34.

146 King C. Chen, *Vietnam and China, 1938-1954*, pp. 267-268.

전력 균형은 적의 군사력에 비해 우리가 결정적으로 약했다. … 성급하고 신속한 승리를 얻으려는 모든 구상은 오직 커다란 실수만을 유발했다. 장기적으로 저항하기 위한 전략을 단호하게 고수해야 했다. … 우리의 군사력을 유지하고 점차 증대하기 위해서는, 그리고 적의 군사력을 조금씩 잠식하고 파괴하기 위해서는 수천 번의 조그만 승리를 축적하여 전력 균형을 조금씩 변화시켜야 한다. 그리고 우리의 약함을 강함으로 전환하여 최종승리를 달성해야 한다.[147]

1950년 초반 마오쩌둥은 인도차이나를 지원하면서 혁명적 열기에 휩싸여 있었음에 틀림이 없다. 1949년 6월 내전의 승리가 확실해지면서 마오쩌둥은 중국의 혁명사례가 아시아 혁명의 모델이 될 것으로 자신하였으며, 스탈린은 세계혁명과 아시아 혁명의 책임을 분담함으로써 이를 인정해 주었다. 1949년 11월에는 베이징에서 아시아·오스트랄라시아 무역연합회의Asian and Australasian Trade Unions Conference가 개최되었고 소련을 비롯하여 몽골, 북한, 북베트남, 시암Siam, 버마Burma, 인도네시아, 인도, 실론Ceylon, 필리핀, 말레이시아, 이란의 대표들이 참가하여 무역연합을 통한 공산주의 활동을 강화하는 방안에 대해 논의했다. 류사오치는 이 자리에서 중국의 혁명사례가 식민지·반식민지 국가들에게 민족해방을 위한 모

---

147 Vo Nguyen Giap, *People's War People's Army* (Hanoi: Foreign Languages Publishing House, 1962), p. 28. Quoted in J. L. S. Girling, *People's War*, pp. 65-66. 그러나 지구전에 입각한 게릴라전 방식은 제2차 베트남 전쟁, 특히 1960년대에는 받아들여지지 않았다. 중소갈등이 고조되고 남베트남 지역에서 전쟁이 확산되면서 북베트남은 소련의 지원하에 진지전 형식의 전투를 추구하기 시작한다. 즉 제1차 인도차이나 전쟁과 제2차 인도차이나 전쟁에서 북베트남이 추구한 전략은 다름을 알 수 있다. Nguyen Manh Hung, "The Sino-Vietnamese Conflict: Power Play among Communist Neighbors," *Asian Survey*, vol. 19, no. 11, November 1979, p. 1038.

델이 될 것이라고 주장했고, 베트남 대표가 이를 적극적으로 지지했다.[148] 실론 대표는 "오늘은 중국, 내일은 실론!"이라고 말하였으며, 인도 대표도 "우리는 마오쩌둥의 길을 택할 것"이라고 응수했다. 소련 대표 솔로페프Solov'ev는 중국식의 혁명에 대해서는 유보적인 태도를 보였지만,[149] 베트남 혁명에 대한 중국의 영향력에 대해서는 열렬한 지지를 표명했다.[150] 그해 12월 마오쩌둥은 조심스럽게 관계개선을 제안하는 호치민에게 "중국과 베트남은 제국주의 투쟁의 전선에 서 있다"고 언급하면서 인도차이나 혁명에 대해 적극적인 태도를 보였다. 그는 아시아 공산혁명을 위한 '능력'은 둘째 치더라도 그러한 '열망'에 가득 차 있었던 것이 사실이다.

중국은 1949년 10월 2일 '세계평화 수호를 위한 중국회의China Conference for Defending World Peace', 12월 1일 '세계여성 민주연합 아시아 회의Asian Conference of the Women's International Democratic Federation'를 개최하면서 아시아 혁명의 중심지로 부상한 것처럼 보였다. 그러나 동아시아 국가들 사이에서 이미 '민족해방' 운동이 전개되고 있었다는 점을 고려할 때 이러한 회의들이 제3세계의 무장투쟁을 촉발한 것은 아니라고 할 수 있다. 특히 중국은 북한에 대해 어떠한 가시적인 지원도 제공하지 않았으며, 1950년 2월 《인민중국人民中國, People's China》을 통해 한민족은 "그들 조국의 평화와 통일 문제를 스스로의 노력으로 해결해야 한다"고 주장한 것으로 볼 때, 중국이 아시아 혁명을 주도했다고 보기에는 명백한 한계가 있다.[151]

---

148 Melvin Gurtov, *The First Vietnam Crisis: Chinese Comminist Strategy and United States Involvement, 1953-1954* (New York: Columbia University Press, 1967), pp. 7-8.

149 스탈린은 솔로페프가 류샤오치의 발언에 대해 적극적인 지지를 표명하지 않은 것에 대해 "표리부동한 놈double-dealer"이라고 강하게 비난했다. 솔로페프는 즉각 마오쩌둥에게 자신이 실수했다고 해명하고 마오쩌둥은 스탈린에게 관용을 베풀 것을 요청했다. Sergei N. Goncharov, Interview with I. V. Kovalev, p. 61.

150 King C. Chen, *Vietnam and China, 1938-1954*, pp. 216-220.

마오쩌둥은 호치민에 대한 정치적·군사적 지원을 강화하면서 점차 미국과의 군사적 대결 가능성에 대해 촉각을 곤두세우지 않을 수 없었다. 사실 중미관계는 대만뿐만 아니라 인도차이나를 둘러싸고도 긴장이 고조되고 있었다. 애초에 미국은 민족자결주의에 입각한 식민지 문제 해결을 주장하고 있었으며, 따라서 인도차이나에서 과거 식민지 정책으로 회귀하려는 프랑스의 정책을 지지하지 않고 있었다. 그러나 미국은 중국이 공산화되고 중국과 소련 간에 동맹조약이 체결되자 인도차이나에 대한 가치를 재평가하지 않을 수 없었다. 인도차이나의 공산화에 대해 우려한 미국은 이 지역에 소련의 영향력이 미치는지를 파악하는데 부심하였으며, 호치민의 성향에 대해 주목하기 시작했다.[152] 인도차이나의 공산화는 단지 고무, 원유, 주석朱錫, 텅스텐tungsten과 같은 천연자원의 상실뿐 아니라 전략적 측면에서 동남아시아의 공산화를 가져올 것이고, 그렇게 되면 일본은 고립되어 적들과 협력하지 않을 수 없게 될 것이다.[153]

중국과 소련이 1950년 1월 호치민 정부를 인정한 것은 베트남 내 두 정부의 세력균형에 변화를 가져왔다. 기존의 베트민은 아무런 해외 원조를 받지 못한 채 정치·외교적으로 고립되어 있었지만, 국가로 인정받게 된 후에는 '합법적으로' 중국과 소련으로부터 군사적 지원까지 받을 수 있게 되었다.[154] 이렇게 되자 미국은 2월 1일 영국과 함께 남베트남의 바

151 Hak-Joon Kim, "China's Non-Involvement in the Origins of the Korean War: A Critical Reassessment," James Cotton and Ian Neary, eds., *The Korean War in History* (Atlantic Highlands: Humanities International, Inc., 1989), pp. 21-24.

152 Marilyn B. Young, *The Vietnam Wars, 1945-1990* (Harper Collins Publishers, 1991), p. 23.

153 George C. Harring, *America's Longest War*, p. 16; Marilyn B. Young, The Vietnam Wars, 1945-1990, p. 31.

154 King C. Chen, *Vietnam and China, 1938-1954*, p. 234.

오다이(保大, Bao Dai) 정부를 공식적으로 인정하고, 프랑스 의회는 11개월 전에 바오다이 정부와 합의한 대로 베트남, 캄보디아, 라오스에 독립국가 지위를 부여하기로 결정했다. 미국은 남베트남 정부에 적극적으로 군사적 지원을 제공하기 시작했다. 3월 미 해군의 전함 2척이 사이공(Saigon)에 입항하여 바오다이 정부에 대한 지지를 대내외에 공개적으로 과시하였으며, 프랑스 정부의 지원 요청을 받은 미 의회는 5월 "진정한 민족주의의 발전을 위한다"는 명분 아래 이를 수락하기로 결의했다. 6월에는 미국의 지원물자가 사이공에 도착했고, 8월에는 이 물자의 분배를 감독하기 위해 미 군사고문단(MAAG)이 파견되었다.[155] 인도차이나에 대해 불간섭을 견지하면서 1950년 초까지만 해도 사실상 호치민에 대해 우호적이었던 미국은 이제 6개월 만에 바오다이 편으로 돌아서서 인도차이나 문제에 적극적으로 개입하게 되었다.[156] 그 결과 호치민과 바오다이를 배후에서 각각 지원하는 중국과 미국 사이에는 불가피하게 적대관계가 심화되지 않을 수 없었다.

중국은 인도차이나 혁명을 그 지역에 국한된 문제가 아니라 중미대결이라는 보다 넓은 관점에서 바라보고 있었다. 우선은 중국 본토의 안보에 관심이 있었다. 아직까지 호치민의 입지는 매우 취약하였으며, 당장 베트남 전체가 제국주의자들의 수중에 떨어질 경우 중국의 남쪽 국경은 직접적인 위협을 받지 않을 수 없었다.[157] 6월 27일 마오쩌둥은 북베트남에 파견할 중국군사고문단을 환송하는 자리에서 베트남공산당에 대한 지원이

---

155 King C. Chen, *Vietnam and China*, 1938-1954, p. 263.

156 미국 정부의 변화하는 인도차이나 정책에 대해서는 John G. Stoessinger, *Why Nations Go to War*, pp. 84-93 참조.

157 Shuguang Zhang, "Threat Perception," p. 286.

야말로 "국제주의자의 영광스러운 임무"임을 강조했다. 그러나 이 자리에서 류사오치는 한 가지 현실적인 우려를 표명한다. 만일 이들의 임무가 실패하여 적이 베트남에 주둔하게 될 경우 중국의 안보에 큰 어려움과 곤란을 초래하게 될 것이라는 점이었다.[158] 류사오치의 이러한 언급은 중국의 군사적 지원이 적어도 당장은 베트남 접경지역을 안정시키는 것이 초미의 관심사임을 암시하고 있다. 또한 8월 19일 중국 지도부는 베트남에서의 전쟁이 한국전쟁 못지않은 의미가 있다고 언급했는데,[159] 이는 북베트남 지역에서 완충지대를 확보하는 것이 그만큼 시급했음을 의미한다. 즉 중국 지도부는 군사적으로 미약한 호치민이 당장 인도차이나 혁명에 성공할 것으로 보지 않았으며, 다만 북베트남 지역에 완충지대를 마련함으로써 본토의 안전을 도모한 것이다. 이러한 상황에서 마오쩌둥은 호치민에 대해 '무조건적 지원unconditional aid'을 제공하지 않을 수 없었다.[160]

　중국 지도자들은 11월 초 북베트남군이 국경전역에서 승리하는 등 인도차이나 상황이 호전되어가자 미국이 직접 군사적으로 개입할 가능성에 대해 우려하기 시작했다. 한반도에서 북한이 남한을 공격하자마자 미국이 즉각 한국전쟁에 개입했다는 사실은, 인도차이나에서도 상황이 변화하면 언제든 미국이 군사적으로 개입할 가능성이 있음을 시사했다. 미국의 개입 가능성은 마오쩌둥이 염두에 두고 있던 '혁명'과 '안보'라는 두 전략목표 사이에 내재하고 있는 긴장을 더욱 고조시켰다. 지금까지 '인도차이나 혁명'과 '중국의 완충지대 확보'라는 두 개의 전략목표는 나란

---

158 Chen Jian, "China and the First Indo-China War, 1950-54," *The China Quarterly*, no. 133, March 1993, p. 132.

159 「무르익는 중공개입」, 『조선일보』, 1994. 7. 25.

160 King C. Chen, *Vietnam and China*, 1938-1954, p. 255.

히 평행선을 이루며 달려올 수 있었지만, 이제 최소한의 완충지대를 확보하고 미국의 개입 가능성에 대한 우려가 증가하는 상황에서는 '혁명'과 '안보'라는 두 목표가 상충하기 시작했다.

마오쩌둥은 선택의 기로에 섰다. 미국과의 군사적 충돌 가능성을 감수하면서 혁명을 계속 추구하든지, 아니면 미국과의 충돌을 회피하기 위해 더 이상의 혁명을 제한하든지 결정해야 했다. 그의 선택은 후자였다. 사실 마오쩌둥은 벌써부터 미국에 군사적 개입의 빌미를 제공하지 않기 위해 신중하게 행동하고 있었다. 1950년 9월 마오쩌둥은 장시 지역의 군사지휘관 덩쯔후이鄧子恢에게 어떠한 경우에도 중국인민해방군이 중국-베트남 국경을 넘지 않도록 해야 하며, 국민당 잔당을 추격할 경우에도 국경과 거리를 유지하도록 두 차례에 걸쳐 경고했다.[161] 마오쩌둥은 중국이 인도차이나에 개입할 경우 미국이 인도차이나 또는 대만해협에서 군사행동을 취할 수 있다고 믿었던 것이다. 국경전역에서 호치민이 큰 승리를 거둔 후 10월 27일부터 열린 베트민 지도부의 회의석상에서 중국군사고문단 선임고문인 천경은 승리에 현혹되지 말고 미국의 개입에 대해 경계해야 한다고 주장했다.[162] 그는 베트남에서 혁명세력이 강화될 경우 한반도에서와 같이 미국이 개입할 수 있으며, 이 경우 중국은 한반도의 전쟁과 함께 양면전쟁을 치러야 할 위험에 직면할 것이라고 경고했다.

따라서 중국의 인도차이나 혁명지원은 제한적인 것이었다. 북베트남에 대한 혁명지원이 이루어지기 전부터 이미 마오쩌둥은 어떠한 경우든 미국과의 군사적 충돌을 회피한다는 대전제를 설정하였으며, 북베트남에 대한 지원은 그러한 전제 내에서만 가능한 것이었다. 1950년 4월 호치민

---

161 Shu Guang Zhang, *Mao's Military Romanticism*, p. 70.

162 Qiang Zhai, "Transplanting the Chinese Model," p. 706.

이 마오쩌둥에게 군사고문단과 베트민군의 연대·대대급 지휘를 담당할 장교를 파견해 줄 것을 요청했을 때, 마오쩌둥은 군사고문단은 파견할 수 있으나 직접적인 지휘는 맡을 수 없음을 분명히 했다. 이는 중국군이 직접 전투에 참가할 경우 미국으로 하여금 인도차이나 사태에 전폭적으로 개입할 빌미를 줄 것으로 판단했기 때문이다. 1951년에는 베트민, 중국, 소련 간에 3자조약이 체결되었는데, 이 조약에 의하면 "중국과 소련은 베트민에 탄약, 기술적 지원, 산업장비 등을 제공하되 베트민이 중대한 위험에 처하지 않는 이상 개입하지 않기로" 되어 있었다.[163] 실제로 1952년 7월 11일 북베트남이 중국의 병력지원을 요구했을 때 중국공산당 중앙군사위원회는 북베트남에 병력을 파견하지 않는다는 원칙을 고수할 것이며, 다만 국경지역에 병력을 증강하는 조치를 취할 수 있으나 혁명의 책임은 북베트남 스스로에게 있음을 강조했다.[164] 즉 마오쩌둥의 혁명지원은 전쟁을 인도차이나에 국한하여 미국과의 군사적 충돌을 회피한다는 전제하에 가능한 것이었다.[165]

무엇보다도 1954년 디엔비엔푸 전투에서 프랑스군에 결정적인 승리를 거둔 뒤 열린 제네바 회담에서 나타난 중국 측의 협상태도는 인도차이나 전쟁에서 중국의 이익이 '혁명'이 아닌 '안보'에 있었음을 여실히 보여주고 있다. 당시 호치민의 군대는 베트남의 70% 이상을 장악하고 있었으며 전쟁상황은 베트민에 결정적으로 유리했다. 그럼에도 불구하고 호치민은 중국과 소련의 압력에 의해 많은 것을 양보해야 했다. 주요 의제는 국민투표, 정전 분리선, 캄보디아와 라오스에서 베트민 군대의 철수문

---

163 King C. Chen, *Vietnam and China*, 1938-1954, p. 269.

164 Qiang Zhai, "Transplanting the Chinese Model," p. 706.

165 Shu Guang Zhang, *Mao's Military Romanticism*, p. 43.

제 등이었다. 제네바 회담에서 호치민은 즉각 휴전을 통해 국민투표를 실시할 것을 주장했다. 그러나 타협이 무산될 것을 우려한 중국은 서구의 입장을 받아들여 베트남을 두 지역으로 분리한 후 국민투표를 실시하기로 했다. 호치민이 이를 거부하여 회담이 교착상태에 빠지자 저우언라이는 미국의 개입 가능성을 거론하면서 베트민의 양보를 종용했다. 호치민은 베트남을 분리하는 안에 동의하지 않을 수 없었고, 대신 16도선을 분리선으로 할 것을 제안했다. 그런데 프랑스의 수상은 자신의 직위를 걸고 17도선을 분리선으로 할 것을 고집했다. 중국으로서는 16도선이냐 17도선이냐는 중요하지 않았다. 인도차이나에서 중국의 완충지대로 작용할 북베트남 정권을 세우면 그만이었다.[166] 저우언라이는 프랑스가 제시한 17도선 분리 제안을 받아들였고 이는 차후 중국과 베트남 사이에 갈등의 불씨로 남게 되었다. 결국 제네바 협정은 첫째로 인도차이나에서 적대행위를 종식할 것, 둘째로 인도차이나에 라오스, 캄보디아, 베트남 등 세 독립국가를 수립할 것, 셋째로 17도선에 '임시 군사분계선'을 설치할 것, 넷째로 베트남의 정치적 통일은 2년 후 캐나다, 인도, 폴란드의 세 중립국으로 구성된 국제관리위원회의 감시하에 총선거를 실시하여 결정할 것을 명시했다.[167] 완충지대 확보라는 전략적 목표를 달성한 중국으로서는 오직 서구와의 타협을 통해 미국과의 직접적인 충돌 가능성을 방지하는데 관심이 있었을 뿐, 베트남의 혁명 추구에는 유보적인 입장을 취했다.

이렇게 볼 때 비록 마오쩌둥이 호치민에게 아낌없는 군사적 지원을 제공하여 제1차 인도차이나 전쟁을 승리로 이끄는데 기여하였으나, 그것은 오직 미국과의 군사적 충돌을 회피한다는 전제하에 이루어진 제한적

---

166 Chen Jian, "China and the First Indo-China War, 1950-54," p. 110.

167 John G. Stoessinger, *Why Nations Go to War*, pp. 90-91.

인 지원이었다.[168] 전쟁수행과정에서 마오쩌둥은 철저하게 군사적 개입을 거부하였으며, 제네바 회담 과정에서 '전과확대'가 아닌 '현상유지'를 택한다. 이로써 중국이 호치민을 지원한 목적은 인도차이나의 혁명을 위한 것이 아니라 북베트남 지역에 완충지대를 확보하는데 있었음을 알 수 있다. 또한 마오쩌둥의 아시아 혁명 지원은 중국 본토의 안전을 확보하기 위한 안보전략의 틀에 의해 구속 받고 있었음을 알 수 있다.

결론적으로 신생 중국에서 나타난 마오쩌둥의 전략은 혁명전쟁전략으로부터 국제전 전략으로 변화하였으며, 동시에 완충지대를 마련함으로써 강한 적과 군사적 충돌을 회피한다는 측면에서 여전히 '결전회피성'을 갖고 있다고 할 수 있다.

다. 한반도 혁명지원? : 조선족 부대의 귀환

인도차이나에 비해 한반도는 상대적으로 안정된 완충지대를 제공하고 있었다. 따라서 중국은 인도차이나에 우선적으로 군사적 지원을 제공하였으며, 한반도에 대한 지원은 단지 중국내전 시 인민해방군 소속으로 국민당 군대와 싸웠던 조선족 병사들을 귀환시키는 정도에 불과했다. 중국인민해방군에 소속된 조선족 병사들의 귀환문제는 김일성金日成이 무력에 의한 통일을 구상하면서 본격적으로 제기한 것으로, 중국의 귀환 조치에 대해 학자들은 중국이 북한의 남침을 적극 지원했던 것으로 해석하고 있다. 그러나 조선족 병사의 귀환 조치는 타민족을 내전에 동원했던 중국이 내전 종료에 따라 마땅히 조치했어야 할 일을 한 것일 뿐, 한반도의 혁명을 적극 지원하는 차원에서 이루어진 것은 아니었다.

---

168 Qiang Zhai, *China and the Vietnam Wars*, pp. 53-54

중국에서 활약하던 조선족 부대의 기원은 항일운동 시기로 거슬러 올라간다. 항일운동을 위해 만주로 이동한 한인들은 1938년 후베이 성(호북성湖北省) 우한(무한武漢)에서 반일통일전선을 표방하고 조선의용대朝鮮義勇隊를 창설했다. 일본이 우한을 점령하자 조선의용대는 중국 각지로 흩어졌다가 1941년 1월 무정武亭이 산시 성(산서성山西省) 타이항 산(태행산太行山)에서 결성한 조선족 정치단체인 화북조선청년연합회華北朝鮮靑年聯合會에 합류하고, 그해 6월에는 조신의용대 화북지대로 개편되어 화북조선청년연합회 산하의 군사조직이 되었다.[169] 1942년 7월 태행산 근거지에서 화북조선청년연합회 제2차 대회가 열렸다. 여기에서 화북조선청년연합회를 확대하여 화북조선독립동맹華北朝鮮獨立同盟으로 재조직하고, 조선의용대 화북지대를 조선의용군朝鮮義勇軍으로 개칭했다.[170] 이때 조선독립동맹 위원장에는 김두봉金枓奉, 부위원장에는 한빈韓斌과 최창익崔昌益, 그리고 중앙집행위원에는 무정을 포함한 15명이 선출되었다. 조선의용군의 사령관은 박효삼朴孝三, 정치위원은 김창만金昌滿이 임명되었다. 광복 직전 조선의용대의 규모는 약 800여 명으로 추산한다.

조선의용군은 중국공산당으로부터 완전한 지휘·통제를 받고 있었기 때문에 일본이 항복한 직후 즉각 귀국할 수 없었다. 중국공산당은 만주를 우선적으로 점령한다는 전략의 일환으로 조선족 부대를 만주 지역으로 이동하기로 했다. 비록 조선족 부대의 규모는 작지만 조선족 동포들이 만주에 많이 살고 있었기 때문에 이곳에서 활용할 여지가 충분할 것으로 판

---

169 당시 조선족 공산주의자들은 구심점 없이 분산되어 있었다. 옌안의 중국공산당 중앙군사위원회는 화북 지역에서 공산당이 직접 통제하는 조선족 정치단체의 필요성을 인식하고, 이 임무를 옌안에 있던 무정에게 위임했다. 김중생, 『조선의용군의 밀입북과 6·25전쟁』 (서울: 명지출판사, 2000), p. 41.

170 이종석, 「국공내전시기 북한·중국 관계(1)」, 『계간전략연구』, 1997년 제3호, p. 285.

단하고 있었던 것이다.[171] 중국 지도부는 화북의 조선의용군으로 하여금 "소련군의 중국 및 조선 국경 내로의 진입작전과 배합하고, 조선인민을 해방하기 위해서" 즉각 만주 지역으로 진격하도록 했다.[172] 이에 따라 조선의용군은 연안지구에서 약 300명, 기동冀東지구에서 약 100명, 태행산지구와 화중지구에서 약 300명, 그리고 중원지구와 산동지구에서 약 120명, 도합 850여 명이 만주로 이동했다.[173]

1945년 말부터 만주에서 조선의용군 각 지대가 편성되기 시작했다. 조선의용군 제1지대는 1945년 11월 중순 선양(심양瀋陽)에서 조직되었다. 당시 병력은 약 1,600명으로 지대장은 김웅金雄, 정치위원은 방호산方虎山이 임명되었다. 제1지대는 1946년 2월 조선의용군이라는 명칭을 공식적으로 취소하고 동북민주연군東北民主聯軍 요령군구遼寧軍區 이홍광李紅光지대로 개칭했다. 그해 말에는 중국인민해방군 요령군구 독립 제4사로 개칭하였으며, 1948년 가을에는 요심전역(랴오선 전역)에 참가했다. 1948년 11월에는 중국인민해방군 동북군구 육군 제166사로 개칭하여 선양 위수衛戍 임무를 담당했다. 제166사단 병력 1만 2,000명은 1949년 7월 귀환하여 방호산을 사단장으로 하는 북한 인민군 제6사단으로 편성되었다.[174]

조선의용군 제3지대는 1949년 11월 하얼빈 부근 빈현賓縣에서 조직되었다. 지대장은 이상조李相朝, 정치위원은 주덕해朱德海 가 맡았다. 1946년 봄에는 동북민주연군 송강군구松江軍區 제8단으로 개칭되었다. 그러나 북만주의 제3지대는 남만주의 제1지대와 달리 독립적인 대부대로 성장하지 못

---

171 이종석, 「국공내전시기 북한·중국 관계(1)」, p. 289.

172 이종석, 「국공내전시기 북한·중국 관계(1)」, p. 294.

173 김중생, 『조선의용군의 밀입북과 6·25전쟁』, pp. 59-79 참조.

174 이종석, 「국공내전시기 북한·중국 관계(3)」, pp. 250-251; 이종석, 『북한중국관계』(서울: 도서출판 중심, 2000), p. 102.

하다가 1948년 3월 길남吉南군분구 제72사와 목단강牧丹江지구 조선족 부대와 함께 독립 11사를 편성했다. 이 부대도 역시 요심전역에 참가하였으며, 창춘(장춘長春) 해방 후에는 이 도시의 위수 임무를 수행하다가 11월 말 중국인민해방군 동북군구 제164사로 다시 이름이 바뀌었다. 제164사 병력 7,500명은 1949년 7월 귀환하여 김창덕金昌德을 사단장으로 하는 북한 인민군 제5사단으로 편성되었다.[175]

제5지대는 1946년 1월 옌볜(연변延邊)에서 이익성李益星을 지대장으로 조직되어 동북군구 독립 제6사에 편입되었다가 제4야전군 제43군 소속 제156사가 되었다. 1950년 초 이 가운데 조선족 7,500명이 정저우(정주鄭州)에 집결했고, 이어 도착한 제13병단 소속 조선족 2,500명을 비롯한 총 1만 4,000명으로 구성된 부대에 독립 제15사라는 명칭이 부여되었다. 이 부대는 남침을 본격적으로 추진하고 있던 김일성으로부터 명령을 받은 김광협金光俠이 중국인민해방군 제4야전군 예하에 남아 있던 조선족 병사들을 추가로 입북시키기 위해 신설한 부대였다. 독립 제15사는 입북 후 전우全宇를 사단장으로 하는 북한 인민군 제12사단으로 편성되었다.

이외에도 제5지대의 일부요원들이 주축이 되어 지린(길림吉林) 지역에서 제7지대가 설립되었으며 지대장 겸 정치위원에는 박훈일朴勳一이 임명되었다. 제7지대는 이후 제3지대에 통합되어 독립 제11사 제1단, 제164사 제491단으로 변경되었다. 입북 후에는 북한 인민군 제5사단 제16연대로 편성되었다. 한편 제4야전군 제47군 휘하 조선족 병사 2,500명은 원래 김광협이 편성한 독립 제15사에 편입하도록 되어 있었으나 복귀가 늦어져 합류하지 못했다. 이 부대는 뒤늦게 입북하여 조선의용군 제3지대 참모장 출신 이권무가 사단장으로 있는 북한 인민군 제4사단 제18연대로 편성되

---

175 이종석,「국공내전시기 북한·중국 관계(3)」, pp. 251-255; 이종석,『북한중국관계』, p. 103.

었다.[176]

1949년 5월 김일성은 북한 정치국장 김일金-을 중국에 특사로 파견하여 마오쩌둥과 조선족 부대의 귀환문제를 협의했다. 김일은 마오쩌둥, 저우언라이, 주더, 가오강高崗 등과 만나 만주 지역의 조선족으로 구성된 중국인민해방군 소속 3개 사단을 북한군으로 이관하는 문제를 논의했다. 마오쩌둥은 중국 내 조선족으로 구성된 2개 사단은 즉각 돌려보낼 수 있으며, 양쯔 강 이남에서 작전 중인 1개 사단은 작전이 끝난 후 바로 귀환시키겠다고 했다. 아울러 그는 국제정치적으로 유리한 상황이 아니며 중국내전이 진행 중이기 때문에 북한을 도울 수 없음을 상기시키고, 중국공산당이 중국대륙을 완전히 통제할 때까지 한반도에서의 전쟁을 기다려줄 것을 권유했다.[177]

1949년 7월 동북조선의용군 계열 중국인민해방군 제164·166사 병력이 입북하여 북한 인민군 제6사단, 제5사단으로 각각 편성되었다. 1950년 1월 김일성은 북한 인민군 총참모부 작전국장 김광협 소장을 중국에 파견하여 인민해방군 소속 조선족 병사 1만 4,000명에 대한 추가 입북을 정식으로 요청했다. 당시 모스크바에 있던 마오쩌둥은 이를 수락하고 녜룽전에게 지시하여 인민해방군 각 사단에 소속된 조선족 병사들을 허난 성(하남성河南省) 정저우에 집결시키도록 했다. 이 과정에서 김광협은 1만 4,000명의 조선족 병사들이 그들이 가진 무기와 장비를 휴대한 채 귀환할 수 있도록 요청하여 받아들여졌다.[178] 김광협은 이들을 지휘하여 인민해방군

---

176 이종석, 「국공내전시기 북한·중국 관계(3)」, p. 263; 이종석, 『북한중국관계』, pp. 106-113.

177 "중국의 남침지원," 『대한매일』, 1995. 5. 28.

178 "Recollection, Nie Rongzhen, 'Kim Kwang-hyop's visit to China,' January 1950," *CCFP*, p. 140; 백학순, 「중국내전시 북한의 중국공산당을 위한 군사원조」, 『한국과 국제정치』, 제10권, 제1호, 1994년 봄·여름호, p. 278.

직속 중남군구 독립 제15사로 편성하였으며, 4월 입북 후에는 북한 인민
군 제12사단으로 재편성했다.

1949년 7월부터 1950년 4월 입북한 3개 사단은 북한군 주력사단이 되
었고 기타 입북 병력으로 제4사단 제18연대를 편성했다. 이들 규모는 총
5만 5,000명에서 6만 명에 이르며,[179] 전체 북한군 보병사단 13만 5,000명
가운데 45%를 차지한다. 또한 북한군의 공격을 담당한 제1제대(7개 사단,
7만 7,838명) 병력 중 77%에 해당한다. 북한 고위급 지휘관직도 조선족 출
신이 압도적이었다. 총참모장 강건姜健, 군단장 김웅과 김광협을 비롯하여
총 10개 사단 가운데 6개 사단의 지휘관이 조선족이었다. 또한 전방에 배
치된 7개 사단 가운데 3개 사단 1개 연대가 조선의용군으로 출신이었다.
조선족 부대의 입북은 양적인 측면에서 북한군의 규모를 확장했을 뿐 아
니라 질적인 측면에서 북한군의 전력을 배가하는 결과를 가져왔다.

이러한 이유로 조선족 부대의 귀환에 대해 학자들은 중국이 북한의
남침을 적극적으로 도와주었던 증거로 보고 있다.[180] 그러나 그것은 북한
의 혁명을 지원하는 것이 아니라 '되돌려주는 것'에 불과한 것이었다.
"북한으로 돌아온 조선족 부대는 중국 국적이 아니라 북한 국적을 지닌

---

179 흐루시초프Khrushchyov는 입북한 병력이 한국전쟁 발발 전까지 5~7만 명, 1950년 가을까
지는 약 10만 명이라고 했다. Strobe Talbott, trans. & ed., *Khrushchev Remembers* (Boston:
Little, Brown and Company, 1970), p. 457.

180 Bruce Cumings, *The Origins of the Korean War*, vol. 2 (Princeton: Princeton University
Press, 1990), p. 350. 브루스 커밍스Bruce Cumings는 1947년 초 북한이 수만 명의 북한군을 중국
공산당 측에 파병한 문제를 제기했다.(p. 358) 백학순은 그 규모를 10만 명까지 추산한다. 그
러나 이종석의 연구에 의하면 북한 측이 병력을 파견한 적은 없다고 한다. 당시 북한은 소련
의 영향력 아래 있었기 때문에 병력 파견은 소련 측의 허락을 받아야 했을 것이며, 미국의 개
입에 대해 신경을 곤두세웠던 스탈린이 북한병력 파견을 허락했을 가능성은 희박한 것으로
보인다. 백학순, "중국내전시 북한의 중국공산당을 위한 군사원조: 북한군의 파견 및 후방기
지 제공," p. 274; 이종석, 「국공내전 시기 북한·중국관계(3)」, pp. 250-252.

조선인으로 '조국'에 귀환한 것이다."[181] 즉 내전의 종료에 따라 정상적으로 복귀해야 할 시점을 조금 앞당긴 것에 불과했다. 내전 종료 후 중국은 육군의 규모를 감축하면서 해·공군력 건설에 주력하였으므로, 조선의용군을 더 이상 인민해방군에 남겨 둘 아무런 이유가 없었던 것이다.

오히려 중국은 다른 국적을 갖고 있는 조선의용군을 '임의로' 그들의 내전에 이용한 셈이었다. 일본이 전쟁에서 패한 후 중국공산당은 인민해방군 내의 조선족 병사들이 고국으로 돌아가는 것을 허락하지 않았다. 또한 중국내전 기간 동안 만주 지역에서 군에 동원된 조선족의 비율은 10%로 만주 지역 거주 중국인의 동원 비율인 3%에 비해 매우 높은 비율을 보이고 있다. 그것은 중국공산당이 상대적으로 힘이 약한 조선족을 강제적으로 동원했기 때문으로 풀이할 수 있다.[182]

조선족 부대의 귀환은 예정된 것이었다. 1949년 말 내전이 끝나가면서 조선족 병사들은 귀환을 요구하기 시작했다. 린뱌오는 1월 초 모스크바에 있던 마오쩌둥에게 중국인민해방군 내의 조선족 병력 현황에 대해 언급하고, 이들 사이에서 귀국을 요구하는 소요가 발생한 것을 보고했다. 그리고 그는 "내전이 끝나가고 있기 때문에 모든 조선족 병력을 1개 사단 단위로 혹은 4~5개 여단으로 묶어서 모두 조선으로 돌려보내고 싶다"는 희망을 피력했다.[183] 조선족 부대의 귀환이 이루어진 1949년 말 이미 내전의 승리가 확실시되었다는 점과 귀환을 요구하는 조선족 병사들의 소

181 이종석, 「국공내전 시기 북한·중국관계(3)」, pp. 300-301. 만주 거주 조선족이 정식으로 중국 공민이 된 것은 연변 조선족 자치구가 신설되면서 국적을 발급한 1952년 9월부터다. Changyu Piao, "The History of Koreans in China and the Yanbian Korean Autonomous Prefecture," eds. Dae-Sook Suh and Edward J. Shultz, *Koreans in China* (Honolulu: University of Hawaii, 1990), p. 76.

182 김중생, 『조선의용군의 밀입북과 6·25전쟁』, pp. 118-119.

183 "중국의 남침지원," 「6·25내막/모스크바 새 증언」, 『대한매일』, 1995. 5. 28.

요가 있었다는 사실, 그리고 당시 중국공산당은 혁명전쟁에서 승리한 후 군대를 축소하기 위해 감군을 하지 않을 수 없었다는 사실을 상기해 볼 때, 조선의용군의 귀환은 마오쩌둥의 '혁명지원'이라기보다는 당연히 취해야 할 조치로 보는 것이 타당할 것이다.[184] 중국은 조선족 부대를 귀환시키면서 김일성에게 생색을 낸 것이다.

이상에서 논의한 바와 같이, 마오쩌둥은 아시아 혁명을 추구했지만 실제 아시아 국가들에 대한 혁명지원은 없었다. 오직 인도차이나에 대한 지원만이 있었다. 그러나 그 지원마저도 결국은 중국 본토의 안전을 확보하기 위한 '완충지대 확보전략'의 일환에서 가능한 것이었다. 마오쩌둥은 주변국에 완충지대를 마련함으로써 미국의 전략적 포위와 양면전쟁의 위협으로부터 벗어나고자 하였으며, 완충지대를 확보할 수 있다면 프랑스와 같은 '제국주의 국가'와도 타협할 수 있었다. 이러한 사실은 신생 중국이 탄생한 이후 마오쩌둥 전략이 더 이상 혁명전쟁전략이 아니라 국제전 전략으로 변한 것을 입증한다. 또한 신생 중국이 장차 불가피할 것으로 보이는 미국과의 전면전에서 전략적으로 불리한 상황에 처하는 것을 방지하기 위해 완충지대를 확보함으로써 결전회피전략을 추구하고 있었음을 보여준다.

---

184 Hak-Joon Kim, "China's Non-Involvement in the Origins of the Korean War" James Cotton and Ian Neary, eds., *The Korean War in History* (Atlantic Highlands: Humanities International, Inc., 1989), pp. 24-25; 김철범, 『진실과 증언: 40년만에 밝혀진 한국전쟁의 진상』, p. 204.

제5장
중국의 한국전쟁 개입 결정

김일성의 남침계획은 다른 한편으로 마오쩌둥에게 하나의 기회로 작용할 수 있었다. 우선 동아시아에서 미국의 입지는 크게 약화될 것이며, 본토가 직접적인 위협에 처하게 되는 일본은 공산주의 국가들에 저항하기보다는 타협을 시도하려 할 것이다. 무엇보다도 아시아 지역에 공산혁명이 급속도로 확산되어, 미국의 '포위'에 대한 '반포위'뿐 아니라 '역포위'도 가능할 것이다. 그러면 전략적으로 유리한 상황에서 대만해방을 보다 용이하게 추진할 수 있고, 아시아 공산혁명의 지도국으로서 과거에 상실했던 옛 지위를 회복할 수 있을 것이 분명했다. 최악의 경우 미국이 개입하여 김일성의 남침이 실패로 돌아가더라도 전쟁을 한반도에 제한할 수 있다면 중국으로서는 '밑져야 본전'인 셈이었다.

이 장에서는 마오쩌둥의 한국전쟁 개입 결정과정을 살펴보고, 그가 구상한 개입목표와 군사전략은 무엇이었는지 분석한다. 앞에서 살펴본 대로 신생 중국의 대전략이 미국과의 결전을 회피하는 것이라면 왜 마오쩌둥은 한국전쟁에 개입하기로 결정했는가? 그는 미국과의 전쟁에서 승리할 수 있다고 보았는가? 과연 그의 개입목표는 미군을 축출하고 한반도를 공산화하는 것이었는가, 아니면 단순히 전쟁 이전의 상태를 회복하는데 있었는가? 이러한 논의를 통해 한국전쟁 개입은 미국과의 결전을 각오한 것이 아니라 최소한의 완충지대를 확보한다는 '제한된 목표'를 달성하기 위해 이루어졌으며, '혁명'보다는 중국의 '안보'를 위한 불가피한 선택이었음을 보고자 한다.

1. 마오쩌둥의 남침계획 동의

마오쩌둥의 전략이 미국과의 군사적 충돌을 방지하고 유사시 불리한 상황에서 결전을 강요당하지 않는 것이었다면, 왜 그는 1950년 5월 김일성의 남침계획에 동의했는가? 한반도에 이미 북한이라는 완충지대를 확보하고 있고 당장 인도차이나에서 완충지대를 구축하는 것이 급선무라면, 왜 마오쩌둥은 김일성의 남침에 동의하여 미국과의 군사적 충돌 가능성을 열어놓았는가?

마오쩌둥의 남침 동의는 한국전쟁의 주요한 촉발원인 가운데 하나였고, 결국 미국에 이어 중국이 한국전쟁에 개입함으로써 한반도에서 중미대결의 빌미를 제공하고 말았다. 따라서 이러한 동의는 그의 전략적 구상을 위배하는 것으로 보인다. 그러나 분명한 것은 비록 마오쩌둥이 김일성의 남침에 동의하여 미국과의 군사적 충돌 가능성을 열어놓은 것은 사실이지만, 그의 결정은 미국과의 전면전을 불사한다거나 한반도 공산화에 적극 개입한다는 것이 아니라 일종의 군사적 낙관주의military optimism에서 비롯되었다는 점이다.[1] 즉, 그는 한국전쟁이 북한의 승리로 손쉽게 종결될 것이며, 미국은 개입하지 않거나 설사 개입한다 하더라도 전쟁이 한반도에 제한될 것이라고 판단했던 것이다.

---

[1] 블레이니Blainey는 가장 보편적인 전쟁의 원인으로 '극단적 낙관주의extreme optimism'를 지적하고 있다. Geoffrey Blainey, *The Causes of War*, pp. 120-124.

1950년 4월 초 김일성과 가진 회담에서 스탈린은 국제환경이 유리하게 변화하고 있음을 인식하고 김일성의 남침을 승인했다.[2] 이러한 결정에는 북한의 신속하고 결정적인 승리가 가능할 것이라는 판단과 함께, 미국이 개입하지 않을 것이라는 가정이 결정적으로 작용했다.[3] 그러나 이 과정에서 스탈린은 김일성에게 마오쩌둥의 동의를 받도록 요구했다. 남침 문제에 대한 최종결정은 중국과 북한에 의해 공동으로 이루어져야 하며, 만일 중국 측이 동의하지 않는다면 합의가 이루어질 때까지 전쟁을 미루어야 한다고 했다. 스탈린은 미국의 개입과 전세의 역전이라는 최악의 상황에 대비하여 책임을 회피하기 위한 일종의 보험을 들어둔 것이다.

마오쩌둥은 1950년 5월 김일성으로부터 남침의사를 직접 듣기 전에 이미 그가 남침을 준비하고 있다는 사실을 인지하고 있었다. 1949년 5월 마오쩌둥은 중국을 방문한 김일에게 북한은 언제든지 전쟁을 수행할 준비를 갖추고 있어야 한다고 강조하고 "최악의 경우 북한을 돕기 위해 중공군을 파견할 수도 있다"는 의견을 피력한 바 있다.[4] 그리고 1949년 7월부터 시작된 조선족 부대의 귀환은 김일성의 요청에 의해 이루어진 것으로, 북한이 무력으로 통일을 추진하고 있다는 사실을 암시하기에 충분했다. 1950년 5월 마오쩌둥은 김일성의 베이징 방문 일정을 조정하는 과정에서 중국 주재 북한대사 이주연李周淵에게 북한이 남침을 곧바로 시작할

---

2 Kathryn Weathersby, "To Attack, or Not to Attack? Stalin, Kim Il Sung, and the Preclude to War," *CWIHP Bulletin*, Issue 5, p. 4, Document 1, Stalin's Meeting with Kim Il Sung, Moscow, 5 March 1949.

3 변화한 국제정치상황 가운데 가장 중요한 요인은 미국의 개입문제였다. 이에 관해서는 Kathryn Weathersby, "To Attack, or Not to Attack?", p. 4. Document 4, Ciphered Telegram from Tunkin to Soviet Foreign Ministry, 14 September 1950 참조. 미국 불개입 가정이 중대한 오판이었다는 마오쩌둥의 진술에 대해서는 Dieter Heizig, "Stalin, Mao, Kim and Korean War Origins, 1950: A Russian Documentary Discrepancy," *CWIHP Bulletin*, Issue 8, p. 240 참조.

4 "6·25 진상," 『조선일보』, 1994. 7. 21.

계획이라면 김일성의 방문이 비공식적으로 이루어져야 한다고 했다.[5] 이어서 성사된 김일성의 방문이 비밀리에 이루어졌다는 사실은 그의 방문이 남침을 전제로 하고 있음을 보여주는 것으로, 비록 마오쩌둥이 정확한 남침날짜를 사전에 통보 받지 못했다 하더라도 최소한 남침이 가까웠음을 인식할 수 있었다는 결정적인 증거로 볼 수 있다.

그러나 마오쩌둥의 우선순위는 한반도 혁명이 아니라 중국 통일에 있었다. 대만과의 통일이 지체되는 상황에서 그는 군사적으로 매우 취약한 상태에 있던 인도차이나를 우선적으로 지원하고 있었으며, 한반도 혁명은 아직 때가 아니라고 판단하고 있었다. 1949년 5월 마오쩌둥은 김일성에게 한반도의 통일은 중국공산당이 국민당을 패배시켜 중국을 완전히 지배할 때까지 유보할 것을 권유하고, 대만의 통일을 우선 완료한 후 김일성의 남침을 지원하겠다는 뜻을 밝힌 바 있었다. 따라서 비록 마오쩌둥이 김일성의 남침계획에 동의했더라도 그것은 "내키지 않는 동의"였다.[6]

왜 마오쩌둥은 자신의 의도와 맞지 않음에도 불구하고 김일성의 남침계획에 동의했는가? 마오쩌둥의 동의는 위험과 기회에 대한 복합적인 계산의 결과였다. 우선 북한이 남한을 공격할 경우 중국이 직면할 가장 큰 위험은 미국의 개입 가능성이었다. 1949년 6월 한반도에서 철수한 미군이 남한을 돕기 위해 복귀한다면 전세가 남한에 유리하게 역전될 수 있을 뿐 아니라, 자칫 미국이 대만문제에 다시 개입할 수 있는 빌미를 제공할 수 있었다. 최악의 경우 미국이 북한을 붕괴시키고 한반도 전체를 석권하게 된다면 중국으로서는 본토가 미국의 군사적 위협에 직접 노출되는 결

---

5 "6·25 진상," 『조선일보』, 1994. 7. 21.

6 박명림, 『한국전쟁의 발발과 기원』, 1권 (서울: 나남, 1997), pp. 249-255; Sergei N. Goncharov et al., *Uncertain Partners*, p. 146.

과를 가져오고 장차 미국과의 대결에서 결정적으로 불리한 입장에 처할
수 있었다.

1950년 중반이 되면서 마오쩌둥은 동아시아 지역에 대한 미국의 군사
개입 가능성이 급격히 증가하고 있음을 감지하고 있었다. 물론, 1949년 말
부터 1950년 1월까지만 하더라도 미국은 중국에 유화적 제스처를 보낸 것
이 사실이다. 미국은 중국이 대만을 공격하더라도 장제스를 돕지 않겠다
는 입장을 명확히 하며, 한반도와 대만을 그들의 방위선에서 제외했다. 미
국은 1946년 프랑스와 베트민 간의 전쟁 발발 이후로 중립적인 태도를 견
지하고 있으므로 인도차이나에 군사적으로 개입할 가능성도 없어 보였다.
그러나 이러한 미국의 유화정책은 제4장에서 언급한대로 1950년 2월 중소
동맹조약 체결과 중국·소련의 호치민 정부 인정으로 인해 급선회한다.[7]

미국은 애초에 장기적인 관점에서 중소분쟁이 불가피할 것이라 기대
하고 있었지만 급속히 변화하고 있는 안보상황을 무시하면서까지 무한정
양보할 수는 없었다. 미국은 기존의 중립적 태도를 바꾸어 인도차이나 정
책을 보다 공세적으로 전개하기 시작했다. 1950년 2월 2일 국무부는 "소
련, 중국, 북한, 유럽 국가들의 인정으로 이제 호치민 지배하의 베트남이
어떠한 길을 갈 것인지에 대해 명확히 알 수 있게 되었고, 호치민은 앞으
로 세계 공산주의의 충실한 하수인으로 묘사될 것"이라고 밝혔다. 트루먼
행정부는 2월 인도차이나의 남베트남, 라오스, 캄보디아 정부를 인정하
였으며, 4월에는 이 지역에서 미국의 전략적 이익을 고수한다는 내용의
NSC 64를 승인했다.[8]

---

[7] John Stoessinger, *Why Nations Go to War*, p. 87.

[8] NSC 64, "The Position of the United States with Respect to Indochina," February 27, 1950, *FRUS*, 1950, vol. 6, East Asia and the Pacific (Washington, D.C.: GPO, 1976), pp. 745-747.

또한 미국의 대만정책에도 커다란 변화가 일어나고 있었다. 1950년 1월 트루먼과 애치슨이 대만을 그들의 도서방위선에서 제외한다고 선언했음에도 불구하고, 이제 미국의 정책은 대만을 '고수'하는 정책으로 선회하고 있었다.[9] 한국전쟁 발발 직후 미국이 제7함대를 파견하여 대만을 중립화한 조치는 미국의 대만정책이 근본적으로 변화함을 명확히 증명하고 있다.

김일성이 남침계획을 들고 와 동의를 요구한 시점은 바로 마오쩌둥이 적대적으로 변화하는 미국의 정책을 감지한 시점이었다. 1950년 5월 15일 중국을 방문한 김일성이 한반도에 전쟁이 발발할 경우 미국의 개입 가능성은 크지 않으며 대신 "2~3만의 일본군을 파병할 가능성을 배제하지 않는다"고 하자, 마오쩌둥은 이에 반박하면서 "진짜 개입위험이 큰 쪽은 일본보다 미국"이라고 지적했다.[10] 1949년 5월 김일이 방문했을 때 마오쩌둥은 한반도에서 전쟁이 발발할 경우 일본이 개입할 것으로 전망하고 있었으나,[11] 1950년 5월에는 일본이 아닌 미국이 개입할 것으로 그 인식이 바뀌어 있었다. 그는 미국의 동아시아 정책에 나타난 변화를 인식하고 한반도에서 전쟁이 발발할 경우 미국이 개입할 것으로 본 것이다.

한국전쟁에 미국이 개입한다면 최악의 경우 중미 간 군사적 대결 가능성에 대비해야 했다. 그러나 중국은 한반도의 전쟁을 전폭적으로 지원할 수 없을 뿐 아니라 미국을 상대로 전쟁에 돌입할 수 있는 형편은 더욱 아니었다. 국내에 산적한 정치·경제적 현안들은 차치하고라도, 중국은

---

9 Chen Jian, *China's Road to the Korean War*, p. 117.

10 Sergei N. Goncharov et al., *Uncertain Partners*, p. 146; "모-김 베이징 비밀회담," 「6·25내막/모스크바 새 증언: 16」, 『대한매일』 1995. 6. 29.

11 에프게니 바자노포/나딸리아 바자노바, 『한국전쟁의 전말』, 김광린 역 (서울: 도서출판 열림, 1988), pp. 58-59.

대외적으로 인도차이나에서 호치민의 혁명전쟁을 지원하고 있었으며 대만공격을 위한 준비에 박차를 가하고 있었다. 해군·공군력 건설사업은 아직도 미진한 상태에 있었다. 이러한 상황에서 중국이 미군을 맞아 싸운다는 것은 거의 불가능했다. 한반도에서의 안보적 이익이 최소한의 완충지대를 유지하는 것이라면, 마오쩌둥의 입장에서 볼 때 김일성의 남침은 불필요하고도 위험한 '도박'이 될 수 있었다.

그러나 김일성의 남침계획은 다른 한편으로 마오쩌둥에게 하나의 기회로 작용할 수 있었다. 성공할 수만 있다면 한반도 공산화를 통해 얻을 수 있는 이익이 만만치 않았다. 우선 동아시아에서 미국의 입지는 크게 약화될 것이며, 본토가 직접적인 위협에 처하게 되는 일본은 공산주의 국가들에 저항하기보다는 타협을 시도하려 할 것이다. 무엇보다도 아시아 지역에 공산혁명이 급속도로 확산되어, 미국의 '포위'에 대한 '반포위'뿐 아니라 '역포위'도 가능할 것이다. 그러면 전략적으로 유리한 상황에서 대만해방을 보다 용이하게 추진할 수 있고, 아시아 공산혁명의 지도국으로서 과거에 상실했던 옛 지위를 회복할 수 있을 것이 분명했다.

미국이 개입하더라도 한국전쟁이 중미 간의 전면전으로 확대되지 않을 것이라는 판단은 이러한 기회를 잡고자 하는 마오쩌둥의 동기를 자극했다. 마오쩌둥은 2차대전이 종결된 지 얼마 되지 않은 시점에서 미국이 다시 대전을 치를 준비는 되어있지 않다고 보았다. 더구나 미국의 정책은 아시아보다는 유럽 쪽에 더욱 큰 비중을 두고 있었다. 따라서 그는 "한국 통일은 무력에 의해서만 가능하며, 미국이 남한과 같은 작은 나라 때문에 3차대전을 시작하지는 않을 것이므로 미국의 개입을 두려워할 필요가 없다"고 판단했다.[12] 최악의 경우 미국이 개입하여 김일성의 남침이 실패로

---

12 "6·25 진상," 『조선일보』, 1994. 7. 21.

돌아가더라도 전쟁을 한반도에 제한할 수 있다면 중국으로서는 '밑져야 본전'인 셈이었다.

김일성은 신속한 승리를 장담하며 마오쩌둥의 기회주의를 부채질했다. 그는 군사적 낙관주의에 빠져 "2주, 늦어도 2개월 이내에 남조선을 점령할 수 있다"고 자신했다.[13] 1950년 초 스탈린에게는 공격을 신속하게 수행할 경우 사흘 이내에 승리할 것이라고 장담하기도 했다. 당시 남북한 군사력 비율은 병력이 2배, 화포가 2배, 기관총이 7배, 반자동소총이 13배, 전차가 6.5배, 항공기가 6배로 북한이 월등하게 우세했다. 북한군의 작전계획에 의하면 하루에 15~20km 진격 시 한반도 군사작전은 22~27일 이내에 종료될 것으로 판단하고 있었다.[14] 또한 20만 남로당원이 대규모 폭동을 주도할 것이며 남한 내 빨치산 운동이 전개되어 북한군을 지원할 것이라고 주장했다.[15] 1950년 4월과 5월 김일성은 스탈린, 마오쩌둥과 각각 대면하면서 미국이 개입하지 않을 것이라고 단정했다. 비록 준비를 서두른다 해도 전쟁이 신속하게 종결될 것이기 때문에 미국이 개입할 시간적 여유가 없을 것으로 확신하고 있었다.[16] 마오쩌둥은 스탈린과 마찬가

---

13 Kathryn Weathersby, "To Attak or Not to Attak?" p. 6, Document 2, Ciphered Telegram from Stykov to Vyshinsky, 3 September 1949.

14 Vladimir Petrov, "Soviet Role in the Korean War Confirmed: Secret Document Declassified," *Journal of Northeast Asian Studies*, vol. 13, no. 3, Fall 1994, p. 44, Document no. 1: On the Korean War, 1950-53, and the Armistice Negotiations; Kethryn Weathersby, "Soviet Aims in Korea and the Origins of the Korean War, 1945-50: New Evidence from Russian Archives," *CWIHP Working Paper*, no. 8, p. 25.

15 "김일성-스탈린 모스크바 비밀회담," 「6·25내막/모스크바 새 증언: 16」, 『대한매일』 1995. 5. 24.

16 Jerrold L. Schecter, *Khrushchev Remembers* (Boston: Little, Brown and Company, 1990), pp. 400-402; Alvin Z. Rubinstein, *Soviet Foreigm Policy since World War II: Imperial and Global* (Boston: Little, Brown and Company, 1985), p. 73.

지로 김일성의 이러한 주장을 믿었으며, 위험에 대한 그의 우려는 이처럼 '신속하고 손쉬운' 승리에 대한 기대에 의해 상쇄되었다.

스탈린이 4월에 이미 남침계획을 승인했다는 사실은, 5월 김일성이 동의를 얻기 위해 베이징을 방문했을 때 마오쩌둥에게 커다란 압력으로 작용했을 것이다.[17] 그러나 동시에 그것은 '듬직한 후원자'가 뒤에 있다는 낙관적 판단의 근거로 작용할 수도 있었다. 무엇보다도 소련이 대규모의 군사고문단을 파견하여 남침을 위한 군사력 증강에 직접 간여하고 있었기 때문이다. 그리고 뒤에 살펴보겠지만 중국이 한국전쟁에 개입하기로 결정한 직후 소련의 공군지원과 장비지원을 기대한 것도 이들이 스탈린을 후원자로 믿고 있었음을 의미한다. 10월 초 마오쩌둥과 스탈린 간의 의견교환에서도 최악의 경우 중소동맹을 발효할 수 있다는 점을 언급한 것으로 미루어 볼 때, 소련의 존재는 마오쩌둥의 결심에 적지 않은 영향을 주었음을 알 수 있다.[18] 물론 그러한 영향이란 중국에 대한 스탈린의 '압력'이 아니라 소련에 대한 마오쩌둥의 '믿음'을 의미한다.[19]

결론적으로 마오쩌둥이 김일성의 남침계획에 동의한 것은 군사적 낙관주의 때문이었다. 한국전쟁은 마오쩌둥의 대전략에 어긋나는 것이었

---

17 박명림, 『한국전쟁의 발발과 기원』, 제1권, p. 251.

18 Chen Jian, *China's Road to the Korean War* (New York: Colombia University Press, 1994), pp. 175-177. 당시 스탈린은 한국전쟁에 개입하기를 꺼리는 마오쩌둥에게 최악의 경우 미국이 개입하더라도 중국은 중소동맹이 있기 때문에 걱정할 필요가 없다고 했다. Letter, Fyn Si[Stalin] to Kim Il Sung(via Shtykov), 8[7] October 1950, in Alexandre Y. Mansourov, "Stalin Mao, Kim and China's Decision to Enter the Korean War.", *CWIHP Bulletin*, Issues 6-7, p. 116 참조.

19 실제로 스탈린은 중국으로 하여금 만주 지역의 안전에 대한 자신감을 갖도록 하기 위해 1950년 중국에 조성한 47개 산업단지 가운데 36개를 만주 지역에 설치하였으며, 전쟁 기간 동안 산업단지를 이전하려는 어떠한 노력도 하지 않았다. Sergei N. Goncharov et al., *Uncertain Partners*, p. 182.

다. 미국과 전면적인 군사적 대결 가능성을 상정하는 것은 마오쩌둥의 아시아 전략구상을 위배하는 것이었다. 그럼에도 불구하고 마오쩌둥은 한국전쟁의 승리 가능성에 운을 맡겼다. 김일성의 신속한 승리 장담, 전쟁이 한반도에 제한될 것이라는 전망, 승리할 경우 얻게 되는 전략적 이점, 그리고 소련의 적극적인 간여와 주도면밀한 준비는 마오쩌둥이 낙관적인 기대를 갖도록 하기에 충분했을 것이다.

그러나 한 가지 분명한 사실은 비록 마오쩌둥이 한반도 공산화에 동의했다 하더라도 그것이 당장 마오쩌둥의 전략구도상에 변화를 가져오는 것은 아니었다는 점이다. 또한 미국이 한국전쟁에 개입할 경우 병력을 파견하여 돕겠다고 약속했더라도, 그것이 미국과 전면전을 불사한다던가 또는 한반도의 공산화를 책임지겠다는 의미를 내포하는 것은 결코 아니었다. 그의 남침동의는 전적으로 한반도의 전쟁이 제한전쟁이 될 것이며 미국과의 전면적인 군사적 대결을 회피할 수 있을 것이라는 가정에 근거한 것이었다.[20] 즉 마오쩌둥의 한국전쟁 전략은 그 출발부터가 '제한적'인 것이었으며, 혁명전쟁이 아닌 국제전 전략의 성격을 갖는 것이었다.

---

20 Melvin Gurtov and Byong-moo Hwang, *China under Threat*, p. 56.

2. 한국전쟁 발발과 중국의 대응

가. 한국전쟁 초기 중국의 전황 인식

한국전쟁 발발 직후 미국의 즉각적인 군사개입은 마오쩌둥의 전략구
도에 예상치 못한 큰 파장을 불러일으켰다. 미국의 개입은 어느 정도 예
상한 것이었다. 그러나 이와 동시에 이루어진 대만 중립화 조치는 마오쩌
둥뿐 아니라 스탈린의 예상을 크게 빗나간 것이었다. 마오쩌둥의 입장에
서 한국전쟁 발발은 일순간에 한반도에 국한된 사태가 아니라 동아시아
전체의 위기로 확대되었으며, 자칫 중국을 전략적으로 커다란 곤경에 빠
뜨릴 수 있는 위협으로 다가오고 있었다.

무엇보다도 6월 27일 중국과 대만 사이의 무력충돌을 방지하기 위해
트루먼이 제7함대를 파견하여 대만해협을 중립화하기로 한 결정은 당장
중국의 안보에 심각한 위협으로 작용했다. 대만해방이 지연될 수밖에 없
는 상황에서 마오쩌둥이 가장 우려했던 바가 현실로 나타난 것이다. 지금
까지 미국의 제7함대 파견에 대해서는 단순히 중국의 대만통일 노력을
무산시키고 중국의 자존심에 상처를 주어 분노를 일으켰던 정도로 분석
하고 있다. 그러나 이러한 주장은 마오쩌둥의 전략적 계산을 무시한 것이
라 할 수 있다. 당시 중미관계는 1949년 10월 마오쩌둥의 일변도 외교 선
언에 이어 1950년 2월 중소동맹 체결로 인해 급속히 대결구도로 치닫고
있었고, 그러한 가운데 중미 간 군사적 충돌 가능성과 함께 인도차이나,

대만, 한반도는 중국을 지리적으로 포위 가능한 전략적 지대로 부상하고 있었다. 트루먼의 제7함대 파견 결정은 세 곳의 전략지대 가운데 하나인 대만을 미국이 점령하는 것을 의미한다. 만일 미국이 한국전쟁을 통해 한반도 전체를 장악할 경우 중국은 전략적으로 포위되는 것은 물론 양면에서 협공을 당할 수 있는 불리한 입장에 처하게 된다. 따라서 중국은 이제 미군이 개입한 한반도 전쟁상황에 촉각을 곤두세우면서 예의 주시하지 않을 수 없게 되었다.

중국 지도자들은 미국의 한국전쟁 개입이 아시아 전체에 미칠 파장에 대해 다음과 같이 우려했다. 첫째, 한반도 다음은 인도차이나가 될 것이라고 믿었다. 저우언라이는 6월 28일 미국이 개입한 목적은 "대만, 한반도, 필리핀, 베트남을 공격할 구실을 만드는데 있다"고 하였으며,[21] 8월 26일 중앙군사위원회 확대회의에서 "미국은 한반도를 진압한 다음 틀림없이 베트남과 다른 식민지 국가들에게로 방향을 돌려 억압하려 할 것"이라고 언급했다.[22] 10월 말 가오강은 미군이 한반도 전역을 차지할 경우 "미군이 국민당을 무장시켜 조선·인도차이나를 점령하고 나아가 중국까지 공격할 것"이라고 경고했다.[23]

둘째, 중국 지도자들은 미국이 한국전쟁에서 승리할 경우 대만해방이 불가능할 것이라고 보았다. 한반도 전역이 미국의 영향권에 들어갈 경우 미국은 대만점령을 기정사실화 할 것이 분명했다. 이 경우 중국은 전략적으로 대만과 한반도 양면에서 포위되어 협공을 받게 되므로, 대만공격은

---

21 Man-Ho Heo, "From Civil War to an International War: A Dialectical Interpretation of the Origins of the Korean War," *Korea and World Affairs*, vol. 14, no. 2, Summer 1990, p. 323.

22 "Zhou Enlai's Speech at the Central Military Committee's Enlarged Meeting, 26 August 1950," *CCFP*, p. 158.

23 "중국군의 대공세," 「6·25내막/모스크바 새 증언: 16」, 『대한매일』 1995. 6. 23.

사실상 불가능하게 된다. 한국전쟁의 결과는 대만해방과 결부하여 중국에게는 사활이 걸린 문제였다.

중국 지도부는 이와 같은 인식을 가지고 유사시 한국전쟁에 개입하겠다는 의사를 공공연하게 표명하고 있었다. 저우언라이는 7월 2일 중국 주재 소련대사 로신에게 중국 지도부가 작성한 한반도의 정치·군사 상황에 관한 평가를 소련 정부에 전달하도록 요청했다.[24] 거기에는 서울 방어를 위해 인천[仁川] 등 인접지역의 방어를 강화해야 한다는 것과 미국이 38도선을 넘어올 경우 북한군으로 가장하여 전투에 참가하겠다는 내용이 포함되어 있었다. 한편 마오쩌둥은 8월 4일 중국공산당 중앙정치국회의에서 만일의 경우 군사적으로 개입해야 할 필요성에 대해 다음과 같이 언급했다:

> 만일 미 제국주의자들이 전쟁에서 이기게 된다면 그들은 더욱 건방진 태도를 보이고 우리를 위협할 것이다. 북한을 지원하지 않으면 안 된다. 우리는 그들에게 지원군을 보내 도움을 주어야 한다. 그 시기는 후에 결정될 것이지만 이에 대한 대비를 해야 한다.[25]

또한 마오쩌둥은 8월 19일 가진 P. F. 유딘[Yudin]과의 회담에서도 미군이 30개 이상의 사단을 추가로 투입할 경우 중국의 지원이 필요할 것이며, 그리하여 미군을 분쇄해야만 3차대전을 막을 수 있다고 말하여 북한에 대한 군사적 지원 가능성을 시사했다.[26]

---

24 "중국의 개입," 「6·25내막/모스크바 새증언」, 『대한매일』, 1995. 6. 14.

25 *CCFP*, p. 157 fn. 17.

26 "중국의 개입," 「6·25내막/모스크바 새 증언: 16」, 『대한매일』 1995. 6. 14.

그러나 무엇보다도 중국이 한국전쟁에 개입할 수 있다고 장담할 수 있었던 것은 중미 간의 전쟁이 당장 전면전으로 비화하지 않을 것이라는 판단이 서 있었기 때문이었다. 세이빈 체이스Sabin Chase라고 알려진 상하이의 한 저널리스트는 9월 5일 홍콩 주재 미국 총영사 윌킨슨Wilkinson에게 편지를 보내 최근 저우언라이에 의해 소집되었던 회의의 내용을 전달한 적이 있다. 당시 저우언라이는 만일 북한이 만주 국경으로 밀리게 될 경우 중국의 입장이 무엇이냐고 묻는 질문에 대해 "중국은 적이 들어오기를 기다리지 않고 중국 국경 밖으로 나가 적과 싸우겠다"고 하면서, "미국이 한국에서 뭔가를 하고자 한다면 적어도 30개 사단이 필요할 것이며 중국에서 뭔가를 하고자 한다면 300개 사단이 있어야 한다"고 언급했다.[27] 또한 마오쩌둥은 9월 22일 인천상륙작전이 성공한 것을 지켜본 뒤 "현재 남조선에서 미군의 군사활동을 보면 그곳에서 장기적으로 대규모 전쟁을 치를 준비가 되어있지 않다"고 평가했다.[28] 이와 같은 중국 지도부의 언급은 한국전쟁이 당장 중미 간의 전면전으로 비화하지는 않을 것이라는 인식을 갖고 있었음을 보여준다.

이렇게 볼 때, 중국은 한반도 상황이 역전될 경우 미국의 군사적 승리를 막기 위해 개입할 필요성을 인식하고 있었으며, 그 시기는 대략 미군이 38도선을 돌파하는 시점이 될 것이라는 복안을 마련하고 있음을 알 수 있다.[29] 그러나 반드시 짚고 넘어가야 할 것은 비록 중국이 북한을 군사적으로 지원한다고 해도, 그것은 혁명을 지원하는 것이 아니라 상황이 역전되어 중국이 불리한 입장에 처하지 않도록 하기 위한 것이란 점이다. 즉

---

27 "The Council General at Hong Kong to the Secretary of State," *FRUS, 1950*, vol. 7, Korea, p. 698.

28 「"북지원" 키우는 북경,」「6·25내막/모스크바 새 증언: 16」, 『대한매일』 1995. 6. 16.

29 Russell Spurr, *Enter the Dragon*, pp. 68-69, 78.

장차 미국이 한반도를 석권함으로써 야기하는 위협을 제거하기 위한 차원에서 북한에 대한 지원을 고려하고 있었다는 것이다.

여기에서 한 가지 중요한 사실을 지적할 수 있다. 그것은 비록 중국이 인천상륙작전 이전에 이미 한국전쟁에 개입할 가능성을 고려하고 있었다고 하더라도 그 본질은 한반도 공산혁명에 대한 적극적 지원과 개입이 아니라, 최악의 경우에 대비한 안보적 고려에서 비롯되었다는 사실이다. 천지앤은 중국이 8월부터 한국전쟁에 개입할 준비를 하고 있었다는 사실을 증거로 삼아 중국의 한국전쟁 개입목표가 단순한 안보를 넘어 혁명적 목표를 갖고 있었다고 주장한다.[30] 그러나 이러한 주장은 당시 상황을 고려해 볼 때 납득하기 어렵다. 아마도 그는 마오쩌둥이 대외적으로 내건 정치적 발언을 확대하여 해석한 것으로 보인다.

나. 중국의 초기대응 : 병력이동 및 동북변방군 창설

중국 지도자들이 한반도 상황을 중국의 안보에 깊이 연관시키고 있음에도 불구하고 1950년 6월 25일 김일성이 남침을 개시한 이후 중국은 유엔군이 38도선을 돌파할 때까지 한반도 전쟁상황에 대해 직접 간여하지 않았다. 그 이유는 다음과 같이 추정해 볼 수 있다. 첫째, 북한은 남침계획에서부터 준비, 실행에 이르기까지 전적으로 소련의 지원에 의지하고 있었다. 따라서 북한과 중국 간에 긴밀한 연락이 이루어질 수 없었고, 북한이 중국에 요구할 사항도 많지 않았다. 실제로 마오쩌둥은 지원 의사를 표명하였으나 김일성은 소련으로부터 모든 지원을 받고 있다며 이를 거절했다.[31] 둘째, 중국은 북한으로부터 전쟁상황에 대한 충분한 정보를 얻

---

30 Chen Jian, "China's Road to the Korean War," p. 41.

을 수 없었다. 그러나 이것은 김일성 자신도 전선사령부와 연락을 제대로 취하지 못했던 점을 고려해 볼 때, 북한이 고의로 정보를 주지 않은 것이 아니라 남진이 계속되면서 더욱 열악해진 통신망과 병참선의 신장 때문이었던 것으로 보인다.[32] 셋째, 개전 초 예상 밖의 선전으로 북한이 승리를 거듭하는 상황에서 굳이 중국이 나설 필요가 없었다. 특히 중요한 사항에 대해서는 스탈린이 직접 김일성과 군사고문단에게 지시를 내렸기 때문에 마오쩌둥이 간여할 여지는 많지 않았다.

이러한 상황에서도 마오쩌둥은 만일의 사태에 대비하기 위해 적절한 조치를 강구하지 않을 수 없었다.[33] 무엇보다도 우선 전장상황을 파악하는 것이 급선무였다. 중국과 북한은 1949년 10월 6일 정식 외교관계를 수립했고 북한은 이주연을 베이징 주재 대사로 파견해 놓고 있었다. 그러나 평양 주재 중국대사로 임명된 니즈량(倪志亮)은 신병문제로 인해 아직 평양에 도착하지 못하고 있어 중국은 북한의 상황을 파악하는데 한계가 있었다. 따라서 6월 30일 저우언라이는 인민해방군 서남군구 정보국장이었던 차이청원(시성문柴成文)을 불러, 북한에 들어가 김일성과 접촉을 유지하고 전장정보를 수집할 수 있도록 팀을 구성하라고 지시했다. 저우언라이는 차이청원에게 '정부참사관 임시대리'라는 직책을 부여하고 "양국 당·군 간의 연락을 취하고 그때그때 전선에서의 주요한 상황변화를 포착·이해하는 것이 공관이 맡게 될 주요 임무"라고 일러주었다. 차이청원 일행은 7월 8일 베이징을 출발하여 10일 평양에 도착, 곧바로 '대사관 업무'를 개시

31 Chen Jian, "The Sino-Soviet Alliance and China's Entry into the Korean War," *CWIHP Working Paper*, no. 1, p. 155.

32 Russell Spurr, *Enter the Dragon*, p. 61.

33 Chen Jian, *China's Road to the Korean War*, pp. 134-135.

했다.[34]

인민해방군의 부대 재배치도 병행하여 이루어졌다. 7월 2일 저우언라이는 미국이 38도선을 돌파할 경우에 대비하여 선양 지역에 3개 군 총 12만 명의 병력을 집결시키겠다는 의향을 스탈린에게 전달했다. 스탈린은 5일 중국 측 병력이 배치될 경우 이들에 대해 공중지원을 제공하겠다는 의사를 밝혔다. 그리고 13일 그는 다시 전문을 보내와 중국군이 배치될 경우 "이 병력들에 대한 공중지원을 제공하기 위해 제트전투기 1개 사단 124대를 보낼 준비가 되어 있다"는 사실을 통보했다.

7월 7일 중국공산당 중앙군사위원회는 한국전쟁에 대처하기 위한 회의를 열고 중남부지역에 위치한 제13병단 예하 3개 군단과 3개 포병사단을 7월 말까지 압록강 일대에 배치할 것을 결정했다.[35] 그리고 이 부대들을 모체로 하여 동북변방군東北邊防軍, NFDA(후에 중국인민지원군으로 재편)을 신설하고 제3야전군 부사령관 쑤위粟裕를 동북변방군 사령관 겸 정치위원에 임명하기로 했다.[36] 이 결정은 10일 다시 구체적으로 논의되었고 13일 명령으로 작성되어 하달되었다. 하지만 이때 쑤위는 신병으로 인해 이 직위를 맡을 수 없었다. 따라서 동북변방군 사령부는 구성되지 못하고 대신 중국인민지원군 사령부가 편성될 때까지 동북변방군은 제13병단 사령부에서 직접 지휘했다.[37] 동북변방군의 임무는 "동북 국경을 방어하고,

---

34 시성문, 조용전, 『중국인이 본 한국전쟁: 판문점 담판』, p. 95

35 "Mao Letter to Nie Rongzhen, July 7, 1950," Sergei N. Goncharov et al., *Uncertain Partners*, p. 271; Hai-Wen Li, "How and When Did China Decide to Enter the Korean War?" trans. Jian Chen, *Korea and World Affairs*, vol. 18, no. 1, Spring 1994, pp. 86-87.

36 *CCFP*, p. 156 fn. 15 참조.

37 국방군사연구소, 『중공군의 한국전쟁』 (서울: 국방군사연구소, 1994), p. 103; Hai-Wen Li, "How and When Did China Decide to Enter the Korean War?" p. 87.

필요시 북한 인민군의 전쟁작전을 지원할 수 있도록 준비를 갖추는 것"이었다. 만주에 위치하고 있던 제15병단 사령부가 제13병단의 새로운 사령부로 전환되었으며, 전 제15병단 사령관 덩화鄧華는 제13병단 사령관으로 임명되었다.[38] 당시 동북지역의 당무와 군사문제를 책임지고 있던 가오강이 이들 부대에 대한 보급지원 임무를 맡았다. 제13병단 예하 제38·39·40·42군과 제1·2·8포병사단은 총 22만 5,000명 이상의 규모로 8월 4일부로 만주 지역으로의 이동을 완료했다.

중앙군사위원회는 최초 동북변방군에게 9월 10일까지 전투준비를 갖추도록 지시했다. 그러나 가오강은 8월 13일 열린 군단장-사단장급 지휘관 회의에서 이것이 어렵다고 보고했다. 그러자 마오쩌둥은 18일 가오강에 전문을 보내 9월 말까지 동북변방군의 전투준비를 확실하게 완료하도록 지시했다.[39]

8월 7일 인민해방군 총참모장인 주더는 한반도에서의 우발사태에 대비하기 위해 고급지휘관들을 소집하여 한반도 상황과 관련한 두 가지 문제에 관해 논의했다. 하나는 북한의 '반격'이 부산釜山 교두보에서 난관에 봉착했다는 것이고, 다른 하나는 북한군의 전투력이 급속히 저하되고 있다는 것이었다. 특히 북한군은 병참선 신장으로 인해 보급과 통신사정이 엉망이었으며 낙동강洛東江 전선의 교착으로 인해 그 사상자가 이미 40%를 넘고 있었다.[40] 주더는 전황이 북한군에 불리하게 돌아갈 경우에 대비하

---

38 CCFP, p. 156, fn. 16 참조. 인민해방군 편제상의 병단은 한국군의 군 규모로 병력은 12~13만이다. 병단 예하 각 군은 한국군의 군단에 해당하며 병력은 4만 5,000~5만이다. 또한 Chen Jian, *China's Road to the Korean War*, pp. 135-137 참조.

39 "Telegram, Mao Zedong to Gao Gang, 18 August 1950," CCFP, p. 158.

40 중국인민해방군의 교리에 의하면 전투력의 30%를 소모한 경우 그 부대는 와해 disintegration된 것이나 다름이 없는 것으로 판단한다. Russell Spurr, *Enter the Dragon*, p. 61.

여 우발계획을 강구해야 할 필요성을 강조하였으며, 이들은 인민해방군의 구조개혁 문제를 비롯하여 한국전쟁 개입 시기와 방법 등에 관한 의견들을 교환했다. 이날 회의는 군 지휘관들로 하여금 한반도 전쟁상황에 대한 경각심을 촉구하도록 하는 계기로 작용했다.[41]

8월부터 마오쩌둥은 한국전쟁이 장기전 양상을 띠게 될 것이라고 전망했다. 8월 19일 소련 과학아카데미 회원인 유딘과의 면담에서 마오쩌둥은 한국전쟁에 대해 다음 두 가지의 시나리오를 상정했다. 첫째는 미국이 추가 증원군을 파견하지 않아 전쟁에서 패배하고 다시는 한반도 문제에 개입하지 못하게 되는 시나리오이며, 둘째는 미국이 30~40개 사단을 추가로 투입하여 북한에 반격을 가할 경우 중국이 북한을 지원하여 미군을 분쇄하고 3차대전을 막는 시나리오였다. 8월 29일 유딘과의 만찬석상에서 마오쩌둥은 최근 상황에 비추어 볼 때 미국이 남한에 대한 증원병력을 크게 증가하기로 결정한 것 같으며, 따라서 지난 번 언급한 시나리오 가운데 두 번째 시나리오의 실현 가능성이 높다고 언급했다. 한국전쟁 개입 가능성을 다시 한 번 시사한 것이다.[42]

한반도 전황에 대한 평가는 8월 말이 되면서 비관적으로 나타났다. 8월 26일 저우언라이는 중앙군사위원회 확대회의에서 한반도 위기에 대해 어두운 전망을 내놓았다. 그는 한반도를 단기간 내 '해방'할 가능성은 거의

---

41 Russell Spurr, *Enter the Dragon*, pp. 61-63. 당시 인민해방군의 주요 지휘관으로는 총참모장 주더, 참모장 대리 녜룽전, 제1야전군(34개 사단) 사령관 펑더화이, 제2야전군(49개 사단) 사령관 류보청, 제3야전군(72개 사단) 사령관 천이, 제4야전군(59개 사단) 사령관 린뱌오가 있었다.

42 한편 한반도 전황을 설명하기 위해 북한 대표단이 8월 말부터 9월 초에 걸쳐 베이징을 방문했을 때에도 마오쩌둥은 한국전쟁의 장기화를 예견하는 발언을 했다. "중국의 개입," 「6·25내막/모스크바 새 증언: 16」, 『대한매일』 1995. 6. 14; Sergei N. Goncharov et al., *Uncertain Partners*, p. 163.

사라졌으며 장기간 어려운 투쟁이 전개될 것이라고 진단한 뒤, 중국은 전세가 역전될 상황에 대처할 준비를 해야 한다고 주장했다. 이튿날 마오쩌둥은 동북변방군 전력을 강화하기로 결심하고 펑더화이에게 현재의 4개 군 외에 12개 군을 더 집결시키도록 지시했다. 마오쩌둥의 지침에 입각하여 저우언라이는 8월 31일 군사회의를 주관하고, 기존 제13병단으로 구성된 동북변방군에 제9병단과 19병단을 추가하여 총 11개 군, 약 70만 명 규모로 증강하기로 결정했다. 9월 9일 중앙군사위원회는 산둥의 제9병단과 서북지역의 제19병단으로 하여금 각각 텐진-푸저우 철도선과 랴오닝(요령遼寧)–쉬저우 철도선 일대로 이동하도록 명령했고, 유사시 철도를 이용하여 신속하게 만주로 이동할 수 있도록 조치했다.[43]

8월 26일 중앙군사위원회 확대회의에서 덩화는 린뱌오를 통해 마오쩌둥에게 한반도 상황에 대한 보고서를 제출했다. 그는 북한군이 급속하게 남쪽으로 진격하고 있으나, 보급선이 확대되고 후방지역이 공백상태가 되어 대단히 위험할 수 있다고 평가하고 "맥아더가 서울이나 평양부근에서 상륙작전을 감행하여 반격을 취할 것"이라고 예측했다.[44] 중국군 지도자들은 이미 8월 초부터 맥아더가 상륙작전을 수행한 경험이 있다는 사실에 주목하고 만일 미국이 한반도에 반격을 가한다면 분명히 상륙작전을 실시할 것이라고 전망하고 있었다. 마오쩌둥은 전적으로 덩화의 판단에 동의했다. 그는 김일성과 스탈린에게 전문을 보내 상륙작전의 가능성을 경고하고 "완만하게 전진하면서 방어망을 견고하게 구축"하도록 충고

---

43 Michael M. Sheng, "Beijing's Decision to Enter the Korean War: A Reappraisal and New Documentation," *Korea and World Affairs*, vol. 19, no. 2, Summer 1995, pp. 300-301.

44 Yao Xu, *From Yalu River to Panmunjom* (Beijing: People's Press, 1982), pp. 307-310, Quoted from Hao Yufan and Zhai Zhihai, "China's Decision to Enter the Korean War: History Revisited," p. 102; Russell Spurr, *Enter the Dragon*, p. 78.

중국인민해방군의 부대이동 현황

(단위: 군)

시 기	남중국	동중국	후난-허베이	산둥	동북(만주)	한반도
5월~ 6월 중순	39, 40	20, 26, 27	38, 50, 66		40야전군, 42	
8월 초~ 9월 중순		20, 26	50, 60	27	38, 39, 40, 42	
9월 중순~ 10월 중순				27, 39, 66, 26	20, 38, 39, 40, 42, 50	
10월 중순~ 10월 말				26, 27	20	38, 39, 40, 42, 50, 66

※ 출처: Allen Whiting, *China Crosses the Yalu*, p. 119. 단 제39군의 이동은 최근 공개된 중국 측의 자료에 따라 수정했다.

했다. 그리고 8월 27일 서북지역을 책임지고 있던 펑더화이에게 전문을 보내 동북지역에서의 상황을 설명하고 9월 말경에 군을 추가로 배치하는 문제를 논의할 예정임을 알려주었다.[45] 9월 초 가오강은 한반도 전황이 낙동강 전선에서 교착상태를 이루고 있다고 보고하고, 북한이 "남한을 통일할 기회는 이미 지나갔으며, 김일성의 군사행동은 처참하게 실패할 것"으로 전망했다.[46] 인민해방군 총참모장 대리 녜룽전은 동북변방군의 전략적 예비전력을 즉각 준비해야 한다고 제안했다. 이에 따라 마오쩌둥은 9월 9일 동부군구 사령부 예하의 제9병단으로 하여금 압록강 지역으로 전개할 준비를 갖추도록 지시했다.

9월 중순부터 중국 지도부는 한국전쟁 개입문제를 본격적으로 고려하기 시작했다. 9월 1일 저우언라이는 북한에서 연락업무를 담당하던 차이

---

45 "Mao Telegram to Peng Dehuai, Aug. 27, 1950," Sergei N. Goncharov et al., *Uncertain Partners*, p. 272.

46 Hao Yufan and Zhai Zhihai, "China's Decision to Enter the Korean War," p. 102.

청원을 베이징으로 불러 한반도 전황을 듣는 자리에서 "만일 정세가 돌변하여 우리가 조선전쟁에 파병해야 할 경우 어떤 문제가 있을 수 있는지"를 물었다. 그리고 9월 17일 차이청원이 북한에 돌아가기 위해 선양에 들렀을 때 가오강은 마오쩌둥에게서 온 서신을 차이청원에게 보여주었다. 거기에는 "사태가 파병하지 않으면 안 될 것 같으니 만반의 준비를 갖추라"고 쓰여 있었다.[47] 9월 15일 인천상륙작전 직후 중국이 한반도 파병 문제를 심각하게 고려하기 시작했음을 보여주는 대목이다.

일찍부터 마오쩌둥은 한반도의 전세가 역전될 것으로 전망하고 있었다. 북한의 전쟁수행이 마오쩌둥의 전략개념과 맞지 않았기 때문이다. 1950년 5월 15일 마오쩌둥은 베이징을 방문한 김일성에게 한반도 군사작전과 관련하여 "작전은 신속하게 진행해야 하며 대도시는 우회할 것. 대도시 점령에 시간을 허비해서는 안 되며 최우선 목표는 적의 군사력을 파괴하는데 둘 것"을 강조했다.[48] 초기 북한군은 사흘 만에 서울을 점령하는 등 외관상으로는 신속한 진격을 하는 듯 보였다. 그러나 실상 북한군은 서울을 점령한 후 결정적인 승리를 획득할 수 있는 기회를 놓치고 말았다. 첫 번째 이유는 한국군 제6사단이 춘천방어전투에서 사흘 동안 북한군 제2사단의 공격을 지연시킴으로써, 이들이 수원*原 지역을 장악하고 한강 이북의 한국군을 포위하는데 실패했기 때문이다. 이 틈에 한국군은 한강 남쪽에 방어선을 구축함으로써 7월 3일까지 북한군의 한강도하를 차단할 수 있었다. 두 번째 이유는 북한군이 한강을 도하하는데 필요한 장비를 제대로 갖추지 못해 한강철교를 수리하는 동안 서울에서 사흘을

---

47 시성문, 조용전, 『중국인이 본 한국전쟁: 판문점 담판』, pp. 90-92. 물론 파병에 반대하는 의견도 있었다. 2일 린뱌오는 차이청원(시성문)에게 "파병을 안 하고 그들(북한군)로 하여금 산에 들어가 유격전을 하도록 하면 어떻겠소"라고 질문했다.

48 "모-김 베이징 비밀회담," 「6·25내막/모스크바 새 증언: 16」, 『대한매일』 1995. 5. 29.

허비했기 때문이다.[49]

　김일성은 최초 작전에서 한국군 주력사단을 섬멸하는데 실패함으로써 신속하고 결정적인 승리를 얻을 수 있는 기회를 놓치고 말았다.[50] 7월 3일 김일성은 소련대사 스티코프Shtykov에게 군사작전이 너무 느리게 진행된다고 불평했다. 특히 중부전선이 너무 느리며 한강도하 작전은 민족보위성이 현장에서 직접 지휘함에도 불구하고 작전이 제대로 이루어지지 않았다. 실제로 공격은 기세를 잃고 있었다. 북한군 제3사단과 제4사단이 수원 지역을 장악한 후 본격적인 남하를 시작한 7월 5일에는 이미 딘Dean 소장이 지휘하는 미 제24사단이 투입되었고, 이어 미 제1기병사단과 제25사단이 투입될 준비를 갖추고 있었다. 미 제8군을 구성한 3개 사단은 한국군과 함께 8월 초에 부산방어선을 형성하여 9월 인천상륙작전이 이루어질 때까지 방어작전을 성공적으로 수행한다. 만일 북한군이 애초 계획한 대로 최소한 6월 말까지 수원을 점령했다면 한강 이북에 있는 한국군 주력은 물론이고 한강방어선에 추가로 투입한 병력까지 완전히 포위되어 궤멸되었을 것이다.

　8월 말 마오쩌둥은 한반도 전황을 설명하기 위해 방문한 이상조 일행에게 한국전쟁을 치르는 북한의 전략상 실패에 대해 언급했다.[51] 그는 북한군이 한국군의 중심을 잘못 파악하고 있다고 지적했다. 즉 "작전의 목적을 적의 병력을 궤멸하는데 두지 않고 전투력을 전 전선에 공평하게 배치하여 적을 밀어내고 영토를 점령하는데 두었으며, 그래서 적이 이를 쉽

---

49 주영복, 『내가 겪은 조선전쟁』, 1권 (서울: 고려원, 1990), p. 304.

50 김중생, 『조선의용군의 밀입북과 6 · 25전쟁』, p. 180.

51 당시 이상조 일행은 중국에 식량, 의료품, 트럭과 같은 지원을 요구했고, 중국은 9월 7일까지 10만 개의 구호품과 500톤의 식량을 제공하기로 약속했다. "The Council General at Hong Kong to the Secretary of State," *FRUS, 1950*, vol. 7: Korea, p. 765.

게 간파하고 반격할 수 있었다"는 것이다.[52] 이러한 지적은 춘천春川 지역에 병력을 적게 배분함으로써 수원으로 우회, 적 주력을 포위·섬멸하는데 실패한 것에 대한 비판으로 볼 수 있다.

한편 마오쩌둥은 낙동강 전선이 교착된 후 미군의 대응이 심상치 않음을 지적하고 이상조에게 앞으로 장기전에 대비할 것과 당장 미군의 상륙작전 가능성에 대비할 것을 주문했다. 그는 미국이 북한군을 현 전선에 묶어 놓고 후방지역에 상륙할 가능성이 높기 때문에 충분한 예비전력을 확보하여 서울-제물포, 평양-진남포 지역의 경계를 강화하도록 권고했다.[53] 그러나 김일성은 이러한 마오쩌둥의 충고를 심각하게 받아들이지 않고, 이 사실을 철저히 비밀에 부친 채 낙동강 전선에 대한 기존의 전면 공세를 계속했다.[54]

9월 15일 실시한 인천상륙작전은 상륙작전의 걸작으로 평가될 정도로 성공적이었다. '크로마이트 작전Operation Chromite'으로 명명한 이 작전은 미 제10군단이 주축이 되어 인천에서 상륙한 다음 경인지구를 확보하고, 이후 경춘 도로를 따라 진격하여 적의 병참선 및 퇴로를 차단한다는 계획하에 진행되었다.[55] 유엔군은 18일 김포金浦, 19일 영등포永登浦를 장악하고 수원 방면으로 진격하여 서울을 수복하고 적 퇴로를 차단하기 위한 작전에 돌입했다. 인천상륙작전으로 인해 한반도 전세는 완전히 뒤집어졌으며 전쟁의 주도권은 유엔군이 장악하게 되었다. 9월 16일부터 미 제8군의 주

---

52 "로신이 스탈린에게 보낸 1950년 9월 3일 자 전문," 예프게니 바자노프, 『한국전쟁의 전말』, p. 109.

53 Sergei N. Goncharov et al., *Uncertain Partners*, p. 163; "로신이 스탈린에게 보낸 1950년 9월 3일 자 전문," 예프게니 바자노프, 『한국전쟁의 전말』, p. 110.

54 Chen Jian, *China's Road to the Korean War*, p. 273 fn. 85.

55 육군사관학교, 『한국전쟁사』, p. 202.

260 현대 중국 전략의 기원

도하에 낙동강 전선으로부터 총반격이 실시되었다. 9월 28일 유엔군은 서울을 수복했고 38도선 이남의 북한군은 궤멸 위기에 처했다.

스탈린은 인천상륙작전이 갖는 전략적 심각성을 인식하고 9월 18일 소련 군사고문단장인 바실리예프Vasiliev와 북한 주재 대사 스티코프에게 낙동강 전선의 병력을 서울 근처로 재배치하도록 지시했다.[56] 그러나 이들은 인천상륙작전을 낙동강 전선에 투입된 북한군의 주의를 돌리려는 유엔군의 기만작전으로 간주하고 오히려 낙동강 전선에 추가로 압력을 가할 필요성을 느껴 스탈린의 지시를 이행하지 않았다. 불안을 느낀 스탈린은 긴급히 자하로프Zakharov 장군을 특사로 평양에 파견하여 스티코프와 김일성에게 즉각 공격을 중지하고 후방으로 철수하여 서울을 방어하도록 지시했다. 9월 18일 스탈린은 베이징 주재 소련대사 로신을 통해 중국의 자문을 구했다.

인천상륙작전 직후 한반도 상황에 대한 중국과 소련의 군사적 견해는 일치했다. 9월 18일 스탈린의 자문요청에 대해 저우언라이는 북한 측과 접촉이 이루어지지 않아 한반도 상황에 대한 어떠한 정보도 갖고 있지 못하다고 불만을 제기하고, 다만 현 상태에서 가능한 몇 가지를 권고했다. 그는 현재 북한이 서울 지역에서 상륙군을 격퇴하기 위해서는 적어도 10만의 병력을 보유하고 있어야 한다고 판단하고, 만일 그만한 병력을 보유하지 못하고 있다면 병력의 일부만을 남기고 나머지 주력부대를 북쪽으로

---

56 "Telegram from Fyn Si(Stalin) to Matveyev(Army Gen. M. V. Zakharov) and Soviet Ambassador to the DPRK T. F. Shtykov, approved 27 September 1950 Soviet Communist Party Central Committee Politburo," Translated by Alexandre Y. Mansourov, *CWIHP Bulletin*, Issues 6-7, pp. 108-109. 스탈린은 이 전문에서 소련 군사고문단의 무능을 질책하면서, 인천상륙작전 이후 1주일간 대책을 취하지 못해 결정적으로 서울 지역 방어에 실패했음을 언급하고 있다.

철수시켜야 한다고 보았다.[57] 이에 대해 스탈린은 20일 답신을 통해 저우 언라이의 판단에 동의를 표하고 구체적으로 남한 지역에서 "독립대대와 연대를 투입하여 적을 밀어붙이는 전술은 옳지 않으며, 그것은 단지 투입한 부대의 손실만 초래"할 뿐이라고 지적했다. 즉 이들은 남한의 주요 전선으로부터 즉각 병력을 철수하여 서울의 북동부와 북부에 강력한 방어선을 구축해야 한다는 의견의 일치를 보고 있었다.[58]

그러나 김일성은 9월 25일에 가서야 공세를 포기하고 방어로 전환할 것을 결심하였으며, 낙동강 전선의 중부와 남부지역에 투입한 부대에 대해 먼저 철수하도록 지시했다. 하지만 때는 이미 너무 늦어버렸다. 북한의 후방 병참선은 완전히 차단되었으며, 남한 지역의 북한군 병력은 벌써 고립된 후였다. 북한군은 급속도로 붕괴되기 시작했다. 스탈린은 9월 27일 정치국회의에서 인천상륙작전 후 즉각적으로 철수하지 않은데 대해 소련 군사고문단을 질책하고, 바실리예프 장군에게 북한 인민군 사령부로 하여금 병력을 남동부로부터 신속하고 질서있게 이동시켜 서울 동·남·북부에 새 방어선을 구축할 수 있도록 모든 지원을 제공하라는 임무를 부여했다.[59]

한국군의 9·28서울수복 이후 소련은 서울 이남에 남아 있던 북한군을 북한 지역으로 철수시키는 문제를 가장 높은 우선순위에 두었다. 10월

---

57 "로신이 스탈린에게 보낸 1950년 9월 18일 자 전문," 예프게니 바자노프, 『한국전쟁의 전말』, p. 111.

58 "스탈린이 마오쩌둥에게 보낸 1950년 9월 20일 자 전문," 예프게니 바자노프, 『한국전쟁의 전말』, p. 113.

59 Alexandre Y. Mansourov, "Stalin, Mao, Kim and China's Decision to Enter the Korean War," p. 97. 국내에서 번역된 전문에서는 9월 27일을 9월 7일로 표기하고 있어 주의를 요한다. "인천상륙작전 전후," 「6·25내막/모스크바 새 증언: 16」, 『대한매일』 1995. 6. 6; 예프게니 바자노프, 『한국전쟁의 전말』, p. 85.

2일 불가닌[Bulganin] 국방장관은 평양의 자하로프 군사고문단장에게 포위된 병력을 철수시키는 일이 가장 중요하다는 사실을 거듭 강조하며, 중화기를 버리고 어떠한 대가를 치르더라도 좋으니 가장 귀중한 자산인 병력만은 모든 방법을 동원하여 철수시키도록 종용했다.[60]

여기에서 중심을 오판한 것은 유엔군 측도 마찬가지였다. 인천상륙작전 후 퇴각하는 북한군은 유엔군과 한국군의 저지를 별로 받지 않았다. 인천·서울을 점령한 미군과 낙동강 전선에서 반격에 나선 유엔군은 북진에만 급급했다. 만일 북으로 추격전을 실시하면서 서울-원산을 연결하는 경원선 일대를 봉쇄하여 강력한 저지선을 구축하였더라면 북상하는 북한군 주력사단들을 궤멸할 수 있었을 것이다.

다. 김일성의 지원 요청과 중국의 개입 조건

38도선에 도달한 유엔군의 북진 여부는 한반도에서 북한의 운명을 좌우할 중대한 사안으로 대두했다. 미국이 38도선을 넘어 계속 진격하기로 결정할 경우 북한으로서는 모든 것이 끝나게 될 것이다. 북쪽에 잔류하고 있던 북한군은 사실상 저항할 능력이 없었으며 전쟁은 단기간에 종료될 것이 확실했다. 김일성과 박헌영朴憲永은 30일 스탈린에게 군사적 지원을 요청하는 편지를 보내 "적이 38도선을 돌파할 경우 소련으로부터 직접적인 군사적 지원을 받고자 하며", 만일 소련의 군사적 개입이 불가능할 경우 중국과 다른 사회주의 국가들로 하여금 국제지원군을 결성해 도와줄 것을 호소했다.[61] 그리고 다음 날인 10월 1일 김일성과 박헌영은 마오쩌

---

60 Ciphered Telegram, Chan Fu(Stalin) to Matveyev(Zakharov), 2 October 1950, in Alexandre Y. Mansourov, "Stalin, Mao, Kim and China's Decision to Enter the Korean War," p. 114.

등에게도 군사적 지원을 요청하는 긴급전문을 발송했다.

김일성의 암호전문은 9월 30일 23시 30분에 도착하여 10월 1일 새벽 12시 35분에 해독되었고 1시 45분에 타자해서 2시 50분에 스탈린의 별장에 도착했다. 스탈린은 이 전문을 보고 나서 새벽 3시 정각에 마오쩌둥과 저우언라이에게 중국의 개입을 요청하는 전문을 발송했다. 스탈린은 이 전문에서 만일 가능하다면 "즉시 5~6개 사단을 38도선 근처로 보내서 북한 동지들이 중국군의 보호하에 38도선 이북에서 전투 예비대를 재조직하고 편성할 수 있도록 할 것"을 당부했다.[62]

중국이 스탈린과 김일성으로부터 군사적 개입요청을 받은 것은 이와 같이 인천상륙작전 후 전세가 완전히 기울어진 급박한 상황에서였다. 마오쩌둥은 한반도가 미국의 영향력 아래 놓일 경우 인도차이나와 대만에까지 영향을 미치지 않을 수 없다는 사실을 인식하고, 유사시 한국전쟁에 군사적으로 개입하겠다는 의사를 표명해 왔다. 그러나 그러한 개입은 사실상 다음과 같은 몇 가지의 조건을 전제로 한 것이었다.

첫째는 전쟁이 한반도 내로 제한되어야 한다는 조건이었다. 중국의

---

61 Chen Jian, *China's Road to the Korean War*, p. 172.

62 Alexandre Y. Mansourov, "Stalin, Mao, Kim and China's Decision to Enter the Korean War," p. 99. 스탈린의 개입요청과 관련하여 볼코고노프Volkogonov는 스탈린이 마오쩌둥에게 "3차대전을 각오하고 두 나라가 힘을 합쳐 싸우자"고 한 문서를 제시했다. 특히 스탈린은 미국과의 전쟁이 불가피하다면, 장차 일본이 무장하기 전에 지금 전면전을 치르는 것이 오히려 낫다는 견해를 제시했다고 한다. Vladimir Petrov, "Soviet Role in the Korean War Confirmed," pp. 55-56, Document no. 2: Should We be Frightened by this?, pp. 48-49 참조. 이 사실은 마오쩌둥의 한국전쟁 개입과 관련하여 매우 중요한 문제이다. 즉 중국의 안보가 아닌 공산혁명을 위해 개입한 셈이 되는 것이다. 그것도 아시아 수준이 아닌 전 세계적 수준에서의 혁명전쟁을 불사했다고 볼 수 있다. 그러나 이에 대한 페트로프의 평가는 다르다. 페트로프는 이 문서상에 일시가 명시되어 있지 않으며, 때로 볼코고노프가 받아 적은 자료라는 점, 그가 스탈린의 악행을 폭로하는데 주력한다는 점, 그리고 다른 확실한 증거들과 정황이 맞지 않는다는 점을 들어 이의를 제기하고 있다. 즉 볼코고노프는 스탈린을 3차대전을 일으키려 한 원흉으로 보지만 그것은 사실이 아니라는 것이다.

군사적 개입은 한반도의 전쟁이 제한전쟁이 될 것이라는 가정 내에서만 유효한 것이었다. 스탈린이 미국의 군사개입이 없으리라는 자신을 가졌을 때 비로소 김일성의 남침계획에 동의할 수 있었다면, 중국은 미국이 개입하더라도 한반도에서 대규모의 전쟁을 치를 준비가 되어 있지 않다고 믿었기 때문에 남침에 동의했다.[63] 인천상륙작전 직후인 9월 18일에도 저우언라이는 미국, 영국, 프랑스가 한국에서 대규모의 장기전을 벌일 준비가 되어 있지 않다고 인식하고 있었다. 즉 중국 지도부가 한국전쟁에 개입하겠다는 의사를 공공연하게 표명할 수 있었던 것은 전쟁이 한반도에 국한될 것이라는 전제하에서 가능한 것이었다. 그리고 앞으로 중국이 한국전쟁 개입 여부를 결정하는 과정에서 볼 수 있듯이 중국 지도부가 가장 우려한 것은 역시 미국과의 전면전 가능성이었고, 이로 인해 중국은 선전포고를 하지 않은 채 한반도 파병부대에 대해 '지원군志願軍, Voluntary Forces'이라는 명칭을 사용하는 등 전쟁을 제한하고자 노력했던 것이다.[64]

둘째로 마오쩌둥의 개입은 소련의 적극적인 군사적 지원하에서 가능한 것이었다. 중국군은 무기와 장비 면에서 준비가 되어 있지 않았다. 특히 공군력은 전무한 상황이었으며 1951년 2월이 되어야만 비로소 일부 공군을 투입할 수 있을 것으로 판단하고 있었다. 중국 측에서 보관하고 있는 마오쩌둥이 스탈린에게 보낸 것으로 되어있는 10월 2일 자 전문에 의하면 마오쩌둥은 중국군이 한국전쟁에 개입한 후 소련이 제공하는 무기가 도착할 때까지 방어전을 수행하겠다는 의사를 피력하고 있다. 이것은 "무기가 제공되지 않으면 싸우지 않겠다(No weapon, no action)"는 일종

---

63 "무르익는 중국군 참전," 「6·25내막/모스크바 새 증언: 16」, 『대한매일』 1995. 6. 21.

64 T. V. Paul, *Asymmetric Conflicts*, pp. 92, 95, 105-106. 특히 폴Paul은 소련의 지원이 미국으로부터의 전면적인 핵전쟁과 재래식 공격을 방지해 줄 것이라는 기대감으로 작용했음을 지적하고 있다.

의 압력이자 소련의 지원에 대한 기대감의 표시였다.[65] 또한 당 내부의 강력한 반대를 무릅쓰고 한국전쟁 개입 결정이 가능했던 것은 소련으로부터 충분한 지원이 제공될 것으로 가정했기 때문이다.[66] 이와 관련하여 폴락Pollack은 다음과 같이 언급하고 있다:

> (중국의 참전은) 소련으로부터의 분명한 지원 약속을 전제로 한 것이었다. 중국의 안전에 대한 마오쩌둥 자신의 염려는 차치하고서라도, 그는 스탈린의 분명한 지원 약속이 없는 한 결코 중국의 장래를 놓고 모험을 할 사람이 아니었다.[67]

셋째로 마오쩌둥의 개입은 최악의 순간이 되어야 했다. 중국 지도부가 한국전쟁의 개입 필요성을 언급하면서도 개입해야 할 시점에 대해서는 명확히 언급한 적이 없었다. 낙동강 전선이 교착되면서 전세가 역전될 것이라는 전망을 내놓으면서도 개입에 대해서는 구체적으로 논의하지 않은 채 그 가능성만을 제시했다. 그러나 분명한 사실은 개입 시점이 한반도에서의 전쟁상황이 '확실하게' 역전되는 순간이라는 점이다. 구체적으로 그 시점은 미군이 북한의 공세를 꺾고 38도선을 돌파하여 북진하는 순간이었다. 8월 7일 주더가 소집한 회의에서 펑더화이도 "중국은 오직 북한의 존재가 직접 위협받게 될 경우에만 한반도에서의 적대행위에 간여하게 될 것"이라고 언급한 바 있다. 다시 말해, 중국의 한반도 개입 시점은 북한이라는 완충지대가 소멸되기 시작하는 순간이 될 것으로 이해할 수

---

65 Sergei N. Goncharov et al., *Uncertain Partners*, p. 179.

66 Chen Jian, *China's Road to the Korean War*, p. 200.

67 조너선 폴락, 「한국전쟁에서의 중국의 역할과 중·소 동맹」, p. 153.

있다.[68]

이제 한국전쟁의 향배는 전쟁 개입 여부를 놓고 이루어질 중국 지도부의 정책결정에 좌우될 운명에 놓이게 되었다. 그러나 중국의 한국전쟁 개입 여부는 앞으로의 중미관계를 설정하는 새로운 출발점이라기보다는 지금까지의 중미관계를 반영하는 것으로, 어쩌면 중국의 개입은 과거 미국에 대한 적대적 인식에 의해 이미 결정되어 있었던 것으로 볼 수 있다.

---

68 Russell Spurr, *Enter the Dragon*, p. 68.

3. 마오쩌둥의 전략적 계산과 개입 결정

가. 상이한 두 개의 증거와 진실

중국의 한국전쟁 개입과 관련하여 가장 중요한 문서 중 하나는 10월 1일 스탈린의 개입요청에 대해 10월 2일 마오쩌둥이 보낸 전문이다. 1987년 중국에서 공개한 이 전문에서 마오쩌둥은 스탈린에게 중국이 한국전쟁에 개입하겠다는 의지를 표명하고 있으며, 학계에서는 이 전문으로 인해 중국이 미국과의 충돌 위험성을 무릅쓰고 적극적으로 개입하려 한 것으로 보고 있다.[69] 그러나 1990년대 초반 러시아에서 공개한 10월 2일 자 전문은 그와 정반대의 내용으로 마오쩌둥이 3차대전을 우려하여 이전에 개입하기로 한 약속을 번복하고 있는 것으로 나타났다. 동일한 날짜에 작성했지만 상반된 내용의 두 전문으로 인해 당시 중국의 태도에 대한 해석상에 혼선이 빚어지고 있는 바, 우선 이 문제를 정리한 다음 중국의 한국전쟁 결정과정을 보다 구체적으로 분석하도록 한다.

중국에서 공개한 문서는 한국전쟁에 적극적으로 개입하겠다는 내용을 담은 것으로 내용을 요약하면 다음과 같다:

---

[69] Chen Jian, *China's Road to the Korean War*, pp. 175-177; Sergei N. Goncharov et al., *Uncertain Partners*, pp. 177-178; Michael H. Hunt, *Crises in U.S. Foreign Policy*, pp. 207-209.

중국은 미군과 한국군에 대항하여 싸우는 북한 동지들을 돕기 위해 '지원군'이라는 이름 아래 중국군을 파견하기로 결정했다. 당면문제는 두 가지인데, 하나는 미군을 섬멸해야 한다는 것이며 다른 하나는 미국이 중국에 선전포고할 가능성에 대비해야 한다는 것이다. 일단 한반도의 미군, 특히 제8군을 섬멸할 수만 있다면 전반적인 문제는 쉽게 해결할 수 있다. 비록 미국이 패배를 인정하지 않고 선전포고를 한다고 해도 전쟁이 대규모로 확산되지는 않을 것이며 그렇게 길게 가지 않을 것이다. 그러나 미군을 섬멸하지 못하고 전선이 교착될 경우 문제가 커질 수 있다. 또한 미국이 중국에 선전포고를 할 경우 문제는 더욱 심각해질 수 있다. 중국은 경제재건에 곤란을 겪을 것이며 민족부르주아의 불만이 팽배해질 것이다. 현 상황에서 중국은 이미 남만주 지역으로 이동한 12개 사단을 북한 지역으로 보내겠지만, 최초 단계에서는 소련의 무기지원을 기다리면서 방어전술을 사용할 것이다. 현재로서는 미군 전체를 즉각 섬멸할 수 있다는 확신이 없다. 그러나 중국은 적보다 4배 많은 병력과 1.5~2배 많은 화력을 동원하여 적 부대를 완벽하고 철저하게 파괴할 것이다. 12개 사단 외에 중국은 다른 24개 사단을 투입하여 제2제대와 제3제대를 구성할 것이다.[70]

러시아에서 공개한 문서는 중국 측 문서와 정반대인 내용을 담고 있으며 요약하면 다음과 같다.

중국은 원래 적이 38도선을 넘어 북으로 진격해 올 경우 북한 동지들에게 지원군 몇 개 사단을 파병하기로 결정했었다. 그러나 이를 검토한

---

[70] Chen Jian, *China's Road to the Korean War*, pp. 175-177.

끝에 이러한 조치가 극히 중대한 결과를 가져올 것이라는 결론에 도달했다. 첫째로 중국군의 장비가 극도로 빈약하여 수개 사단을 파병한다 하더라도 적을 이길 수 없다. 둘째 중미 간의 대결은 소련까지 참전하는 결과를 낳을 것이며 전쟁은 대규모로 확산될 것이다. 이로 인해 많은 동지들이 신중해야 한다고 주장하고 있다. 물론 파병을 할 수 없는 것은 북한 동지들에게 매우 유감이다. 그렇지만 파병했다가 패배할 경우 본격적인 중미대결이 이루어질 것이며, 중국 내부의 건설은 불가능하게 될 것이다. 따라서 현재로서는 자제하면서 적과 본격적인 전쟁에 대비하여 부대를 준비하는 것이 좋다. 북한은 패배를 감내하면서 빨치산 전쟁으로 나가야 할 것이다. 최종결정은 아직 이루어지지 않았으며 곧 중앙위원회가 소집될 것이다. 이것은 잠정적인 결론을 담은 전문이다. 이 문제에 관해 스탈린과 상의하고 싶다. 필요시 즉각 저우언라이와 린뱌오 동지를 보내 상의하겠다.[71]

이 전문을 타전한 로신은 마오쩌둥이 그간 자주 언급해 온 파병의사를 번복한 이유는 북한의 상황이 바뀌었기 때문으로 추정되나, 정확한 이유는 분명하지 않다는 의견을 첨부하고 있다.[72] 1987년 중국 측의 전문이 공개되면서 역사가들은 이 전문을 중국 지도부, 특히 마오쩌둥이 1950년 10월 초 한국전쟁에 적극 개입할 의사를 갖고 있었으며, 미국에 대해 완벽한 승리를 추구했음을 보여주는 증거로 삼고 있다. 이 전문에는 총 36개 사단을 지원하는 내용을 포함하여 적극적으로 북한을 지원하고 한반도

---

71 Alexandre Y. Mansourov, "Stalin, Mao, Kim and China's Decision to Enter the Korean War," pp. 114-116.

72 Evgueni Bajanov, "Assessing the Politics of the Korean War, 1949-51," *CWIHP Bulletin*, Issues 6-7, p. 89.

270 현대 중국 전략의 기원

내의 미군을 섬멸하겠다는 내용이 담겨있기 때문이다. 그러나 1990년대 초반 정반대의 내용을 담고 있는 러시아의 문서가 공개되면서 중국 측 문서에 대한 진위 논란이 일었다. 만수로프Mansourov는 중국 측의 전문과 동일한 전문이 러시아에는 존재하지 않으며, 러시아에서 공개한 로신이 스탈린에게 보낸 것으로 되어 있는 10월 2일 자 전문에는 중국 측 문서의 내용과 반대로 마오쩌둥이 미국과의 충돌을 우려하여 개입하지 않으려 한 것으로 나타났다고 주장했다.[73] 그리고 그는 중국 측의 전문이 조작되었을 가능성을 제기했다.

이에 대해 선즈화沈志華, Shen Zhihua는 조작가능성이 있다고 의심되는 중국 측의 전문을 직접 눈으로 확인한 결과 마오쩌둥이 직접 자필로 작성한 것이 확실하며, 따라서 중국과 러시아 측의 두 전문이 모두 진본이라고 주장했다. 다만 중국에서 공개한 전문은 발송날짜와 경로를 알게 해 주는 관리들의 서명이 없는 것으로 보아 마오쩌둥이 이 전문을 작성하였으나 발송을 하지 않은 것이라고 결론지었다. 즉 10월 1일 스탈린의 전문을 받고 마오쩌둥은 즉각 개입의사를 담은 전문을 작성하였으나, 대부분의 중국 지도자들이 한국전쟁 개입에 반대하는 상황에서 발송을 하지 못하고 보관했다는 것이다.[74] 대신 마오쩌둥은 소련대사 로신을 불러 "현재로서는 개입이 곤란하다"는 중국의 입장을 구두로 설명했고, 로신은 이를 요약하여 자신의 의견과 함께 현재 러시아에서 보관하고 있는 전문을 발송했다는 것이다. 따라서 마오쩌둥이 자필로 작성한 메모는 중국 측에 남아 있는 반면 러시아에서는 받아볼 수 없었고, 마오쩌둥이 로신에게 구두로

---

73 Alexandre Y. Mansourov, "Stalin, Mao, Kim and China's Decision to Enter the Korean War," pp. 95-100.

74 Shen Zhihua, "The Discrepancy between the Russian and Chinese Versions," *CWIHP Bulletin*, Issue 8, pp. 237-242.

전달한 메시지는 문서화되지 않아 중국 측에는 남아 있지 않게 되었다는 것이 선즈화의 설명이다.

이 두 문서를 종합해 볼 때 우리는 다음과 같은 두 가지의 중요한 사실을 발견할 수 있다. 첫째는 중국의 개입이 제한전쟁을 조건으로 하고 있다는 점이다. 개입의사를 표명한 중국 측의 문서에서는 미국이 선전포고를 하더라도 전쟁이 대규모로 확대되지 않을 것임을 지적하고 있다. 반면 소련 측의 문서에서는 전쟁이 대규모로 확산되어 3차대전으로 비화할 것이기 때문에 개입하지 않겠다고 했다. 이것은 마오쩌둥의 개입 결정에 가장 큰 영향을 미친 요인이 바로 "전쟁이 한반도에 제한되어야 한다"는 것임을 다시 한 번 확인해 주고 있다.

둘째는 소련의 군사적 지원문제이다. 중국 측 문서에서 마오쩌둥은 최초 방어전술을 구사하다가 소련의 무기지원 후 본격적으로 전투에 임하겠다는 의사를 밝혔다. 즉 개입하더라도 유엔군에 대한 반격은 "소련의 무기보급이 이루어져" 완벽하게 장비를 갖춘 후에야 가능하다는 것이다. 소련 측 문서에서는 비록 현재 개입하지 않는 것으로 잠정적인 결정이 이루어졌지만 최종 결정을 위해 저우언라이를 보내 개입문제를 상의할 의향을 비침으로써 소련의 지원여부에 따라 개입할 수도 있음을 암시하고 있다. 이러한 점으로 미루어볼 때 마오쩌둥의 한국전쟁 개입 결정에 영향을 미친 또 다른 중요한 요인은 소련의 군사적 지원 여부였음을 또다시 입증할 수 있다.

이상의 논의로부터 일단 중국은 10월 2일 잠정적이지만 한국전쟁에 개입하기 곤란하다는 입장을 표명한 것으로 정리할 수 있다. 이러한 내용은 기존의 중국 측의 문서에 근거한 주장들, 즉 중국이 처음부터 적극적으로 개입하려 했다는 주장과 다른 맥락에서 이해할 수 있기 때문에 미리 언급했다. 이제 구체적으로 중국 지도부의 정책결정 과정을 분석하기로 한다.

나. 최초 국면 : 중국 지도부의 한국전쟁 개입 반대

10월 1일 중국 지도자들은 중화인민공화국 탄생 1주년 기념식을 서둘러 파하고 스탈린과 김일성으로부터 받은 긴급 군사지원 요청을 논의하기 위해 모였다. 당 중앙정치국회의가 집되어 마오쩌둥, 주더, 류사오치, 저우언라이가 참석했다. 개입문제에 대한 의견일치를 볼 수 없게 되자 이들은 다음 날 당 중앙정치국 확대회의를 갖고 이 문제를 다시 논의하기로 했다. 마오쩌둥은 이 회의 직후 8월부터 선양에서 동북변방군을 책임지고 있는 가오강에게 긴급전문을 타전하여 즉시 베이징으로 올 것을 지시했다. 동시에 그는 덩화에게 전보를 보내 동북변방군이 "언제든 작전에 투입할 수 있도록 준비"를 갖추도록 지시했다.[75]

10월 2일 오후 확대회의에서는 전날 모였던 4명과 가오강, 네룽전이 참석했다. 마오쩌둥은 한국전쟁에 시급히 개입해야 하며, 문제는 개입 여부가 아니라 언제 누구의 지휘하에 개입할 것인지를 결정하는 것이라고 언급했다.[76] 거기 모인 지도자들은 일단 10월 15일을 중국군이 행동을 개시할 날로 잠정 합의했다. 총사령관 선정 문제는 더욱 어려웠다. 마오쩌둥은 처음에 쑤위를 지목했다가 작전의 범위가 확대되자 린뱌오를 지목했다. 그러나 둘은 모두 건강이 좋지 않은 상태였고, 특히 린뱌오는 미국의 군사적 우위에 대한 우려를 노골적으로 표출했기 때문에 고려대상에서 제외되었다. 마오쩌둥은 8월부터 염두에 두고 있던 펑더화이를 추천했고 확대회의는 펑더화이를 베이징으로 불러 사령관직을 맡기기로 합의

---

75 "Telegram, Central Military Commission to Gao Gang and Deng Hua, 2 October 1950," *CCFP*, p. 161.

76 Chen Jian, *China's Road to the Korean War*, p. 173.

했다. 그러나 이날 회의는 개입문제에 대해 만장일치를 보지 못했기 때문에 4일 중앙정치국 확대회의를 다시 열어 이 문제를 재차 논의하기로 했다. 저우언라이는 이날 심야에 인도대사인 K. M. 파니카르Panikkar를 불러 만일 미국이 38도선을 넘는다면 중국은 한국전쟁에 군사적으로 개입할 것이라고 경고했다.[77]

마오쩌둥은 스탈린의 개입요청을 받고 이미 개입의사를 담은 전문을 작성하였으나 발송할 수 없었다. 당 지도자들이 최종합의에 이르지 않은 시점에서 섣불리 긍정적인 입장을 밝힐 수는 없었기 때문이다. 그는 10월 2일 로신을 불러 아직 결정된 것은 아니지만 현재로서는 개입이 곤란하다고 했고, 로신은 이 내용을 즉시 스탈린에게 타전했다. 이때 로신은 이 전문에 자신의 의견을 첨부했다. 그는 중국 지도부가 기존에 적극적으로 개입하겠다는 입장에서 갑자기 선회하여 개입이 곤란하다는 태도를 보이고 있다는 사실을 지적하고, 이러한 이유에 대해 국제적 상황변화, 한반도 전황의 악화, 그리고 영-미 블록으로부터의 압력 때문인 것으로 추정했다.[78]

2일 마오쩌둥이 왜 한국전쟁 개입 불가 입장을 로신에게 흘렸는지 명확히 밝혀진 바 없다. 다만 추정해 볼 수 있는 것은 비록 내부적으로 결정이 이루어지지 않았고 유엔군이 아직 38도선을 돌파하지 않은 상황이었기 때문에 굳이 개입을 공식화할 필요가 없었음에도 불구하고, 사안의 긴박성을 고려하여 당시 중국의 입장을 소련대사에게 어떠한 형태로든 표

---

77 "Zhou Enlai Talk with Indian Ambassador K.M. Panikkar, Oct. 3, 1950," Sergei N. Goncharov et al., *Uncertain Partners*, p. 276. 정확한 시간은 3일 새벽 1시였다.

78 Ciphered Telegram from Roshchin in Beiding to Filippov [Stalin], 3 October 1950, conveying 2 October 1950 massage from Mao to Stalin, in Alexandre Y. Mansourov, "Stalin, Mao, Kim and China's Decision to Enter the Korean War," pp. 115-116.

명해야 했기 때문이었을 것이다.[79] 동시에 고려할 수 있는 요인은 바로 소련으로부터의 군사적 지원을 확실하게 할 필요가 있었다는 점이다. 한국전쟁 개입은 소련의 지원 없이 불가능했다. 그런데 스탈린은 중국에 한국전쟁 개입을 종용하면서 이에 대한 지원은 언급하지 않고 있었으며, 오히려 한국전쟁에서 손을 떼려는 의혹을 짙게 풍기고 있었다.

따라서 마오쩌둥의 유보적인 자세는 소련의 지원 가능성을 타진해 본 것이거나 좀 더 많은 지원을 얻기 위해 취했을 수 있다. 왜냐하면 마오쩌둥은 로신에게 개입이 불가능하다는 입장을 내비치면서도 이 결정은 임시적이라는 것과, 스탈린과 상의하기를 원한다는 것, 그리고 필요시 저우언라이와 린뱌오를 모스크바에 보내겠다는 의사를 표명하는데, 이것은 스탈린과 모종의 거래를 원하는 것으로 볼 수 있기 때문이다.[80] 이 같은 마오쩌둥의 유보적인 태도는 한국전쟁에 개입하기로 결정한 뒤인 10월 7일 이 사실을 스탈린에게 통보할 때에도 나타났다. 그는 내부적으로 개입이 결정되었음에도 불구하고 스탈린에게는 지금 당장 병력을 보낼 수 없으며 얼마간 시간이 걸릴 것이라고만 언급한 채 저우언라이를 보내 협상을 하도록 유도했다.[81]

10월 4일 중앙정치국 확대회의가 다시 소집되었으며, 이날 오후에는 펑더화이가 서북지역에서 날아와 회의에 참석했다. 참석자들은 대부분 한국전쟁 개입에 대해 회의적이었으며 이날 회의 분위기는 가오강, 린뱌

---

79 Shen Zhihua, "The Discrepancy between the Russian and Chinese Versions," p. 239.

80 Shen Zhihua, "The Discrepancy between the Russian and Chinese Versions," p. 241.

81 Document 13: Letter, Fyn Si [Stalin] to Kim Il Sung (via Shtykov), 8[7] October 1950, in Alexandre Mansourov, "Stalin, Mao, Kim and China's Decision to Enter the Korean War," pp. 116-117. 이 전문의 내용에 마오쩌둥이 스탈린에게 9월 7일 전문을 보낸 것으로 되어 있으나 10월 7일을 잘못 타자한 것임.

오, 류사오치, 천이 그리고 저우언라이 등 반대파의 견해가 우세했다. 펑더화이와 네룽전은 마오쩌둥의 편에 섰다.[82] 마오쩌둥은 회의 참석자들에게 한국에 파병할 경우 따를 수 있는 불이익에 대해 말해보라고 했다. 반대파의 논리는 세 가지로 요약할 수 있다.[83] 첫째는 중국의 전쟁 잠재력, 즉 경제력의 열세였다. 미국이 2차대전 이후 세계에서 가장 부강한 국가로 등장한 반면 중국은 이제 겨우 농업과 산업력을 회복하는 시기에 있었기 때문에 대규모의 장기전을 감당할 수 없었다. 둘째는 군사력의 열세였다. 미국은 세계에서 유일한 핵 보유국이었으며 공군과 해군력은 압도적인 우위를 차지하고 있었다. 한 예로 인민해방군 1개 군단이 보유한 포는 198문으로 미군 1개 군단의 10분의 1 수준에 불과했다. 셋째는 후방지역의 취약성이다. 중국공산당이 본토를 장악했다고 하지만 중국 각 지역에는 국민당 잔당들이 준동하여 지방정부를 괴롭히고 있었다. 이와 같은 이유를 들어 이들은 중국에 대한 주요 위협은 한반도가 아니라 대만이라고 주장하고 "절대적으로 필요하지 않은 이상 전쟁에 개입하지 않는 것이 낫다"는 입장을 견지했다.[84]

마오쩌둥은 이들의 주장을 반박하지 않았다. 다만 회의 종료 직전 북한의 어려움을 외면하는 것은 도리에 맞지 않음을 지적하고 다음 날 회의를 계속하기로 했다. 다만 이상의 논의에서 알 수 있는 것은 중국 지도부가 미국과의 전쟁 시 승리할 수 있는 가능성에 대해 회의적인 반응을 보

---

82 Vladimir Petrov, "Stalin, Mao and Kim Il Sung," p. 26; Patrick C. Roe, *The Dragon Strikes: China and the Korean War, June-December 1950* (Novato: Presidio Press, 2000), p. 88.

83 Hai-Wen Li, "How and When Did China Decide?" pp. 90-92; Hao and Zhai, "China's Decision to Enter," pp. 105-106.

84 王樹增, 『遠東 朝鮮戰爭』 (北京: 解放軍文藝出版社, 2006), p. 102; Yu Bin, "What China Learned from Its 'Forgotten War' in Korea," Mart Ryan et al., *Chinese Warfighting: Tha PLA Experience since 1949* (New York: M.E. Sharpe, 2003), p. 136.

이고 있으며, 따라서 군사적 충돌 가능성을 철저하게 회피하려 하고 있다는 사실이다.

한편 10월 5일 스탈린은 정치국회의를 열고 한반도 문제를 논의했다. 모든 정치국회원들은 소련이 북한을 포기하더라도 미국과의 직접적인 대결만은 반드시 피해야 한다는데 동의했다. 스탈린도 북한이 곧 궤멸할 것으로 믿고 있었으며 미군이 소련 국경지역까지 다가오더라도 나가서 싸우지 않겠다는 결심을 굳히고 있었다.[85] 그리고 이 회의에서 합의한 최종 결론은 중국으로 하여금 한국전쟁에 개입하도록 압력을 가하자는 것이었다. 정치국회의 직후 스탈린은 마오쩌둥을 설득하는 전문을 보냈다.[86] 스탈린은 이 전문에서 중국이 한국전쟁에 개입해야 할 이유로 첫째는 미국이 현재 대규모 전쟁을 치를 준비가 되어 있지 않으며, 둘째로 일본은 아직 군사력을 회복하지 못하였으며, 셋째로 중소동맹은 미국의 위협으로부터 중국을 보호해 줄 수 있으며, 넷째로 한반도가 동아시아에서 제국주의 국가들의 교두보가 되는 것을 방지할 수 있기 때문이라고 언급했다. 이와 함께 스탈린은 중국이 한국전쟁에 참전하지 않고 지켜보고만 있을 경우 앞으로 중국은 대만조차도 회복하지 못할 것임을 지적했다.

---

85 Jerrold L. Schecter, *Khrushchev Remembers*, p. 147.

86 이 전문은 공개되지 않았다. 다만 10월 8일 스탈린이 김일성에게 보낸 전문의 내용에서 충분히 유추할 수 있다. Letter, Fyn Si[Stalin] to Kim Il Sung(via Shtykov), 8[7] October 1950, in Alexandre Y. Mansourov, "Stalin, Mao, Kim and China's Decision to Enter the Korean War," p. 116.

다. 마오쩌둥의 전략적 계산과 개입 결정

전문이 도착한 시점을 알 수 없기 때문에 중국의 개입을 촉구하는 스탈린의 전문이 마오쩌둥의 결정에 영향을 주었는지의 여부는 알 수가 없다. 스탈린의 전문은 10월 5일 발송한 것으로 추정되지만, 마오쩌둥이 확대회의에서 개입을 설득한 시점이 이 전문을 보기 전이었는지 보고 난 후였는지는 명확하지 않다. 또한 스탈린의 개입촉구 전문이 10월 5일 이전에 발송되었을 가능성도 배제할 수 없다.[87] 분명한 것은 중국의 한국전쟁 개입 결정이 10월 5일 마오쩌둥의 주도하에 이루어지게 되었다는 사실이다. 먼저 마오쩌둥은 전날 회의에 뒤늦게 참석하여 발언권을 갖지 못했던 펑더화이에게 발언할 기회를 주었다. 펑더화이는 회의 직전 중국인민지원군 사령관직을 이미 수락했고, 따라서 당연히 한국전쟁 개입을 주도하는 마오쩌둥의 편에 섰다. 펑더화이는 "호랑이는 사람을 잡아먹기 원한다. 언제 잡아먹느냐는 그의 식욕에 달려있다. 어떠한 양보도 그것을 막을 수 없다"고 한 뒤, 미국이 압록강에 도달할 경우 모든 구실을 찾아 중국을 침략할 것이기 때문에 반드시 "한국전쟁에 개입해야 한다"고 주장했다.[88] 또한 그는 한국전쟁 개입은 미국의 오만을 꺾고 국내 반동세력을 청산할 수 있는 기회가 될 것이며,[89] 설사 중국이 전쟁에서 패배하더라도 중국내전이 몇 년 더 연장된 것으로 생각하면 된다고 했다. 펑더화이의 열띤 주장으로 회의 분위기는 개입을 찬성하는 쪽으로 돌아섰고, 참석자들

---

87 Shen Zhihua, "The Discrepancy between the Russian and Chinese Versions," p. 241.

88 Sergei N. Goncharov et al., *Uncertain Partners*, p. 180.

89 Chen Jian, *China's Road to the Korean War*, pp. 183-184; 시성문, 조용전, 『중국인이 본 한국전쟁: 판문점 담판』, p. 95

은 한국전쟁이 한반도에 국한된 전쟁이 아니라 장차 중국의 안보와 아시아 혁명에 연계된 전쟁이라는 데 의견의 일치를 볼 수 있었다.

이어 제시된 마오쩌둥의 설득은 그의 전략적 사고를 여실히 반영하고 있다. 그는 이웃이 어려움에 처한 것을 보면서 가만있는 것은 부끄러운 일이라고 하면서, 그렇게 되면 중국이 위험할 때 소련이 가만있을 것이고 결국 "국제주의는 헛소리가 될 것"이라고 했다.[90] 아울러 마오쩌둥은 장차 미국과의 군사적 대결이 불가피하다는 점을 강조했다. 그는 미국이 중국 본토에 대한 공격을 가할 수 있는 통로로 대만, 인도차이나, 한반도를 지적했다. 그런데 미국과의 군사적 대결은 한반도가 아니더라도 대만과 베트남에서 언젠가는 한 번 치러야 할 불가피한 것이다. 따라서 중국으로서는 이 세 지역 가운데 한 곳을 미국과의 결전을 위한 장소로 선택해야만 하는데, 소련 지원의 용이성과 근접성, 지리적 여건을 고려해 볼 때 한반도는 대만과 베트남보다 중국에 더욱 유리한 여건을 제공하고 있었다. 특히 한반도가 미국의 손에 넘어가면 중국은 약 1,600km에 이르는 압록강 국경선을 수비하는 부담을 안지 않을 수 없었다. 결과적으로 마오쩌둥은 중국의 현재 상황이 어렵다고는 하지만 한국전쟁이 중국에게 가장 유리한 전략적 기회를 제공하고 있다고 판단했다.

마오쩌둥이 한국전쟁에 개입하려는 동기를 갖게 된 데에는 중·소 관계의 개선, 아시아에서 중국의 지위 고양, 그리고 미·일 관계의 반전을 목표로 했기 때문이라는 견해가 있었다.[91] 또한 최근에는 '혁명적 민족주의revolutionary nationalism'나 마오쩌둥 전략의 '낭만적 성격Mao's romanticism'이 작

---

90 Hao Yufan and Zhai Zhihai, "China's Decision to Enter the Korean War," p. 106.; Bruce Elleman, *Modern Chinese Warfare*, 1975-1989 (New York: Routledge, 2001), p. 246.

91 Allen Whiting, *China Crosses the Yalu: the Decisions to Enter the Korean War* (New York: Macmillan, 1960), pp. 151-158.

용했다는 견해가 나오고 있다. 천지앤은 중화인민공화국이 수립된 이후 마오쩌둥은 아시아 혁명을 추진함으로써 중국의 지위를 부활하려는 열망에 사로잡혔으며, 한국전쟁에 개입한 동기가 이러한 중화사상을 부활하려는 '혁명적 민족주의'에 있었다고 한다.[92] 따라서 마오쩌둥은 한국전쟁에 개입하면서 완벽한 승리를 거두고 한반도에서 미군을 축출한다는 '절대적인 목적'을 가지고 있었으며 이를 통해 중국의 안보는 물론 동아시아의 혁명을 추진하려 한 것으로 본다.[93] 장수광은 마오쩌둥이 중국혁명전쟁 과정에서 내세웠던 "인간은 무기를 이길 수 있다"고 하는 주장을 액면 그대로 받아들여 그의 전략을 '군사적 낭만주의military romanticism'의 측면에서 분석하고 있다.[94] 즉 마오쩌둥이 한국전쟁에 개입하기로 결정한 것은

---

92 Chen Jian, *China's Road to the Korean War* (New York: Colombia University Press, 1994); Chen Jian, "Re-reading Chinese Documents: Post-Cold War Interpretation of the Cold War on the Korean Peninsula," Paper Presented at Int'l Conference on the Korean Summit and the Dismantling of the Cold War Structure, August 24-25, 2000, The Institute for Korean Unification Studies, Yonsei University, p. 10; Chen Jian, "China's Road to the Korean War," *CWIHP Bulletin*, Issues 6-7, p. 41; Chen Jian, "Chinese Policy and the Korean War," ed. Lester H. Brume, *The Korean War: Handbook of the Literature and Research* (Westport: Greenwood Press, 1996), p. 199. 여기에서 천지앤은 "마오쩌둥과 그의 측근들은 한반도에서 미국인을 몰아냄으로써 영광스러운 승리를 거두는 것을 목표로 했다"고 지적하고, "중국과 미국 역사가들에 의한 기존의 확고한 견해는 이제 더 이상 받아들여질 수 없다"고 주장한다.

93 크리스텐슨Christensen도 마찬가지로 마오쩌둥의 개입 목적이 한반도에서 미군을 완전히 축출하는데 있었기 때문에 미군이 평양–원산선에서 진격을 멈추었다고 하더라도 중국은 미군을 공격했을 것이라고 보고 있으며, 마오쩌둥의 혁명적 동기와 절대적 목적을 강조하고 있다. Thomas J. Christensen, "Threats, Assurances, and the Last Chance for Peace," pp. 122-154. 승리 가능성을 확신하고 있었다는 주장에 대해서는 Stephen Walt, *Revolution and War*, pp. 321-323; Shu Guang Zhang, *Deterrence and Strategic Culture*, p. 107 참조. 한편 첸Chen은 한국전쟁이 중국혁명방식의 원칙에 입각하고 있었다고 본다. King C. Chen, *Vietnam and China, 1938-1954*, p. 223. 셍Sheng도 마오쩌둥의 한국전쟁 개입목적이 미군에 대한 완벽한 승리에 있었으며 '공세적 혁명적 태도'를 견지했다고 보고 있으나, 한편으로는 마오쩌둥은 신속한 승리가 가능할 것이라는 확신을 갖지 못했다고 하는 등 모호한 입장에 서 있다. Michael M. Sheng, "Beijing's Decision to Enter the Korean War," pp. 297, 305.

군사력 측면에서 미국보다 훨씬 열세함에도 불구하고 인민전쟁전략을 통해 승리할 수 있다고 믿었기 때문이라는 것이다.

그러나 실제 중국의 정책결정과정을 분석해 보면 이러한 요인들은 그다지 중요하게 작용하지 않았음을 알 수 있다. 마오쩌둥은 미국이 조성한 '위기'상황에 따라 전쟁에 참여할 것인지를 결정했고, 그의 결정은 더 큰 위험을 줄이기 위한 합리적인 선택에서 나온 결론이었다. 물론 마오쩌둥의 선택이 합리적이었다고 해서 그것이 '가장 타당한' 선택이었다는 의미는 아니다. 이미 마오쩌둥의 정책결정과정은 미국의 의도를 과장하고 잘못 해석하고 있는 부분이 있기 때문이다. 제7함대 파견과 미국의 38도선 돌파에 대한 해석이 그 예이다. 그러나 '오해misunderstanding'와 '오인misperception'은 정책결정과정에서 나타나는 불가피한 요소이다. 마오쩌둥은 '혁명적 열기'나 '낭만적 성향'이 아니라 가용한 객관적인 정보와 전장상황 판단, 그리고 군사전략적 계산을 근거로 정책결정을 주도했고, 따라서 그의 선택은 비록 '제한적'이나마 합리적인 것이라고 할 수 있다.

마오쩌둥은 미국과 군사적으로 대결해야 하는 문제를 놓고 펑더화이와 논의했다. 그리고 그들이 내린 결론은 첫째로 미국이 한반도에서 장기간의 전쟁을 감당할 수 없다는 것, 둘째로 지리적으로 협소한 한반도에서 핵을 사용할 수는 없으며 중국에 사용할 경우 방대한 국토와 넓게 분포된 인구로 인해 그 효과는 미미할 것이라는 점, 셋째로 한반도의 열악한 도

---

94 Shu Guang Zhang, *Mao's Military Romanticism*, pp. 9-11; Shuguang Zhang, "Chinese Intervention in the Korean War, 1950-1953: A Revisit of its Objectives and Implications," 한국전쟁 50주년 국제학술회의, 국제정치학회, 2000. 6. 24, p. 14; Jonathan D. Pollack, "The Evolution of Chinese Strategic Thought," eds. Robert O'Neill and D. M. Horner, *New Directions in Strategic Thinking* (London: George Allen & Unwin, 1981), p. 139. 이강석 역시 마오쩌둥 사상의 핵심을 '인간중심론'으로 본다. 이강석, 「중공의 군사전략과 맥아더 해임결정의 재평가」, 『국방연구』, 제27권, 제1호, 1984년, p. 111.

로망과 북한 지역의 산악지대는 미군의 기계화부대 운용에 취약하며 화력의 효과를 제한할 것이라는 점이었다.[95] 여기에서도 마오쩌둥의 개입 결정을 지배하고 있었던 가장 중요한 요인은 바로 전쟁의 제한 가능성, 그리고 비록 약하지만 어느 정도의 승리 가능성이었음이 다시 한 번 드러나고 있다.

10월 5일 당 중앙정치국 확대회의 직후 마오쩌둥은 저우언라이, 가오강, 펑더화이를 불러 개입에 관한 세부사항을 논의했다. 그는 펑더화이와 가오강으로 하여금 선양으로 가서 동북변방군의 사단장급 이상 지휘관들에게 당 중앙정치국의 결정을 전달하고 15일까지 작전에 투입될 준비를 갖추도록 지시했다. 10월 6일 저우언라이는 중앙군사위원회 회의를 주재하고 병참문제를 비롯하여 한국전쟁에 개입하는데 필요한 준비사항을 구체적으로 논의하였으며, 소련의 군사적 지원을 확보하기 위해 모스크바를 방문하기로 했다. 마오쩌둥은 10월 7일 펑더화이와 가오강을 불러 세부사항을 다시 논의했다. 그는 펑더화이의 안전을 고려하여 사령부를 압록강 근처에 설치하도록 권유하였으나 펑더화이는 작전의 원활한 협조를 위해 김일성과 같이 있겠다고 했다. 이들은 비밀유지를 위해 전투를 개시항 후에도 언론보도를 일제히 통제하기로 했다.

10월 7일 유엔 총회에서 한반도 통일을 요구하는 결의안이 통과되었고, 이튿날 미 제1기병사단은 38도선을 돌파했다. 8일 마오쩌둥은 중국인민혁명군사위원회 위원장의 이름으로 "동북변방군은 중국인민지원군으로 전환하고 즉각 한반도로 진입하여 조선 동지들을 지원하라"는 명령을 하달했다.[96] 그리고 이날 저녁 마오쩌둥은 김일성에게 중국인민지원군의 개입사실을 통보하고 박일우朴—禹를 선양으로 보내 펑더화이 및 가오강과

---

95 Hao Yufan and Zhai Zhihai, "China's Decision to Enter the Korean War," p. 107.

함께 실무수준에서 협조하도록 했다.[97] 한편 펑더화이와 가오강은 8일 아침 마오쩌둥의 아들 마오안잉毛岸英을 대동하고 선양으로 가서 중국인민지원군 사령부를 설치하였으며 제13병단의 주요지휘관들에게 최종적으로 전투준비를 완료하도록 지시했다.[98] 이날 저녁 이들은 북한에서 달려온 박일우를 만나 개입을 위한 구체적인 문제를 논의했다.

10월 9일 펑더화이는 단둥에 가서 현장을 답사했다. 유엔군의 총 규모는 40만으로 이 가운데 전면에 배치된 병력이 10개 사단 13만 명에 이른다는 정보를 입수한 펑더화이는, 수적으로 적을 압도하기 위해 지원군의 규모를 증강할 필요가 있다고 판단했다. 그는 이날 저녁 마오쩌둥에게 전문을 보내 "원래 우리는 2개 군과 2개 포병사단을 보내기로 계획하였으나… 이제 원래 계획을 변경하여 모든 병력(4개 군, 3개 포병사단, 3개 방공포병대)을 압록강 남쪽에 보내기로 결정했다"고 통보했다. 마오쩌둥은 이를 즉각 수락했다.[99] 펑더화이는 10일 저녁에 다시 마오쩌둥에게 전문을 보내 11일 북한의 임시수도인 덕천德川에 가서 김일성을 만나 조·중 간 협조문제를 논의할 예정임을 알렸다. 이제 개입은 시간문제인 것처럼 보였다.

---

96 "Order, CCP Central Military Commission, 'On the Formation of the Chinese People's Volunteers,' 8 October 1950," *CCFP*, pp. 164-165; Hai-Wen Li, "How and When Did China Decide?" p. 92.

97 "Mao Telegram to China's Entry in the War, Oct. 8, 1950," Sergei N. Goncharov et al., *Uncertain Partners*, p. 279.

98 마오안잉은 마오쩌둥의 장남으로 10월 25일 한국전쟁에 참가했다. 그는 사단장직을 원하였으나 펑더화이는 그의 안전을 고려하여 사령부 내의 직책을 부여했다. 그러나 중국의 개입 직후 11월 25일 제2차 전역에서 유엔군 공군의 폭격으로 사망했다.

99 "Mao Telegram, Oct. 11, 1950," Sergei N. Goncharov et al., *Uncertain Partners*, p. 280.

4. 소련의 군사지원 거부와 중국 지도부의 동요

가. 스탈린-저우언라이 협상과 소련의 공군지원 거부

마오쩌둥은 당 내부적으로 한국전쟁 개입 방침을 확정하지만 스탈린에게는 '조건부'로 개입하겠다는 유보적인 입장을 표명했다. 마오쩌둥은 10월 7일 스탈린에게 6개 사단이 아니라 9개 사단을 보내기로 한 결정을 통보하면서, 파병 시점은 '지금'이 아니라 '조만간'이라는 단서를 달았다. 그리고 사절로 파견하는 저우언라이·린뱌오와 함께 북한 지원문제, 특히 소련 공군의 지원문제에 관해 구체적인 논의가 이루어질 수 있도록 요청했다. 마오쩌둥은 중국군의 개입 여부를 모호하게 함으로써 저우언라이가 스탈린과의 협상에서 가급적 확실하고 많은 군사적 지원을 얻어낼 수 있을 것으로 기대했다. 마오쩌둥으로부터 전문을 받은 스탈린은 김일성이 10월 1일 보낸 지원 요청 전문에 대한 답신을 작성하여 발송했다. 이 전문에서 그는 김일성에게 미군에 대한 저항을 강화하고 포위망에서 탈출한 간부들을 중심으로 예비대를 준비하도록 지시했다.[100]

저우언라이는 소련의 군사지원 문제를 협의하기 위해 8일 소련으로 건너가 10일 모스크바에 도착하였으며, 거기에서 치료를 받고 있던 린뱌

---

100 Letter, Fyn Si[Stalin] to Kim Il Sung(via Shtykov), 8[7] October 1950, in Alexandre Y. Mansourov, "Stalin, Mao, Kim and China's Decision to Enter the Korean War," p. 116.

오와 합류하여 이날 오후 흑해黑海, Black Sea의 별장에서 휴가 중인 스탈린을 만났다.[101] 스탈린과의 회동은 19시에 시작하여 이튿날 새벽 5시까지 계속되었다. 여기서 저우언라이는 중국 지상군이 한국전쟁에 개입하는 동안 소련이 폭격기와 전투기를 얼마나 지원할 수 있는지 확인해야 했다. 이미 스탈린은 중국이 7월 초 한만국경에 9개 사단을 배치하겠다는 결정에 대해 동의하면서 중국군의 배치가 완료되면 124대의 전투기로 구성된 항공사단으로 엄호를 제공할 용의가 있다고 밝힌 적이 있다.[102]

그러나 중국의 기대를 깨고 스탈린은 한반도에 투입할 중국인민지원군에 대한 공군지원 요청을 거부했다. 그는 중국군 20개 사단에 대한 군사장비를 지원하고 중국 본토의 방공임무를 제공할 수는 있으나 한국전쟁에 개입하는 중국인민지원군에 대한 공중지원은 아직 준비가 되지 않았으며, 앞으로 두 달에서 두 달 반까지의 기간이 소요될 것이라고 했다.[103] 스탈린이 왜 이렇게 비협조적인 태도를 보였는지 명확히 밝혀진 것은 없다. 다만 인천상륙작전 후 북한을 포기하려 했던 점, 10월 12일 스탈린이 김일성에게 북한을 탈출하여 만주로 망명하라고 한 점, 차후 결심을 바꾸어 공군 투입 시 철저히 소련 조종사들의 신분과 복장을 위장한 점을 고려해 볼 때, 스탈린은 미국과의 군사적 대결을 불러일으킬 수 있는 말썽의 소지를 남기고 싶지 않았던 것으로 보인다. 즉, 그는 소련 공군이 직

---

101 저우언라이가 소련에 건너가 스탈린을 만난 날짜, 그리고 마오쩌둥에게 회담 결과를 통보한 날짜는 하오위판Hao Yufan과 자이 지하이Zhai Zhihai, 천지앤 간에 일치하지 않고 있다. 여기서는 하오위판과 자이 지하이의 논문("China's Decision to Enter the Korean War," pp.110-111)을 따르기로 한다.

102 Ciphered Telegram, Filippov [Stalin] to Soviet Ambassador in Beijing (N.V. Roshchin) with Message for Zhou Enlai, 5 July 1950, in Alexandre Y. Mansourov, "Stalin, Mao, Kim and China's Decision to Enter the Korean War," pp. 112-113.

103 Chen Jian, *China's Road to the Korean War*, p. 200.

접 개입할 경우 한국전쟁이 3차대전으로 확전될 가능성이 있음을 우려한 것이다.

예상치 못한 스탈린의 태도에 놀란 저우언라이는 소련의 공군지원이 없다면 중국군은 개입할 수 없다고 버텼다. 스탈린은 저우언라이의 이러한 태도가 '공갈'인 것을 눈치라도 챈 듯이 중국이 개입하지 않으면 1주일 내로 북한은 붕괴할 것이고, 그렇게 되면 수십만 명의 북한 피난민이 만주 지역으로 쏟아져 들어갈 것이라고 지적했다. 그리고 만일 중국이 개입하지 않겠다면 만주에 북한 임시정부를 수립할 준비를 해야 할 것이라고 했다.[104] 스탈린의 마음을 돌릴 수 없다고 판단한 저우언라이는 11일 이러한 사실을 마오쩌둥에게 알리기 위해 스탈린과 공동으로 전문을 작성하여 타전했다. 그리고 베이징으로부터 추가 지시를 받기 위해 모스크바로 복귀하여 대기했다.

마오쩌둥은 12일 오후 이 전문을 접수하고 소련의 공군지원 없이 한국전쟁에 개입할 것인지를 결정해야 했다. 지금까지 중국의 한국전쟁 개입은 소련으로부터 충분한 군사적 지원이 제공될 것이라는 가정에 입각하고 있었다. 그 가운데 공군의 지원은 가장 핵심적인 사안이었다. 개입이 결정되면서부터 선양에서는 공군지원에 관한 질문이 쏟아지고 있었고, 사령관인 펑더화이는 9일 직접 전문을 보내 지원 가능한 폭격기와 전투기의 규모, 공군을 통제하는 책임 소재, 그리고 언제부터 지원이 가능한지에 대해 구체적으로 문의했다. 마오쩌둥은 저우언라이의 전문을 접수하자마자 펑더화이와 가오강에게 연락을 취해 한국전쟁 개입을 위한 모든 행동을 중지하는 한편 즉시 베이징으로 올 것을 지시했다.[105]

중국이 모든 군사적 준비를 중단한 채 소련의 공군지원 없이는 개입

104 Vladimir Petrov, "Stalin, Mao and Kim Il Sung," p. 27.

할 의사를 보이지 않자 스탈린은 북한을 포기하려고 했다. 그는 12일 김일성에게 전문을 보내 "중국은 재차 파병을 거부하였으므로 가능한 한 단시일 내에 조선을 떠나 북쪽으로 퇴각할 것"을 통보했다.[106] 이 무렵 중국 지린 성(길림성) 퉁화 시(통화시通化市)에는 최용건崔庸健의 지휘하에 동간변사처東墾辯事處가 설립되어 일종의 후방사령부 역할을 수행하기 시작했다. 그 임무는 부대재편성 및 창설, 군사훈련, 후방 보급기지로서의 역할을 담당하는 것이었지만 북한이 전쟁에서 패할 경우 망명정부로 전환할 수도 있었다.[107] 동간변사처는 1951년 3월 전황이 호전되면서 해체되었다.

나. 중국 지도부의 동요와 마오쩌둥의 개입 강행

13일 오후 펑더화이와 가오강이 베이징에 도착하자 당 중앙정치국 긴급회의가 소집되어 소련의 공군지원 없이도 개입할 것인지에 대한 논의가 이루어졌다. 펑더화이는 소련이 공군지원을 거부한 사실을 알고 격분하여 사령관직을 내놓겠다고 했다. 마오쩌둥은 펑더화이의 사임을 적극 만류했다. 그는 비록 당장은 지원을 받지 못하더라도 조만간 공군지원이 이루어질 것이며, 소련은 중국인민지원군에 무기와 장비를 제공하고 중국 본토의 방공을 담당해줄 것이라고 했다. 마오쩌둥의 설득에 의해 이들은 "참전해서 얻는 이익은 극히 큰 반면 참전하지 않음으로 받을 손해는 말할 수 없이 크다"는 데 일치했다."[108] 펑더화이는 즉시 덩화를 비롯한 지원군 지휘관들에게 연락하여 한국전쟁에 개입할 수 있도록 준비를 서두

---

105 "Mao Telegram Countermanding the Order to Send the Thirteenth Army to Korea, Oct. 12, 1950," Sergei N. Goncharov et al., *Uncertain Partners*, p. 281.

106 Evgueni Bajanov, "Assessing the Policies of the Korean War, 1949-51," p. 89.

107 김중생, 『조선의용군의 밀입북과 6·25전쟁』, pp. 225-228.

르라고 지시했다. 한편 마오쩌둥은 13일 저우언라이에게 전문을 보내 소련의 군사적 지원 규모와 차후 공군지원의 가능 여부에 대해 구체적으로 파악하도록 지시했다.[109]

소련의 공군지원 불가 입장에도 불구하고 마오쩌둥은 한국전쟁 개입 결정을 번복하지 않았다. 그는 14일 모스크바에 있던 저우언라이에게 다시 전문을 보내 한국전쟁에 개입하는 것이 여전히 유리하다고 하면서 10월 19일 압록강을 건널 것임을 통보했다.[110] 스탈린은 다시 김일성에게 전문을 보내 중국이 "부족한 장비에도 불구하고" 개입하기로 결정했다는 사실을 알려주고, 지난 전문을 통해 지시했던 만주 지역으로의 즉각 철수를 보류하도록 지시했다.[111] 스탈린은 이러한 마오쩌둥의 결정에 감탄을 표시하고 18일 중국으로 귀국하는 저우언라이를 통해 중국인민지원군에 대한 장비지원 규모를 늘리는 한편 차후 소련의 공군력을 제공하겠다고 약속했다.

유엔군이 평양을 탈취하기 위해 준비 중이라는 정보를 입수한 마오쩌둥은 한국전쟁 개입 준비를 더욱 재촉했다.[112] 마오쩌둥은 15일 아침에 펑더화이에게 전문을 보내 17일에 선발대로 하여금 압록강을 도하하도록

---

108 시성문, 조용전, 『중국인이 본 한국전쟁: 판문점 담판』, p. 97.

109 Hai-Wen Li, "How and When Did China Decide?" p. 96. 이것은 아직까지 공개되지 않은 문건에서 나온 사실이다.

110 "Mao Telegram to Zhou Enlai in Moscow re the Current Status of the War, Oct. 14, 1950, 0300," "Mao Telegram to Zhou Enlai in Moscow re the Plan of Attack, Oct. 14, 1950," in Sergei N. Goncharov et al., *Uncertain Partners*, pp. 282-284.

111 Ciphered Telegram, Fyn Si [Stalin] to Kim Il Sung (via Stykov), 13 October 1950, in Alexandre Y. Mansourov, "Stalin, Mao, Kim and China's Decision to Enter the Korean War," p. 119.

112 당시 전황에 대해서는 "Doc. 75. Mao Telegram to Zhou Enlai in Moscow, Oct. 14, 1950," Sergei N. Goncharov et al., *Uncertain Partners*, p. 282 참조.

지시했다. 이에 펑더화이는 16일 단둥에서 사단장급 이상 지휘관을 소집하여 전의를 고취하는 한편, 그날 밤 선발대로 편성된 제42군 예하 1개 연대로 하여금 압록강을 도하하도록 명령했다.

그러나 소련의 공군지원 불가 방침은 일선지휘관들의 우려를 자아냈고, 급기야 개입 직전에 이러한 우려가 표면화되기 시작했다. 단둥에서 선발대의 도하를 지시한 펑더화이가 병참문제를 살피기 위해 선양으로 돌아왔을 때, 그는 중국인민지원군의 주요 지휘관들로부터 한국전쟁 개입에 반대한다는 내용의 전문을 받았다. 그 내용은 지원군이 적에 비해 무기 면에서 열세할 뿐만 아니라 동계작전 시 지면 동결로 방어진지를 구축하기 어렵기 때문에 적이 전면공세를 감행할 경우 버틸 수 없으며, 이에 따라 개입시기를 내년 봄으로 연기하자는 것이었다.[113] 펑더화이는 마오쩌둥에게 이러한 내용을 즉각 보고했다. 마오쩌둥은 최종 명령을 유보한 채 저우언라이가 복귀하는 18일까지 기다려 보기로 했다. 그리고 펑더화이와 가오강에게 일단 선발대를 예정대로 보내도록 지시하는 한편, 중국인민지원군에 대해서는 18일 공식적인 명령을 하달하겠다고 통보했다. 아울러 추가 논의를 위해 이들을 베이징으로 불렀다.

18일 모스크바에서 복귀한 저우언라이는 중국공산당 간부들이 모인 자리에서 소련의 지원과 관련하여 두 가지 사실을 명확히 했다. 첫째, 소련은 중국인민지원군에 군사장비와 탄약을 제공하고 중국 영토에 대해서는 공군을 지원하여 영공방어를 담당할 것이다.[114] 둘째, 중국인민지원군의 작전에 대한 소련의 공군지원은 비록 당장은 불가능하지만 차후에는 가능할 것이다.[115] 저우언라이의 설명으로 소련의 군사적 지원에 관한 문제는 일단락되었다. 한편 일선지휘관들이 개입 연기 제의는 받아들여질

---

[113] Michael Hunt, "Beijing and the Korean Crisis," p. 463.

수 없었다. 북한은 이미 신속한 미군의 진격으로 인해 공황상태에 빠져있었으며 유엔군이 수일 내로 평양을 공격할 것이기 때문이었다. 만일 지원군의 개입이 더욱 늦어진다면 그만큼 불리한 상황에서 싸워야 할 것이다. 이를 우려한 마오쩌둥은 19일을 개입일자로 결정했고, 18일 21시 덩화와 중국인민지원군 지휘관들에게 19일 저녁부터 압록강을 도하하도록 명령을 하달했다. 당시 펑더화이와 가오강은 베이징에 머무르고 있었다.

모든 것이 결정된 것으로 보였던 10월 16일, 중국인민지원군 선발대가 펑더화이의 명령을 받고 막 출발하려던 시기에 지원군 지휘관들의 개입 연기 주장은 무엇을 의미하는가? 마오쩌둥은 왜 이들의 반발에 대해 강력하게 밀어붙이지 못하였으며, 왜 모스크바에서 복귀하는 저우언라이를 기다려야 했는가? 왜 이들은 13일 당 중앙정치국 긴급회의에서 최종 결정을 내린 상태에서 18일 막후에서 또 한 번의 최종결정을 내려야 했는가?

이러한 질문들은 소련의 군사적 지원이 중국의 한국전쟁 개입에 결정적인 영향을 미쳤음을 다시 한 번 입증한다. 소련의 지원 규모와 범위가 명확히 정해지지 않은 상태에서 일선지휘관들뿐 아니라 마오쩌둥 자신도 한국전쟁 개입에 대해 자신이 없었던 것이다. 이들이 진정으로 최종적인 결정을 내릴 수 있었던 것은 모스크바에서 막 귀국한 저우언라이로부터

---

114 1950년 10월부터 12월까지 소련은 중국 본토의 영공방어를 위해 13개 항공사단을 만주와 해안지역에 배치했다. 이는 10개 전투 항공사단(MiG-15s, MiG-9s, La-9s), 2개 공격 항공사단(Il-10), 1개 폭격 항공사단(Tu-2)으로 구성되었으며, 중국 영공방어와 함께 중국 조종사를 훈련하는 임무를 맡고 있었다. 임무를 마치고 복귀할 때 이들은 항공기와 부속 장비를 중국 공군에 헐값에 넘겨주었다. Xiaoning Zhang, "China and Air War in Korea, 1950-1953," pp. 345-346.

115 소련 공군이 한국전쟁에 참가하여 중국군에 대한 공중지원을 제한적으로나마 제공한 것은 1951년 초부터였다. Xiaoning Zhang, "China and Air War in Korea, 1950-1953," p. 348.

소련이 당장 군사장비를 지원할 것이며 장차 공군지원도 가능할 것이라는 '확실한' 한마디를 들을 수 있었기 때문이다. 결론적으로 중국의 한국전쟁 개입 조건은 한국전쟁의 제한 가능성과 함께 소련의 군사적 지원이었다는 사실이 분명하게 입증되었다고 할 수 있다.

5. 중국의 한국전쟁 개입목표와 군사전략 분석

중국의 한국전쟁 개입목표는 무엇이었는가? 마오쩌둥은 한국전쟁에 개입하면서 뚜렷한 목표를 제시하지는 않았으며, 이 목표는 전쟁의 상황에 따라서 '6개월간의 방어'로부터 '미군에 대한 완전한 승리,' 그리고 나중에는 '현상유지'에 이르기까지 크게 변화한다.[116] 그러나 앞에서 살펴본 바와 같이 한국전쟁에 개입하기 직전 마오쩌둥은 '한반도 공산화'라는 절대적 목표가 아니라 북한 지역에 '최소한의 완충지대를 확보'한다는 제한적인 목표를 설정하고 있었다.[117] 그것은 기껏해야 '전쟁 이전의 상태status quo ante bellum'를 회복하는 것이었다.[118]

마오쩌둥이 한국전쟁에서의 목표를 제한할 수밖에 없었던 것은 미군을 상대로 승리할 수 있다는 자신감을 갖지 못했기 때문이다. 다음과 같은 사실은 그가 승리 가능성에 대해 회의적이었음을 보여주고 있다.

첫째, 대부분의 중국 지도자들이 개입에 대해 부정적인 견해를 갖고 있었다. 10월 1일 개입 여부를 결정하기 위해 개최한 회의는 5일에 가서

---

116 Hai-Wen Li, "How and When Did China Decide?" p. 98.

117 모스맨, 『밀물과 썰물』, 백선진 역 (서울: 대륙연구소출판부, 1995) p. 73; Tang Tsou, *America's Failure in China, 1941-1950* (New York: Chicago Press, 1967), pp. 575-577; Allen Whiting, *China Crosses the Yalu*, p. 155; John Gittings, *The Role of the Chinese Army*, pp. 83-86.

118 T. V. Paul, *Asymmetric Conflict*, p. 91.

야 마오쩌둥의 설득으로 결말을 볼 수 있었다. 그 과정에서 마오쩌둥은 스탈린에게 개입의사를 표명한 전문을 작성해 놓고도 보낼 수 없었다. 한국전쟁 개입을 결정한 10월 12일, 스탈린이 소련 공군을 지원하려 하지 않자 마오쩌둥은 개입 준비를 중단하고 장고에 들어갔다. 더구나 재차 개입 결정이 막 내려져 선발대가 출발하기로 되어 있던 10월 17일 갑작스러운 일선지휘관들의 반발에 대해서도 주저하는 태도를 보였다. 이러한 사실들은 적어도 군사적인 측면에서 볼 때 중국의 한국전쟁 개입 결정이 무리하게 추진된 것이었음을 보여주고 있다. 비록 마오쩌둥이 매 순간 반대하는 이들을 설득하여 개입을 유도하기는 하였으나, 그 자신 역시 한국전쟁에서 미국을 상대로 완벽한 승리를 확신할 수 없었음이 분명하다.

둘째, 스탈린이 공군지원을 거부했을 때 마오쩌둥은 개입준비를 중단하고 사흘 동안 장고에 들어갔다. 한국전쟁 개입의사를 밝힌 중국 측의 10월 2일 자 전문에서도 마오쩌둥은 공군력과 화력이 열세하여 승리할 수 있을지에 대해 우려하고 있으며, 이로 인해 최초 방어전략을 구사하면서 소련의 지원을 받은 후 반격에 나서겠다는 의사를 표명한 바 있다. 소련 공군의 '정상적인' 지원이 이루어지지 않을 경우 미국과의 전쟁에서 막대한 피해를 감수하지 않을 수 없으며 최악의 경우 패배할 가능성도 배제할 수 없었다. 비록 마오쩌둥은 당장 소련의 공군지원이 이루어지지 않더라도 한국전쟁에 개입하는 것이 낫다고 판단했지만, 그것은 미군에 대해 완벽한 승리를 달성하고자 한 것이 아니라 한반도 완충지대 확보를 위해 북한 정권의 생존을 도모하는 최소한의 목표를 추구한 것이었다.

셋째, 중국인민지원군 사령관 펑더화이는 지원군이 갖는 군사적 한계를 누구보다도 잘 인식하고 있었으며, 한국전쟁 발발 후 줄곧 제한적인 개입을 주장해 왔다. 8월 7일 주더가 소집한 회의에서 그는 미국이 북진할 경우 먼저 제한적인 반응으로 경고 메시지를 보내고, 이것이 실패할 경우 보다 강도 높은 공격을 가해야 한다고 주장했다. 이것은 중국의 한국전쟁 개입 결정이 미국과 협상의 여지를 두고 있음을 의미한다. 9월 10일 펑더화이는 만주 지역에서 참모 도상훈련을 실시하면서 38도선 이남으로의 진격을 자제하였으며, 이를 불평하는 참모들에게 다음과 같이 언급했다:

> 미국의 북한 침공에 대한 우리의 첫 반응은 제한된 것이어야 한다. 인민해방군은 한반도 내 깊숙이 대규모의 작전을 펼칠 수 있는 장비, 보급품, 시간을 갖지 못하고 있다. 만일 불행하게도 미국과 그 동맹국들이 북한을 침공한다면 우리는 그들을 한반도의 좁은 목인 평양 북쪽에서 저지해야 한다.[119]

이러한 펑더화이의 견해는 당시 마오쩌둥을 포함한 중국 지도자들의 견해를 보여주는 한 단면으로, 중국의 한국전쟁 개입목표가 한반도 전체가 아니라 대략 39도선을 목표로 하고 있었음을 시사하고 있다.

이와 같이 승리 가능성에 대해 자신감을 갖지 못한 마오쩌둥은 대규모의 군사적 성공을 기대하지 않았다. 다만 "중국이 승리하면 이는 즉각적으로 중국의 국제적 지위를 향상시킬 것이며, 중국이 미국과 같은 강대국과의 전쟁에서 교착상태라도 유지하면 결과적으로 중국의 승리가 될 것이며, 만일 패배하더라도 항일전쟁과 같은 효과를 가져올 것"이라고 보았다.[120] 심지어 중국은 한국전쟁에서 패배하여 전쟁이 본토로 확대될 가

---

119 Russell Spurr, *Enter the Dragon*, pp. 80-82.

120 모스맨, 『밀물과 썰물』, pp. 73-74.

능성에도 대비하고 있었다. 저우언라이는 한국전쟁 개입을 발표한 직후 국제정세를 보고하는 자리에서 "우리는 필요하다면 해안에 있는 성에서 후퇴하여 배후에 있는 성으로 이동해야 하며, 북서 및 남서에 있는 성에는 장기적인 항전을 위한 기지가 준비되어 있다"고 언급했다.[121] 실제로 중국은 전략물자를 내륙지역으로 이동했고, 이러한 사실은 마오쩌둥이 필승의 신념을 가지고 참전한 것이 아니라 매우 조심스럽게 전쟁에 임하고 있음을 보여주고 있다.

이러한 상황에서 마오쩌둥은 철저하게 방어적인 전략을 구상하지 않을 수 없었다.[122] 10월 14일 마오쩌둥은 펑더화이와 함께 한국전쟁에 개입하기 위한 군사전략을 논의했다.[123] 이들은 평양-원산선 이북, 덕천-영원寧遠선 이남 지구에서 방어선을 이중삼중으로 구축하고 적을 섬멸하기 위한 '견고한 근거지'로 삼기로 했다.[124] 만일 6개월 이내에 적이 공격해 오면 진지 전면에서 적을 분산·섬멸하고, 적이 평양과 원산에서 동시에 공격해 올 경우 고립되고 취약한 부분을 공략하며, 만일 적이 공격을 해오지 않을 경우에는 중국인민지원군도 진격을 하지 않은 채 장비교체와 훈련에 열중하기로 했다. 그리고 평양·원산에 대한 반격은 오직 공중·지

---

121 모스맨, 『밀물과 썰물』, p. 74.

122 중국의 공군력 부재, 특히 소련의 공군지원 거부로 인해 마오쩌둥은 한국전쟁 시 방어적인 전략을 구상하지 않을 수 없었다는 견해에 대해서는 Xiaoming Zhang, "China and the Air War in Korea, 1950-1953," pp. 340-344 참조.

123 Telegram to Zhou Enlai Concerning the Principles and Deplyments of the People's Volunteer Army as It Enters Korea for Combat, in Thomas J. Christensen, "Threats, Assurances, and the Last Chance for Peace," p. 149; Michael Hunt, "Beijing and the Korean Crisis," p. 463; 시성문, 조용전, 『중국인이 본 한국전쟁: 판문점 담판』, p. 110.

124 Chak-Wing David Tsui, "Strategic Objectives of Chinese Military Intervention in Korea," *Koeran and World Affairs*, vol. 16, no. 2, Summer 1992, pp. 339-341; Shu Guang Zhang, *Mao's Military Romanticism*, p. 93.

상 모두에서 압도적 우세를 달성할 경우에 실시하기로 했다. 공격에 대한 구체적인 문제는 6개월이 지난 다음 상황이 호전되었을 때 다시 논의하기로 했다.

마오쩌둥이 승리 가능성에 대해 회의적이었다면 왜 그는 한국전쟁에 개입해야 했는가? 한국전쟁 개입 결정은 신생 중국 탄생 이후의 대전략과 어떤 관계가 있는가?

첫째, 완충지대를 확보함으로써 장차 미국과의 전쟁 시 잠시 '숨 쉴 틈breathing spell'을 갖기 위한 방어전략의 일환이었다.[125] 앞에서 살펴본 대로 마오쩌둥의 국제전 전략은 주변국을 완충지대로 만드는 것이었으며, 한반도보다도 취약한 상태에 있던 호치민의 인도차이나를 전폭적으로 지원했다. 그런데 확고한 것으로 믿었던 한반도의 완충지대가 미군의 진격으로 붕괴되어가자 마오쩌둥은 이를 저지하지 않을 수 없었다. 엄밀한 의미에서 마오쩌둥의 한국전쟁 개입 목적은 완충지대를 확보하는 것이 아니라 기존에 확보했던 완충지대를 원상태로 '복원'하는 것이었다.

둘째, 아시아 지역에서 미국의 전략적 포위를 거부하고 양면전쟁의 가능성을 회피하려는 이유에서였다. 이미 미 제7함대가 대만을 장악하고 있는 상황에서 한반도를 양보할 경우, 중국은 장차 미국과의 군사적 대결에서 전략적으로 극히 불리한 위치에 처하지 않을 수 없다. "압록강으로부터는 동북지방으로 침입해 오고, 미국의 제7함대는 해·공군의 지원하에 장제스 군대가 대륙으로 반격작전을 펼 수 있도록 도울 것이다."[126] 중

---

125 키신저는 중국의 개입을 막을 수 있는 유일한 방법이 중국의 국경을 따라 완충지대를 보장하는 것이었다고 보고 있다. Henry A. Kissinger, *Diplomacy* (New York: Touchstone, 1994), p. 482.

126 엽우몽, 「참전 중공군이 쓴 한국전 비록」, 김철범 엮음, 『진실과 증언』 (서울: 을유문화사, 1990), p. 219.

국이 한국전쟁에 개입하면서 푸젠 성과 광둥 성 일대에 4개 군을 배치하여 미 해군이나 대만의 장제스 군대가 해안지역을 공격해 올 경우에 대비한 점,[127] 그리고 인도차이나 혁명을 지원하면서 미국이 개입할 빌미를 제공하지 않기 위해 신중하게 행동한 점은 중국이 이와 같은 양면전쟁의 가능성을 염두에 둔 행동이었다. 네룽전은 다음과 같이 회고하고 있다:

> 만일 (중국이) 한반도에서 미 제국주의자들의 음모가 성공하도록 내버려 두었더라면 미국은 우리로 하여금 또 다른 전장에서 전투를 강요했을 것이다. 그것으로 우리는 훨씬 불리한 입장에 처했을 것이다.[128]

저우언라이와 천이도 미국이 본토에 대한 폭격과 함께 상륙작전을 감행함으로써 중국 전체가 전쟁에 휘말릴 가능성을 제시하기도 했다.[129] 이러한 사실은 중국의 한국전쟁 개입이 한반도에 완충지대를 구축함으로써 양면전쟁의 가능성을 회피하고자 하는 의도가 있었음을 입증하고 있다.

셋째, 장차 벌어질 미국과의 전쟁에 대비하여 일종의 경고 메시지를 전달하려는 것이었다.[130] 당시 중국 지도자들은 한국전쟁에 개입하지 않을 경우 미국이 전략적으로 유리한 입장에 서서 주변국은 물론이고 중국

---

127 한국전략문제연구소, 『중공군의 한국전쟁사』 (서울: 세경사, 1991), p. 11.

128 Michael M. Sheng, "Beijing's Decision to Enter," p. 301 fn. 21.

129 "Speech, Zhou Enlai, at the 18th Meeting of the Standing Committee of the Chinese People's Political Consultative Conference, 24 October 1950," *CCFP*, p. 190; "Speech, Chen Yun, 'The Financial and Economic Work,' 16 November 1950," *CCFP*, p. 204. 아울러 스탈린은 한반도를 미국이 장악할 경우 대만해방이 곤란해질 것으로 보았다. Letter, Fyn Si [Stalin] to Kim Il Sung (via Shtykov), 8[7] October 1950, in Alexandre Y. Mansourov, "Stalin, Mao, Kim and China's Decision to Enter the Korean War," pp. 116-117.

130 Michael Hunt, "Beijing and the Korean Crisis," p. 464; T. V. Paul, *Asymmetric Conflicts*, p. 91.

본토에 대한 공격을 도발할 가능성이 더욱 높아질 것이지만, 개입할 경우에는 "(한반도에) 전투부대를 보내는 것만으로도 전쟁의 확산을 방지하고 중국의 안보를 강화할 수 있으며 미국과의 전쟁에 대비할 수 있을 것"으로 판단했다.[131] 즉 이들은 제한적인 성공으로도 중국의 단호한 결의를 보여주고 전쟁비용이 만만치 않을 것이라는 사실을 각인시킴으로써 미국에 경각심을 줄 수 있다고 본 것이다.[132] 이러한 전략은 제2장에서 언급한 '선제공격전략'에 해당하는 것으로 '결전'을 추구하는 것이 아니라 '경고 메시지'를 전달하기 위한 '제한된 목표하의 공격'이라 할 수 있다.[133]

이를 종합해 볼 때 마오쩌둥의 한국전쟁 개입전략은 중국혁명전쟁 시기의 주요 전략개념인 '적극적 방어,' 즉 '전략적 방어, 전술적 공격'이라는 개념으로 이해할 수 있다. 미국의 위협에 대처하기 위해 전체적으로는 방어적인 전략을 구사하지만 부분적으로는 제한된 공격을 가할 필요가 있다는 것이다. 즉 미국과의 전면전 가능성을 철저하게 배제하는 가운데 제한된 공격으로 최소한의 완충지대를 확보함으로써 차후 있을 수 있는 불리한 결전을 회피하는 것으로, 이러한 전략은 곧 차후의 더 큰 결전을 회피하기 위해 현재의 작은 결전을 추구하는 것으로 간주할 수 있다.

마오쩌둥의 한국전쟁 개입은 혁명전쟁이 아닌 국제전의 성격을 갖는다. 중국은 한국전쟁에 개입하면서 한반도 혁명이라는 절대적인 목표가 아니라 완충지대 확보라는 제한적 목표를 추구하고 있었다. 또한 중국의 개입은 오직 제한전쟁이라는 전제하에서만 가능했던 것으로 미국과 협상

---

131 진주, 「중국의 국지전쟁과 미국의 제한전」, 마이클 필스베리 편집, 권영근 번역, 『중국인이 생각하는 미래전』 (서울: 연경문화사, 2000), p. 269.

132 Michael Hunt, "Beijing and the Korean Crisis," pp. 465-467.

133 T. V. Paul, *Asymmetric Conflicts*, p. 13; John Mearsheimer, *Conventional Deterrence*, pp. 53-58.

을 통한 평화조약 체결을 염두에 둔 것이었다. 그러나 '놀랍게도' 천지앤은 다음과 같이 언급하고 있다:

놀랍게도 나는 인천에 상륙하기 한 달 이전인 1950년 8월 초 마오쩌둥과 중국 지도자들이 한국에 파병할 의향을 가졌으며 중국의 군사적·정치적 준비가 그보다 한 달 전에 시작되었다는 것을 발견했다. 또한 한국전쟁에 개입하기로 결정한 이면에는 한만국경의 안정을 확보한다는 그 이상의 고려가 있었다. 마오쩌둥과 그의 측근들은 미군을 한반도에서 몰아내고 영광스러운 승리를 얻고자하는 목표를 갖고 있었다.[134]

그러나 천지앤과 같이 중국의 한국전쟁 개입동기를 '혁명적 민족주의'로 보는 견해는 중국에서 공개한 한국전쟁 관련 비밀문서를 바탕으로 중국의 공식입장을 반영한 것으로, 대부분 중국의 정치적 동기와 목적을 과대평가하는 경향이 있다. 마오쩌둥은 한반도보다 인도차이나를 우선적으로 고려하고 있었으며, 신생 중국의 대전략 측면에서도 한반도의 혁명을 지원하는 것은 시기상조가 아닐 수 없었다. 1949년 7월부터 조선의용군의 귀환을 허락한 조치는 혁명을 지원하기 위한 배려에서 나온 것이 아니라 타민족의 귀국이라는 차원에서 마땅히 조치해야 할 도리 이상은 아니었다. 마오쩌둥이 1950년 5월 김일성의 남침계획에 동의했지만 그것은 미군이 개입하지 않을 것이며 설사 개입한다 하더라도 전쟁이 한반도에 제한될 것이란 전제하에서 가능한 동의였다. 10월 13일 한국전쟁에 개입하기로 최종적인 결정이 내려졌을 때 그가 '혁명적 동기'를 강조했다 하더라도 그것은 개입의 명분에 불과한 것이며 실제로는 '안보적 고려'가

---

134 Chen Jian, "China's Road to the Korean War," *CWIHP Bulletin*, Issues 6-7, p. 41.

주된 요인이었다. 신생 중국의 대전략을 돌이켜 볼 때 적어도 1950년 후반에 한반도에서 미국과 군사적으로 충돌한다는 계획은 없었다. 어쩔 수 없이 한국전쟁에 개입할 수밖에 없는 상황에서 중국은 단지 한반도 북쪽 지역에 완충지대를 구축함으로써 본토의 안전을 도모하는데 충실하고자 했을 뿐이다.

제6장

중국의 한국전쟁
수행전략

마오쩌둥의 한국전쟁 수행전략은 점차 국제전 전략이 아닌 혁명전쟁전략에 더 다가가고
있었다. 그는 제2차 전역 직후 미국이 한반도 철수 가능성을 고려하자 타협보다는 더욱
완벽한 승리를 추구하였으며, 한국전쟁 개입목표를 '미군의 격퇴'로 확대했다. 한국전쟁
의 성격을 국제전이 아닌 혁명전쟁으로 바꾸어버린 것이다. 비록 마오쩌둥이 수행한 한
국전쟁이 강한 적에 대해 결전을 추구하는 것이었다 하더라도, 전반적으로 그의 전략은
여전히 약자의 결전회피가 중요하다는 사실을 입증하고 있다. 만일 마오쩌둥이 보다 신
중한 군사전략적 계산을 통해 제2차 전역 직후 유엔군의 주력이 온전히 유지되고 있고,
그들의 공격이 정점에 도달하지 않았다는 사실을 좀 더 신중히 고려했다면, 아마도 그는
제3차 전역 이후로 그처럼 무모한 결전을 추구하지는 않았을 것이다.

왜 중국인민지원군은 한국전쟁에 개입하자마자 군사적으로 월등히 우세한 유엔군에 대해 결전을 추구했는가? 왜 마오쩌둥은 6개월간의 방어작전을 구상했음에도 불구하고 다섯 차례에 걸쳐 결전을 추구했는가? 그러한 결전추구는 강한 적과 결전을 회피한다는 중국혁명전쟁 수행전략과 신생 중국의 대전략을 위배하는 것이 아니었는가? 중국의 한국전쟁 개입 목적은 한반도에서 공산혁명을 추구하는 것이었는가, 아니면 본토의 안전을 확보하는데 주안을 둔 것이었는가? 이 장에서는 중국의 한국전쟁 개입 이후 추구한 다섯 차례에 걸친 전역을 군사전략적 관점에서 평가한다. 마오쩌둥은 최초 제1·2차 전역에서 달성한 기습의 성공에 고무되어 유엔군의 공격이 정점에 도달한 것으로 오판하였으며, 그 결과 펑더화이에게 제3~5차 공세에 걸쳐 무모한 결전을 강요함으로써 결국은 궤멸에 가까운 타격을 입게 되었다. 그렇지만 중국군의 결전추구는 마오쩌둥이 공격의 정점을 잘못 판단한 데서 비롯한 것이었을 뿐, 전역작전의 실패 자체가 앞에서 제기한 마오쩌둥의 결전회피전략이 갖는 타당성을 부정하는 것은 아니다. 이러한 논의를 통해 약자가 강한 적을 상대로 결전을 추구하는 데에는 한계가 있음을 볼 수 있다.

1. 제1차 전역 : 전략적 기습의 실패

가. 최초 군사전략의 수정 : 진지전에서 기동전으로

마오쩌둥은 한국전쟁에 개입하기로 결정하면서 기본적으로 방어적인 전략을 구상하고 있었다. 1950년 10월 14일 그는 중국인민지원군으로 하여금 평양-원산선 이북과 덕천-영원선 이남 지구, 즉 묘향산맥 남단 일대에 이중삼중으로 방어선을 구축하고 이 지역을 적을 섬멸하기 위한 근거지로 삼도록 했다.[1] 북한군이 평양을 맹렬히 사수할 것이므로 미군이 평양-원산선을 점령한 후 계속 북쪽으로 진격하기 위해서는 어느 정도의 시간이 필요할 것으로 판단하고 있었던 것이다.[2]

펑더화이는 마오쩌둥의 지침에 의거하여 '진지전에 입각한 기동전' 전략을 내세웠다. 그는 10월 16일 가진 지휘관회의에서 "현재 임무는 북한에 혁명근거지를 보존하고 보호하는 것"이라고 전제한 뒤 "내전 시 적용했던 기동전 전략은 한국전장에 적합하지 않기 때문에 기동전과 진지전을 결합한 전쟁을 펼칠 것"임을 밝혔다.[3] 우선 종심 깊은 방어진지를 구축하여 공격해 오는 적을 저지하되, 진지를 방어하는데 급급하기보다는

---

1 Telegram to Zhou Enlai Concerning the Principles and Deplyments of the People's Volunteer Army as It Enters Korea for Combat, in Thomas J. Christensen, "Threats, Assurances, and the Last Chance for Peace," p. 149.

2 Patrick C. Roe, *The Dragon Strikes*, p. 143.

기회를 보아 적의 약한 곳을 집중적으로 공격하여 적의 병력을 우선적으로 섬멸한다는 지침을 하달했다. 한반도의 협소한 공간과 북한 지역의 착잡한 지형을 고려, 진지전과 기동전을 유연하게 결합하여 전쟁을 수행하겠다는 의도였다.

펑더화이는 중국인민지원군이 병력면에서 압도적인 우세를 달성하고 있기 때문에 어느 정도 승산이 있다고 판단했다. 그는 유엔군의 규모가 미군 7개 사단, 한국군 7개 사단, 영국군 1개 여단에 지나지 않으며, 적은 진격할수록 후방을 방어하지 않을 수 없기 때문에 최전방에서 북진에 가담하는 부대는 미군 3개 사단, 한국군 3개 사단에 불과할 것으로 전망했다. 기껏해야 7~8만 밖에 되지 않는 병력이었다. 이에 비해 지원군은 제1제대가 4개 군과 3개 포병사단 규모로 25만, 제2제대가 15만, 그리고 제3제대가 20만으로 총 60만이 될 것으로 전망했다.[4] 물론 이러한 낙관적인 판단은 지원군이 모두 한반도에 전개했을 경우를 가정한 것이었다.

그러나 상황은 예상보다 급속히 전개되고 있어 지원군은 최초 선정했던 방어 예정지역을 보다 북쪽으로 조정하지 않을 수 없었다. 19일 아침 김일성은 박일우를 펑더화이에게 보내 유엔군이 18일 평양을 집중적으로 공격하기 시작했음을 알리고 즉각적인 개입을 요청했다.[5] 펑더화이는 현 상황을 파악하기 위해 즉각 북한에 건너가기로 하고 덩화로 하여금 압록강 도하를 감독하도록 지시했다. 펑더화이가 출발한 직후 덩화는 지휘관들을 소집하여 작전회의를 주재했다. 이 자리에서 그는 유엔군이 평양-원산선에 머물지 않고 즉각 북진할 수 있으며, 이 경우 지원군이 예정된 방

3 "Peng Dehuai's Speech at the Conference of Divisional-Level Commanders of the Chinese People's Volunteers, 16 October 1950," *CCFP*, p. 174.

4 "Peng Dehuai's Speech, 16 October 1950," *CCFP*, p. 175.

5 Patrick C. Roe, *The Dragon Strikes*, p. 149.

어지역에 도착하기도 전에 적과 조우할 가능성을 배제할 수 없다고 했다. 따라서 그는 기존에 결정된 방어 예정지역보다 북쪽인 구성-태천泰川-구장球場-영원-오로리를 잇는 선(적유령산맥狄踰嶺山脈 남단 일대)에서 방어진지를 구축하기로 결정하고 이러한 사실을 펑더화이에게 보고했다.[6]

상황을 파악하기 위해 먼저 압록강을 건넌 펑더화이는 20일 새벽 2시 차이청원을 만나 전황을 보고 받고 이날 아침 9시에 대유동大楡洞에서 김일성과 만났다. 아직 덩화로부터 변경된 계획을 보고 받지 못한 펑더화이는 마오쩌둥과 함께 구상했던 전략복안을 다음과 같이 김일성에게 설명했다:

> 우리는 우선 평양-원산선 이북, 덕천-영원선 이남 지구의 방어선을 구축하여 방어선을 이중삼중으로 쳐서 앞으로 혁명근거지 겸 적을 섬멸할 기지로 삼을 계획입니다. 반년 내에 적이 공격해 오면 진지 전면에서 분산 섬멸하고 평양-원산에서 동시에 공격해 오면 고립되고 취약한 부분을 치고, 만일 공격을 하지 않고 중지하면 우리도 잠시 진격을 하지 않은 채 장비를 바꾸고 훈련을 마친 다음 공중, 지상 모두 압도적 우세에 도달했을 때 평양과 원산에 진격할 생각입니다.[7]

그리고 펑더화이는 "(북한) 인민군이 계속 조직적인 저항을 해 주어 적의 진격을 지연시키고 시간을 벌 수 있기를 희망"한다고 덧붙였다. 문제는 중국인민지원군이 방어지역에 전개할 때까지 북한군이 평양-원산선을 얼마만큼 오랫동안 고수하느냐 하는 것이었다.

---

6 Shu Guang Zhang, *Mao's Military Romanticism*, p. 94.

7 시성문, 조용전, 『중국인이 본 한국전쟁: 판문점 담판』, p. 110.

10월 19일 중국인민지원군 4개 군 및 3개 포병사단, 그리고 1개 고사포연대가 압록강을 도하하기 시작했다. 제40군은 단둥에서 강을 건너 구장, 덕천, 영원 지역을 향해 진격했다. 제39군은 단둥, 창뎬長甸에서 도하하여 주력은 구성, 태천 지역을 향해 진격하되, 일부는 남시동南市洞 지역을 방어하도록 했다. 제42군은 지안(집안輯安)에서 도하하여 사창리史倉里, 오로리 지역을 향해 진격하고, 제38군은 제42군을 따라 지안에서 도하하여 강계 지역을 향해 진격하도록 했다.[8] 최종적으로 중국인민지원군의 전개가 완료되면 서에서부터 동으로 제39군이 구성-태천 지역, 제40군이 구장-영원 지역, 제42군이 오로리 지역을 점령하며, 제38군은 후방지역인 강계江界에 위치하게 될 것이다.

그러나 중국군은 그나마 수정된 방어지역인 구성-오로리를 연하는 선마저도 점령할 수 없게 되었다. 유엔군의 진격속도는 예상보다 신속하여 10월 20일 평양을 완전히 점령하고, 한국군 제6·7·8사단은 이미 순천順川-사창리-성천成川-파읍破邑에 이르는 선까지 진출했다.[9] 이 선은 중국군이 점령하려는 구장-덕천-영원선으로부터 불과 90~130km 남쪽에 위치하고 있었다. 동부전선의 한국군 수도사단은 더욱 신속하게 진격하여 이미 중국군의 방어 예정지역인 오로리, 홍원 등지에 도착, 일부지역을 점령하고 있었다. 당시 중국군은 5개 사단이 도하하여 압록강 남안의 의주義州 동쪽과 삭주朔州, 만포진滿浦鎭 남쪽지역까지 밖에 전진하지 못하고 있었으며, 방어 예정지역까지는 아직 120~270km를 남겨두고 있었다. 중국군이 유엔군

8 한국전략문제연구소, 『중공군의 한국전쟁사: 항미원조전사』, p. 18.

9 미 제8군의 전투편성은 2개 군단(미 제1·9군단), 4개 사단(제1·2기병사단, 제24·25사단), 제187공수연대, 1개 특공중대, 타국 유엔군으로 3개 보병여단(터키 제1여단, 영국 제27·29여단), 3개 보병대가 있었다. 한국군은 2개 군단(제2·3군단), 8개 사단(제1·2·5·6·7·8·9·11사단)이 미 제8군 사령부의 작전통제를 받고 있었다. 주 지휘소는 서울, 전방지휘소는 평양에 설치되었다.

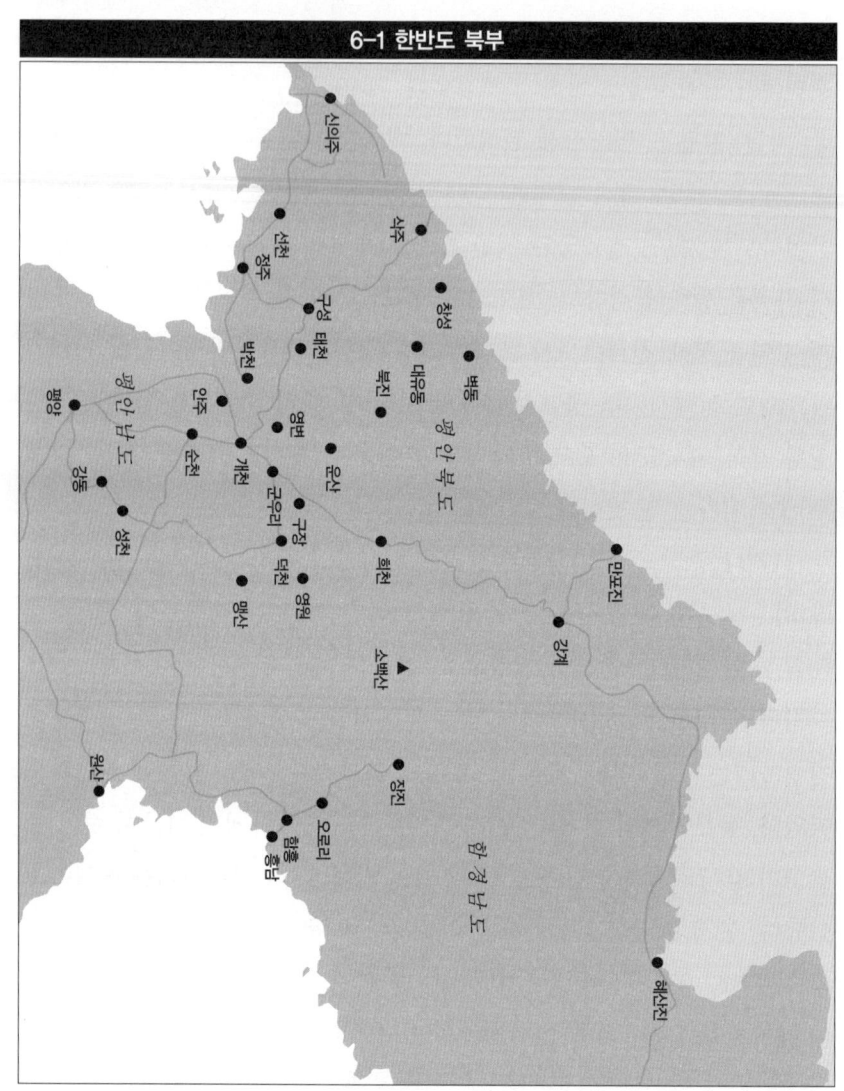

신의주

삭주

정주
선천

창성

구성
태천

박천

영변

대유동
북진

백동
평안북도

운산

평안남도

안주

순천

개천

군우리
구장
덕천

영원

만포진

강계

희천

성천

맹산

소백산

원산

장진

오로리
함흥
흥남

해산진

함경남도

보다 방어지역에 먼저 도착하기는 사실상 거의 불가능한 상황이었다.[10]

마오쩌둥은 이러한 우발상황 속에서 기습의 기회를 포착하고 있었다. 유엔군은 맹렬한 속도로 진격해 오고 있었다. 동부전선의 한국군은 함흥 咸興에서 장진長津으로 향하고 있었고, 서부전선의 제6·7·8사단은 희천熙川, 구성龜城으로 진격하고 있었다. 그러나 이들은 중국군의 입북 사실을 모르고 있었으며 동부전선과 서부전선의 각 군은 협조 없이 제각기 전진하고 있었다. 한반도의 지형적 특성상 이들이 압록강을 향해 북진할수록 간격이 더욱 벌어질 수밖에 없기 때문에, 진격하는 병력의 밀도는 이미 매우 낮았다. 마오쩌둥은 이러한 점에 착안하여 진지전에서 기동전으로, 방어전에서 공세전으로 전환할 것을 결심했다. 그리고 10월 21일 그는 적 부대 사이에 발생한 간격 사이로 병력을 침투하여 적을 포위한 다음 기습적으로 집중 공격을 가하도록 지시했다.[11] 혁명전쟁 당시 국민당 군대를 상대로 펼쳤던 전략·전술을 적용하기로 한 것이다.

마오쩌둥은 소규모의 슐리펜 계획을 연상하게 하는 포위작전을 구상하고 있었다.[12] 기본 개념은 북한에 투입한 4개 군 가운데 3개 군, 즉 제 38·39·40군을 서부전선에 집중적으로 투입하여 한국군 2~3개 사단을 섬멸하는 것이다. 또한 동부전선의 수도사단과 제3사단이 장진에 도착하

---

10 한국전략문제연구소, 『중공군의 한국전쟁사』, p. 19.

11 Shu Guang Zhang, *Mao's Military Romanticism*, p. 95.

12 슐리펜 계획이란 1891년 독일군 참모총장으로 취임한 알프레트 폰 슐리펜이 프랑스와 러시아 두 전선에서 동시에 전쟁을 수행해야 할 경우, 우선 프랑스를 단기결전으로 굴복시킨 후 러시아의 군사적 위협에 맞선다는 개념에 입각하여 세운 전쟁계획이다. 우선 프랑스에 대해 경미한 저항이 예상되는 우익을 강화하여 집중적으로 공격함으로써 후방 깊숙이 진격하고 포위망에 갇힌 프랑스군을 섬멸한다는 계획이었다. Gunther E. Rothenberg, "Moltke, Schlieffen, and the Doctrine of Strategy Envelopment," ed. Peter Paret, *Makers of Modern Strategy: From Machiavelli to the Nuclear Age* (Princeton: Princeton University Press, 1986), pp. 315-320.

기까지는 약 1주일 정도가 소요될 것이며, 당장 이 두 사단과 접전이 이루어지지 않을 것이라면 굳이 이들을 차단하기 위해 동쪽에 많은 병력을 투입할 필요가 없었다. 따라서 그는 동부전선에 투입할 제42군 전체를 오로리로 보낼 것이 아니라 제42군 예하 1개 사단만 오로리에 배치하여 약 1주일 후에나 도착할 동부전선의 한국군 사단에 대비하고, 나머지 제42군의 주력은 오로리가 아닌 맹산孟山으로 진격하여 평양-원산 철도를 장악하고 적의 증원을 차단하도록 했다. 그리고 나머지 3개 군, 즉 제38·39·40군으로 하여금 서부전선에서 한국군 3개 사단과 대적하게 했다. 이때 제40군은 한국군 제6사단보다 먼저 덕천과 영원 지역으로 이동하여 대기하고 있다가 제6사단이 이 지역을 통과할 때 후방에서 퇴로를 차단하여 적을 포위·섬멸하도록 했다. 즉 제38·39군이 정면에서 적과 싸우는 사이에 제40군이 적의 후방으로 돌아가 포위하는 작전을 구상한 것이다.[13] 그러나 이 계획도 마찬가지로 유엔군의 전진속도가 빠른 반면, 중국군의 전개가 늦어져 이행할 수 없었다.

비록 마오쩌둥의 포위작전은 이행되지 못했지만 그의 전략복안에는 분명히 최초 복안과 다른 근본적인 변화가 나타나고 있었다. 첫째는 기존의 방어적 전략에서 적극적인 공격으로 전환했다는 것이다. 그는 "현재 당면한 문제는 며칠 내에 전역계획을 세워 싸울 기회를 포착한 다음 작전을 개시하는 것이지, (최초 계획처럼) 먼저 일정시기 동안 방어를 한 다음 공격을 준비하는 것이 아님"을 강조했다.[14] 둘째로는 서부전선에서 병력을 집중하여 우선적으로 한국군 3개 사단을 섬멸함으로써 전쟁 주도권을

---

13 Shu Guang Zhang, *Mao's Military Romanticism*, pp. 95-96; 한국전략문제연구소, 『중공군의 한국전쟁사』, p. 20.

14 "Telegram, Mao Zedong to Deng Hua, 21 October 1950," *CCFP*, p. 180.

장악하려고 했다. 서부전선의 미 제8군과 동부전선의 미 제10군단 사이에 전혀 협조가 이루어지지 못하고 있는 상황을 노려, 서부전선의 주력을 우선적으로 섬멸할 경우 전쟁의 흐름을 바꿀 수 있다고 보았다. 셋째로 마오쩌둥은 적을 섬멸하기 위해 포위작전을 구상했다. 서부전선 내의 적들은 엷게 분산된 상태로 서로 협조하지 않고 무질서하게 진격하고 있었다. 마오쩌둥은 이들의 간격으로 침투할 경우 얼마든지 적 부대를 후방으로부터 포위할 수 있다고 판단했다. 이러한 마오쩌둥의 복안이 제1차 전역으로부터 제5차 전역에 이르기까지 중국인민지원군 전쟁수행전략의 골간을 유지하게 되었다.

펑더화이는 적극적인 공격으로 선회한 마오쩌둥의 전략방침에 다소 회의적인 반응을 보였다. 그는 22일 마오쩌둥에게 전문을 보내 지원군이 제공권을 장악하지 못한 상황에서는 적극적인 공격보다 산악지형을 이용하여 방어 위주의 전략을 펴는 것이 낫다는 의견을 피력했다.[15] 그러나 마오쩌둥의 의지는 확고했다. 그는 적이 중국군의 투입 사실을 인식하지 못하고 있는 이때가 완벽한 기습을 달성할 수 있는 절호의 기회라고 보았다. 만일 이번 전역에서 승리할 경우 적은 당분간 신의주, 선천宣川, 정주定州와 같은 지역을 점령할 수 없을 것이며, 지원군은 최소한 상당한 행동의 자유를 얻을 수 있다고 판단한 것이다. 마오쩌둥은 펑더화이에게 전문을 보내 이번 전역에서 승리한 후 추가로 투입되는 미군을 각개격파할 경우 미국은 외교적 협상으로 나올 수도 있으며, 설사 그렇게 되지 않더라도 지원군은 이제 곧 증원될 소련의 공군과 장비로 무장하여 더욱 유리한 입장에 서게 될 것이라고 격려했다.[16]

펑더화이는 마오쩌둥의 의도를 인식하였으나 서부전선에 모든 군을

---

15 Chen Jian dt al., *CCFP*, p. 183, fn. 46; Shu Guang Zhang, *Mao's Military Romanticism*, p. 99.

집중할 경우 신의주와 정주에 공백이 발생할 것을 우려하지 않을 수 없었다. 22일 그는 마오쩌둥에게 전문을 보내 이러한 공백을 메우기 위해 제66군을 추가로 한반도에 투입해 줄 것을 건의했다. 23일 아침 마오쩌둥은 펑더화이에게 답신을 보내 제66군의 선발대가 이미 신의주로 출발하였으며, 제50군도 제9병단을 따라서 한만국경에 인접한 도시인 단둥으로 곧 이동하게 될 것임을 알려주었다.[17]

나. 중국군의 첫 전투와 작전의 어려움

23일 마오쩌둥은 유엔군의 이동상황을 접수한 뒤 펑더화이에게 전문을 보내 희천 지역에서 한국군 제6사단과 제8사단을 섬멸하도록 지시했다. 그는 두 사단이 병행하여 독천을 통과하여 희천을 공격할 것으로 판단하고 제40군을 희천 정면과 운정–온산溫山 지역에, 제39군을 운산雲山–태천 지역에, 그리고 제38군을 희천 남동쪽에 배치하여 한국군 2개 사단이 희천을 공격할 때 포위·섬멸하도록 했다. 이때 제42군의 1개 사단으로 하여금 장진을 점령하여 동쪽으로부터의 증원을 차단하고, 나머지 제42군 병력은 소백리 지역을 점령한 후 예비로 대기할 것을 지시했다.[18] 펑더화이는 이 같은 지침에 입각하여 즉각 부대배치를 명령하고 적이 희천으로 들어오기만을 기다렸다.

당시 서부전선을 담당하고 있던 미 제8군의 작전개념을 보면, 미 제1군

16 "Telegram, Mao Zedong to Peng Dehuai, 23 October 1950," *CCFP*, p. 182; Shu Guang Zhang, *Mao's Military Romanticism*, p. 99.

17 "Telegram, Mao Zedong to Peng Dehuai and Deng Hua, 23 October 1950," *CCFP*, pp. 184-186.

18 "Telegram, Mao Zedong to Peng Dehuai and Deng Hua, 23 October 1950," *CCFP*, p. 185.

단은 경의선京義線을 따라 북진하여 청수 서쪽의 국경으로 진출하도록 되어 있었고, 한국군 제2군단에게는 벽동碧潼에서 만포진에 이르는 국경으로 진출하는 임무가 부여되었다. 특히 중국군이 노리고 있던 제2군단은 희천으로 진출한 제6사단으로 하여금 제7연대는 초산楚山 부근으로, 제2연대는 벽동 부근으로, 그리고 제19연대는 희천을 확보하고 그곳에서 제8사단의 북진을 엄호하도록 했다. 제8사단은 희천에서 제19연대를 초월하여 강계-만포진 지역으로 공격하도록 했다.[19] 이러한 계획에 의거하여 24일 서부전선의 한국군은 제6사단이 희천을 점령한 후 초산 방향으로 진격하고 있었으며, 제8사단은 영원, 덕천의 동쪽지역에까지 이르러 희천 방향으로 진격 중이었다. 한국군 제1사단은 영변寧邊에서 북상 중이었고 제7사단은 예비임무를 수행하면서 강동江東, 순천 사이에 머물러 있었다.

10월 25일 중국인민지원군은 한국전쟁에 개입하여 한국군과 첫 전투를 벌였다. 그러나 전투지역은 마오쩌둥이 의도한 희천이 아니라 뜻밖에도 온정溫井 지역이었다. 그때까지 서부전선의 한국군은 박천博川-용산동龍山洞-운산-온정-회목동-회천선에 이르렀으며, 중국군 제40군이 배치된 지역 인근에 접근하고 있었다. 25일 새벽 제40군 제118사단은 적이 온정-북진 도로를 따라 북상하는 것을 발견했다. 그 부대는 한국군 가운에 가장 선두에 선 제6사단 제7연대로 이미 제40군의 측방을 통과하여 압록강변의 초산 지역으로 향하고 있었다. 중국군은 제7연대와 조기에 전투가 이루어질 경우 그들의 존재가 탄로 날 것을 우려하여 제7연대 병력을 그대로 통과시켰다. 그리고 제40군 제118사단은 한국군 제6사단의 후속부대에 대해 기습공격을 가하기 위해 즉각 북진과 온정을 잇는 도로의 북쪽

---

19 일본육전사연구보급회, 『한국전쟁』, 제6권: 중공군의 공세, 육군본부 군사연구실 역 (서울: 명성출판사, 1986), p. 20.

고지를 점령했다. 제40군 예하 제120사단은 운산에서 온정으로 북진하는 한국군 제1사단을 공격하기 위해 운산 북동쪽의 조양동朝陽洞과 옥녀봉玉女峯을 점령했다. 7시경에 제120사단은 한국군 제1사단 선두부대에 기습공격을 가하고 제1사단 병력은 운산으로 철수했다. 제118사단은 10시경에 이 지역에 출몰한 한국군 제6사단 제2연대 소속 1개 대대에 기습공격을 가하여 큰 타격을 가했다. 두 사단은 승리의 여세를 몰아 온정을 공격하고 제6사단 제2연대의 주력을 격파하였으며, 26일 새벽 온정을 점령했다.[20]

마오쩌둥은 25일의 전투에 대해 축하를 보냈긴 하지만 한편으로는 못마땅하게 생각했다. 26일 그는 펑더화이에게 전보를 보내 유엔군이 중국군의 존재를 알아차리기 시작하였으며 점차 더욱 노출될 것이 분명하다고 했다. 그리고 2~3개 한국군 사단을 조속히 섬멸하지 못하는 것에 대해 조급하게 생각하여 펑더화이에게 지체하지 말고 적 1~2개 부대를 포위·섬멸하도록 재촉했다.[21] 펑더화이는 작전방침을 변경했다. 그는 적 부대가 여러 지역에 분산되어 진격하고 있기 때문에 한 번의 전투로 적 2~3개 사단을 한꺼번에 섬멸하는 것은 곤란하며, 따라서 분산되어 전진하고 있는 적을 각개 섬멸해야 한다고 판단하고 이를 마오쩌둥에게 건의했다.[22]

26일 마오쩌둥은 이에 동의하고 우선적으로 한국군 제1·6·8사단을 각각 섬멸하도록 지시했다. 26일 펑더화이는 제38군과 제40군의 2개 사단 및 제42군의 1개 사단을 집중하여 먼저 희천에 있는 한국군 제6사단 일부 및 제8사단 2개 연대를 공격하여 섬멸하기로 했다. 그러나 이 계획은 27일 희천에서 60km 북쪽에 위치해 있던 제38군이 공격시간을 맞추

20 한국전략문제연구소, 『중공군의 한국전쟁사』, pp. 24-25. 중국은 10월 25일을 중국인민지원군의 항미원조 기념일로 정했다.

21 Shu Guang Zhang, *Mao's Military Romanticism*, p. 102.

22 Shu Guang Zhang, *Mao's Military Romanticism*, p. 102.

지 못하고, 또한 28일에는 희천과 운산에 있던 한국군 제8사단과 제6사단의 각 2개 대대가 제6사단 제2연대의 장비를 회수하기 위해 온정을 향해 이동했기 때문에 시행할 수 없었다.[23] 상황이 이렇게 되자 마오쩌둥은 이날 22시에 펑더화이에게 전문을 보내 희천에 있는 적을 섬멸하는 계획을 바꾸어 북쪽에 갇힌 제7연대를 볼모로 한국군 6~7개 연대를 유인한 후 제 38·39·40군을 집중하여 운산 북동, 온정 동쪽지역에서 포위·섬멸하도록 지시했다.[24]

적을 유인하기 위해 마오쩌둥은 제40군으로 하여금 초산 지역의 제7연대를 섬멸하지 말고 포위만 하도록 지시했다. 이를 미끼로 삼아 구출하러 오는 한국군 사단들을 집중적으로 공격할 심산이었다.[25] 그러나 적을 유인하려는 시도 역시 실패로 돌아갔다. 28일 한국군 제1사단과 제8사단 주력은 북진을 멈추고 단지 4개 대대만을 보내 온정을 공격하도록 하였으며, 초산까지 진격했던 제7연대는 고립될 위험을 느껴 남하하고 있었다. 더구나 미 제24사단과 영국 제27여단은 청천강淸川江을 건너 정주로 이동하고 있어 자칫 이들이 한국군을 지원할 수도 있었다.

펑더화이는 더 이상 지체할 수 없다고 판단하여 즉각 한국군 사단에 대한 공격을 명령했다. 그는 적을 포위·섬멸하기 위해 제38군으로 하여금 희천에 있는 적을 섬멸한 다음 군우리軍隅里로 진격하여 적의 퇴로를 차단하도록 했다. 제40군은 온정의 한국군 제6사단 소속 2개 대대와 제8사단 소속 2개 대대를 격파하고 남쪽으로 진격하였으며, 제40군 예하 제148사단

23 Roy E. Appleman, *South to the Naktong North to the Yalu* (Washington, D.C.: Office of the Chief Military History, 1961), p. 674.

24 Shu Guang Zhang, *Mao's Military Romanticism*, p. 103.

25 "Telegram, Mao Zedong to Peng Dehuai and Deng Hua, 28 October 1950―16:30," *CCFP*, pp. 196-198.

은 한국군 제7연대를 섬멸했다. 제39군은 29일까지 한국군 제1사단을 운산에서 포위하는데 성공했다. 그러나 제38군의 진격은 너무 더디게 진행되었으며, 더구나 희천의 적을 미군으로 오인하여 적시에 공격할 기회를 놓치고 말았다. 당시 중국인민지원군 지도부에서는 미군보다 상대적으로 약한 한국군을 우선 포위·섬멸한다는 방침을 세우고 있었으므로 섣불리 공격하지 않았던 것이다. 29일 제38군은 한국군 제6사단 제19연대와 제8사단 주력을 놓친 채 군우리로 이동했다.[26] 이로써 중국군은 결정적 승리는 거두지 못했지만 29일 원동, 태천 북쪽, 운산 북쪽, 온정, 희천에 이르는 선을 장악할 수 있었다.

유엔군 사령부는 중국군 포로들로부터 북쪽에 중국 정규군이 있다는 진술을 확보하였으나 믿지 않았다. 10월 25일 11시경 한국군 제1사단은 중국인 포로를 잡아 운산과 희천 일대에 2만여 명의 중국군이 배치되어 있다는 진술을 확보했다. 같은 날 한국군 제6사단에서도 중국인 병사 2명을 생포하여 대규모 중국군이 매복하고 있다는 진술을 들었다. 그러나 유엔군 사령부의 결론은 "대규모 중국군의 개입은 있을 수 없다"는 것이었다. 비록 개입했다 하더라도 수풍발전소를 방호하기 위한 소규모 부대일 것으로 평가절하했다. 10월 28일 미 제8군 사령관 워커Walker는 중국군의 존재를 과소평가하고 있었기 때문에 온정리溫井里에서 진격이 저지되어 운산에 머무르고 있는 한국군 제1사단을 지원하기 위해 평양을 방어하는 임무를 맡고 있던 미 제1기병사단을 운산으로 이동시켰다. 그리고 제1기병사단으로 하여금 한국군 제1사단을 초월하여 수풍호水豊湖까지 계속 공격하도록 명령했다. 미 제8군은 압록강 진격계획을 당초 계획대로 추진

---

26 Shu Guang Zhang, *Mao's Military Romanticism*, p. 104. 이러한 펑더화이의 작전계획은 26일 희천에서 한국군을 섬멸하려던 마오쩌둥의 계획과 유사하다. 다만 포위부대가 제40군에서 제38군으로 바뀐 것이 다르다.

하기로 결정한 것이다. 10월 31일 북진은 여전히 계속되어 미 제24사단은 태천-구성까지 나아가 삭주 방향으로 진격했고, 영국 제27여단은 정주-선천을 넘어 신의주 방향으로 나아가고 있었다.[27]

다. 중국군의 결전추구와 그 한계

평더화이는 적의 후방으로 기동하여 퇴로를 차단하는 과감한 전과확대를 계획했다. 30일 그는 마오쩌둥에게 전문을 보내 제39·40군으로 하여금 정면공격을 담당하게 하고 제38군으로 하여금 적의 우측방을 돌파하여 후방을 차단하겠다고 보고했다. 구체적으로 제66군이 서쪽에서 진격하는 미 제24사단과 영국 제27여단을 견제하고, 제42군의 1개 사단과 제38군이 적의 우익을 돌파하여 동부전선과 후방으로부터 증원을 차단한다면, 중국군은 3개 군을 집중하여 확실한 수적 우세를 달성하면서 포위망에 갇힌 한국군 3개 사단을 우선적으로 섬멸할 수 있다는 계산이었다.[28] 마오쩌둥은 이 계획에 만족하였으며 "각 군과 사단도 적군의 각 부대 측후방으로 과감히 침투해 들어가 적 부대를 분할하고 섬멸할 수 있다면 승리할 수 있을 것"이라고 조언했다.[29]

11월 1일 중국군은 결정적인 승리를 위해 작전계획을 구체화하고 본격적으로 공세를 취했다. 이 작전의 핵심은 제38군이 구장의 적을 섬멸한후 청천강 남안을 따라 원리院里, 군우리, 신안주新安州 방향으로 진격하여 적의 퇴로를 차단하고, 적을 청천강 이북에서 섬멸하는 것이었다. 이러한

---

27 Roy E. Appleman, *South to the Naktong North to the Yalu*, p. 678.

28 Shu Guang Zhang, *Mao's Military Romanticism*, p. 104.

29 한국전략문제연구소, 『중공군의 한국전쟁사』, p. 31; "Telegram, Mao Zedong to Peng Dehuai and Deng Hua, 30 October 1950," *CCFP*, p. 199.

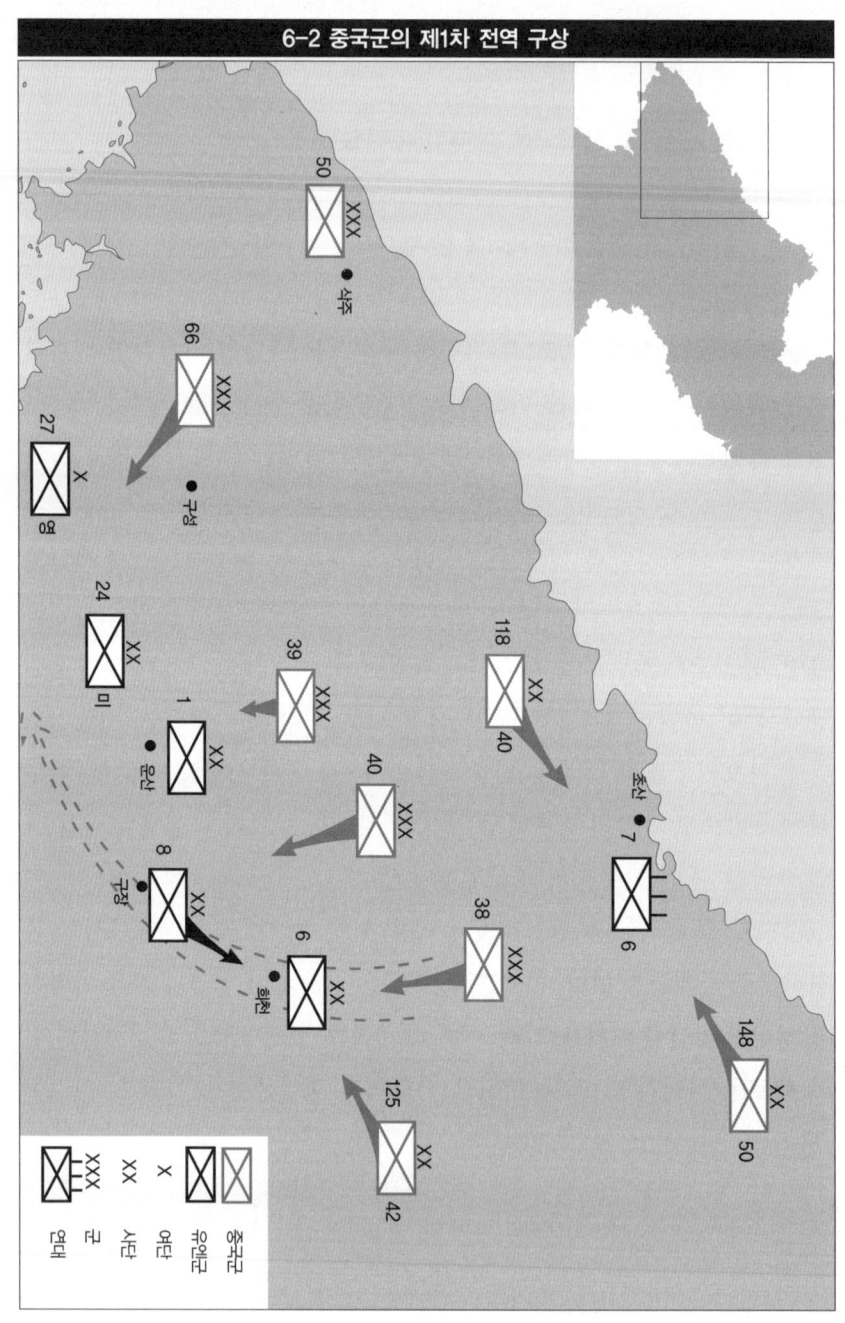

계획에 따라서 제39군과 제40군은 먼저 운산에 있는 한국군 제1사단 주력을 포위·섬멸한 후 이어 미 제1기병사단을 공격하며, 제66군은 미 제24사단을 견제하고 제50군은 신의주를 방어하도록 했다. 제39군은 17시에 운산 공격을 시작하여 2일 새벽 운산을 점령했다. 그러나 운산에 포위되었던 한국군 제1사단은 미 제1기병사단 예하 제8기병연대의 엄호를 받으며 사단 전 병력이 큰 손실 없이 빠져나올 수 있었다. 당시 미 제8기병연대의 고사포는 최대발사속도로 사격하여 약 1만 3,000발의 포탄을 사격하였으며 중국군은 절대적으로 우세한 화력 앞에 공격의 기회를 잡지 못했다. 그러나 중국군은 운산에서 철수하는 미 제8기병연대의 퇴로를 차단하여 거의 전멸에 가까운 타격을 가할 수 있었다.[30] 제40군은 영변 지역에 위치한 한국군 제8사단에 공격을 개시했다. 적을 포위하는 가장 중요한 임무를 맡은 제38군은 11월 1일 18시에 구장을 점령하고 2일 18시에 원리 지역을 점령하며 청천강 이남의 적의 측방을 위협했다.[31]

미 제8군 사령부는 11월 1일 20시에 안주安州에서 작전회의를 열고 미 제1기병사단의 좌우 인접부대의 공격이 좌절된 이상 운산을 고수하는 것은 무의미하다고 판단하여 부대를 청천강 남안의 방어선으로 철수시키기로 결정했다.[32] 아울러 중국군의 저항을 받지 않아 돌출되어 있던 미 제8군 좌익의 미 제24사단과 영국군 제27여단도 보조를 맞추어 약 80km 후방으로 물러나도록 했다. 비록 미 제8군은 중국군이 포위를 시도하고 있다는 사실을 모르고 있었지만 적으로부터의 압력이 상상외로 거세다는 것을 느껴 자발적으로 철수하기로 결정한 것이다. 이러한 워커의 조치는

30 백선엽, 『군과 나』 (서울: 대륙연구소출판부, 1989), pp. 124-127.

31 한국전략문제연구소, 『중공군의 한국전쟁사』, pp. 31-33.

32 Roy E. Appleman, *South to the Naktong North to the Yalu*, pp. 752-753.

매우 시의적절한 것이었지만 극동사령부로부터 심한 질책을 받았다. 그것은 10월 30일 제1기병사단이 미 제8군 사령부에 "아직까지 중공군이 한국 땅에 들어와 있다는 사실을 확인할만한 징후를 발견하지 못했다"고 보고했기 때문이다. 따라서 워커의 철수 조치는 중국군의 개입을 우려한 워커의 독단적인 결정이었으며, 이를 이해하지 못한 극동사령부는 미 제8군 사령부에 해명을 요구했다.[33]

문제는 청천강 이남으로의 철수였다. 만일 유엔군이 조기에 청천강 이남으로 철수하여 방어선을 구축할 경우 중국군의 포위?섬멸계획은 차질을 가져오게 된다. 반면 유엔군이 철수하기 이전에 중국군이 먼저 청천강 남안을 차단할 경우 미 제8군 전체가 붕괴되는 심각한 결과를 가져올 수 있다. 따라서 중국군은 유엔군 주력이 철수하기 전에 청천강 이남을 신속히 차단해야만 결정적인 승리를 달성할 수 있었다.

철수가 먼저냐 차단이 먼저냐 하는 경주가 시작되었다. 2일 밤 마오쩌둥은 결전의 순간이 임박한 것을 인식하고 제38군의 후방지역 차단 임무의 중요성을 다시 강조했다.[34] "제38군은 안주, 군우리, 구장 지역을 장악하되 특히 군우리에 중점을 두면서 청천강 남북 간의 적 연결을 확실히 차단하도록 하고… 가능한 한 남쪽으로 평양부근까지 곧바로 뻗쳐나갈 것"을 지시했다. 그는 또한 "이번에 성공하기만 한다면 곧 전략적인 승리가 될 것"이라고 지적하면서 "이번 전역에서 가장 중요한 임무는 아군 제38군이 신속하게 군우리, 개천(价川), 안주, 신안주 일대를 점령하여 적군의 남북연결을 차단하고, 북진하는 미 제24사단을 단호히 섬멸하는 것이다.

---

33 국방부, 『한국전쟁사』 제5권: 중공군 침략과 재반격작전기 (서울: 서울신문사, 1972), p. 87.

34 "Telegram, Mao Zedong to Peng Dehuai and Deng Hua, 2 November 1950," *CCFP*, p. 200; 한국전략문제연구소, 『중공군의 한국전쟁사』, p. 33.

이것이 가장 중요한 일이며 그 나머지는 모두 부차적인 것에 불과하다"고 강조했다.[35]

청천강 남안을 따라 유엔군의 방어진지를 돌파하는 중국인민지원군 제38군의 임무 성공 여부는 제1차 전역의 승패를 결정하는 것은 물론 한국전쟁의 흐름을 좌우하는 계기가 될 수 있었다. 중국군이 청천강 남안을 장악할 경우 미 제1군단(미 제24사단, 한국군 제1사단, 영국군 제27여단)이 송두리째 포위당하게 되기 때문이다.[36] 최초 제38군은 2일 저녁 원리 일대를 점령하여 일단 작전에 성공하는 것처럼 보였다. 이제 문제는 원리 남서쪽에 위치한 개천 지역이었다. 개천은 군우리를 점령하고 청천강 남안으로 진격하기 위한 첫 관문으로서 피아 모두 절대적인 목표로 간주하고 있는 지역이었다. 적의 기동에 의해 포위될 위기에 직면한 유엔군은 한국군 제7사단, 제6사단 일부, 그리고 미 제24사단을 동원하여 중국군의 진출을 저지했다. 따라서 제38군의 개천 돌파는 쉽지 않았다. 중국군은 5일 가까스로 개천에서 가장 높은 비호산을 점령할 수 있었지만 더 이상은 진격할 수 없었다.[37] 청천강 계곡의 입구에 위치하여 군우리-순천 도로를 감제할 수 있는 요충지인 비호산을 놓고 공방을 벌이는 사이에 유엔군 주력은 5일까지 청천강 남안으로 철수를 완료했다. 오히려 한국군 제7사단은 6일 반격작전에 나서 강력한 화력지원 아래 좌우익으로 비호산을 공격하여 재탈환에 성공했다. 결국 청천강 방어선의 우익을 돌파하여 군우리로 진격하기로 한 제38군의 임무는 유엔군의 화력에 부딪혀 실패하고 말았다.

---

35 Shu Guang Zhang, *Mao's Military Romanticism*, p. 105.

36 백선엽, 『군과 나』, p. 125.

37 국방부, 『한국전쟁사』 제5권: 중공군 침략과 재반격작전기, pp. 97-98.

이제 한국군과 유엔군 주력부대는 청천강 이남으로 철수하여 신안주에서 군우리, 개천에 이르는 강안을 따라 유리한 진지를 구축할 수 있었다. 이 작전은 청천강 이북에서 이남에 먼저 도달하려는 유엔군과 중국인민지원군의 경주였지만 어쩌면 애초부터 결론이 나 있었는지도 모른다. 그것은 "미군의 바퀴와 중국군의 두 다리" 간에 이루어진 경주였기 때문이다.[38] 더구나 중국군은 유엔군의 일방적인 공중공격과 압도적인 포격에 의해 유린당하고 있었다. 펑더화이는 이미 4일부터 적을 추가로 섬멸할 기회를 상실했음을 인식하고 있었으며, 식량과 탄약보급의 문제가 대두함에 따라 마오쩌둥에게 전문을 보내 부대를 정비할 목적으로 전역을 종결짓겠다는 의사를 표명했다. 그는 제1차 전역의 승리가 큰 성과를 거둔 것은 아니지만 전장상황의 안정에 기여했다고 평가하면서, 차후 적을 격멸할 기회를 포착하기 위해 주력을 후방지역으로 철수시켜 결전을 준비하고자 했다.[39] 5일 펑더화이는 철수를 명령했고 중국군은 삽시간에 모든 행동을 중지하고 썰물처럼 철수하기 시작했다.

왜 펑더화이는 제1차 전역 후 갑자기 모든 공격을 중지하고 북쪽으로 철수했는가? 이 질문에 대해 많은 학자들은 중국이 미국에 대해 더 이상의 진격을 하지 않도록 경고하는 의미를 가졌던 것으로 보고 있다.[40] 그러나 최근 공개된 자료에 의하면 펑더화이는 다음과 같은 이유로 철수를 결심했다. 첫째, 제1차 전역 시 적 전투력을 섬멸하는데 실패함으로써 더 이상 밀어붙이기가 어렵게 되었다. 둘째, 제9병단이 도착하지 않은 상태에서 미 제10군단이 동부전선에서 계속 북진하고 있어 자칫 장진호長津湖 일

---

38 Shu Guang Zhang, *Mao's Military Romanticism*, p. 105.

39 Shuguang Zhang and Chen Jian, *CCFP*, p. 201 fn. 64.

40 Russell Spurr, *Enter the Dragon*, p. 5; Allen Whiting, *China Crosses the Yalu*, p. 136; Gerald Segal, *Defending China* (New York: Oxford University Press, 1985), p. 6.

대에서 중국군 제13병단의 측방이 위협을 받을 수 있었다. 셋째, 이러한 이유로 인해 펑더화이는 현 지역에서 다시 결전을 추구하기보다 유엔군을 유인하여 격멸하는 것이 유리하다고 판단했다. 즉 펑더화이의 철수 결심은 미국에 대한 정치적 고려에서 비롯한 것이 아니라 순수하게 군사적 견지에서 더 유리한 상황에서 결전을 추구하기 위해 이루어진 것이다.[41]

라. 중국군의 실패 요인

왜 마오쩌둥은 한국전쟁에 개입하자마자 결전을 추구했는가? 최초 마오쩌둥은 평양과 원산을 잇는 선 북쪽에 수개의 방어선을 구축하여 방어전을 전개하고, 적의 진격을 저지함으로써 전장상황을 안정시키고 시간을 번 후에 반격을 준비하고자 했다. 그러나 유엔군의 진격은 예상외로 신속하여 중국군은 예정된 방어선에 도달할 수 없게 되었다. 이러한 우발적인 상황은 마오쩌둥에게 위험이기도 했지만 동시에 기회로 작용하고 있었다. 유엔군은 중국군의 참전사실을 인식하지 못하고 있었으며, 인접부대와 협조하지 않은 채 간격을 두고 전진해 오고 있었다. 선두에 선 유엔군 병력은 분산되어 있고 연대 또는 대대 단위로 흩어져 진격하고 있었다. 특히 험준한 지형으로 통신이 두절되는 경우가 많아 연대장 또는 여단장들은 주변의 구릉과 산 너머로 무슨 일이 일어나고 있는지 알 수 없었다.[42] 한국군 제2군단의 제6·7·8사단의 배치는 훤히 노출되어 있었으며, 동·서 양 전선에서 진격하는 미 제8군과 제10군단 사이에는 약 80km

---

41 Chak-Wing David Tsui, "Strategic Objectives of Chinese Military Intervention in Korea," p. 344.

42 Gerard H. Corr, *The Chinese Red Army: Campaigns and Politics since 1949* (New York: Schocken Books, 1974), pp. 67-68.

의 간격이 형성되어 어느 한쪽이 당장 다른 한쪽을 지원해 줄 수 없었다.[43] 마오쩌둥은 이를 전략적 기습의 기회로 보고 즉각 진지전에서 기동전으로, 방어전략에서 공세전략으로 전환했다. 그리고 결정적 시점에 제38군으로 하여금 적의 우익을 돌파한 다음 청천강 남안을 따라 후방을 차단하여 적 주력을 포위·섬멸하고자 했다. 이렇게 볼 때 마오쩌둥이 결전을 시도할 수 있었던 것은 유엔군의 공격이 정점에 도달했기 때문이 아니라 유엔군의 방심과 기동상의 허점에서 비롯한 것이었음을 알 수 있다.

제1차 전역이 결정적이지 못했던 것은 다음 세 가지 요인에 기인한다. 첫째, 결전 자체가 크게 제한된 것이었다. 지역적으로 서부전선에 국한되었으며, 병력면에서 제9병단 15만 명이 도착하지 않은 상태에서 이루어진 제한된 결전이었다. 또한 작전의 목표를 한국군 3개 사단의 격멸에 두어 상대하고자 하는 적의 규모 면에서도 제한적이었다. 둘째, 중국인민지원군의 군사적 능력에 한계가 있었다. 현대전에서 가장 중요한 요소인 화력과 기동력의 상대적 열세로 인해 중국군은 청천강을 차단하지 못했고, 이로 인해 가장 결정적인 순간에 결정적인 성과를 거두는데 실패했다. 셋째, 유엔군이 결전을 회피했기 때문이다. 10월 28일 워커는 북진을 계속하기로 결정하였으나, 11월 1일 17시부터 시작된 적의 본격적인 공세가 심상치 않다는 것을 인식하고 20시에 즉각적으로 철수하도록 명령했다. 유엔군의 시기적절한 철수 결정으로 인해 중국군은 이들을 차단할 시간적 여유를 가질 수 없었다. 상대가 결전을 회피하는 한 결정적인 결과는 가져올 수 없었던 것이다.

제1차 전역 종결로 탐색은 끝났으며 이제 양측은 나름대로의 정보판

---

43 Chak-Wing David Tsui, "Strategic Objectives of Chinese Military Intervention in Korea," p. 341.

단을 근거로 본격적인 결전을 준비하게 되었다. 한 가지 지적할 점은 마오쩌둥이 유엔군과의 평화조약 체결 가능성을 염두에 두고 있었다는 사실이다. 그는 펑더화이에게 보낸 전문에서 제1차 전역을 통해 한국군 3개 사단을 섬멸하고 미국의 군대를 추가로 섬멸할 경우 적은 외교적 협상으로 나올 것임을 지적하고 있다.[44] 이것은 군사작전의 성공을 통해 협상에서 유리한 고지를 점해야 한다는 점을 염두에 두는 것으로, 중국의 한국전쟁 개입이 유엔군에 대한 완벽한 승리가 아니라 협상이라는 제한적 목표를 추구하고 있음을 보여주고 있다.

---

[44] "Telegram, Mao Zedong to Peng Dehuai, 23 October 1950," *CCFP*, p. 182; Shu Guang Zhang, *Mao's Military Romanticism*, p. 99.

2. 제2차 전역 : 또 하나의 결전 실패

제2차 전역은 양측이 모두 결전의 의지를 갖고 준비한 전역이었다. 마오쩌둥과 펑더화이는 제2차 전역에서 두 차례의 결전을 추구했다. 하나는 청천강 남안과 숙천-순천선을 차단하여 적을 포위·섬멸하려는 작전이었다. 다른 결전은 유엔군의 홍남철수작전 동안 동부전선에서 이루어졌다. 그러나 이러한 시도는 모두 실패하고 말았다. 그 이유는 전략에 결함이 있었기 때문이 아니라, 이들이 그러한 결전을 추구할 수 있는 충분한 군사적 능력을 갖추지 못했기 때문이었다. 제2차 전역은 군사적 약자가 결전을 추구하는데 있어서 부딪히는 능력의 한계를 분명하게 보여주고 있다.

가. 유엔군의 작전계획

11월 6일 맥아더는 중국군의 개입에 관해 자신의 견해를 담은 보고서를 제출했다. '맥아더 보고서'로 알려진 이 보고서에서 그는 만주로부터 대규모 인원과 물자가 압록강의 교량을 건너 유입되고 있으며, 중국의 개입은 단순한 위협에 불과한 것이 아니라 궁극적으로 유엔군을 격멸할 목적을 가지고 있음을 지적했다. 그는 중국군의 증원을 차단하는 유일한 방법으로 "이러한 교량들을 파괴하고 적의 진격을 지원하는 만주의 시설물에 대해 최대한의 공중폭격을 가할 것"을 제안했다. 나아가 중국 영토에 대한 어떠한 적대행위도 해서는 안 된다는 유엔과 트루먼의 방침이 전쟁을 수행하는데 있어서 심리적으로나 물리적으로 커다란 역효과를 가져오고 있음을 지적하고, 이를 철회해 줄 것을 요구했다.[45]

맥아더 보고서는 중국군의 전쟁 개입에 대한 경각심을 불러 일으켰고 미국이 이를 저지하기 위한 대책을 마련하는데 부심하도록 했다. 그러나 미 행정부는 중국군의 정확한 개입의도와 능력을 파악하는데 실패했다. 11월 8일 미 중앙정보부(CIA)는 북한에 투입된 중국군의 규모가 3~4만 명 정도인 것으로 판단하고 있었다. 개입동기에 관해서는 북한 정권이 붕괴할 경우 나타날 부정적 결과를 우려했기 때문으로 보았다. 그것은 첫째로 북한 붕괴 시 중국의 권위가 실추되는 것은 물론 그들이 추구하는 아시아 혁명이 타격을 입을 것이고, 둘째로 적대적인 유엔군과 국경을 마주해야할 것이며, 셋째로 한반도를 공산혁명을 위한 근거지로 만들 수 없고, 넷째로 수풍발전소를 통제하기 어렵게 될 것이라는 내용이었다. 또한 중국이 개입하여 전쟁을 지연시킬 경우 미국이 서구에 군사력을 증강하는 것을 방해할 수 있고, 한반도 종전협상에서 공산 측이 유리한 고지를 점할 수 있다는 계산이 있었던 것으로 보았다. 미 중앙정보부는 중국의 개입이 비록 제한적인 것이라 하더라도 자칫 전쟁을 확대시킬 수 있으며, 특히 유엔군이 중국 본토를 공격할 경우 전면전으로 발전하게 될 것임을 경고했다.[46]

11월 9일 미 합동참모본부(JCS)는 트루먼의 지시에 따라 국가안보회의(NSC)에 중국의 군사적 개입에 관한 정세분석 보고서를 제출했다. 합동참모본부는 이 보고서에서 현재 한반도 상황은 전면전이 임박한 것이 아니

---

45 *FRUS, 1950*, vol. 7, p. 1058.

46 "Memorandum by the CIA," *FRUS, 1950*, vol. 7, pp. 1101-1106; Allen S. Whiting, "The U.S.-China War in Korea," p. 105.

라 전면전 가능성이 증가하고 있다고 진단했다. 따라서 중국의 개입문제를 해결하기 위해 당장 군사적 조치를 단행하기보다는 유엔을 통한 협상 등 정치적 방안을 모색할 것을 제안했다. 그리고 이와 함께 중국의 군사 개입 목적을 규명하기 위해 노력해야 하지만, 현재로서는 유엔군 사령부에 부여한 임무를 변경해서는 안 된다는 결론을 내렸다.[47] 즉 중국과 전면전으로 확대되는 것을 경계하고 이러한 사태가 발생하는 것을 절대적으로 막아야 하겠지만, 그러한 가능성이 확실해지기 전까지는 유엔군의 북진을 통해 한반도를 통일하기 위한 군사적 노력을 일단은 계속해야 한다는 것이다.[48]

한편 영국은 전쟁 확대를 막기 위해 한반도 일부를 완충지대로 설정하자고 주장했다. 중국군의 개입 직후 어니스트 베빈Ernest Bevin은 40도선에서 유엔군이 진격을 중단하고 북쪽을 완충지대로 남겨둠으로써 중국으로 하여금 체면을 살리면서 협상에 임할 수 있도록 하는 방안을 제시했다. 그러나 앞에서 지적한대로 미국의 생각은 달랐다. 애치슨은 베빈이 제시한 이러한 조치가 맥아더의 군사작전을 방해할 수 있으며, 유엔에서 발언하기로 되어있는 중국 대표가 이러한 유엔군 측의 유화적 태도를 이용하여 협상에서 더 많은 것을 요구할 수 있다는 점, 자칫 군사적으로 중대한 문제를 야기할 수 있다는 점을 들어 북방 완충지대 설치 문제는 일단 이제 막 시작할 맥아더의 공세를 지켜본 후에 결정하는 것이 바람직하다는 견해를 전달했다.[49] 11월 13일 미국이 평양-원산선을 넘어 북진을

---

47 "Memorandum by the JCS to the Secretary of Defense," 9 November 1950, *FRUS, 1950*, vol. 7, p. 1121.

48 11월 초 중국이 군사적 공세를 갑자기 중단한 후 미군 지도자들은 정치적 해결을 모색함과 동시에 맥아더의 주장대로 북진을 계속해야 한다는 견해를 갖고 있었다. Gey-Dong Kim, *Foreign Intervention in Korea* (Aldershot: Dartmouth, 1993), pp. 262-263.

개시하자 영국 정부는 본격적으로 완충지대안을 제기했다. 그러나 완충지대안은 이미 중국의 개입이 결정된 상황에서 너무 늦게 제시되었을 뿐 아니라, 그 이전에 제시되었다 하더라도 중국의 개입을 막을 수 없었을 것이다.

유엔군 사령관 맥아더의 입장은 확고했다. 그는 미 합동참모본부에 보낸 보고서에서 지난 10월 10일 합동참모본부가 자신에게 "중국군이 사전에 경고 없이 개입할 경우 성공할 기회가 된다면 어떠한 행동을 취해도 좋다"고 한 결정을 상기시켰다. 그리고 한반도에서 적을 격퇴하고 통일을 이루도록 결의한 유엔의 기본정책을 약화시키는 것은 치명적인 결과를 초래할 것이라고 했다. 심지어 영국이 북한 일부지역을 보장함으로써 중국에 유화적인 정책을 펴자는 입장을 보이는데 대해 1938년의 뮌헨 협정 München agreement을 예로 들면서, 양보하면 할수록 적은 더욱더 강경하고 비타협적으로 나올 것임을 지적했다.[50] 이러한 상황에서 결국 트루먼은 영국의 완충지대안을 무시하고 모든 군사작전을 일단 맥아더에게 일임하기로 결정했다.[51]

한반도의 군사적 통일 방침을 재확인하자 맥아더는 다음과 같이 새로

49 Allen S. Whiting, "The U.S.-China War in Korea," p. 112; Gye-Dong Kim, "The Legacy of Foreign Intervention in Korean: Division and War," *Korea and World Affairs*, vol. 14, no. 2, Summer 1990, p. 294; "Acheson to Embassy in U.K., November 21 1950," *FRUS, 1950*, vol. 7, pp. 1212-1213; 김계동, 「중국의 한국전 개입에 대한 영국의 정책」, 『軍史』, 제41호, 2000년 12월, pp. 129-143; Peter N. Farrar, "A Pause for Peace Negotiations: The British Buffer Zone Plan of November 1950," eds. James Cotton and Ian Neary, *The Korean War in History* (Atlantic Highlands: Humanities Press International, Inc., 1989), pp. 66-77; Rosemary Foot, *A Substitute for Victory: The Politics of Peacemaking at the Korean Armistice Talks* (Ithaca: Cornell University Press, 1990), pp. 24-28.

50 "The Commander in Chief, Far East to the JCS," 9 November 1950, *FRUS, 1950*, vol. 7, p. 1108; Allen S. Whiting, "The U.S.-China War in Korea," p. 110.

51 David Rees, *Korea: The Limited War* (Baltimore: Penguin Books Inc., 1964), p. 151.

운 공격을 계획했다.[52] 먼저 공군으로 압록강의 교량을 파괴하여 중국으로부터 유입되는 병력 및 물자 지원을 차단한다. 동부전선의 제10군단은 장진호를 통해 서쪽으로 진격하고 서부전선의 미 제8군은 청천강에서 북상하여 양군이 강계 이남의 장진·무평리舞坪里에서 연결한 후, 중국군과 북한군을 포위·섬멸한다. 그 후 이들은 한만국경으로 진격하여 전 한반도를 점령한다는 계획이었다.

맥아더는 서울을 방어하던 미 제25사단과 터키여단, 영국군 제29여단을 서부전선에, 그리고 미 제3사단을 동부전선에 투입했다. 유엔군 지상부대는 5개 군 13개 사단, 3개 여단, 1개 공수연대의 약 22만 명 규모로 제1차 전역에서보다 약 8만 명이 증강되었다. 서부전선의 미 제8군은 좌로부터 미 제1군단(미 제24사단, 한국군 제1사단, 영국군 제27여단), 미 제9군단(미 제25사단, 미 제2사단, 터키 전투단), 한국군 제2군단(제6사단, 제7사단, 제8사단)이 서해안에서 낭림산맥까지 전개하고 있었다.[53] 미 제1기병사단과 영국군 제29여단은 예비로서 군우리, 숙천肅川, 개성開城 일대에서 전개하여 후방 보급로를 방어하는 임무를 맡았다. 유엔군은 11월 8일 공군기 600대를 출격시켜 신의주를 비롯한 압록강 지역의 교량과 도하지점에 대한 강력한 폭격과 함께 전반적인 공세를 시작하였으며,[54] 최초 지상작전은 적

---

52 모스맨, 『밀물과 썰물』, pp. 59-60. 11월 15일 맥아더는 최초 미 제10군단으로 하여금 장진호 북쪽 40km 지점에서 서쪽으로 진격하여 강계를 점령한 후 미 제8군과 연결하도록 계획했다. 그러나 보급로의 과도한 신장을 우려한 아몬드는 장진호 서쪽 끝 유담리에서 제8군 지역 내로 들어가는 도로를 따라 공격하여 희천 북방에 위치한 무평리를 차단한다는 대안을 제시하여 맥아더의 승인을 받았다. 한국전략문제연구소, 『중공군의 한국전쟁사』, pp. 42-43.

53 당시 미 제10군단의 진격은 순조롭게 진행되어 미 제1해병사단이 장진호 방면에서 중국군과 접촉하고 있었고 한국군 제3사단은 청진, 미 제7사단은 혜산진까지 진출하고 있었다.

54 만주 지역을 침범하지 않기 위해 압록강의 한국 측 수역에 있는 첫 번째 교각만을 폭격했다. 이 폭격은 11월 1일부터 압록강을 도하하기 시작한 중국인민지원군 제9병단이 이미 입북한 후에 이루어진 것이었다. 모스맨, 『밀물과 썰물』, p. 55.

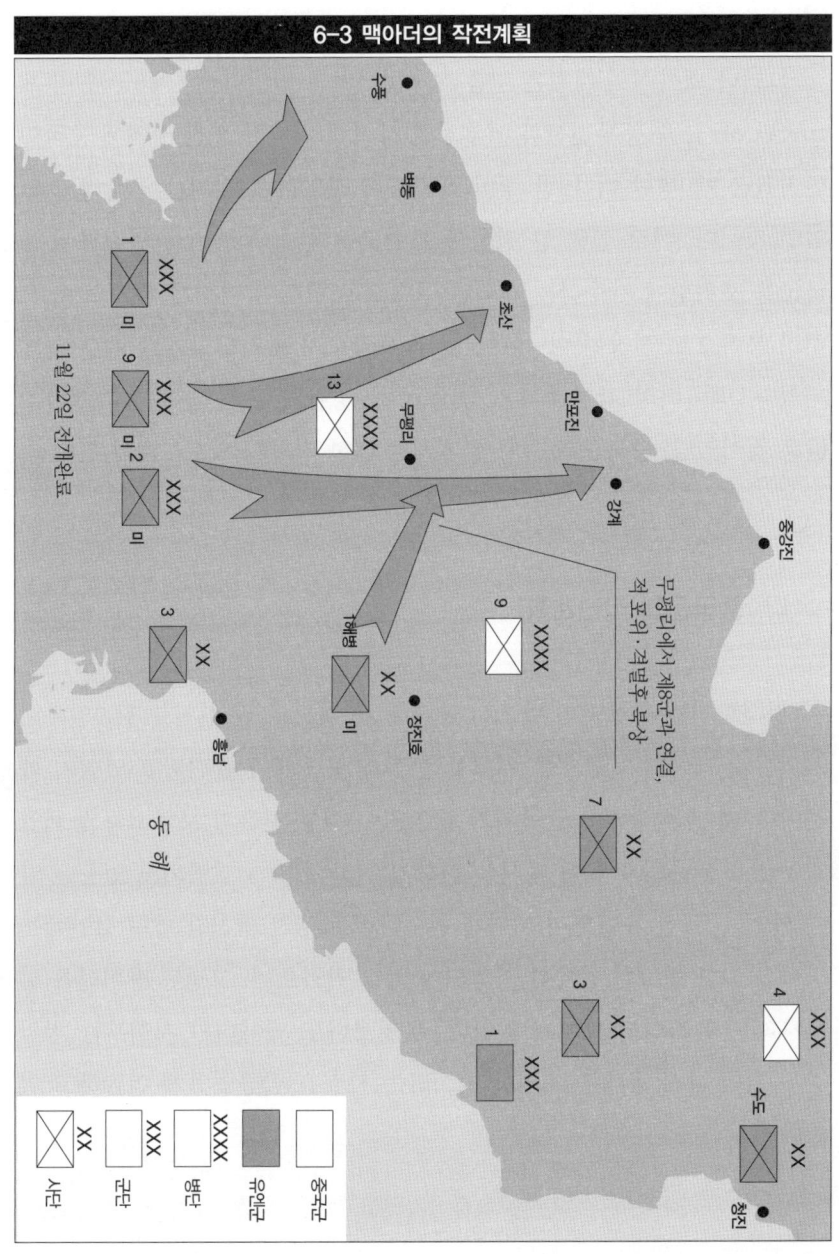

6-3 맥아더의 작전계획

의 동태를 파악하고 의도를 탐색하기 위해 조심스럽게 이루어졌다.

그러나 맥아더의 계획은 처음부터 빗나가고 있었다. 미 제8군과 미 제10군단 사이, 즉 동부전선과 서부전선 사이에 위치한 장진 지역에 중국인민지원군 제9병단 약 15만 명이 은밀하게 잠입하여 진지를 구축하고 있었던 것이다. 이로 인해 양 전선의 유엔군을 장진 북쪽에서 연결하여 중국군을 포위망에 가두려는 계획은 실제로 이행하기 어렵게 되었으며, 오히려 북쪽으로 신장된 미 제10군단의 보급로가 차단당할 위험에 처하게 되었다. 맥아더의 작전계획은 중국군 제9병단의 존재 자체를 가정하지 않은 것이었다. 중국군의 규모와 배치에 대한 정확한 정보부재와 판단 착오로 인해 유엔군의 작전은 사실상 성공을 거두기 어려운 것이었다.

나. 중국군의 작전계획

펑더화이는 유엔군이 반드시 공격해 올 것으로 믿었다. 11월 9일부터 24일까지 맥아더가 공세를 재개할 징후가 곳곳에서 발견되고 있었기 때문이다. 유엔군 측의 보급물자가 끊임없이 평양 인근의 보급소와 동해안 교두보로 운반되고 있어 다시 북진하기 위한 준비가 진행되고 있음을 알수 있었다. 또한 유엔군이 어렵게 철수하여 점령한 청천강 남쪽 강안에는 방어를 위한 견고한 참호가 구축되지 않고 있었으며, 고정된 방어선을 강화하려는 움직임도 보이지 않았다. 무엇보다도 맥아더의 지휘부는 청천강을 건너 다시 공격을 개시할 것이라는 사실을 공공연하게 언급하고 있었다.[55]

---

55 Anthony Farrar-Hockley, "A Reminiscence of the Chinese People's Volunteers in the Korean War," *The China Quarterly*, June 1984, no. 98, p. 299.

본격적인 유엔군의 공세를 예상한 펑더화이의 작전개념은 적을 끌어들인 다음 적 우측을 돌파하여 퇴로를 차단하고, 포위망에 갇힌 적을 섬멸한다는 것이었다. 구체적인 계획은 다음과 같다. 제38군과 제42군은 덕천 지역에서 적 선두부대를 끌어들여 양면에서 적 측방을 공격한다. 이를 위해 증강된 1개 사단이 덕천에서 적의 전진을 저지하는 척하다가 퇴각하여 적을 유인한다. 제38군과 제42군은 적을 섬멸한 후 남쪽으로 돌파하여 순천과 숙천에서 적 후방을 차단하여 포위한다. 제40군은 영변 지역에서 대기하다가 남쪽으로 돌파하는 제38군과 제42군을 엄호하고, 제39군은 서부전선의 적을 정면에서 방어한다. 제66군은 구성·정주 지역에서 예비로 대기하며, 제50군은 서해안 방어를 담당한다.

마오쩌둥은 9일 이와 같은 펑더화이의 작전계획에 만족을 표시하고 "11월 말과 12월 초에 걸쳐 적 7~8개 연대를 격멸한다면 현 전선을 평양-원산을 잇는 철도지역까지 확장할 수 있을 것이며, 근본적인 승리를 달성하게 될 것"이라고 전망했다.[56] 한편 동부전선에서는 제9병단이 장진호로 진격하는 적을 섬멸하기 위해 제20군과 제27군을 장진 지역에 배치하고, 1개 사단으로 하여금 미 제1해병사단을 끌어들여 격멸하도록 하며, 이후 함흥 방향으로 전과를 확대하도록 했다.

그러나 이번 전역의 목표는 다소 제한된 것이었다. 펑더화이는 기동, 화력, 보급 능력에 있어서 중국인민지원군의 한계를 잘 인식하고 있었다. 따라서 그는 미국의 공격에 대해 "억제 차원에서의 공격을 가하되, 전쟁이 3차대전으로 비화하지 않을 수준으로 제한한다"는 방침을 세웠다. 그리고 전역작전의 목표를 대략 평양과 원산을 잇는 39도선 일대를 장악하

---

56 "Telegram, Mao Zedong to Peng Dehuai and Pak Il-yu, 9 November 1950," *CCFP*, p. 203; Shu Guang Zhang, *Mao's Military Romanticism*, p. 108.

는 것으로 설정했다.[57] 물론 이 목표는 제38군과 제42군이 숙천과 순천을 포위해서 적의 퇴로를 차단할 경우 달성할 수 있는 것이었다.

13일 펑더화이는 차기 공세를 위해 제13병단의 주요 지휘관들을 소집하여 제1차 전역에 대한 평가를 내렸다. 그는 제1차 전역을 "섬멸이 아닌 격퇴"라고 단정한 뒤 제38군 예하 제113사단 지휘관들이 희천에서 과감하게 적을 차단하지 못한 점을 지적했다. 특히 제38군의 기동이 지연된 것에 대해서는 군사령관 량싱추梁興初를 일으켜 세워 질책하기도 했다. 제1차 전역에서 성과를 극대화하지 못한 것은 중국군이 적의 능력을 과대평가하여 과감하게 후방에 침투하지 못하고 정면의 방어에만 급급했기 때문이라고 몰아세웠다. 그는 지휘관들의 경각심을 촉구하고 나서 제2차 전역에서의 작전계획을 하달했고, 이번 전역을 통해 적 2~3개 사단을 섬멸한다면 전쟁상황을 반전시킬 수 있을 것으로 자신하며 제2차 전역의 중요성을 강조했다.[58]

제2차 전역은 제1차 전역보다 훨씬 잘 준비된 가운데 추진되었다. 11월 1일 마오쩌둥으로부터 압록강 도하명령을 받은 제9병단은 3개 군, 12개 사단, 15만 명 병력으로 11월 19일까지 동부전선 장진호 일대에 배치를 완료했다.[59] 유엔군 후방지역에서는 제42군 예하 2개 대대가 북한군으로 위장하여 북한군 특수부대와 함께 유엔군 후방지역으로 침투하였으며, 북한군 제2·5군단의 잔류병력과 접촉하여 본격적으로 유격전을 수행했다.[60] 또한 중국인민지원군 사령부는 각 군으로 하여금 특수부대를 남한

---

57 Russell Spurr, *Enter the Dragon*, p. 169.

58 Shu Guang Zhang, *Mao's Military Romanticism*, p. 109.

59 "Telegram, Mao Zedong to Song Shilun and Tao Yong, 31 October 1950," *CCFP*, p. 200.

60 마오쩌둥은 11월 5일 원산-순천 철도 북쪽지역에서 제2전선을 형성하도록 지시했다. "Telegram, Mao Zedong to Peng Dehuai, 5 November 1950," *CCFP*, p. 201.

지역에 파견하여 독자적인 유격작전을 수행하도록 지시했다. 한편 후방 지역의 보급로가 개척되어 중국군의 보급상황은 어느 정도 개선할 수 있었다.

다. 중국군의 기만작전 전개

펑더화이의 기대와 달리 서부전선에서 유엔군의 진격은 매우 조심스러웠고 신중했다. 미 제8군은 중국군의 위치를 탐색하기 위해 1주일에 겨우 8km밖에 진격하지 않았으며 15일에는 박천-용산동-영변-덕천 부근에 도달했다.[61] 16일 지휘관회의에서 덩화는 적이 느리게 진격하고 있기 때문에 점차 중국군의 의도를 간파할 것이라고 지적하고, 따라서 적의 경계심을 늦출 수 있는 방안을 강구해야 한다고 주장했다.[62]

펑더화이는 적을 유인하기 위해 보다 파격적인 조치를 취했다. 그는 애초에 적을 저지하는 척하다가 유인하기 위해 배치한 부대들의 임무를 취소하였으며, 모든 부대들로 하여금 북쪽으로 철수하도록 지시했다. 묘향산맥 돌출부인 덕천에서 적을 섬멸하려는 계획을 바꾸어 과감하게 적 유령산맥의 남단, 즉 대관동大館洞-온정-묘향산妙香山 일선까지 적을 유인한 후 기습적으로 반격을 가하여 섬멸하기로 했다. 또한 100명의 유엔군 포로를 석방하여 현재 중국군이 겁을 먹고 철수하고 있다는 거짓 정보를 흘리고, 유엔군으로 하여금 중국군들이 우수한 미군과 대적하는 것을 두려워하고 있다는 인상을 갖고 경계심을 늦추도록 했다. 펑더화이는 한 번도 패한 적이 없다는 맥아더의 자부심을 심리적으로 이용하고 있었다. 한편

---

61 한국전략문제연구소, 『중공군의 한국전쟁사』, p. 49.

62 Shu Guang Zhang, *Mao's Military Romanticism*, p. 110.

마오쩌둥은 적의 정보판단을 흐리게 하기 위해 전투보고서 작성 시 '중국-조선 사령부'라는 명칭을 사용하지 말고 '인민군 총사령부'라는 명칭을 사용하도록 지시했다.[63]

펑더화이의 전략이 먹혀들기 시작했다. 중국인민지원군은 17일 운산-구장선 이북과 영원-동북 지역까지 철수했고, 유엔군은 중국군이 시야에서 사라지자 전진속도를 높였다. 21일까지 미 제8군 선두부대는 영변-영원선 북쪽지역에 이르러 전면공격 채비를 갖추었다. 동부전선의 전진속도는 더욱 빨라 압록강변의 혜산진惠山鎭, 동해안의 청진淸津에 이르고 있었다. 유엔군 사령부는 중국군 병력을 약 4~7만, 북한군의 병력은 8만 명으로 판단하고 있었으며 전면공세에 나서게 되면 열흘 이내에 전쟁을 종결지을 수 있을 것이라고 전망했다. 맥아더는 24일 10시에 크리스마스 이전에 전쟁을 종결한다는 취지의 "크리스마스 공세home by Christmas" 성명을 발표하고 총공격을 명령했다.[64]

적의 공격부대가 판명되고 나서 구체화된 펑더화이의 작전계획은 적을 유인하여 섬멸할 뿐 적 후방으로의 과감한 돌파와 포위가 축소된 것이었다. 그의 계획은 우선 맨 동쪽에 위치한 제38군과 제42군이 정면의 한국군 제2군단(제6·7·8사단)을 유인하여 묘향산-신창리 일대에서 섬멸하며, 그 후에 제38군은 서쪽으로 인접한 제40군과 연결하여 미 제1기병사단과 미 제2사단에 대해 측방과 정면에서 협조하여 공격하고, 이때 맨 서쪽의 미 제24사단과 영국 제27여단이 지원하러 올 경우 제39·50·66군이 이를 저지한다는 것이었다. 마오쩌둥은 24일 이 계획의 결점을 지적했다. 제38군과 제42군이 한국군 제2군단을 공격할 때 미 제1기병사단과 제2사

---

63 "Telegram, Mao Zedong to Peng Dehuai, 5 November 1950," *CCFP*, p. 202.

64 맥아더의 성명에 관해서는 David Rees, *Korea: The Limited War*, pp. 148-149 참조.

단이 한국군 제2군단을 지원하러 올 것이 분명하다. 이 경우 적의 추가증원을 차단하는 임무를 맡고 있는 제39군과 제40군이 적시에 지원할 수 없게 될 것이다. 그렇게 되면 제38군과 제42군이 미 제1기병사단·한국군 제2사단과 대적함으로써 한국군 제2군단을 돌파하기 어렵게 되며, 자칫 전체 전역이 실패로 돌아갈 수 있었다.[65]

마오쩌둥은 보다 과감한 공격을 요구했다. 즉 적을 더 이상 유인하는 것이 아니라 적의 약한 부분을 먼저 치고 나가는 것이었다.[66] 그는 제42군과 제38군의 과감한 돌파에 비중을 두었다. 즉 제40군으로 하여금 미 제1기병과 미 제2사단을 저지하도록 하고, 이 틈을 타서 제42군은 영원 지역의 한국군 제8사단을, 제38군은 덕천의 한국군 제7사단을 각각 격파한 다음 즉각 서쪽으로 방향을 틀어 청천강을 따라 진격함으로써 두 개의 긴 포위선을 만들어 그 안에 미군을 가둔다는 것이었다. 중국군 사령부는 마오쩌둥의 지시대로 계획을 수정했고 적이 전진하여 진지를 강화하기 직전으로 판단되는 25일 저녁에 공격을 개시하기로 결정했다. 적을 돌파한 후 후방으로 우회하여 기동하는 제38군과 제42군의 임무가 가장 중요했기 때문에 중국인민지원군 부사령관 한셴추韓先楚가 이 두 군을 직접 지휘하기로 했다.

11월 24일 10시 크리스마스 공세를 개시한 첫날 맥아더의 작전계획은 예상대로 진행되는 것 같았다. 미 제8군은 평균 15km를 전진했고 해질 무렵 정주에서 영원에 이르는 지역까지 진출했다. 특히 한국군 제2군단이 공격을 담당한 묘향산맥 일대에는 중국군이 강력한 진지를 구축했을 것으로 예상하였으나 막상 공격해본 결과 적의 저항은 경미했다. 그러나

---

65 Shu Guang Zhang, *Mao's Military Romanticism*, pp. 111-112.

66 Shu Guang Zhang, *Mao's Military Romanticism*, p. 112.

25일부터 상황은 돌변했다. 덕천-영원 지역에서 묘향산맥을 향해 공격하는 한국군 제2군단은 묘향산맥 중턱에서부터 적의 완강한 저항에 부딪혔으며 미 제1군단과 미 제9군단도 마찬가지였다. 시간이 갈수록 중국군의 압력은 가중되어 전진속도는 갈수록 둔화한다.

라. 중국군의 결전추구와 그 한계

25일 날이 어두워지자 중국군은 제38군의 정면공격을 필두로 공세를 시작했다. 제38군은 한국군 제7사단에 병력 5,000명 이상의 손실을 가하면서 돌파에 성공, 26일 19시에 덕천을 점령했다. 제42군은 한국군 제8사단의 진지로 진격하여 영원을 탈취하였으나 예비로 있던 한국군 제6사단 주력을 격파하는 데는 실패했다. 그러나 제38군과 제42군은 덕천과 영원을 점령함으로써 유엔군의 우측방 돌파에 성공한 셈이 되었고, 이로 인해 미 제8군은 진격을 중단시킬 수밖에 없었다. 맥아더가 유엔군에 총공격을 명령한 지 사흘 만에 전세는 역전되기 시작했다.[67]

26일 펑더화이는 덕천과 영원 지역에 돌파구가 형성되자 각 군에 공격명령을 내렸다. 제42군에 대해서는 맹산, 북창리北倉里의 서쪽으로 진격하여 순천, 숙천을 장악하고 한국군 제2군단과 미군의 퇴로를 차단하도록 지시했다. 제38군에는 군우리로 진격하여 적의 퇴로 및 증원을 차단하는 동시에 일부는 제40군과 협조하여 원리, 구장 지역의 미 제2사단을 포위·섬멸하도록 지시했다. 즉 제38군은 청천강 남안을 따라 작은 포위를, 제42군은 순천, 숙천 지역으로 큰 포위를 하는 이중의 포위망을 형성하여 서부전선에 투입된 적을 모두 가두어 섬멸하겠다는 의도였다.

---

[67] Shu Guang Zhang, *Mao's Military Romanticism*, pp. 112-113.

적의 포위에 대해 위협을 느낀 미 제8군 사령관 워커는 27일 부대배치를 재조정했다. 그는 중국군의 공세를 저지하기 위해 이미 돌파한 한국군 제2군단 지역을 미 제9군단이 담당하여 방어하도록 하고, 미 제1군단 예하 미 제1기병사단을 미 제9군단에 배속한다. 제9군단의 주요 임무는 북창리에서 한국군 제6사단과 합류하여 남쪽으로 순천에 이르는 도로를 방어하는 것이었다.[68] 이를 위해 미 제9군단은 맨 위쪽에서 미 제2사단으로 하여금 구장동球場洞 일대에서 적의 진출을 저지하도록 하였으며, 중간지점에서는 터키여단으로 하여금 군우리 동쪽에서 작은 포위를 시도하는 중국군 제38군의 공격을 저지하도록 했고, 아래쪽에서는 미 제1기병사단으로 하여금 순천 동쪽에 위치하여 큰 포위를 시도하는 중국군 제40군의 진출을 저지하도록 했다. 이로써 유엔군은 북의 구장동에서부터 남의 북창리에 이르는 적의 접근로를 임시로나마 봉쇄할 수 있게 되었다.

그러나 미 제8군은 급속히 가중되는 중국군의 압력에 철수하지 않을 수 없었다. 27일 밤부터 28일 아침까지 중국군 제38군과 제40군은 미 제2사단을 청천강 동·서쪽에서 동시에 공격하여 구장동 지역을 점령했다. 미 제9군단이 담당하고 있는 우측 방어선 맨 위쪽이 무너진 것이다. 워커는 보다 효과적인 방어선을 구축하기 위해 적과 접촉을 중단하기로 결심하고 미 제8군 전체에 철수할 것을 명령했다. 28일 철수작전을 시작하여 미 제1군단 지역에서는 한국군 제1사단의 엄호를 받으며 미 제24·25사단이 청천강 북안 교두보로 이동하기 시작했다. 28일까지 중국군은 미 제25사단, 미 제1기병사단, 한국군 제1사단을 포위하려 시도하였으며, 유엔군의 퇴로는 안주로부터 숙천에 이르는 도로만 가용하게 되었다.[69]

---

68 모스맨, 『밀물과 썰물』, p. 95. 한국군 제7·8사단 낙오부대도 투입하기로 하였으나 전투력 발휘가 불가능하여 실행되지 않았다.

그러나 29일 오후 중국군은 군우리 동쪽의 터키여단을 공격하여 이 지역을 장악했다. 우측 방어선의 중간부분마저 무너진 셈이었다. 전날 구장동 방어에 실패한 미 제2사단으로서는 후방지역이 적의 수중에 들어감에 따라 더 이상 멈칫거릴 여유가 없었다. 29일 미 제9군단장은 미 제2사단장에게 순천 후방으로 철수할 것을 명령했다. 미 제2사단은 서해안에 가까운 안주-숙천 도로가 붐비자 동쪽의 군우리-순천 도로를 따라 철수를 시도했다. 그러나 이 도로는 이미 중국군 1개 연대가 매복하여 기다리고 있었으며, 미 제2사단은 철수하는 과정에서 중국군의 기습공격을 당하여 3,000명 이상의 사상자를 내고 와해되고 말았다.[70]

우측 방어선 가운데 맨 위쪽과 중간 부분이 무너졌다. 이제 중국군이 유엔군의 우측 방어선 가운데 맨 아랫부분인 숙천으로 진입하여 후방에 이르는 도로를 차단한다면 미 제8군 대부분의 부대는 중국군의 포위망에 꼼짝없이 갇히게 되었다. 워커의 최대 관심사는 "적이 제8군 후방 서쪽을 공격하여 다른 부대와의 연결을 끊어버려 대부분의 제8군 부대를 고립시키는 것을 막는 것이었다. 이에 대한 명확한 답은 동쪽으로부터의 중공군 공격에 대해 미 제8군 전체를 남쪽으로 충분하게 후퇴시키는 것뿐이었다."[71]

숙천은 이번 전역의 성패가 걸린 중요한 결정적 지점으로 대두되었다. 마오쩌둥은 이번 전투가 적 주력을 섬멸함으로써 한반도 문제를 근본적으로 해결할 수 있는 절호의 기회가 될 것으로 보았다.[72] 펑더화이는

---

69 한국전략문제연구소, 『중공군의 한국전쟁사』, p. 59.

70 모스맨, 『밀물과 썰물』, pp. 154-160; 백선엽, 『군과 나』, pp. 141-142.

71 모스맨, 『밀물과 썰물』, p. 103.

72 "Telegram, Mao Zedong to Peng Dehuai and Others, 28 November 1950," *CCFP*, p. 208.

"적 주력을 섬멸할 수 있는 관건은 제42군이 숙천을 재빨리 점령하여 적의 퇴로를 차단할 수 있는가에 달려있다"고 강조했다.[73] 미 제8군 사령부는 미 제1기병사단 및 영국 제29여단을 투입하여 철수부대와 연결을 시도했다. 서쪽의 신안주에서 동쪽으로 군우리에 이르는 청천강변과 남쪽으로 용원리龍原里, 삼소리에 이르는 지역에서 치열한 전투가 개시되었다. 중국군의 결사적인 저항으로 철수를 위한 연결작전이 실패로 돌아가자, 유엔군은 12월 1일부터 안주를 통해 숙천 방향으로 무조건 후퇴를 단행한다. 중국군은 2일 안주를 점령하고 남쪽으로 철수하는 유엔군을 추격했다.[74] 3일에는 평양 북동쪽에 위치한 성천을 점령했다.

그러나 중국인민지원군 제42군은 시간에 맞추어 순천, 숙천을 차단하지 못했다. 29일 밤 선두부대는 신창리를 방어하는 미 제7기병연대를 돌파하는데 실패하였으며 이로 인해 군 전체가 더 이상 나아가지 못했다. 숙천에서 큰 포위망을 형성하여 미 제8군을 섬멸하려는 계획이 실패로 돌아간 것이다. 펑더화이는 제42군이 숙천으로 신속하게 기동하지 못하는데 대해 실망하지 않을 수 없었다. 그러나 그것은 중국군이 가진 군사력의 한계였다. 화력 면에서 중국군은 포병의 지원도 없이 단지 기관총, 경輕박격포, 수류탄, 때로는 돌과 주먹으로만 싸웠다. 기동 면에서 중국군은 기계화된 유엔군보다 신속하게 이동할 수 없었다. 중국군이 열악한 군사력으로 이만한 성과를 거둔 것이 오히려 믿기 어려운 일이었다.

마오쩌둥은 철수한 유엔군이 평양을 연하는 선에서 방어할 것으로 판단했다. 따라서 그는 평양공격을 유보하기로 하고, 12월 2일 펑더화이에게 적이 숙천 남쪽으로 철수했다면 서부전선의 병력으로 하여금 작전을

---

73 한국전략문제연구소, 『중공군의 한국전쟁사』, p. 59.

74 국방부, 『한국전쟁사』 제5권, pp. 143-145.

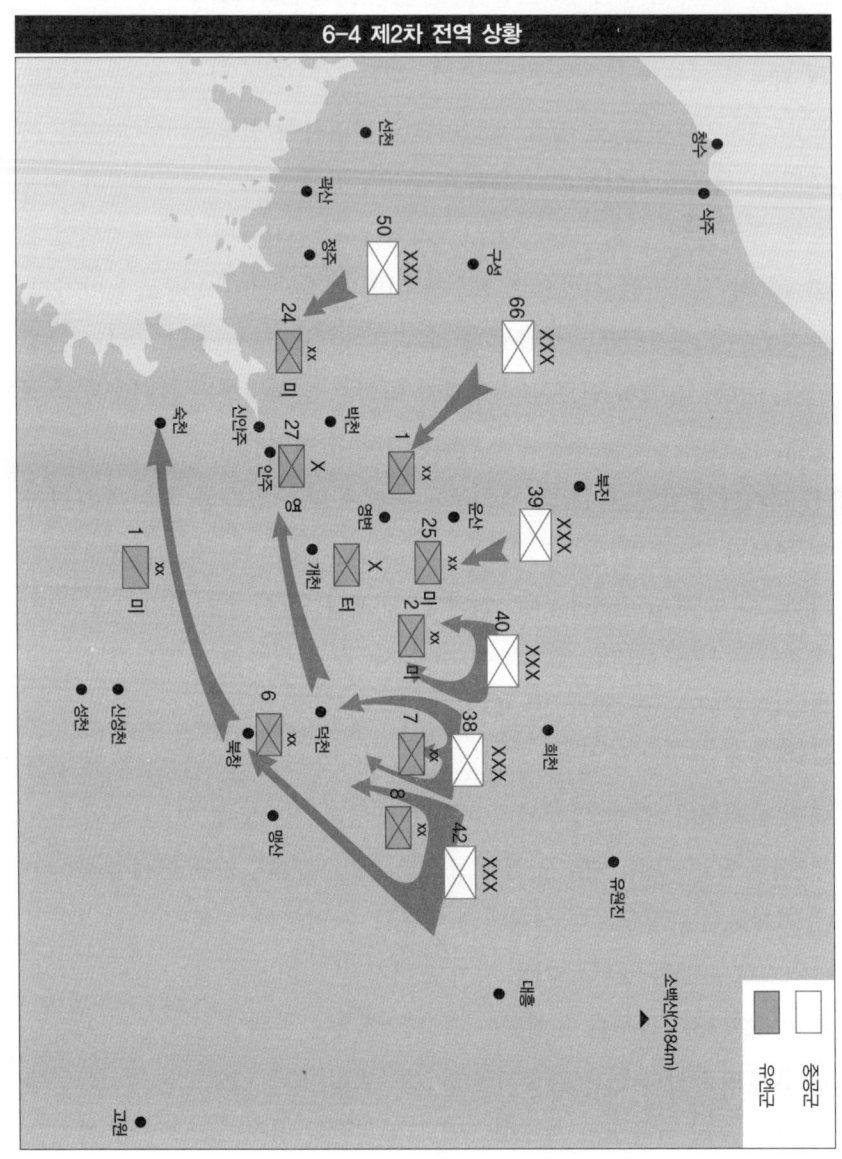

6-4 제2차 전역 상황

중공군
유엔군

소백산(2184m)

342 현대 중국 전략의 기원

중지하고 4~5일간 휴식을 가져도 좋다고 했다.[75] 펑더화이는 즉시 중국인민지원군에 공세를 중지하고 탄약과 식량을 보충하면서 차후 작전을 준비하도록 지시했다. 그러나 유엔군은 평양을 포기하고 남하하고 있었다.[76] 3일 미 제8군의 북동쪽과 동쪽에 상당한 규모의 중국군이 재배치되었다는 첩보를 입수한 제8군 사령관이 적이 평양을 공격하거나 남서쪽의 신계로 진출하여 퇴로를 차단할 것으로 판단하고, 4일 8시를 기해 평양에서 철수할 것을 명령한 것이다. 유엔군이 평양에서 철수한다는 사실을 입수한 마오쩌둥은 5일 중국인민지원군으로 하여금 다시 적을 추격하도록 명령했다.

중국군은 즉각 철수하는 미 제8군에 대해 추격에 나섰다. 그러나 최신 수송장비를 이용하여 철수하는 이들을 따라잡을 수 없었다. 중국군은 도보로 이동하였으며 물자수송을 위해 우마차, 썰매, 짐말, 심지어 쌍봉낙타까지 동원하고 있었다.[77] 물론 차량도 일부 보유하고 있었으나 주간에는 유엔군의 공중공격으로 인해 운용할 수 없었다. 유엔군은 약 200km를 철수하여 임진강臨津江 서안으로부터 38도선 일대를 따라 진지를 구축할 수 있었다. 양측의 기동력 차이는 유엔군이 남쪽으로 이동하는 동안 중국군과의 접촉이 거의 이루어지지 않았다는 사실에서 명확히 드러나고 있다.

6일 중국군은 제2차 전역 승리의 상징이라고 할 수 있는 평양을 점령했다.[78] 7일 펑더화이는 평양점령을 완료함과 동시에 제2차 공세를 종료했다. 12일 서부전선의 중국군 6개 군은 38도선에 인접한 금천金川-구화리

---

75 "Telegram, the Central Military Committee to Peng Dehuai, 2 December 1950," *CCFP*, p. 209.

76 국방군사연구소, 『한국전쟁』(중) (서울, 1996), p. 242.

77 David Rees, *Korea*, p. 171.

78 "Telegram, Mao Zedong to Peng Dehuai and Others, 4 December 1950," *CCFP*, p. 211.

九化里_삭령朔寧_연천漣川_철원鐵原_화천華川 지역까지 진격하여 새로운 전역에 대비하기 시작했다.

마. 유엔군의 흥남철수작전과 중국군의 결전추구

한편 중국인민지원군은 동부전선에서도 결정적인 기회를 맞고 있었다. 동부전선을 담당한 미 제10군단은 적의 저항이 경미했던 탓에 미 제7사단은 혜산진까지, 한국군 수도사단은 청진까지 진격하였으며, 한국군 제3사단은 합수合水 근처에서 국경도시인 무산茂山과 혜산진을 향해 나아가고 있었다. 그러나 11월 27일 서부전선의 상황이 악화되자 이들은 후방작전선의 차단을 우려하지 않을 수 없었다. 미 제10군단장 아몬드Almond는 27일 8시에 공격을 개시하기로 하였으나, 공격개시 직전에 서부전선의 상황을 접수한 후 공격을 취소하고 북진부대의 철수를 명령했다. 한국군 제3사단은 해상을 통해 흥남興南 지역으로 철수하고 수도사단과 미 제7사단은 육로를 통해 즉각 흥남 지역으로 집결하도록 했다.[79]

미 제10군단의 좌익부대로서 미 제8군과 접촉·연결하는 임무를 맡은 미 제1해병사단은 첫날부터 4개 사단이 넘는 중국군의 포위망에 갇혀 난관에 봉착하게 되었다. 27일 아침 미 제1해병사단은 장진호 서쪽 유담리柳潭里를 공격하기 위해 기동하던 중 중국군 2개 사단으로부터 정면에서 압력을 받기 시작했고, 이어 2개 사단에 의해 하갈우리下碣隅里로 통하는 후방통로를 차단당하게 되었다. 미 해병사단은 어쩔 수 없이 적 포위망을 뚫고 하갈우리로 탈출을 시도했다. 적의 두터운 포위망 돌파작전은 후퇴라기보다는 후방지역으로의 공격작전과 같았다. 해병사단은 11월 30일 돌

---

79 육군사관학교, 『한국전쟁사』, p. 232.

파를 시도하여 많은 피해를 입으면서도 하갈우리에 도착, 미 제7사단과 합류한 후 12월 6일 다시 돌파를 시도하여 고토리古土里를 거쳐 9일 진흥리鎮興里로 철수할 수 있었다. 이 과정에서 미 제1해병사단이 입은 피해는 사망 561명, 실종 183명, 부상 2,872명의 전투손실과 3,659명의 비전투손실이 있었다. 비전투손실은 주로 살인적인 한파로 인해 발생한 동상환자들이었다. 당시 기온은 영하 20~30도까지 내려갔으며 병기마저 얼어붙어 격발擊發이 되지 않는 상황이 연출되었다. 미 해병사단의 악전고투로 인해 중국군 제9병단 예하 7개 사단이 이들을 섬멸하기 위해 12월 초순까지 이 지역에 묶이게 되었으며, 결과적으로 중국군으로서는 서부전선에 추가로 투입할 수 있는 여력을 갖지 못해 상대적으로 미 제8군에 대한 압력을 가중할 수 없었다.

동부전선을 담당한 중국군 제9병단의 작전 성패는 철수하는 유엔군에게 얼마만큼의 타격을 가하느냐에 달려있었다. 유엔군은 12월 9일 원산의 병력을 철수시켰으며, 따라서 흥남-원산 도로를 사용할 수 없게 되자 흥남에서 해상으로 철수할 것을 결정했다. 미 제10군단은 이제 중국군의 완전한 포위망에 갇히게 되었다. 이들을 섬멸한다면 중국군은 무난하게 38도선 이남으로 진출할 수 있고, 전쟁을 조기에 종결할 수도 있었다. 중국군 제9병단 예하 제26·27군은 북한군 제3군단과 협조하여 유엔군 주력을 섬멸하기 위한 추격전을 펼쳤다. 이들은 17일 함흥, 19일 연포비행장을 점령했고, 30일에는 함흥-흥남 외곽 10~30km까지 진출했다. 북한군 3만 명을 포함하여 총 9만 명의 병력이 투입되었으며, 이들은 외곽방어선에서 철수를 엄호하는 유엔군 3만 명을 섬멸하고 철수하는 유엔군에게 최대한의 타격을 가하기 위해 최종적인 압박을 가하기 시작했다.

역사상 가장 대규모의 철수작전이 시작되었다. 미 제10군단 병력이 10만 5,000명, 피난민이 9만 1,000명, 차량은 1만 8,422대, 물자는 3만

5,000톤에 달했다.[80] 미 제10군단은 전초선과 제1·2·3차 주저항선을 구축하여 축차적인 철수를 계획했다. 중국군은 북한군과 함께 수차례의 총공세를 펼쳤다. 그러나 유엔군은 가용한 모든 화력을 동원하여 이를 저지했다. 한반도에서 작전을 하고 있던 미 해군 제90기동부대Task Force 90가 배치되었고 미 제7함대가 이를 증원했다.[81] 연포비행장과 항모에 적재된 공군기가 철수작전을 지원했다. 제90기동부대 사령관 제임스 H. 도일James H. Doyle 제독은 제10군단 지역에 7척의 항공모함을 배치하여 항공기를 발진시켰으며, 1척의 전함과 2척의 순양함, 7척의 구축함과 3척의 로켓함을 배치하여 함포사격 요청에 응했다.[82]

12월 14일 중국군은 5개 사단을 함흥 북쪽에 투입하여 집중적으로 공격하기 시작했다. 뒤에서는 중포와 박격포를 동원하여 화력을 집중했고 앞에서는 대규모 병력을 투입하여 무자비한 살상을 무릅쓰면서 거세게 밀어붙였다. 그러나 유엔군은 일차적으로 함포사격 및 공중폭격을 통해 중국군을 강타했고, 여기에 지상군의 화력을 집중하여 중국군의 공세를 저지할 수 있었다.[83] 우세한 병력을 앞세운 중국군의 공세는 월등한 화력을 갖춘 유엔군의 방어망을 좀처럼 뚫지 못했다.

12월 15일 장진호 전투에서 피해가 컸던 미 제1해병사단을 제1진으로 하여 철수가 개시되었다. 제1진이 철수하면서 방어선은 축소되었다. 유엔군은 제1단계 철수 시 함흥을 포기했고 제2단계 철수 시에는 연포비행장을 포기했다. 한때 중국군은 방어선을 돌파하는데 성공하기도 하였으

80 Bill Shin, *The Forgotten War Remembered* (Elizabeth: Hollym International Corp., 1996), p. 165.

81 국방부, 『한국전쟁사』 제5권, p. 282.

82 모스맨, 『밀물과 썰물』, p. 208; 육군사관학교, 『한국전쟁사 부도』(서울: 일신사, 1986), pp. 134-135.

83 국방부, 『한국전쟁사』 제5권, p. 285.

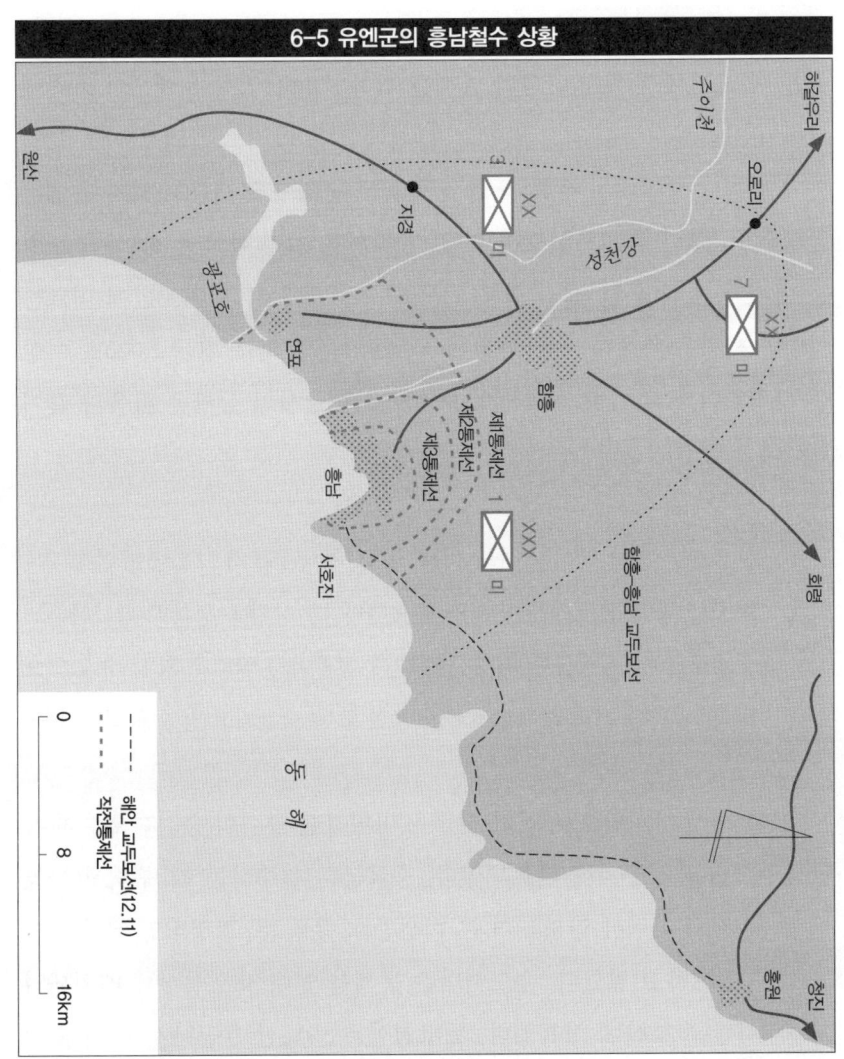

6-5 유엔군의 흥남철수 상황

나 곧 유엔군의 화력이 집중되면서 물러나지 않을 수 없었다. 19일 중국 군은 이 작전에서 최대 규모의 공세를 취하였으나 역시 유엔군의 화력에 의해 무기력하게 무너지고 말았으며, 이때 입은 타격으로 인해 이후 22일 까지 자취도 드러내지 못했다. 23일 중국군이 재차 공세를 가하자 유엔군 공군은 161회나 출격하였으며, 최종 방어선을 지킨 한국군 제3사단 포병 은 마지막 엿새 동안 매일 화포 1문당 5,100발에서 1만 800발에 이르는 치열한 사격을 가했다. 해군함정에서도 포 1문당 하루 평균 2,000발 이상 을 사격했다.[84] 로이 E. 애플먼Roy E. Appleman은 당시의 상황을 다음과 같이 묘사하고 있다:

> 중국군은 흥남 방어선 내의 지상, 공중, 바다로부터 그들에게 쏟아지는
> 화력에 대해 전혀 무방비 상태에 있었다. 그 상황을 정확히 평가한다면
> 중국군은 미 제10군단 저지선에 대해 성공적인 공격을 가할 수 없었으
> 며, 만일 그들이 무리해서 공격했다면 모두 도살되고 말았을 것이다.[85]

24일 14시 마지막으로 적의 진출을 저지하던 병력이 승선함으로써 흥 남철수작전은 성공리에 완료되었다. 중국군은 철수하는 적 주력을 눈앞 에 둔 채 적의 화력에 압도되어 큰 희생만 치렀을 뿐, 결정적인 결과를 얻 는 데는 실패하고 말았다. 수도사단은 동해안 일대 38도선상에 배치되었 고 제3사단은 부산에 상륙했다. 동부전선은 38도선 부근에서 다시 형성 되었다.

---

84 Roy E. Appleman, *Escaping the Trap: The US Army X Corps in Northeast Korea*, 1950 (Texas A&M University Press, 1990), pp. 330-331.

85 Roy E. Appleman, *Escaping the Trap*, pp. 324-325.

동부전선의 전투는 중국군의 승리였다. 적어도 장진호로부터 혜산진까지 진격했던 미 제10군단을 양양襄陽 이남으로 철수시킴으로써 38도선 이북지역을 회복했기 때문이다. 그러나 제9병단은 땅은 얻을 수 있었지만 그들이 공언한 바와 달리 미 제10군단 주력을 섬멸하는 데는 실패했다. 반면 미 제10군단은 후방으로 철수하지만 중국군에게 심대한 타격을 가함으로써 제9병단이 이듬해 4월까지 전투에 투입되지 못하게 하는 부수적인 효과를 거두었다. 따라서 동부전선에서 중국군이 비록 38도선까지 진격하는 성과를 거두긴 했지만 결코 성공적인 작전이었다고는 볼 수 없다.

동부전선에서 중국군이 미 제10군단 주력을 섬멸하지 못한 이유는 다음과 같다.[86] 첫째, 장진호 전투에서 혹한으로 인한 손실과 전투손실이 워낙 컸기 때문에 재정비할 시간이 필요했다. 둘째, 유엔군이 흥남에서 철수하기로 한 이상 승리는 굳어졌기 때문에 무리해서 적을 몰아붙일 필요가 없었다. 마지막으로 유엔군의 월등한 화력이 중국군의 병력집중을 방해함으로써 제대로 공세를 취할 수 없었다. 중국군이 공세를 취하기 위해 병력을 한 곳에 집중할 경우 유엔군 포병의 화력과 해군의 함포사격, 그리고 공군지원으로 인해 매우 큰 피해를 입지 않을 수 없었다. 반면 중국군은 흥남부두에 집결한 유엔군 병력 및 장비에 대해 원거리에서 공격을 가할 수 있는 충분한 화력을 갖추지 못해서 결전의 기회를 살리지 못했다.

바. 중국군의 결전 실패요인 분석

중국인민지원군이 제2차 전역을 통해 38도선 이북의 영토를 차지함으로써 커다란 승리를 거둔 것만은 사실이다. 한국전쟁 개입 전 6개월 동안

---

86 모스맨, 『밀물과 썰물』, p. 212.

평양-원산선 이북에서 방어선을 구축한다는 계획과 비교해 볼 때 불과 2개월 만에 북한 지역을 수복한 것은 매우 놀라운 성과라 하지 않을 수 없다.

그러나 중국군은 결정적인 성과를 거두는데 실패했다. 즉 38도선 이북의 지역은 확보하였으나 적의 중심인 병력을 섬멸하는 데는 실패한 것이다. 만일 서부전선에서 외곽 우회부대인 제42군이 적시에 숙천을 돌파하고 퇴로를 차단했다면 유엔군 주력을 궤멸할 수 있었을 것이다. 또한 동부전선에서 제9병단이 유엔군의 흥남철수작전을 차단할 수 있었다면 한국전쟁의 흐름은 바뀔 수 있었을 것이다. 중국군은 제2차 전역의 결과로 한반도 전쟁상황을 유리하게 뒤집는 데는 성공했지만 궁극적으로 피아 전투력의 균형을 뒤집는 데는 실패했다. 중국군이 얻은 것은 단순히 '부동산'에 불과한 것이었다.

중국군의 결전 실패요인을 분석해 보면 다음과 같다. 첫째, 군사적으로 약한 측이 결전을 추구하는 데는 한계가 있었다. 전쟁이 끝난 후 중국인민해방군에서도 인정하고 있는 것처럼 장비와 화력의 우열에 현저한 차이가 있는 상황에서 실시한 우회기동과 포위작전은 극히 어려운 임무였다.[87] 제1차 전역에서 나타난 "미군의 바퀴와 중국군의 두 다리" 간의 경주와 극히 유사한 상황이 제2차 전역에서도 그대로 재연되었다.[88] 중국군은 기계화된 유엔군을 따라잡을 수 없었다. 결전추구는 군사적 약자에게는 기회의 문제가 아니라 능력의 문제였다.

둘째, 유엔군이 결전을 회피했기 때문이다. 미 제8군 사령부는 11월 27일 우측방이 노출되자 즉각 진격을 중단시켰으며 28일에는 청천강 교두보로 철수하도록 명령했다. 그리고 중국군이 군우리를 점령한 데 이어

---

87 한국전략문제연구소, 『중공군의 한국전쟁사』, p. 71.

88 Bill Shin, *The Forgotten War Remembered*, p. 156.

숙천으로 공격해 오자 평양 이남으로 철수를 단행했다. 동부전선의 미 제 10군단 사령부는 27일 서부전선의 상황이 불리하게 돌아가고 있음을 알고 그날 계획되었던 공격을 포기한 채 전 부대에게 즉각 철수할 것을 명령하였으며, 12월 15일부터 24일까지 흥남철수작전을 성공적으로 마칠 수 있었다. 그 결과 유엔군은 비록 북쪽지역은 상실했지만 주 전투력을 보존할 수 있었다. 제2차 전역은 상대가 결전을 회피할 경우 결정적인 결과를 얻기가 어렵다는 사실을 다시 한 번 입증하고 있다.

중국인민지원군은 이제 더 이상 결전을 추구하기 어렵게 되었다. 사실상 중국군이 한국전쟁에 개입한 직후 어려운 여건에서도 두 차례에 걸쳐 결전을 추구하고 북한 지역을 수복할 수 있었던 가장 큰 이유는, 유엔군의 공격이 정점에 도달했기 때문이 아니라 유엔군이 방심하고 있었기 때문이다. 유엔군 사령부는 적의 능력 및 규모를 과소평가하고, 인접부대와 협조하지 않은 상태에서 무리하게 진격함으로써 중국군에게 두 번이나 기습의 기회를 제공했다. 그러나 이제 유엔군은 중국군의 존재를 알아차리고 신중하게 경계하고 있었다. 무엇보다도 유엔군은 당분간 공세를 중단하고 전열을 정비하기 위해 종심 깊은 방어전략으로 전환하고 있었다. 더구나 피아 전투력의 변화가 이루어지지 않았고 여전히 유엔군이 화력과 제공권 측면에서 절대적인 우세를 점유하고 있다는 점을 감안할 때 중국군이 더 이상의 결전을 추구하는 것은 무리가 아닐 수 없었다.

그럼에도 불구하고 마오쩌둥은 또 하나의 공세를 준비하고 있었다. 두 번에 걸친 전역의 성공에서 자신감을 얻은 마오쩌둥은 미국이 극비리에 한반도에서 철수하는 문제를 고려하고 있다는 사실을 알아차리고 한국전쟁 개입목표를 확대하려 했다.

3. 마오쩌둥의 전쟁목표 확대 :
한반도 전역 석권?

한국전쟁에 개입하여 뜻밖의 승리를 거둔 마오쩌둥은 승리감에 도취되었고, 전쟁목표를 확대하여 미군을 한반도에서 완전히 철수시키고자 했다. 12월 4일 펑더화이에게 보낸 전문의 일부를 보면 다음과 같다:

> 전쟁은 신속히 종결될 수도 있고 지연될 수도 있다. 우리는 적어도 1년 간 싸울 준비가 되어 있다. 적은 아마도 정전협상을 원하는 것 같다. 우리는 오직 적이 한반도에서 철수하는 것에 동의할 경우에만 협상에 임할 것이며, 적은 우선 38도선 남쪽으로 철수해야 할 것이다. 평양을 탈취하는 것뿐 아니라 서울을 점령하는 것이 우리에게 유리할 것이며, 적을 섬멸하는 것을 목표로 하여 최우선적으로 한국군을 섬멸하고, (이러한 행동을 통해서) 우리는 미 제국주의자들을 한반도에서 몰아낼 것이다.[89]

마오쩌둥은 "트루먼 정부가 지원군 군대를 38도선 이북에 정지시키고 군을 정비한 다음 다시 전투에 임하려는 것"으로 보았다. 따라서 우선 한국군을 섬멸하여 미군을 고립시킨다면 미군은 한반도에 장기적으로 남아

---

89 Shu Guang Zhang, *Mao's Military Romanticism*, pp. 121-122; 한국전략문제연구소, 『중공군의 한국전쟁사』, p. 79.

있을 수 없을 것이라고 판단했다. 즉 추가 전역을 통해 유엔군에 대해 군사적 승리를 거둔다면 한반도에서의 미군 철수를 강요할 수 있다고 본 것이다.

그러나 야전사령관들의 입장은 달랐다. 군사적 관점에서 볼 때 중국인민지원군은 이미 두 차례의 전역을 수행하여 군사력이 극도로 소진되어 있었기 때문에 즉각 또 다른 전역을 강행한다는 것은 무리였다. 특히 펑더화이는 중국군의 공세가 이미 정점에 도달한 것으로 판단하고 있었다. 지금까지 발생한 사상자로 인해 중국군이 전투력을 회복하기 위해서는 10만 명 이상의 병력을 충원해야 했다.[90] 더 이상 진격한다면 중국군의 병참선은 신장될 것이며, 반면 유엔군의 병참선은 단축되어 상황은 중국군에 점차 불리하게 돌아갈 수 있었다. 지금까지의 작전에서 중국군은 미 공군의 공격으로부터 아무런 보호를 받지 못해 주로 야간기동에 의존하고 있었으며, 보급품을 수송할 운송수단도 크게 부족한 상황이었다. 따라서 펑더화이는 방어진지가 강화되고 차후 공격이 가능할 때까지 평양-원산선 남쪽의 39도선에서 방어로 전환해야 한다고 보았다.[91] 12월 8일 그는 마오쩌둥에게 전문을 보내 중국인민지원군 정면에 배치된 미 제24사단과 제1기병사단, 한국군 제1사단과 제6사단을 격멸할 수 있다면 38도선을 넘어 서울을 공격해야겠지만, 만일 그럴 가능성이 없다면 비록 서울을 점령할 수 있다고 하더라도 남쪽 깊숙이 진격해서는 안 된다는 의견을 피력했다. 적으로 하여금 38도선상에 머물러 있도록 한 뒤 내년에 다시 적 주력을 공격하자는 것이었다.[92]

---

90 Shu Guang Zhang, *Mao's Military Romanticism*, p. 123. 전투원 충원소요는 제13병단이 3만, 제9병단이 6만, 그리고 제42·50·66군이 각각 5,000명이었다.

91 Allen Whiting, "The U.S.-China War in Korea," p. 115.

그러나 마오쩌둥은 전쟁목표를 확대하여 다음 두 가지 측면에서 제3차 공세를 강행하고 38도선을 돌파해야 한다고 결심했다. 첫째, 그는 최신 극비정보를 토대로 미국이 한반도에서 장기전을 치를 수 없으며 트루먼은 곧 한반도에서 전면적인 철수를 선언할 것으로 판단하고 있었다.[93] 마오쩌둥은 미군의 철수에 관한 정보를 상당히 신뢰한 것으로 보인다. 유엔군이 흥남에서 대규모의 철수작전을 준비하고 있으며 서울을 포기하고 있다는 보도는 이러한 믿음을 더욱 강화했다. 비록 이러한 정보가 확실하지 않다 하더라도 즉각 또 다른 공세를 취함으로써 그 진위를 확인할 필요가 있었다. 그리고 만일 사실이라면 계속 압력을 가하여 적의 전쟁의지를 더욱 약화시켜야 했다. 다만 그는 긴장이 풀어질 수 있다는 이유를 들어 펑더화이에게 이 정보를 전파하지 않도록 당부했다.

사실 워싱턴 당국은 12월 중순, 극비리에 한반도에서 유엔군을 철수하는 문제와 함께 한국 정부를 제주도로 옮기는 방안에 대해 검토하고 있었다. 22일 미 합동참모본부는 "중국이 전력증강에 뒤이어 강력한 공격을 가해 그들의 의도가 유엔군을 한국에서 몰아내려는 것임이 확실하게 드러난다면, 정부수준에서 가능한 한 빨리 유엔군의 철수를 결정해야 한다"는 데 의견을 모았다.[94] 중국의 침략에 대처하는 가장 바람직한 방안은 유엔이 추가 전력을 투입하여 중국군을 응징하는 것이지만 당시 국제정세와 유엔의 분위기로 볼 때 실질적인 추가 증원은 불가능했다. 왜냐하면 한반도는 미국의 주요 전장이 아니었으며 더 이상의 지상군 투입은 범세계적 수준에서 전력의 불균형을 가져올 수 있기 때문이었다. 미 합동참모

---

92 Shu Guang Zhang, *Mao's Military Romanticism*, p. 123.

93 "Telegram, Mao Zedong to Peng Dehuai and Others, 11 December 1950," *CCFP*, p. 214.

94 Korea Institute of Military History, *The Korean War*, vol. 2 (Seoul: KIMH, 1998), pp. 412-425; 국방군사연구소, 『한국전쟁』(중), p. 347.

본부는 대통령의 재가를 받아 29일 맥아더에게 전문을 보내, 축차적인 방어를 시행하여 적에게 최대한의 손실을 가하되, 중국군이 유엔군을 밀어내려는 의도로 더 많은 부대를 투입하여 집중한다면 일본으로 철수해야할 것이라고 통보했다.[95] 이러한 논의는 철저히 비밀에 붙여져 한국정부에게는 알려지지 않았다. 다만 12월 6일 딘 러스크 미 국무장관은 장면張勉대사에게 최악의 경우 제주도로 정부를 옮기는 것을 고려해야 한다는 의견을 개진했다. 당시 미국은 정부관리와 군인과 경찰 36만 명을 포함하여약 100만 명의 제주도 이전을 극비리에 검토하고 있었다. 즉 미국은 마오쩌둥이 판단한 대로 중국인민지원군이 지난 두 차례의 전역과 같이 다시한 번 총공세를 취할 경우 한반도를 포기할 수 있다는 입장을 취하고 있었다.

둘째, 정치적·상징적 이유에서 38도선의 돌파는 필요했다. 12월 8일인도를 비롯한 13개 중립국가들은 중국의 공세를 38도선에서 중지하고정전협정을 체결하는 평화제안을 보내왔다. 그러나 이것은 1946년 중국공산당과 국민당 사이에서 중재를 하던 마셜을 떠올리게 했다.[96] 따라서마오쩌둥은 이들 국가들에 대해 미국이 지난 10월 38도선을 돌파할 때에는 침묵하다가 왜 하필 중국이 38도선을 넘으려는 시점에서 이 문제를 제기하는지에 대해 반문했다. 그리고 이러한 요구를 중국인민지원군의 승리를 방해하려는 미국과 영국의 음모로 규정하고 단호히 거부했다. 저우언라이는 11일 "유엔군이 38도선을 무시했기 때문에 중국군도 똑같이 행

---

95 Korea Institute of Military History, *The Korean War*, vol. 2 (Seoul: KIMH, 1998), pp. 417-425; The Ministry of National Defense, *The History of the United Nations Forces in the Korean War* (Seoul: The War History Compilation Committee, 1975), p. 446. 국방군사연구소, 『한국전쟁』(중), pp. 347-348.

96 시성문, 조용전, 『중국인이 본 한국전쟁: 판문점 담판』, p. 128.

19 January 1951

MEMORANDUM FOR THE JOINT CHIEFS OF STAFF

SUBJECT: Consultations with General MacArthur

II. FINAL CONFERENCE, JANUARY 19

1. Before departing Japan January 19th we had a final conference with General MacArthur and his staff.

2. General Collins read a message which he had just sent to the JCS summarizing his findings in Korea (DA IN 11108, copy attached as Appendix "A").

3. General Vandenberg outlined briefly the results of his inspection of the Air Force operations which he had found highly satisfactory.

4. a. General Hickey, Chief of Staff, FECOM, then opened discussion of the plans for evacuation of the Korean officials and the ROK army.

   b. He gave the following estimate of the numbers that might have to be evacuated:

   Government officials and dependents. . . 56,000
   ROK Police Force 60,000
   ROK army 260,000
   Total 356,000

   c. In addition to the above, Eighth Army had estimated there would be approximately 400,000 government clerks and dependents of the ROK army and Police Force.

5. a. General Hickey stated that they had planned to place the NK and Chinese prisoners of war on the island of Cheju-Do. If this were done it would be impossible to place anyone else on this island, primarily because of the shortage of water (250,000 refugees are now on this island).

   b. We pointed out the importance of placing ROK forces on Cheju-Do in order to maintain the legal status of continuing combat in Korea.

   c. General Hickey stated they had planned to put the Korean marines on Cheju-Do and also to base the Korean navy and air force there. Admiral Joy said it would not be possible to operate naval forces from Cheju-Do since there was no harbor and that personnel and supplies could be landed in quantity only by LST's over open beaches.

   d. It was agreed that as many ROK forces as practicable would be placed on Cheju-Do and that further study would be made and recommendations submitted as to the disposition of the remaining ROK forces, ROK officials and dependents.

합동참모본부 비망록

제목: 맥아더 장군과의 회의

II. 1월 19일 최종회의

1. 일본을 떠나기 전, 1월 19일 맥아더 장군 및 그의 참모들과 최종 회의를 가졌다.

2. 콜린스Collins 장군은 한국 정세에 대한 특이 사항들을 정리하면서 방금 전 합동참모본부에 전송한 전문을 읽었다.

3. 밴던버그Vandenberg 장군은 매우 만족스럽게 수행했다고 판단하는 공군작전의 점검 결과에 대해서 간략하게 설명했다.

4. a. 그리고 나서 극동사령부 참모장인 히키Hickey 장군이 한국 관료들 및 한국군의 철수 계획에 대한 토론을 시작했다.

   b. 히키 장군은 철수할 인원수를 다음과 같이 산정했다.

   - 정부 관료 및 부양가족　36,000
   - 한국 경찰　　　　　　　60,000
   - 한국군　　　　　　　 260,000
   - 합계　　　　　　　　 356,000

   c. 그에 더하여 미 제8군은 한국 정부의 공무원들과 군경軍警의 식솔을 포함하면 약 40만 명이 된다고 산정했다.

5. a. 히키 장군은 북한군 및 중공군 전쟁포로들을 제주도에 수용하려고 계획했었다고 말했다. 만약 이 계획이 실행된다면, 무엇보다 물 부족 때문에 이들 이외에는 아무도 제주도로 이동시키지 못할 거라고 했다. (현재 이 섬에는 25만 명의 피난민이 있다)

   b. 우리는 한국에서의 지속적인 전투에 대한 법적 지위를 유지하기 위해서는 한국군을 제주도에 배치하는 것이 중요하다는 점을 지적했다.

   c. 히키 장군은 한국 해병대를 제주도에 배치시키고, 한국 해군과 공군을 주둔시키려고 계획했다고 말했다. 조이Joy 제독은 제주도에 항구가 없기 때문에 제주도에서 해군을 운용하는 것은 불가능할 것이라고 했으며, 인원과 보급품은 오로지 광활한 해안가에 상륙정(LST)을 이용하는 방법을 통해서만 대량으로 상륙시킬 수 있다고 말했다.

   d. 가능한 많은 한국군 병력을 제주도에 배치하자는 것과, 한국군의 잔여병력과 관료들 및 식솔들의 재배치에 관해 추가적인 연구를 이어나가고 제안사항을 제출하자는데 합의했다.

동할 것"이라고 선언하였으며,[97] 22일에는 정전을 위한 조건으로 한반도와 대만에서의 미군 철수, 중국의 유엔 대표권 인정을 요구함으로써 정전 협상에 응할 의사가 없음을 분명히 했다.[98]

그러나 마오쩌둥이 강행하고자 한 제3차 공세는 결전을 추구하기보다는 적의 의도를 탐색하고 38도선이 갖는 상징적인 의미를 확보하고자 하는 측면이 강했다. 무엇보다도 야전지휘관들의 견해를 대표하여 펑더화이가 간곡하게 설명한 것처럼, 현재 중국군의 상황에서 전면적인 공세를 취하는 것은 무리였다. 그는 19일 현 상황을 마오쩌둥에게 다시 보고하면서 "인민지원군은 능력 이상의 것을 달성하려 해서는 안 될 것"이며 "공격이 예정대로 진행되지 않을 경우 즉각 전투를 중단하겠다"는 자신의 입장을 밝혔다. 마오쩌둥은 이번 전역의 목표를 제한하지 않을 수 없었다. 그는 차후 최종적이고 결정적인 공세에 가용한 모든 전투력을 집중해야 하기 때문에 이번 작전 동안에는 추가로 병력지원이 이루어지지 않을 것이라고 했다.[99] 작전개념 역시 매우 유동적이고 제한적인 것이었다. 먼저 남진하면서 개성 지역의 적을 섬멸하고 서울로 접근한다. 그리고 나서 상황을 판단하여 적이 서울에 대한 방어를 강화하고 있으면 주력을 개성 지역으로 철수시켜 이후 서울 공격에 유리한 여건을 형성하도록 한다. 만일 적이 서울을 포기한다면 서부전선의 6개 군은 평양과 서울 사이에서 휴식을 취하고 재편성을 실시한다. 일단 38도선 돌파를 목표로 하되 "만일 전투가 잘 이행되지 않으면 공격을 즉각 취소하고 휴식을 취하면서 더욱 유리한 지역에서 싸울 준비를 갖춘다"는 것이다.[100] 한마디로 이번 작전은

---

97 Shu Guang Zhang, *Mao's Military Romanticism*, p. 124, 293 fn. 6.

98 "Premier Zhou, statement of 22 December 1950, outlining China's terms for a cease-fire," in Michael Hunt, *Crisis in U.S. Foreign Policy*, p. 225.

99 "Telegram, Mao Zedong to Peng Dehuai, 17 December 1950," *CCFP*, p. 216.

밀쳐야 본전이었다.

　이렇게 볼 때 최초 미군을 철수시키기 위해 38도선을 넘어 결정적인 타격을 가한다는 마오쩌둥의 계획은 펑더화이의 반대로 축소된 셈이다. 즉 그것은 일단 38도선을 돌파하여 38도선이 갖는 상징적인 의미를 달성하고, 그 후에는 무조건 남진하는 것이 아니라 여건을 보아 군사적으로 불리할 경우 휴식과 재편성을 실시한다는 것이었다. 즉 제3차 공세는 유엔군의 전쟁의지를 약화시켜 한반도에서 철수시킨다는 '절대적인' 목표를 추구하고 있었지만, 실제 전역을 수행하는 측면에서는 그 규모와 범위가 크게 '제한적인' 것이었다.[101] 미국은 중국이 다시 한 번 대규모의 공세를 감행한다면 한반도에서 철수할 것을 고려하고 있었으며, 마오쩌둥은 이러한 정보를 입수하고 또 다른 공세를 강행함으로써 미국의 의도를 탐색하려고 했던 것이다. 그러나 중국은 이미 힘이 부치고 있었으며, 무기력한 공격은 역효과를 가져와 오히려 유엔군이 중국군의 군사적 능력을 얕잡아보고 더욱 전쟁을 포기하지 않을 것이라는 점을 고려하지 못하고 있었다.

100　"Telegram, Mao Zedong to Peng Dehuai, 21 December 1950," *CCFP*, p. 217.

101　Chak-Wing David Tsui, "Strategic Objectives," p. 349.

4. 제3~5차 전역 :
무리한 결전추구와 결정적 패배

가. 제3차 전역 : 중국군의 한계 노출

제3차 공세에서의 작전개념은 이전의 공세와 달랐다. 마오쩌둥은 적이 방어를 하고 있기 때문에 적을 포위할 것이 아니라 각개로 격파해야 한다고 했다.[102] 펑더화이의 선택도 정면공격이었다. 이 공격은 적 정면에 월등히 우세한 병력과 화력을 투입하여 적 방어선에 틈을 만들고, 이 틈으로 주력이 적진 후방으로 기동하여 적을 포위하고 각개격파하는 것이었다.[103] 그는 임진강 동쪽과 북한강 서쪽에 위치한 한국군 제1·2·6사단과 제5사단 일부에 대한 공격을 계획했다. 한국군만을 표적으로 삼은 것은 한국군을 섬멸함으로써 미군을 고립시키고 장기적으로 한반도에서 철수하지 않을 수 없도록 한다는 마오쩌둥의 전략구상에 입각한 것이었다.[104]

중국인민지원군 제38·39·40·50군은 주력으로서 한국군 제1사단을 공격한 다음 제6사단을 공격하며, 그 후에는 의정부議政府 방향으로 진격하도록 했다. 북한군 제1군단은 문산坟山에서 정면에 배치된 한국군 제1사단

---

102 "Telegram, Mao Zedong to Peng Dehuai and Pak Il-yu, 26 December 1950," *CCFP*, p. 219.

103 Shu Guang Zhang, *Mao's Military Romanticism*, p. 127.

104 한국전략문제연구소, 『중공군의 한국전쟁사』, p. 79.

을 견제·공격하여 중국군의 우측방을 보호하도록 했다. 제42군과 제66군은 화천에서 북한강을 건넌 다음 춘천 북쪽에서 한국군 제2·5사단을 견제하여 중국군 주력의 좌측방을 보호하도록 하고, 주력부대의 작전이 성공적으로 이루어지면 더 남쪽으로 진격하여 경춘선을 차단하는 임무를 부여했다. 그리고 공격이 순조롭게 진행될 경우 다시 춘천에 위치한 한국군 제3군단을 공격하되, 그렇지 못할 경우에는 적당한 시기에 병력을 수습하기로 했다.[105] 시간적인 기습의 효과를 극대화하기 위해 해가 바뀌는 12월 31일을 공격일자로 정했다.

제3차 공세를 효율적으로 수행하기 위해 중국군과 북한군은 조중연합사령부를 설치하여 모든 작전과 전선활동을 통합·지휘하기로 했다. 펑더화이가 사령관 겸 정치위원, 김웅이 부사령관, 박일우가 부정치위원을 맡았다. 전방작전 참가부대는 북한군이 정비가 완료된 3개 군단(제1·2·5군단) 14개 사단으로 약 8만 명, 중국군이 6개 군 23만 명으로 도합 31만 명이었다. 유엔군은 전방 투입부대가 5개 군단, 13개 사단, 3개 여단으로 20만 명 규모였다.[106]

31일 17시가 되자 조중연합군은 공격을 개시했다. 기온이 영하 20도까지 떨어진 상태에서 중국군 제38·39·40군은 제50군을 예비로 하여 임진강을 도하하고 15km를 전진해 나갔다. 1951년 1월 1일 새벽 5시, 이들은 한국군 제1사단과 제6사단 사이의 연결지점에 틈을 내는데 성공하였으나, 제39군이 이 틈으로 차단부대를 투입하지 못해 한국군 제1사단의 후퇴를 막는데 실패했다. 제40군과 제38군도 마찬가지로 포위작전을 실

105 한국전략문제연구소, 『중공군의 한국전쟁사』, p. 82.

106 시성문, 조용전, 『중국인이 본 한국전쟁: 판문점 담판』, p. 131; 한국전략문제연구소, 『중공군의 한국전쟁사』, p. 78.

시하지 못하고 다만 한국군 제6사단을 몰아내는 데만 성공할 수 있었다. 이번 전역에서 가장 큰 승리는 한국군 제2사단 일부와 제5사단 일부에 포위공격을 가하여 타격을 입힌 것과 1개 포병대대를 격멸하고 화포 6문을 노획한 것이 전부였다.[107]

제3차 전역에서 중국인민지원군의 성과가 미흡한 것은 새로 부임한 미 제8군 사령관 매슈 B. 리지웨이[Matthew B. Ridgway]의 효율적인 작전 때문이었다. 그는 "부동산에는 관심이 없다"고 하면서 종심이 깊은 축차적 방어 전략을 구사했다.[108] 부산까지 약 300km의 간격을 이용하여 적당한 진지선을 선정하고, 적이 공격해 올 경우 화력을 동원하여 적에게 최대한의 피해를 가하되 진지선이 돌파당하기 전에 제2의 진지로 철수하도록 했다. 적의 진출을 무조건 저지하는 것이 아니라 방어를 반복해서 적의 출혈을 강요하면서 아군의 희생을 줄이겠다는 의도였다.[109]

리지웨이의 전략은 다음과 같은 측면에서 과거 마오쩌둥의 전략과 유사하다. 첫째, 병력을 온전히 유지하는데 주안을 두었다. 축차적인 방어선을 설정하여 단계적으로 퇴각하는 것은 공간을 내주면서 우선적으로 병력을 보존하겠다는 의도였다.[110] 둘째, 적의 병참능력이 제한적이라는 점을 노렸다. 적은 병참선이 길고 제공권을 상실하여 보급을 제대로 할 수 없었다. 따라서 작전지속일은 기껏해야 1주일 내지 열흘에 불과했다. 적은 일단 작전을 개시할 경우 40~50km를 진격할 수 있었다. 제2의 진지

---

107 Shu Guang Zhang, *Mao's Military Romanticism*, p. 130.

108 The Milistry of National Defense, *The History of the United Nations Forces in the Korean War*, pp. 436-437.

109 리지웨이의 작전개념에 관해서는 Donald M. Goldstein, "Preface: Matthew Ridgway and the Korean War," eds. Phil Williams et al., *Security in Korea: War, Stalemate, and Negotiation* (Boulder: Westview Press, 1994), pp. xvi-xxiii 참조.

110 육군사관학교, 『한국전쟁사』, p. 350.

를 37도선 부근에 설정한 것은 이러한 약점을 노린 것이었다. 셋째, 도시를 포기하고 후퇴하면서 적을 피로하게 만들었다. 그는 서울이 갖는 정치적 가치를 인식하고 있었음에도 1월 3일 15시에 전원 서울에서 철수할 것을 지시했다. 한강 동결로 이미 전술적 가치를 상실했다고 판단한 것이다.

중국인민지원군은 별다른 저항을 받지 않은 채 제3차 공세가 종료될 때까지 약 80~100km를 진격할 수 있었다. 4일 조중연합군이 서울을 점령하자 이튿날 펑더화이는 중국군 제50군과 북한군 2개 사단으로 하여금 한강을 도하하여 한강 남안에 교두보를 설치하도록 명령했다. 유엔군은 8일까지 37도선 부근의 평택平澤-안성安城-제천堤川선까지 밀려났다.[111]

그러나 리지웨이가 예상한대로 중국군의 진격에는 한계가 있었다. 비록 전투를 통한 사상자는 극히 소수에 불과했지만 수많은 병력이 심한 동상에 걸려 전투를 계속할 수 없었다. 병사들은 동상을 방지하는 연고가 없어 돼지기름을 바르고 있었으며 발을 짚으로 감싼 채 전투에 임하고 있었다. 그러나 이러한 원시적 방법은 혹한에 별로 효과적이지 못했다. 제39군 제116사단의 2개 연대에서 약 1,000명의 환자가 발생하였으며, 제40군 제199사단 1개 연대는 300명이 목숨을 잃었다. 많은 연대와 대대가 전투력을 완전히 상실하고 있었다.[112] 맹렬한 추위 속에서 식량과 휴식의 부족으로 인해 공세를 지속하는 것은 불가능했다. 펑더화이는 8일 주력을 38도선 부근으로 이동시켜 휴식과 재편성을 지시하고 북한군과 제38군, 제42군의 일부로 하여금 주력의 철수를 엄호하도록 했다. 이로써 제3차 전역은 종결되었다.

---

111 한국전략문제연구소, 『중공군의 한국전쟁사』, p. 92.

112 Shu Guang Zhang, *Mao's Military Romanticism*, p. 131.

제3차 전역에서 마오쩌둥이 추구한 목표는 적을 섬멸하는 것보다 38도선을 돌파하고 서울을 점령하는 것이었다. 마오쩌둥은 미국이 휴전을 추진하려 하고 있으며, 한반도에서 철수할 가능성이 있다고 믿었다. 그는 새로운 공세를 반대하는 펑더화이의 강력한 주장에도 불구하고 최소한 적의 의도를 탐색하기 위해서 38도선을 돌파하도록 지시했다. 38도선 돌파 자체는 분명히 정치적인 의미를 갖고 있었다. 그것은 첫째로 평화협상을 거부하고 전쟁에 대한 결연한 의지를 보여주려는 것이며, 둘째로 한국군을 섬멸하고 미군을 고립시켜 한반도에서 미군 철수를 주장하는 미국 내 여론을 부추기려는 것이었다.

마오쩌둥의 판단은 정치적 측면에서 매우 타당한 것이었다. 그러나 그러한 정치적 의도는 오직 군사적 뒷받침이 있을 때에만 의미를 가질 수 있었다. 당시 중국군은 추가 증원이 없이는 유엔군을 밀어붙일 수 있는 여력을 갖고 있지 못했다. 그 결과 제3차 공세는 마오쩌둥에게 정치적·군사적 측면에서 아무런 실익도 가져다 줄 수 없었다. 군사적으로 중국군이 그들의 무기력한 전력을 노출함으로써 미국은 '철수'를 고려하기는커녕 오히려 '반격'에 나서게 되었기 때문이다.

나. 제4차 전역 : 무의미한 반격

제3차 공세 직후 마오쩌둥과 펑더화이는 차후 결정적인 공세를 준비하기 위해 중국인민지원군의 휴식과 재편성이 절실하다는 점에 공감했다. 이들은 유엔군이 더욱 격렬하게 저항할 것으로 예상하고, 보다 철저한 준비를 갖춘 다음 차후 공세를 통해 결정적인 타격을 가하기로 했다. 마오쩌둥과 펑더화이는 두 달 또는 세 달 동안의 준비를 거쳐 오는 봄에 본격적인 공세를 취하기로 했다. 장진호 전투에서 피해가 컸던 제9병단은 원산과 함흥 일대에서 재편성을 실시하고, 제3·19·20병단은 북중국과 만주일대에서 소련제 무기를 제공받으면서 입북을 준비하고 있었다. 당시 제9병단은 제2차 전역에서 입은 피해가 커서 즉각 작전에 투입할 수 없었으며, 겨우 제26군만이 예비대로 사용 가능할 뿐이었다.[113]

그러나 별안간 유엔군의 공세가 시작되었다. 제3차 공세에서 별 타격을 입지 않은 유엔군은 1월 25일 공격을 개시하여 27일에는 전 전선에서 반격을 가했다. 리지웨이는 미군 4개 사단, 한국군 2개 사단, 영국군 2개 여단과 터키군 1개 여단을 투입하여 서울을 공격하도록 하였으며, 미군 3개 사단, 한국군 5개 사단, 미 공수연대로 하여금 동부전선에서 진격하도록 했다. 적에게 침투를 당하여 후방이 차단될 것을 우려한 유엔군은 느리지만 꾸준하게 진격한다는 개념하에 전열을 갖추어 나란히 진격해 나갔다. 리지웨이는 수원-여주▓▓▓선에서 한강선까지 5개의 통제선을 선정하여 전 부대로 하여금 각 선을 통과할 때마다 군단장의 사전 승인을 받도록 함으로써 적을 우회함이 없이 나란히 전진하도록 했다. 만일 적이 대규모 공세를 시작하면 인접부대와 긴밀한 협조하에 사전에 계획된 축차 방어선으로 철수하여 적의 돌파를 허용하지 않도록 했다.[114] 이러한 노력의 결과로 유엔군은 2월 10일까지 인천-김포 일대를 탈환하여 한강선을 확보할 수 있었다.[115]

유엔군의 반격은 중국군과 북한군 지도부에 커다란 충격을 주었다. 중국군은 재편성 중이었고 증원군은 현재 만주 지역에서 보급 및 훈련 중이었다. 1월 27일 펑더화이는 마오쩌둥에게 한시적으로나마 중립국들의

---

113 국방군사연구소, 『중공군의 한국전쟁』 (서울: 국방군사연구소, 1994), p. 29.

114 Korea Institute of Military History, *The Korean War*, vol. 2, pp. 434-437.

115 The Ministry of National Defense, *The History of the United Nations Forces in the Korean War*, p. 453; 육군사관학교, 『한국전쟁사』, p. 361.

휴전제안을 받아들이고, 즉각 38도선으로부터 북쪽으로 15~30km 물러나겠다는 성명을 발표할 것을 제안한다. 펑더화이의 계산은 일단 시간을 확보하자는 데 있었다. 적이 진격을 계속할 경우 아무런 장애물이 없는 한강 이남의 교두보를 계속 확보한다는 것은 불가능했다. 또한 서울을 고수하려면 즉각 반격을 해야 하는데 현 상황에서 공세는 어려우며 자칫 중국군의 휴식과 재편성의 기회를 박탈하여 차후 춘계공세가 지체될 수 있었다.

그러나 28일, 마오쩌둥은 펑더화이의 견해를 무시하고 즉각 반격에 나서도록 지시했다. 그는 북쪽으로 퇴각하거나 한시적인 휴전을 수용하는 것은 바람직하지 않다고 보았다. 적은 중국군을 한강 북쪽으로 몰아낸 다음 유리한 입장에서 휴전을 강요할 것이기 때문에 뒤로 물러설 수 없다는 것이었다. 마오쩌둥은 한 술 더 떠서 즉각 제4차 공세를 개시하여 36도선인 대전太田-안동安東선까지 진격할 것을 요구했다.[116]

펑더화이는 마오쩌둥을 설득할 수 없다고 판단하고 제4차 공세는 중국군의 피해를 최소화하는 가운데 마오쩌둥의 요구를 충족시키는 선에서 매듭짓고자 했다. 29일 그는 모든 지휘관들에게 정위치하도록 지시한 후 작전계획을 수립했다. 적이 나란히 진격해 오고 있기 때문에 광정면廣正面에 대한 공격은 무리였다. 따라서 서부전선에서는 현 위치에서 적의 진격을 저지하되 동부전선에서는 뒤로 물러나면서 이 지역에서 돌출되는 적에 대해 집중적인 반격을 가하기로 결심했다. 구체적으로 제38군과 제50군은 한강 남쪽에서 적을 저지하고, 대신 동쪽의 중국군과 북한군으로 하여금 뒤로 물러서도록 한 다음, 횡성橫城 지역의 제39·40·42·66군으로 하여금 전방으로 돌출된 한국군을 공격하도록 했다.[117]

---

116 Shu Guang Zhang, *Mao's Military Romanticism*, p. 137.

제4차 공세에 대해 여전히 부정적이었던 펑더화이는 1월 31일 마오쩌둥에게 전문을 보내 이번 공세의 무모함에 대해 다시 한 번 언급했다. 당시 중국군의 보급사정은 열악하여 병사들은 눈 덮인 야지를 맨발로 횡단해야 할 처지에 있었다. 제13병단은 주 전투지역이 될 횡성-홍천洪川으로부터 약 200km 떨어진 곳에 위치하고 있었으며, 이르면 2월 12일에나 전투준비를 갖출 수 있었다. 따라서 이번 공세는 중국인민지원군이 지금까지 누렸던 수적인 우세를 달성할 수 있다는 보장이 없었다. 비록 중국군의 정신무장이 잘 갖추어져 있다고는 하나 이러한 어려움으로 인해 난관에 봉착할 수 있으며, 최악의 경우 중국군과 북한군의 주력이 패배한다면 전세는 다시 뒤집어질 수 있었다. 펑더화이는 2월 5일 전문을 보내 공세를 취하기보다는 적의 전진을 저지하면서 차후 공세를 준비하는 것이 바람직하다는 견해를 다시 한 번 피력한다.[118] 그러나 마오쩌둥은 전혀 흔들리지 않았다.

펑더화이의 작전계획에 따라 제50군은 서부전선에서 진격하는 유엔군을 한강 남쪽에서 저지했다. 그러나 제50군의 전투력은 점차 고갈되어 갔고, 펑더화이는 2월 4일 예비로 있던 제38군을 투입했다. 주력이 투입된 동부전선에서 중국군은 유엔군을 돌출시키기 위해 뒤로 물러났다. 2월 9일 미 제2사단 일부와 프랑스군 1개 대대가 지평리砥平里로 진입하고, 한국군 제8사단과 제5사단이 횡성으로 기동했다. 드디어 적 전진축선상에 두 개의 돌출된 표적이 형성되었다. 그러나 두 지점을 모두 공격하기에는 병력이 부족하였으므로, 펑더화이는 제13병단 사령관 덩화의 의견에 따라 한국군 제8사단이 점령하고 있는 횡성을 먼저 공격한 후 지평리를 공

---

117 Shu Guang Zhang, *Mao's Military Romanticism*, p. 138.

118 Shu Guang Zhang, *Mao's Military Romanticism*, p. 138.

략하기로 했다.

11일 17시 덩화는 공격개시명령을 하달했다. 제39군 제117사단이 한국군 제8사단 정면에서 공격을 가하고, 제66군과 제40군이 횡성 좌우측에서 공격한 다음 후방으로 진격하여 양쪽에서 적을 포위하도록 했다. 제30군은 예비로 남아 지평리의 유엔군을 견제하도록 했다.[119] 비록 제66군의 첨입기동이 한국군 제3사단에 의해 저지되고 제40군이 적 후방을 차단하는데 실패했지만, 이들은 압도적인 병력의 우세를 이용하여 13일 횡성을 장악할 수 있었다. 유엔군이 입은 피해는 커서 제8사단은 7,000여 명, 제5사단과 제3사단은 각각 3,000여 명의 병력을 손실했다.[120]

이제 덩화는 모든 전투력을 집중하여 지평리를 공격하기로 결심했다. 그러나 그의 정보판단에는 착오가 있었다. 첫째로 그는 지평리의 유엔군 병력이 4,000명인 것으로 알고 있었으나 실제는 훨씬 많은 6,000명이었다. 둘째로 횡성에서 패하여 원주原州로 퇴각한 적이 지평리를 지원할 수 없을 것으로 판단하여 이를 차단하기 위한 대책을 마련하지 않았다. 즉 덩화는 지금까지 유엔군이 통상적으로 해왔듯이 일단 전투에서 패하면 뒤로 물러나 후방진지를 점령한 채 방어에 임할 것으로 판단하고 있었다.

지평리는 서울-양평楊平-횡성-여주-홍천을 잇는 교통의 요지로 중국군이 탈취할 경우 미 제10군단의 후방과 제9군단의 우측방을 위협할 수 있었다. 반대로 유엔군이 확보할 경우 한강 남쪽으로 돌출된 중국군을 포위하는 결과를 초래할 수 있었다. 따라서 미 제8군 사령부는 이곳에서의 일전을 불사하고 모든 화력을 동원하여 적의 대규모 병력을 무자비하게 살

---

119 전쟁기념사업회, 『한국전쟁사』, 제5권: 중공군개입과 새로운 전쟁 서울: 전쟁기념사업회, 1992), p. 137.

120 백선엽, 『군과 나』, p. 158.

상한다는 계획을 수립하고 있었다.[121]

지평리 전투는 이번 전역의 승패를 결정하는 분수령이 되었다.[122] 13일 중국군은 공격을 개시했고 예상보다 강력한 적으로부터 예상보다 강력한 저항을 받게 되었다. 수차례의 반복된 공격에도 불구하고 중국군은 유엔군의 방어선을 돌파할 수 없었다. 설상가상으로 15일 예상을 뒤엎고 적의 증원부대인 미 제1기병사단 제5기병연대가 도착하게 되자 덩화는 공격을 취소하고 후퇴를 명령할 수밖에 없었다. 유엔군은 최초 횡성 지역에서 돌파를 허용하였으나 지평리 전투에서 승리함으로써 양평-원주-제천-영월蜂鱗을 잇는 선에서 중국군을 저지하는데 성공했다.

제4차 전역에서 패한 원인은 덩화의 잘못된 정보판단 때문이었다. 그러나 펑더화이는 보다 근본적인 문제점을 간파하고 있었다. 17일 펑더화이는 마오쩌둥에게 이번 공세의 결과를 보고하면서 "적의 공세는 지난 1차, 2차 공세와 다르다. (적은) 더 많은 병력을 배치하고 동·서 양 축선상의 간격을 메운 채로 매우 종심 깊은 대형을 갖추어 상호 긴밀한 접촉 아래 나란히 전진하고 있다"고 설명했다.[123] 중국군이 돌출된 부분에 대해 집중적인 공격을 가하였으나 쉽게 돌파할 수 없었던 것은 유엔군 각 부대 간의 협조가 원활하여 후방에서의 증원이 쉽게 이루어지고 있었기 때문이다. 결론적으로 제4차 전역에서는 이전과 달리 중국군으로 하여금 결전을 추구할 수 있는 기회가 더 이상 제공되지 않았던 것이다.

유엔군의 공세는 계속되었으며 이제 마오쩌둥과 펑더화이는 주력이 격멸되지 않는 한 미군이 한반도에서 철수하지 않을 것임을 인식하게 되

---

121 전쟁기념사업회, 『한국전쟁사』, 제5권, p. 138.

122 Korea Institute of Military History, *The Korean War*, vol. 2 (Seoul: KIMH, 1998), pp. 490-498.

123 Shu Guang Zhang, *Mao's Military Romanticism*, p. 142.

었다. 펑더화이는 20일 제4차 전역이 마오쩌둥의 의도대로 되지 않은 데 대한 해명을 하기 위해 베이징으로 갔다. 한반도 전황에 대한 상세한 설명을 들은 마오쩌둥은 "가능하다면 신속한 승리를 거두어야 하겠지만 그럴 수 없다면 천천히 승리해야 할 것"이라고 하면서 펑더화이의 입장을 이해했다. 마오쩌둥은 이제 한국전쟁은 장기전이 될 것이며 적어도 2년은 더 싸워야 할 것으로 판단하고, 지연전에 대비하여 각 9개 군으로 구성된 중국인민지원군 3개 제대를 교대로 투입하기로 결심했다.[124] 제19병단은 제63·64·65군으로 구성되었으며, 2월 15일 북한 지역으로 들어오기 시작했다. 제3병단은 제12·15·60군으로 구성되었으며 3월 중순에 입북하기로 되어있었다.

다. 제5차 전역 : 결정적 패배 자초

마오쩌둥과 펑더화이는 또 한 번의 결전을 준비했다. 3월 초 마오쩌둥은 유엔군이 38도선을 확보하고 나서 진지를 강화하기 위해 상당기간 머무를 것으로 전망했다. 그는 유엔군이 진지를 구축할 경우 전쟁은 38도선을 따라 교착될 것이고, 중국군은 불리한 조건에서 휴전협정에 임해야 할 것으로 예상했다. 따라서 그는 적이 진지를 강화하기 전에 반격에 나설 필요가 있다고 보았다. 다만 펑더화이는 마오쩌둥과 다른 이유에서 새로운 공세가 필요하다고 보았는데, 그는 유엔군이 대규모의 전쟁을 준비하고 있다는 정보에 주목했다. 즉, 중국군의 정보판단에 의하면 현재 유엔군은 24만 명 수준이지만 미국 본토와 대만으로부터 추가로 12만을 증원할 것이며, 시간이 갈수록 전력을 더욱 강화할 것으로 전망했다. 북한 후

---

124 국방군사연구소, 『중공군의 한국전쟁』, p. 32.

방지역으로 상륙작전 가능성도 예상되고 있었다. 따라서 펑더화이는 적과의 대규모 전역이 불가피하다면 적이 피로에 지쳐있는 지금이 가장 적기라고 판단했다.

마오쩌둥과 펑더화이가 구상한 제5차 공세는 적의 일부를 섬멸함으로써 전장의 주도권을 장악하려는데 있었다.[125] 그러나 펑더화이는 보다 결정적인 결과를 자신했다. 4월 18일 그는 중앙군사위원회에 전문을 보내 북한강 서쪽에 위치한 미군 3개 사단, 한국군 2개 사단, 그리고 영국과 터키군 3개 여단을 섬멸하겠다고 공언했다.[126] 이를 위해 제3병단으로 하여금 연천 지역의 미 제3사단과 터키여단에 정면공격을 가하도록 하고, 제9병단으로 하여금 영국 제27여단을 공격하고 나서 미 제24사단과 제25사단에 대해 남동쪽에서 측면을 공격하도록 했다. 제19병단은 영국 제29여단을 공격한 후 포천抱川으로 진격하여 미 제 24사단과 제25사단을 서쪽에서 측면공격 하되, 일부는 의정부로 진출하여 적 퇴로를 차단하도록 했다.

4월 22일 미 제24사단과 제25사단, 그리고 터키여단이 철원과 금화錦華 지역을 공격하면서 돌출되자 중국군은 이날 17시 30분에 전면적인 공격을 개시한다. 좌측에서 제9병단이 적 방어선을 돌파하여 15~20km를 진격해 나갔다. 그러나 중앙을 공격하던 제3병단은 적의 강력한 저항을 받게되었으며, 제19병단은 적을 우측에서 포위하는데 실패한다. 특히 제19병단은 미 제1군단의 좌측방을 방어하던 영국군 제29여단의 강력한 저항에 부딪혀 임진강 계곡의 협소한 지형에 갇혀 심한 타격을 입게 되었다.[127]

---

125 Shu Guang Zhang, *Mao's Military Romanticism*, p. 146; 박동찬, 「한국전쟁과 중국의 참전과정」, 『軍史』, 제2호, 1999, p. 141.

126 Shu Guang Zhang, *Mao's Military Romanticism*, p. 148.

127 David Rees, *Korea: The Limited War*, p. 250. 밴 플리트Van Fleet는 후에 영국군 제29여단을 "현대전에서 가장 용맹성을 과시한 부대"라고 극찬했다.

제19병단의 포위작전이 실패함으로써 미 제1군단 주력은 질서를 유지하면서 서울로·철수할 수 있었다. 제3병단과 제19병단은 이후 나흘 동안 계속 공격을 시도하였으나 38도선 북쪽의 유엔군을 돌파하는 데는 실패했다. 펑더화이는 더 이상의 사상자를 피하기 위해 26일 공세를 중단했다. 그리고 29일, 서울 공격을 포기한 채 주력을 의정부-포천-화천-춘천 북쪽 지역으로 철수했다.[128]

중국인민지원군의 4월 공세는 다시 한 번 한계를 노출하고 말았다. 중국군은 27~28일 한때 문산까지 진출하였으며, 가깝게는 서울 북방 10km까지 접근하고 있었다. 미 제8군 부대들은 대부분 서울로 집결하여 시내에는 포병과 전차로 가득 차 있었고, 28일 자《뉴욕 타임스New York Times》는 서울을 포기하는 것이 불가피할 것으로 보도했다. 만일 중국군이 포병화력을 동원하여 서울을 공격할 수 있었다면 유엔군은 서울을 포기하고 수원 또는 평택선으로 다시 철수하지 않을 수 없었을 것이다.[129] 그러나 정작 중국군의 공세는 그 순간부터 시들해지고 말았다. 그들이 가진 박격포의 사정거리로는 서울을 공격할 수 없었던 것이다. 또한 중국군은 유엔군이 퍼붓는 화력의 장벽을 뚫지 못했다. 29일 중국군이 6,000명의 병력을 동원하여 김포반도를 공격했을 때 유엔군의 포병은 1문당 600발의 포탄을 사격했고 공군은 이날 하루 동안 39회나 출격하여 맹폭격을 가했다.[130] 이 전투는 미 제8군 사령관 밴 플리트의 의지를 반영한 전투였다. 그는 서울을 사수하겠다는 의지를 갖고 서울 북방에 '무명의 선No Name Line'을 설정하여 적을 저지하도록 했다. 4월 공세는 유엔군에 대해 결전을 추구할

128 Shu Guang Zhang, *Mao's Military Romanticism*, pp. 149-150.

129 David Rees, *Korea: The Limited War*, pp. 250-251.

130 전쟁기념사업회, 『한국전쟁사』, 제5권, p. 164.

수 있는 기회가 아니었으며, 오히려 중국군이 가진 화력의 한계를 다시 한 번 노출한 전역이 되고 말았다.

비록 서부전선에서의 공세는 실패하였으나 펑더화이는 동부전선에서 또 한 번의 기회를 노리고 있었다. 유엔군 주력이 서부전선에 집중되어 있었던 반면에 동부전선은 주로 한국군이 방어를 담당하고 있었다. 펑더화이는 28일 제3병단과 제9병단을 은밀하게 북쪽으로 이동시켰다. 그는 서부전선에서 제19병단으로 하여금 양동작전 임무를 부여하여 전방의 유엔군을 견제하도록 하고, 동부전선에서 제9병단을 주축으로 한국군 제3·5·7·9사단을 포위하도록 했다. 제3병단에는 후방으로부터 증원될 적 부대를 차단하는 임무를 부여했다. 그리고 북한군 제5군단은 한국군 제3사단을 공격한 뒤 후방으로 기동하여 중국군 제9병단과 연결함으로써 포위망을 완성하도록 했다.[131]

5월 16일 18시 중국군과 북한군은 동부전선에서 공세를 시작했다. 최초 중국군 제9병단 예하 제28군과 제27군은 한국군 제7사단 예하 2개 연대를 각개격파하고 후방으로 진격하여 서쪽에서 이중 포위망을 형성하는 데 성공했다. 그러나 동쪽에서 또 하나의 포위망을 구축하기로 되어 있던 북한군은 한국군 제3사단의 강력한 저항에 부딪혔을 뿐 아니라 제3사단이 철수한 후에도 해발 1,500m의 가리봉을 비롯한 험준한 산악지형을 극복하지 못해 중국군과 연결하는데 실패했다. 이로써 중국군과 북한군은 산악통로를 완벽하게 차단하는데 실패하고 말았다.

초기 유엔군이 돌파를 허용한 것은 적의 주공방향을 잘못 판단하고 있었기 때문이었다. 미 제8군 사령관 밴 플리트는 적이 중서부지역인 북

---

131 Shu Guang Zhang, *Mao's Military Romanticism*, pp. 150-151; 국방군사연구소, 『중공군의 한국전쟁』, pp. 37-38.

한강 회랑에 주력을 투입할 것이며 동부로 이동한 중국군 5개 군도 이 지역에 전개했을 것으로 믿고 있었다.[132] 게다가 한국군은 진지를 끝까지 고수하지 못하고 성급하게 후퇴하고 있었다.

중국군 제9병단과 북한군은 포위망을 벗어나려는 한국군을 추격하기 시작했다. 그러나 동부의 험준한 산악지형은 추격과 퇴로 차단을 매우 어렵게 했다. 조중연합군의 수십만 보병들이 몇 개 되지 않는 소로에 가득 차 붐비게 되었으며, 도로를 따라 기동하는 기계화된 한국군 병력을 따라잡을 수 없었다. 중국군 제20군과 북한군 제5군단은 한국군 제3·9사단을 포위하였으나 이들이 산속으로 사라지자 놓치고 말았다. 제3병단은 홍천 북방에서 미 제2사단과 제1해병사단의 강력한 저항에 부딪히고 있었다. 설상가상으로 20일 서부전선에서 유엔군이 그들을 견제하고 있던 제19병단에 압박을 가하고, 미 제3사단과 한국군 제8사단이 동부전선에 증원되자 상황은 중국군에 불리하게 전개되었다. 펑더화이는 더 이상의 손실을 막기 위해 21일 16시 공세를 중단하고, 23일 저녁을 기해 제19병단은 연천 북쪽, 제3병단은 철원과 금화, 제9병단은 화천 동쪽으로 철수하도록 명령했다.

그러나 중국군의 철수작전은 재앙적인 결과를 초래한다. 23일 철수가 개시되기 12시간 전에 유엔군이 휩쓸 듯한 기세로 반격에 나선 것이다. 이전의 공세에서 중국군은 통상 공세가 실패할 경우 유엔군의 포격 범위 밖으로 철수하여 재정비를 하기 마련이었지만 이번 경우는 달랐다. 유엔군은 중국군의 공세에 대해 후방 방어선으로 철수하지 않았으며 오히려 중국군이 철수를 하기도 전에 맹렬한 추격을 시작했기 때문이다.[133] 기계

---

132 모스맨, 『밀물과 썰물』, p. 172.

133 David Rees, *Korea*, pp. 255-258.

화된 특수부대는 공수부대의 지원하에 북쪽으로 침투하여 과감하고 신속하게 중국군의 병참선과 퇴로를 차단했다. 중국군은 공황상태에 빠졌고 결정적인 타격을 입었다. 5월 15일에서 31일까지 중국군이 입은 사상자는 10만 명을 넘었다. 제3병단의 손실은 특히 심하여 1만 6,000명 이상의 피해를 입었다.[134] 6월 초 유엔군이 진격을 중단할 때까지 약 50일간의 제5차 공세에서 중국군이 입은 인명손실은 8만 5,000명이었다. 이번 반격을 통해 "유엔군은 중공군과의 교전 이후 적의 재편성을 방해하고 전과확대를 위한 절호의 기회를 포착했다." 그럼에도 불구하고 유엔군은 "전쟁지도부의 작전방침에 따라 더 이상의 추격작전을 펼치지 못하고 방어선을 구축한 후 제한된 공격작전으로 전환하지 않을 수 없었다."[135]

제5차 공세는 제3·4차 공세와 마찬가지로 무리한 공세였다. 유엔군은 더 이상 중국군에게 기습을 통한 결전의 기회를 부여하지 않고 있었다. 4월 공세가 실패한 26일 펑더화이는 마오쩌둥에게 "적군은 서로 너무 근접하여 배치되어 있어 틈을 보이지 않고 있으며… 적진으로 뛰어들 수 없기 때문에 돌파를 할 수 없다"고 보고했다.[136] 마오쩌둥은 군사적 한계를 인정하지 않을 수 없었다. 중국인민지원군은 병참지원의 제한으로 인해 1주일 이상의 공격이 사실상 불가능한 반면, 유엔군은 중국군의 공격력을 충분히 흡수할 수 있을 뿐 아니라 마음만 먹는다면 언제든지 반격에 나설 수 있는 여력을 갖고 있었다. 무리한 결전을 추구했던 마오쩌둥은 이제 군사적 능력의 한계를 깨닫고 종전협상이라는 현실적인 대안을 모색하지 않을 수 없었다.

---

134 Alexander L. George, *The Chinese Communist Army in Action: The Korean War and its Aftermath* (New York: Columbia University Press, 1967), p. 9.

135 국방군사연구소, 『한국전쟁』(중), p. 620.

136 Shu Guang Zhang, *Mao's Military Romanticism*, p. 149.

5. 중국의 한국전쟁 수행전략 분석

클라우제비츠는 전쟁을 안개 속에서 수행되는 것으로 표현했다. 그리고 시시각각 발생하는 마찰로 인해 전쟁은 이론화가 불가능한 영역에 있으며, 오직 '군사적 천재', 즉 유능한 지휘관만이 전장을 지배할 수 있다고 했다.[137] 한국전쟁 개입 초기에 마오쩌둥은 클라우제비츠의 추종자로서 예측 불가능한 전장상황에 대해 융통성을 가지고 능숙하게 대처했다. 적어도 제1·2차 전역에서 마오쩌둥이 전장을 통제하고 결전을 이끄는 과정은 유능한 지휘관으로서 그가 지닌 재능을 유감없이 보여주고 있다.

마오쩌둥의 한국전쟁 수행은 북한 지역을 수복하여 최초 설정한 전쟁목표를 달성했다는 점에서 성공적으로 평가할 수 있을지 모르나, 군사전략적 측면에서 볼 때 많은 부분 실책을 범하고 있음을 간과하면 안 될 것이다. 근본적으로 그는 한국전쟁을 수행하는 과정에서 확실한 근거 없이 승리 가능성에 대한 낙관주의, 즉 '군사적 기회주의military opportunism'에 빠져 들어가고 있었으며,[138] 그 결과 다음과 같이 군사전략상의 중대한 오류를 범했다.

첫째, 마오쩌둥은 그가 최초에 설정한 한국전쟁 개입목표를 혼동하고 있었다. 중국의 입장에서 한국전쟁은 분명히 평화협상을 지향하는 국제전

---

[137] Carl von Clausewitz, *On War*, pp. 100-112, 119-121.

[138] Michael H. Hunt, *Crises in U.S. Foreign Policy*, p. 185.

이었다. 그가 미국과 같이 군사적으로 강한 적과 전쟁에 돌입할 수 있었던 것은, 전쟁목표를 미군에 대한 완전한 승리에 둔 것이 아니라 완충지대 확보라는 제한된 목표를 추구하기 때문에 가능했다. 그것은 북한 정권의 생존, 즉 완충지대를 놓고 미국과 협상이 가능하다는 것을 의미한다. 1950년 10월 24일 저우언라이는 정치협상에서 다음과 같이 언급했다:

> 우리는 온건하다. 만일 적이 난관에 봉착하여 궁지에 몰린다면 문제는 유엔 내에서든 또는 유엔 밖에서든 협상을 통해 해결할 수 있다. 왜냐하면 우리가 원하는 것은 전쟁이 아니라 평화이기 때문이다.[139]

마오쩌둥도 마찬가지로 제1차 전역과 제2차 전역을 수행하면서 정전협상을 염두에 둔 발언을 하는 등 전쟁을 수행하는 과정에서 미국과의 협상 가능성을 염두에 두고 있었다. 궁극적으로 중국의 한국전쟁 개입은 적을 타도하는 것이 아니라 평화협상을 지향하는 것이었다. 적어도 그 출발은 혁명전쟁이 아니라 국제전이었던 것이다.

그러나 마오쩌둥의 한국전쟁 수행전략은 점차 국제전 전략이 아닌 혁명전쟁전략에 더 다가가고 있었다. 제2차 전역에서 북한 지역을 회복한 마오쩌둥은 미군에 대해 완벽한 승리를 거둘 수 있다는 자신감에 차 있었다. 그는 제2차 전역 직후 미국이 한반도 철수 가능성을 고려하자 타협보다는 더욱 완벽한 승리를 추구하였으며, 한국전쟁 개입목표를 '미군의 격퇴roll back'로 확대했다. 한국전쟁의 성격을 국제전이 아닌 혁명전쟁으로 바꾸어버린 것이다. 승리 가능성에 대한 마오쩌둥의 근거 없는 환상

---

139 "Speech, Zhou Enlai, at the 18th Meetingj of the Standing Committee of the Chinese People's Political Consultative Conference, 24 October 1950," *CCFP*, pp. 189-190.

은 6개월 후 제5차 전역에서 중국인민지원군이 궤멸할 위기에 처해서야 깨질 수 있었고, 비로소 한국전쟁을 혁명전쟁이 아닌 국제전으로 인식하게 되었다. 그 결과 마오쩌둥은 협상을 통해 조기에 전쟁을 종결할 수 있었음에도 이 기회를 스스로 포기함으로써 수많은 병력손실과 함께 극도로 불리한 전쟁상황에 직면해야 했다.[140] 이에 대해 헨리 키신저Henry Kissinger는 1951년 초 중국이 휴전을 제의했다면 미국은 받아들였을 것이고, 중국으로서는 내전의 승리와 함께 미국에 대한 승리를 거두었다는 평가를 받았을 것이라고 지적하고 있다.

둘째, 마오쩌둥은 공격의 정점을 인식하는데 있어서 두 가지의 중대한 실책을 범하고 있었다. 하나는 제2차 공세 후 중국군의 공격이 정점에 도달했다는 사실을 인식하지 못한 것이고, 다른 하나는 유엔군의 공격이 아직 정점에 도달하지 않았다는 사실을 간과하고 있었다는 점이다. 그 결과는 최악의 상황으로 귀결되었다. 펑더화이의 만류에도 불구하고 강행한 제3·4차 공세는 오히려 중국군의 군사적 취약성만 드러낸 채 유엔군의 반격을 허용하는 계기가 되었으며, 제5차 공세에서는 유엔군으로부터 궤멸적인 타격을 입고 전쟁목표를 전면 수정하지 않을 수 없었기 때문이다.

제5차 공세는 적의 공격이 정점에 도달하기 이전에 추진된 약자의 무리한 결전으로, 이는 결국 결정적인 패배로 귀결함을 여실히 보여주고 있다. 중국군의 공세가 실패로 돌아가 무질서하게 퇴각할 때, 만일 유엔군이 진격을 제한하지 않고 전과를 확대하고자 했다면 중국군은 궤멸되었을 것이다. 유엔군은 중국군의 공세가 실패한 직후 전과확대를 위한 절호의 기회를 포착했음에도 불구하고, 진격을 제한하는 사령부의 방침으로

---

140 Henry A. Kissinger, *Diplomacy*, p. 483.

인해 더 이상 추격하지 않았다.[141] 만일 그 당시 유엔군이 중국군에 대해 계속 군사적 압력을 가했다면 중국은 불이익을 감수하고라도 종전에 합의하지 않을 수 없었을 것이며,[142] 그나마 그들이 확보한 군사적 승리와 위신마저도 모두 물거품이 되고 말았을 것이다. 제5차 전역 이후에도 유엔군은 1951년 7월 휴전협정을 시작하기로 합의함에 따라 군사적 압력을 늦추었다. 펑더화이의 부대는 전투력을 재정비하고 진지를 구축할 수 있었으며, 이후 정기적으로 유엔군을 타격할 수 있었다.

어쩌면 군사적으로 열세에 있었던 중국군으로서 미군에 대한 결전추구는 처음부터 무리였는지도 모른다. 처음 두 번에 걸쳐 결전추구가 가능했던 것은 적의 공격이 정점에 도달했거나 피아 전투력의 균형에 변화가 일어났기 때문이 아니라 유엔군이 방심하고 있었기 때문이다. 따라서 유엔군이 더 이상 그러한 기회를 주지 않는다면 더 이상의 결전추구는 불가능한 것이었다. 무엇보다도 중국군은 비록 제2차 전역을 통해서 38도선을 회복할 수 있었지만 적의 주력을 격멸하는 데는 실패함으로써 결정적인 성과를 얻을 수 없었다. 중국군은 이미 공격의 정점에 도달하여 군사적 능력의 한계를 드러내고 있었던 것이다. 이러한 상황에서 강행한 제3차 전역 이후의 무모한 공세는 마오쩌둥의 군사전략적 계산착오 또는 실책으로 밖에 설명할 수 없다.

셋째, 마오쩌둥은 적의 중심을 병력이 아닌 도시로 혼동하고 있었다. 비록 한국전쟁 기간 수행한 매 전역마다 적 주력의 섬멸을 강조했음에도

---

141 John S. Spanier, "The Politics of the Korean War," eds. Phil Williams et al., *Security in Korea*, p. 92; 국방군사연구소, 『한국전쟁』(중), p. 620; Henry A. Kissinger, *Diplomacy*, p. 484.

142 Mineo Nakajima, "Foreign Relations: from the Korean War to the Bandung Line," *The Cambridge History of China* (Cambridge: Cambridge University Press, 1987), p. 276.

불구하고, 마오쩌둥은 중국혁명전쟁을 수행하던 시기와 달리 유난히 '부동산'을 확보하는데 강한 집착을 보였다. 그는 제1·2차 전역을 통해 유엔군의 주력이 건재하다는 사실을 망각한 채 오직 중국군이 평양을 수복한 것을 커다란 군사적 성공으로 받아들였다. 제3차 전역은 38도선 돌파와 서울 점령이라는 상징적인 목표에 큰 비중을 두었으며 제4차 전역에서는 36도선을 목표로 제시했다. 물론 마오쩌둥은 38도선을 돌파함으로써 미국의 전쟁의지를 분쇄한다는 분명한 목표를 내걸고 있었다. 그러나 그는 전쟁의 목표를 달성하기 위해서는 오직 결정적인 성과를 거두어야 하며, 결정적인 성과란 오직 적 병력의 섬멸을 통해서만 이루어질 수 있다는 사실을 망각하고 있었음에 틀림없다.

넷째, 마오쩌둥은 현대전에서 전투력을 구성하는 화력과 기동력을 과소평가하고 있었다. 최초 마오쩌둥은 "인간이 무기를 이길 것"이라고 보지는 않았다. 한국전쟁 개입 직전 그는 미군이 가진 군사력에 대해 두려움을 가지고 있었으며, 소련의 군사적 지원을 애타게 기대한 것도 중국군의 장비와 화력이 형편없이 부족했기 때문이었다. 그러나 초기 전역에서의 성공으로 그는 이러한 '무기'의 중요성을 망각하고 "기술면에서 부족한 것을 병사들의 동기motivation, 즉 광적인 정신력zealot으로 메울 수 있다"고 보았다.[143] 개입 초기 중국인민지원군은 포병, 보급차량, 통신장비, 의료지원이 제대로 이루어지지 않고 있었다. 일부 연대에서는 소총도 부족하여 5명에 1명꼴로 보유하고 있었으며 나머지는 많은 수류탄을 가지고 다니면서 적에게 탈취한 무기로 싸우고 있었다.[144] 다만 박격포는 충분하여

---

143 Anthony Farrar-Hockley, "The China Factor in the Korean War," eds., James Cotton and Ian Neary, *The Korean War in History* (Atlantic Highlands: Humanities Press International, Inc., 1989), p. 9.

근접전투에서는 효과적으로 사용할 수 있었다. 하지만 사실상 중국군으로서는 병력 밖에 가진 것이 없었다. 그렇지만 한국전쟁에서는 제1차 대전에서와 같은 경이적인 전투, 즉 강력한 포병화력에 의해 탄막이 형성되어 병력으로는 도저히 돌파가 불가능한 상황이 연출되고 있었다.[145] 여기에 항공기와 전차, 심지어 함포가 가세하는 유엔군의 철벽같은 화력을 중국군이 극복하고 전쟁의 목표를 달성한다는 것은 역시 무리가 아닐 수 없었다.

이렇게 볼 때 마오쩌둥은 한국전쟁을 수행하면서 점차 과거 '마오쩌둥 전략'이 아닌 '장제스 전략'을 채택하고 있었던 것으로 볼 수 있다. 어쩌면 제3차 전역 이후 그의 한국전쟁 수행전략은 약자가 강자에 대해 무모한 결전을 추구한 취추바이·리리싼·왕밍의 전략에 더 가깝다고 볼 수도 있을 것이다. 그는 결국 피아 전투력을 냉철하게 계산하지 않은 채 전쟁목표를 재설정했고, 낙관주의에 빠져 무모하게 결전을 추구하는 전략을 고집했다. 제5차 전역이 종결될 때까지 중국군 사상자 수가 30만 명에 이르렀다는 사실은 마치 장제스의 상하이전투를 연상케 하는 것으로 마오쩌둥의 한국전쟁 수행이 무모했음을 입증하고 있다. 아마도 그는 중국 혁명전쟁 시기와 달리 "공격이 방어보다 강한 형태의 전쟁"이라고 착각했던 것으로 보인다.

마오쩌둥은 제1·2차 전역에서 거둔 군사적 성공을 과대평가하여 한국전쟁에서 승리할 수 있다는 지나친 낙관주의에 빠져 있었다. 그는 전쟁의 목표를 확대하고 협상보다는 완전한 승리를 추구했다. 그는 유엔군의

---

144 Gerard H. Corr, *The Chinese Red Army*, pp. 76-77. 또한 Patrick C. Roe, *The Dragon Strikes*, pp. 417-418 참조.

145 Gerard H. Corr, *The Chinese Red Army*, pp. 81-82.

주력이 온전하다는 사실을 간과하고 유엔군의 공격이 정점에 도달한 것으로 판단했다. 그는 유엔군의 전쟁의지를 과소평가하여 38도선만 넘으면 적이 한반도에서 철수할 것이라고 믿었다. 그는 중국군의 능력을 과대평가하여 유엔군의 월등한 화력과 기동력을 극복할 수 있을 것으로 믿었다. 결국 마오쩌둥이 한국전쟁에서 결전을 추구한 것은 피아 전투력에 대한 냉철한 계산이나 공격의 정점에 대한 명확한 판단에서 비롯한 것이 아니라, 오직 승리에 대한 환상을 가졌기 때문이라고 할 수 있다.

비록 마오쩌둥이 수행한 한국전쟁이 강한 적에 대해 결전을 추구하는 것이었다 하더라도, 전반적으로 그의 전략은 여전히 약자의 결전회피가 중요하다는 사실을 입증하고 있다. 만일 마오쩌둥이 보다 신중한 군사전략적 계산을 통해 제2차 전역 직후 유엔군의 주력이 온전히 유지되고 있고, 그들의 공격이 정점에 도달하지 않았다는 사실을 좀 더 신중히 고려했다면, 아마도 그는 제3차 전역 이후로 그처럼 무모한 결전을 추구하지는 않았을 것이다.

제7장

결론

소련의 전략이 마르크스-레닌주의 원칙의 틀 내에서 발전하여 왔다면, 현대 중국의 전략은 마오쩌둥 전략에 그 뿌리를 두고 있다. 비록 마오쩌둥은 1976년 유명을 달리했지만 그의 사상은 여전히 현대 중국의 전략적 근간을 이루고 있다. 향후 중국의 전략에 관한 문제는 적어도 세 가지 관점에서 조명할 수 있다. 첫째는 중국을 둘러싼 국제정치적 상황이다. 둘째는 중국의 권력 강화다. 셋째는 중국의 민족주의다. 동아시아의 다양한 불안정 요인의 존재, 중국의 능력 강화와 야심적 대외정책 추구, 그리고 중화민족주의와 국제규범·규칙·가치의 충돌은 과거 새로운 강대국의 부상이 강대국들 간의 전쟁을 야기한 것처럼 또 다른 재앙을 가져올 수 있으며, 동아시아 지역 국가들과의 충돌 가능성을 증가시켜 불안정을 야기할 것이다.

현대 중국의 전략은 중국혁명전쟁을 그 기원으로 한다. 즉 중국의 전략은 1920년대 말부터 시작된 마오쩌둥의 대(對)국민당 투쟁, 1937년부터 1945년까지의 항일전쟁, 그리고 1946년 중반부터 본격적으로 전개된 중국내전을 경험하면서 '혁명전쟁전략'으로 태동했다. 그리고 이러한 전략은 1949년 10월 1일 중화인민공화국 수립 이후 미국의 안보위협에 대응하기 위한 차원에서의 '대전략'을 형성하는 토대를 제공하였으며, 1950년 10월 한국전쟁 개입 이후에는 미국과의 전쟁을 수행하기 위한 '국제전 전략'으로 발전하게 되었다. 이와 같은 중국의 전략은 한국전쟁 이후에도 1954년과 1958년의 진먼 섬 포격, 1962년 중인전쟁, 1969년 중소국경분쟁, 1979년 중월전쟁에서 중국 지도부의 대외전략과 군사전략·작전술·전술에 지대한 영향을 미쳤다.

　현대 중국의 초기 전략적 경험을 토대로 전략일반에 주는 몇 가지 의미를 제시하면 다음과 같다. 첫째, 전쟁과 전략은 피아 군사력의 우열에 대한 냉철한 판단에서 출발한다. 전략은 근본적으로 군사력의 문제이지 인간의 의지 또는 정신력의 문제는 아니다. 아군의 의지와 정신력이 항상 적보다 높다는 보장은 없다. 설사 정신력이 투철하다 하더라도 "총탄은 용맹성 여부와 관계없이 날아가기 마련이다."[1] 현대적인 무기를 갖추지 못한 채 오직 용맹성만을 가지고도 싸울 수 있지만, 결국 육체가 죽고 난 다음 영혼으로 전투를 수행할 수는 없다.[2] 특수한 상황에서 의지와 정신력을 북돋아 일부 전투에서 승리할 수는 있지만, 그러한 방법으로 전쟁 전반에 걸쳐 승리하는 것은 거의 불가능하다. 물론, 국가생존을 좌우하는 전쟁을 수행하는 데 인간의 의지와 정신력은 항상 중요하다. 그러나 인간의 의지와 정신력을 강조하는 것은 결국 약한 군사력을 보상하기 위한 것임을 고려할 때, 전략의 문제에 있어서 군사력은 인간의 의지나 정신력에 우선하는 것으로 볼 수 있다.

둘째, 약자의 전략은 방어의 강함을 이용하는 가운데 제한된 목표를 추구하는 것이어야 한다. 전략은 반드시 전면적 공격 또는 적의 군사력 섬멸을 목표로 하지는 않는다. 적이 더 강하다고 판단되면 약자는 방어를 하며 적의 공격이 정점에 도달하기를 기다려야 한다. 또한 군사적 목표를 제한함으로써 정복이나 탈취와 같은 적극적 목표를 지양하고 자신의 병력을 보존하는 소극적 목표를 추구해야 한다. 물론 여기에서의 방어란 마오쩌둥이 강조한대로 '수동적 방어'가 아니라 '적극적 방어'를 의미한다. 전체적인 국면에서는 방어를 취하지만 부분적으로는 공격을 병행함으로써 공자에게 행동의 자유를 주지 않는 것이다. 이 과정에서 약자는 필요

---

1 Azar Gat, *The Development of Military Thought*, p. 35.

2 Basil H. Liddell Hart, *Thoughts on War* (London: Farber & Farber, 1944), p. 158.

할 경우 목표를 확대하여 적에 대해 결전을 추구할 기회를 포착할 수도 있다. 그러나 중국혁명전쟁과 한국전쟁에서 보았던 것처럼 약자가 추구하는 결전은 자칫 군사능력의 한계로 인해 결정적인 성과를 거두지 못하거나, 최악의 경우 결정적인 패배를 자초하는 결과를 가져올 수 있음을 상기해야 할 것이다.

셋째, 반격 또는 공격과 같은 공세행동은 적의 중심을 격파하고 결정적인 결과를 추구할 수 있을 경우에만 그 의미를 가질 수 있다. 그리고 적의 중심은 영토가 아니라 병력이며, 따라서 결전은 '특정지역을 확보'하는 것이 아니라 '적 주력을 격멸'하는 데 주안을 두어야 한다. 중국내전 제1단계에서 장제스가 만주 지역의 도시를 점령하려 한 것이나 한국전쟁 개입 후 제3차 전역에서 마오쩌둥이 굳이 서울을 확보하려 한 사례와 같이, 대도시를 목표로 한 공격은 하나 같이 외형적으로는 대단한 성과를 거둔 것처럼 보였지만 실제로는 적 주력을 놓쳐 전체적인 전쟁수행에 부정적인 결과를 가져왔다. 또한 1951년 중반 이후 한국전쟁에서의 진지교착전은 1차대전에서의 참호전과 마찬가지로 적 주력 격멸이 아닌 '땅뺏기'에 주안을 둠으로써 결정성을 갖지 못하고 단지 소모적이고 파괴적인 효과 밖에 가져오지 못했다. 무의미한 반격 또는 공격을 자제하는 이유는 그러한 공세행동이 비인간적이거나 비도덕적이기 때문이 아니라, 자칫 불필요한 공격이 정점을 앞당겨 전세를 불리하게 역전시킬 수 있기 때문이다.

넷째, 약한 측의 방어는 강한 적의 공격을 흡수할 수 있는 공간을 필요로 한다. 만일 국경선 너머에 완충공간이 없다면 후방으로 물러날 수 있는 공간적 여유를 반드시 확보해야 한다. 따라서 군사적인 관점에서 기동방어가 선방어보다 절대적으로 유리한 것으로 볼 수 있다. 그러나 기동방어는 자칫 아군의 지역과 주민을 적의 수중에 넘겨주게 되어 정치적으로 받아들여지기 어려운 것이 사실이다. 즉, 기동방어가 군 지휘관의 선택이라면 선방어는 정치가들의 선택인 셈이다.[3] 정치적 이유에서 기동방어전략을 반대하는 것이 반드시 잘못된 것은 아니다. 모든 군사전략은 정치적 요구에 그 뿌리를 두어야 하기 때문이다. 그러나 기동방어를 반대하는 진정한 이유가 선방어전략이 더 유리하기 때문이라고 한다면 그것은 전략적으로 심각한 오류가 아닐 수 없다. 이 경우 선방어전략을 채택함으로써 나타날 수 있는 군사전략적 취약성을 정치적 논리에 의해 은폐하여 자칫 방어전략 전체에 큰 구멍이 뚫릴 수 있기 때문이다. 물론 이러한 주장이 상대보다 강한 전투력을 갖고 있는 국가도 무조건 기동방어를 고집해야 한다는 것은 아니다. 전투력이 우세하여 물러서지 않고도 적의 충격을 충분히 흡수할 수 있다면 굳이 기동방어를 택할 필요는 없을 것이다.

다섯째, 약자의 선택으로써 전략적 기습은 미래의 결전을 회피하기 위한 바람직한 선택이 될 수 있다. 제2장에서 살펴본 바와 같이 선제공격은 약자의 전쟁의지를 과시함으로써 강자에게 일종의 경고를 가할 수 있다. 이 경우 약자는 강자에 대해 제한된 목표만을 추구할 수 있으며, 그 방법은 전격전이나 소모전과 같이 전면전의 형태가 아니라 전략적 기습을 통해 제한적이고 단기적인 결전을 추구하게 된다. 실제로 중국의 한국전쟁 개입은 소규모의 전쟁을 치름으로써 장차 불가피할 것으로 보이는 미국과의 전면전을 방지한다는 예방차원의 선제공격의 의미를 띠고 있었다.[4] 1956년 중앙군사위원회는 한국전쟁에 개입한 것을 놓고 미국이 주도

---

3 Edward N. Luttwak, *Strategy*, p. 127.

4 Chen Zhou, "Chinese Modern Local War and U.S. Limited War," ed. Michael Pillsbury, *Chinese Views of Future Warfare* (Washington, D.C.: National Defense University Press, 1997), p. 237. 폴은 중국의 개입을 "당시 주적으로 규정한 미국으로부터의 안보위협을 인식한 약자의 선제공격"으로 규정하고 있다. T. V. Paul, *Asymmetric Conflicts*, p. 86.

하는 3차대전을 미연에 방지하기 위한 '국부전局部戰'이라고 규정했다. 중
국의 개입은 작은 전쟁으로 큰 전쟁을 막는다는 개념 아래 장차 불리한
상태에서 치르게 될 결전을 무마하기 위한 전략적 선택으로 볼 수 있다.

소련의 전략이 마르크스-레닌주의 원칙의 틀 내에서 발전하여 왔다
면,[5] 현대 중국의 전략은 마오쩌둥 전략에 그 뿌리를 두고 있다. 비록 마
오쩌둥은 1976년 유명을 달리했지만 그의 사상은 여전히 현대 중국의 전
략적 근간을 이루고 있다. 예를 들어, 21세기 중국의 군사전략방침은 '신
시기 적극방어군사전략新時期 積極防禦軍事戰略'으로 알려져 있는데, '적극방어'
라는 용어는 이미 1930년대 중국혁명전쟁을 수행하면서 마오쩌둥이 제시
한 것으로 아직까지도 중국군 내에서 보편적으로 사용되고 있다. 중국은
'인민전쟁'이 현재의 첨단기술 전쟁에서도 계속 유효하다고 보고 있는
데, 특히 2008년 『중국국방백서中國的國防』는 이라크 및 아프가니스탄 전쟁
을 염두에 두고 인민전쟁이 현대전 승리의 필수 조건임을 강조하고 있
다.[6] 마오쩌둥의 전략을 근거로 현재 중국의 전략을 평가하고 미래를 전
망한다면 다음과 같다.

첫째, 마오쩌둥의 전략이 피아 전투력의 균형을 고려하는 데서 출발
하듯이 중국의 전략은 마찬가지로 '인간'이 아닌 그들이 가진 군사적 수
준과 능력을 기초로 하여 만들어진다. '인민전쟁론'은 중국공산당과 신
생 중국이 보유한 군사력이 국민당이나 미국의 군사력보다 훨씬 미약했
기 때문에 취한 전략적 선택이었다. 만일 중국의 군사력이 적보다 훨씬
강한 상황이었다면 '인민전쟁론'은 마오쩌둥이 아니라 적국의 군사적 천

---

5 Earl F. Ziemke, "Strategy for Class War: The Soviet Union, 1917-1941," eds. Williamson
Murray et al., *The Making of Strategy: Rulers, States, and War.* p. 498.

6 中華人民共和國國務院新聞辦公室, 『2008年 中國的國防』, 2009. 1.

재가 채택한 전략이 되었을 것이다. 모든 전략의 출발점은 근본적으로 '인간'이 아니라 '군사력'이 되어야 하는 셈이다. 중국국방대학에서 출간한 『중국전략론中國戰略論』은 다음과 같이 지적하고 있다:

> 군사력은 전략임무를 짊어지고 완성하는 것으로 전략목적 달성의 주체이다. 따라서 전략목적과 임무는 반드시 군사력의 실제 수준과 능력을 기초로 해야 한다. 만약 군사력의 실제 수준과 능력에서 벗어나면 전략목적과 임무는 공중누각이 되는 것이며, 실현하고 완성할 수 없는 것이 된다. … 전략목적과 임무는 군사력의 수준과 능력에 적응해야 하며, 이를 객관적으로 현시해야 한다.[7]

이로부터 우리는 중국이 왜 1990년대 이후 군사력 증강에 열을 올리고 있는지를 이해할 수 있다. 과거 1950년대부터 1980년대까지 중국이 '인민'에 의존했던 것은 그들이 가진 군사적 능력과 기술이 미국이나 소련에 비해 열악하기 그지없었기 때문이다. 상대적으로 열세에 있었던 중국으로서는 1950년대부터 1970년대까지 미국과, 그리고 1960년대 후반부터 1980년대 전반까지는 소련과 전면전이 불가피할 것으로 인식하였으며, 따라서 "핵을 사용한 대규모 전쟁이 임박했다(早打, 大打, 打核戰爭)"는 가정하에 '인민전쟁론'을 제기하고 이에 대비했다. 그러나 1985년 소련의 지도자로 고르바초프Gorbachëv가 등장하고 1991년 소련의 붕괴로 냉전이 종식되자 중국은 대규모 핵전쟁에 관한 가정을 폐기하고 주변지역에서의 국부전에 대비하기 시작했다. 1991년 걸프전쟁에서 미국이 새로운 전쟁의 패러다임을 제시하자 중국은 미래의 전쟁에서 승리하기 위해 첨

---

7 중국국방대학, 『중국전략론』, 박종원, 김종운 역 (서울: 팔복원, 2001), p. 56.

단기술 무기의 역할이 중요하다는 사실을 인식하고 '첨단기술조건하 국부전쟁高技術條件下局部戰爭'을 추구하기 시작했다. 그리고 21세기에 들어오면서 중국은 서구의 '군사혁신revolution in military affairs' 개념을 수용하여 '정보화조건하 국부전쟁情報化條件下 局部戰爭'을 추구하고 있다. 21세기 중반에 이르면 중국군은 정보화전쟁에서 승리할 수 있는 능력을 구비하여 미국의 군사능력에 거의 근접할 것이다. 이렇게 볼 때 중국은 과거 여건이 불비不備하고 군사적으로 약했던 시기에는 인민에 의존하였으나, 이제 경제적으로 부상하고 첨단기술을 도입하면서 '인간'보다는 '무기'에 의존하고 있음을 알 수 있다. 중국의 전략이 피아 군사력 계산에서 출발하는 것임을 고려할 때 중국은 경쟁국을 따라잡고 추월할 때까지 지속적으로 군사력 증강에 열을 올리게 될 것이다.

둘째, 현재 중국의 군사적 능력을 감안할 때 중국은 상위전략의 측면에서는 방어적이지만 하위전략의 차원에서는 공세적 전략을 추구할 것이다. 마오쩌둥이 중국 혁명전쟁전략으로서 '적극적 방어', 또는 '전략적 방어, 전술적 공격'이라는 개념을 제시하였듯, 중국은 국력이 상승하여 미국과 대등한 국제체제의 한 극極으로서의 지위를 갖기 전까지는 전반적으로 방어적 전략을 추구할 것이다. 그것은 우선 중국이 군사력 현대화에 열을 올리고 있음에도 불구하고 전략적으로 운용할 수 있는 군사력은 아직 제한적이기 때문이다. 중국은 해외에 군사기지를 개척하고 있으나 대규모 군사력을 배치하지 않고 있으며, 주요 국가들과 군사동맹을 체결하지도 않고 있다. 또한 최근 회자되고 있는 '반접근 및 지역거부anti-access and area denial, A2/AD 전략' 추구할 능력은 갖추었을지 모르나 아직 본토에서 멀리 떨어진 곳에 병력을 파견할 수 있는 군사력 투사power projection 능력은 갖추지 못하고 있다.[8] 기본적으로 21세기 중반까지는 중국이 방어에 우선을 둔 전략을 추구하지 않을 수 없을 것이다.

그러나 중국은 하위의 수준에서 볼 때 보다 '전술적 공격'을 취할 수 있으며, 주변의 약소국에 대해 보다 야심적이고 공세적인 전략을 채택할 수 있다. 중국은 냉전기 동안 미국과 소련에 대해 방어적이고 제한적인 전략을 추구한 것으로 평가할 수 있지만, 거기에는 공격도 있었다. 1950년 한국전쟁 개입은 미군의 북진에 대해 군사적으로 도전한 것이었으며, 1962년 중인전쟁은 인도가 미국 및 소련과 반중연대를 결성할 것을 우려하여 이를 견제하기 위한 공세행동이었다. 또한 1969년 중소국경분쟁은 소련이 브레주네프Brezhnev 독트린 등으로 중국의 목을 조여오자 과감하게 소련의 '뺨'을 직접 가격한 사례였으며, 1979년 중월전쟁은 소련과 동맹조약을 체결한 베트남을 소련이 보는 앞에서 두들겨 팬 것으로 사실상 소련에 대한 도전이었다. 물론 이러한 사례들은 중국이 미국이나 소련을 겨냥하여 전면적인 전쟁은 삼가더라도 제한적 수준에서는 얼마든지 공세적 행동을 취할 수 있음을 보여준다. 그리고 그러한 과정에서 주변의 약소국들은 직접적으로 무력사용의 대상이 될 수 있다.

　　셋째, 중국은 경쟁국과의 군사력 균형의 변화가 이루어질 경우 '전략적 방어, 전술적 공격'에서 벗어나 '전략적 공격, 전술적 방어'를 추구하는 전략으로 전환할 수 있다. 신생 중국이 탄생한 이후 중국이 추구했던 아시아 혁명은 그들이 가진 군사적 능력의 한계와 안보상의 이유로 제한되지 않을 수 없었다. 심지어 그들은 대만을 해방하는 문제도 미국과 소련 두 강대국들의 패권경쟁으로 인해 해결할 수 없었다. 중국이 방어적 전략을 취하는 이유가 그들의 군사적 능력의 한계 때문이라면, 역으로 그들이 충분한 군사적 능력을 보유할 때에는 이와 같은 방어적 전략에 구속받지 않고 보다 야심적이고 공세적으로 자국의 핵심이익을 확보하려 할

---

8 Jonathan D. Pollack, "The Evolution of Chinese Strategic Thought," p. 150.

것이다. 물론 이러한 결론은 순수하게 군사적 관점에서 본 것으로 한계가 있을 수 있다. 한 국가의 안보정책은 비단 군사력뿐 아니라 전통적인 가치·이념·문화, 지도자의 성향, 그리고 국내정치 및 국제정치적 상황 등 많은 요인이 작용하기 때문이다. 그러나 적어도 한 국가의 군사적 능력과 전쟁에서의 승리 가능성 인식은 핵심이익을 다투는 심각한 위기국면에서 그 국가의 정책을 좌우하는 결정적인 요소가 될 수 있음을 염두에 두어야 할 것이다.

중국은 상대가 강할 경우 결전을 늦추는 전략을 추구해 왔다. 현재 장기적인 관점에서 미국을 전략적 경쟁자로 인식하고 있는 중국은 21세기 중반에 이르러 미국을 추월한다는 계획을 갖고 있다. 중국은 그때까지 안정적이고 자제하는 기조하에 대외정책을 펼 것으로 보이지만, 그 이후 국가권력이 강화되면서 미국에 대한 '전략적 반격'을 가할 수 있을 것이다.

넷째, 중국은 전쟁을 정치의 연속으로 생각하므로 정치·외교적으로 해결할 수 없는 문제에 대해서는 언제든 무력을 행사할 수 있다.[9] 물론 이러한 무력행사는 당장의 '전략적 공격' 또는 전면전을 추구하는 것이 아니라 정치적 이익을 추구하기 위한 제한적인 국부전을 의미한다. 사실 중국은 일찍이 제한전쟁의 개념을 인식하고 있었다. 1950년 한국전쟁 개입을 놓고 중국 지도부는 이 전쟁을 '국지화'한다는 구상을 제기하였으며, 1962년 인도와의 전쟁과 1979년 베트남과의 전쟁은 모두 전면전 가능성을 배제한 전쟁이었다. 특히 인도와의 전쟁은 전과를 확대하여 인도 전역을 점령할 수 있었음에도 불구하고 국경문제가 해결되자마자 철수하기도 했다.[10] 이러한 사례들은 중국이 전쟁을 계급투쟁 또는 혁명의 관점으로

---

9 Jonathan D. Pollack, "The Evolution of Chinese Strategic Thought," p. 142.

10 P. H. Vogor, *The Soviet View of War, Peace and Neutrality*, pp. 88-89.

만 보지는 않는다는 사실을 보여준다. 중국도 서구와 마찬가지로 무력사용을 국가 간의 정치행위로 간주하여, 자국의 이익을 위해서는 언제든지 무력시위든 국지분쟁이든 군사적 행동을 감행할 수 있음을 보여준다.

향후 중국의 전략에 관한 문제는 적어도 세 가지 관점에서 조명할 수 있다. 첫째는 중국을 둘러싼 국제정치적 상황이다. 동아시아 지역에는 정치·외교적으로 해결되기 어려운 많은 현안들이 중국의 이익과 결부되어 있다. 대만문제, 난사 군도를 비롯한 영유권 분쟁, 그리고 인권문제와 같은 상이한 이념과 가치 등의 문제들은 근본적으로 해결이 불가능한 현안들로, 앞으로도 계속해서 이 지역에 갈등의 불씨를 제공할 것이다.

둘째는 중국의 권력 강화다. 중국의 힘이 강화되면서 중국의 대외정책은 보다 공세적이고 야심적으로 변화할 수 있다. 비록 중국이 세계적 수준에서 당장 미국과 대등한 수준의 강대국이 될 수는 없다 하더라도, 최소한 동아시아 수준에서는 이미 상당한 영향력을 확보하고 있다. 아마도 중국은 스스로의 실력에 대한 자신감을 얻게 될 때 지금까지 추구해온 '실력을 감추고 자세를 낮추는 전략'에서 벗어나, 자국의 이익을 확보하기 위해 보다 적극적으로 나설 것이다.

셋째는 중국의 민족주의다. 혹자는 중국의 민족주의가 강대국 지위를 인정받기 위한 온건한 성향의 민족주의로 보고 기존의 국제질서와 융화가 가능하다고 주장한다. 그러나 중국의 민족주의를 온건한 것으로 가정한다 하더라도 여전히 위험성이 존재한다. 즉, 중국이 책임 있는 강대국으로서 국제적 규범과 규칙을 존중하면서 강대국 인정을 요구할 경우에는 문제가 없겠으나, 그렇지 못할 경우 다른 강대국들과의 갈등과 대립이 불가피할 것이다.

이렇게 볼 때 동아시아의 다양한 불안정 요인의 존재, 중국의 능력 강화와 야심적 대외정책 추구, 그리고 중화민족주의와 국제규범·규칙·가치의 충돌은 과거 새로운 강대국의 부상이 강대국들 간의 전쟁을 야기한 것처럼 또 다른 재앙을 가져올 수 있으며, 동아시아 지역 국가들과의 충돌 가능성을 증가시켜 불안정을 야기할 것이다.

1. 1차 자료 및 정부간행문서

국방부, 『한국전쟁사』 제5권: 중공군 침략과 재반격작전기 (서울: 서울신문사, 1972).

에프게니 바자노포/나딸리아 바자노바, 『한국전쟁의 전말』, 김광린 역 (서울: 도서출판 열림, 1988).

한국전략문제연구소, 『중공군의 한국전쟁사: 항미원조전사』 (서울: 세경사, 1991).

「6·25 진상: 러시아 정부가 공개한 한국전쟁 비밀문서」, 『조선일보』, 1994. 7. 21 - 7. 27.

「6·25내막/모스크바 새 증언: 16」, 『대한매일』, 1995. 5. 15 - 8. 11.

Documents of the National Security Council: China & Japan (1948-1954), 국방군사연구소, 한국전쟁 자료총서 3.

Records of the Policy Planning Staff of the Department of State: Contury & Area Files: China (1947-1954), 국방군사연구소, 한국전쟁 자료총서 6.

Korea Institute of Military History, *The Korean War*, vol. 2 (Seoul: KIMH, 1998).

Mao, Tse-tung, *Selected Works of Mao Tse-tung* (Peking: Foreign Languages Press, 1967), vols. 1-5.

Poole, Walter S., *History of the Joint Chiefs of Staff*, vol. 4: 1950-1952 (Washington DC: Office of Joint History, 1998).

Schnabel, James F., *History of the Joint Chiefs of Staff*, vol. 1: The Joint Chiefs of Staff and National Policy 1945-1947 (Washington, D.C.: Office of Joint History, 1996).

The Ministry of National Defense, *The History of the United Nations Forces in the Korean War* (Seoul: The War History Compilation Committee, 1975).

Department of State, *Foreign Relations of the United States, 1949*, vol. 9, The Far East: China (Washington, D.C.: GPO, 1974).

_____, *Foreign Relations of the United States, 1950*, vol. 6, East Asia and the Pacific (Washington, D.C.: GPO, 1976).

_____, *Foreign Relations of the United States, 1950*, vol. 7, Korea (Washington, D.C.: GPO, 1976).

_____, *Foreign Relations of the United States, 1951*, vol. 7, China & Korea (Washington, D.C.: GPO, 1983).

_____, *United States Relations With China: With Special Reference to the Period 1944-1949*, August 1949.

Woodrow Wilson International Center for Scholars, *Cold War International History Project Bulletin*, Issue 5, Spring 1995.

_____, *Cold War International History Project Bulletin*, Issues 1-4, Spring 1992/1994.

_____, *Cold War International History Project Bulletin*, Issues 6-7, Winter 1995/1996.

_____, *Cold War International History Project Bulletin*, Issues 8-9, Winter 1996/1997.

Zhang, Shuguang and Chen Jian eds., *Chinese Communist Foreign Policy and the Cold War in Asia: New Documentary Evidence, 1944-1950* (Chicago: Imprint Publications, 1996).

2. 논 문

김계동, 「중국의 한국전 개입에 대한 영국의 정책」, 『軍史』, 제41호, 2000.

김용호, 「중국의 대한반도 군사개입에 관한 역사적 고찰」, 『軍史』, 27호.

박동찬, 「한국전쟁과 중국의 참전과정」, 『軍史』, 제2호, 1999.

백학순, 「중국내전시 북한의 중국공산당을 위한 군사원조」, 『한국과 국제정치』, 제10권, 제1호, 1994년 봄·여름호.

엽우몽, 「참전 중공군이 쓴 한국전 비록」, 김철범 엮음, 『진실과 증언』 (서울: 을유문화사, 1990).

이강석, 「중공의 군사전략과 맥아더 해임결정의 재평가」, 『국방연구』, 제27권, 제1호, 1984년.

이종석, 「국공내전시기 북한·중국 관계(1)」, 『계간전략연구』, 1997년 제3호.

_____, 「국공내전시기 북한·중국 관계(3)」, 『계간전략연구』, 1998년 제1호.

이태훈, 「항전시기의 중국공산당」, 『중국공산당사』 (서울: 첨성대, 1990).

조너선 폴락, 「한국전쟁에서의 중국의 역할과 중·소 동맹」, 『계간 사상』, 1990 봄호.

진주, 「중국의 국지전쟁과 미국의 제한전」, 마이클 필스베리 편집, 권영근 번역, 『중국인이 생각하는 미래전』 (서울: 연경문화사, 2000).

Ahmad, Eqbal, "Revolutionary War and Counter-Insurgency," *Journal of International Affairs*, vol. 25, no. 1, 1971.

Alterman, Eric, "The Uses and Abuses of Clausewitz," *Parameters*, vol. 17, no. 2, Summer 1987.

Baechler, Jean, "Revolutionary and Counter-Revolutionary War: Some Political and Strategic Lessons from the First Indochina War and Algeria," *Journal of International Affairs*, vol. 25, no. 1, 1971.

Bajanov, Evgueni, "Assessing the Politics of the Korean War, 1949-51," *CWIHP Bulletin*, Issues 6-7.

Best, Geoffrey, "Restraints on War by Land before 1945," ed. Michael Howard, *Restraints on War* (Oxford: Oxford University Press, 1979).

Betts, Richard K., "Is Strategy an Illusion?" *International Security*, vol. 25, no. 2, Fall 2000.

Biddle, Stephen, "The Pase As Prologue: Assessing Theories of Future Warfare," *Security Studies*, vol. 8, no. 1, Autumn 1998.

Boorman, Howard L. and Scott A. Boorman, "Chinese Communist Insurgent Warfare, 1935-49," *Political Science Quarterly*, vol. LXXXI, no. 2, June 1966.

Booth, Ken, "The Evolution of Strategic Thinking," John Baylis et al., *Contemporary Strategy*, vol. 1: Theories and Concepts (New York: Holmes & Meier, 1987).

Brodie, Bernard, "The Continuing Relevance of On War," *On War*, edited and translated by Michael Howard and Peter Paret (Princeton: Princeton University Press, 1984).

Bull, Hedley, "Conclusions: Of Means and Ends," eds. Robert O' Neill and D. M. Horner, *New Directions in Strategic Thinking* (London: George Allen & Unwin, 1981).

Ch' en, Jerome, "The Communist Movement, 1927-1937," Lloyd E. Eastman et al., *The Nationalist Era in China, 1927-1949* (Cambridge: Cambridge University Press, 1991).

Chen, Jian, "China' s Road to the Korean War," *CWIHP Bulletin*, Issues 6-7.

_____, "China and the First Indo-China War, 1950-54," *The China Quarterly*, no. 133, March 1993.

_____, "Chinese Policy and the Korean War," ed. Lester H. Brume, *The Korean War: Handbook of the Literature and Research* (Westport: Greenwood Press, 1996).

_____, "The Sino-Soviet Alliance and China' s Entry into the Korean War," *CWIHP Working Paper*, no. 1.

Chen, Zhou, "Chinese Modern Local War and U.S. Limited War," ed. Michael Pillsbury, *Chinese Views of Future Warfare* (Washington, D.C.: National Defense University Press, 1997).

Christensen, Thomas J., "Threats, Assurances, and the Last Chance for Peace: The Lessons of Mao' s Korean War Telegrams," *International Security*, no. 17, vol. 1, Summer 1992.

Crowl, Philip A., "The Strategist' s Short Catechism: Six Questions Without Answers," ed., George Edward Thibault, *Dimensions of Military Strategy* (Washington, D.C.: National Defense University, 1987).

CWIHP Bulletin, "Letters: Stalin, Kim, and Korean War Origins," *CWIHP Bulletin*, Issue 4.

_____, "Rivals and Allies: Stalin, Mao and the Chinese Civil War, January 1949, introduction by Odd Arne Westad," *CWIHP Bulletin*, Issues 6-7.

_____, "Talks with Mao Zedong and Zhou Enlai, 1949-53, with Commentaries by Chen Jian, Vojtech Mastny, Odd Arne Westad, and Vladislav Zubok," *CWIHP Bulletin*, Issues 6-7.

_____, "Translated Russian and Chinese Documents on Mao Zedong's Visit to Moscow, December 1949-February 1950," *CWIHP Bulletin*, Issues 8-9.

Danchev, Alex, "Liddell Hart and the Indirect Approach," *The Journal of Military History*, vol. 63, April 1999.

Dexter, Byron, "Clausewitz and Soviet Strategy," *Foreign Affairs*, vol. 29, no. 1, October 1950.

Di, He, "The Evolution of the Chinese Communist Party's Policy toward the United States, 1944-1949," eds. Harry Harding and Yuan Ming, *Sino-American Relations, 1945-1955: A Joint Reassessment of a Critical Decade* (Wilmington: Scholarly Resources Inc., 1989).

_____, "The Most Respected Enemy: Mao Zedong's Perception of the United States," *The China Quarterly*, March 1994, no. 137.

Dingman, Roger, "Truman, Attlee, and the Korean War Crisis," *The East Asian Crisis, 1945-1951: The Problem of China, Korea and Japan* (London School of Economics and Political Science, 1982).

Eastman, Lloyd E., "Nationalist China during the Sino-Japanese War," *The Nationalist Era in China, 1927-1949* (New York: Cambridge University Press, 1991).

Elleman, Bruce, *Modern Chinese Warfare, 1975-1989* (New York: Routledge, 2001).

Evera, Stephen van, "Offense, Defense, and the Causes of War," *International Security*, vol. 22, no. 4, Spring 1998.

_____, "The Cult of Offensive and the Origins of the First World War," *International Security*, vol. 9, no. 1, Summer 1984.

Farrar, Peter N., "A Pause for Peace Negotiations: The British Buffer Zone Plan of November 1950," eds. James Cotton and Ian Neary, *The Korean War in*

History (Atlantic Highlands: Humanities Press International, Inc., 1989).

Farrar-Hockley, Anthony, "A Reminiscence of the Chinese People' s Volunteers in the Korean War," *The China Quarterly*, no. 98, June 1984.

_____, "The China Factor in the Korean War," James Cotton and Ian Neary, eds., *The Korean War in History* (Atlantic Highlands: Humanities Press International, Inc., 1989).

Foot, Rosemary, "New Light on the Sino-Soviet Alliance: Chinese and American Perspectives," *Journal of Northeast Asian Studies*, vol. 10, no. 3, Fall 1991.

Gaddis, John Lewis, "The American 'Wedge' Strategy, 1949-1955," eds. Harry Harding and Yuan Ming, *Sino-American Relations, 1945-1955: A Joint Reassessment of a Critical Decade* (Wilmington: Scholarly Resources Inc., 1989).

Gate, John M., "People' s War in Vietnam," *The Journal of Military History*, vol. 54, July 1990.

Geping, Rao, "The Kuomintang Government' s Policy toward the United States, 1945-1949," eds. Harry Harding and Yuan Ming, *Sino-American Relations, 1945-1955: A Joint Reassessment of a Critical Decade* (Wilmington: Scholarly Resources Inc., 1989).

Glaser, Charles L., "The Security Dilemma Revisited, World Politics," vol. 50, October 1997.

Goldstein, Donald M., "Preface: Matthew Ridgway and the Korean War," eds. Phil Williams et al., *Security in Korea: War, Stalemate, and Negotiation* (Boulder: Westview Press, 1994).

Goncharov, Sergei N., Interview with I. V. Kovalev, trans. Craig Seibert, "Stalin' s Dialogue with Mao Zedong," *Journal of Northeast Asian Studies*, vol. 10, no. 4, Winter 1991-92.

Guillermaz, Jacques, "The Soldier," ed. Dick Wilson, *Mao Tse-tung in the Scales of History* (Cambridge: Cambridge University Press, 1977).

Handel, Michael I., "Clausewitz in the Age of Technology," *Clausewitz and Modern Strategy* (London: Frank Cass, 1986).

_____, "Introduction," *Clausewitz and Modern Strategy* (London: Frank Cass, 1986).

Heizig, Dieter, "Stalin, Mao, Kim and Korean War Origins, 1950: A Russian Documentary Discrepancy," *CWIHP Bulletin*, Issues 8-9.

Heo, Man-Ho, "From Civil War to an International War: A Dialectical Interpretation of the Origins of the Korean War," *Korea and World Affairs*, vol. 14, no. 2, Summer 1990.

Howard, Michael, "The Forgotten Dimensions of Strategy," *Foreign Affairs*, vol. 57, no. 5, Summer 1979.

Hu, Chi-Hsi, "Mao, Lin Biao and the Fifth Encirclement Campaign," *The China Quarterly*, no. 82, June 1980.

Huebner, Jon W., "The Abortive Liberation of Taiwan," *The China Quarterly*, no. 110, June 1987.

Hung, Nguyen Manh, "The Sino-Vietnamese Conflict: Power Play among Communist Neighbors," *Asian Survey*, vol. 19, no. 11, November 1979.

Hunt, Michael H., "Beijing and the Korean Crisis, June 1950-June 1951," *Political Science Quarterly*, vol 107, no. 3, Fall 1992.

_____, "Constructing a History of Chinese Communist Party Foreign Relations," *CWIHP Bulletin*, Issues 6-7, p. 126.

Huth, Paul & Bruce Russett, "Testing Deterrence Theory: Rigor Makes Difference," *World Politics*, vol. 41, no. 2, Juanuary 1989.

Jeon, Hyun-su with Gyoo Kahng, "The Shtykov Diaries," *CWIHP Bulletin*, Issues 6-7.

Jervis, Robert, "Cooperation under the Security Dilemma," *World Politics*, vol. 30, No. 2, January 1978.

_____, "Deterrence Theory Revisited," *World Politcs*, vol. 31, January 1979.

Johnston, Alastair Iain, "China's Militarized Interstate Dispute Behaviour 1949-1992: A First Cut at the Data," *The China Quarterly*, vol. 153, March 1998.

_____, "Cultural Realism and Strategy in Maoist China," ed. Peter J. Katzenstein, *The Culture of National Security: Norms and Identity in World Politics* (New York: Columbia University Press, 1996).

Kagan, Donald, "Athenian Strategy in the Peloponnesian War," eds. Williamson Murray, Macgregor Knox and Alvin Bernstein, *The Making of Strategy: Rulers, States, and War* (Cambridge: Cambridge University Press, 1994).

Katzenbach, Edward L., Jr. and Gene Z. Hanrahan, "The Revolutionary Strategy of Mao Tse-tung," *Political Science Quarterly*, vol. LXX, Sep. 1955, no. 3.

Kim, Gye-Dong, "The Legacy of Foreign Intervention in Korean: Division and War," *Korea and World Affairs*, vol. 14, no. 2, Summer 1990.

Kim, Hak-Joon, "China' s Non-Involvement in the Origins of the Korean War: A Critical Reassessment," James Cotton and Ian Neary, eds., *The Korean War in History* (Atlantic Highlands: Humanities International, Inc., 1989).

Lenin, V. I. "Lessons of the Moscow Uprising," *Lenin' s Selected Works*, vol. 1, pp. 529-534, from Internet "marxists.org 2000".

_____, "Advice of an Onlooker, " ed. Robert C. Tucker, *The Lenin Anthology* (New York: W. W. Norton & Company, 1975).

_____, "War and Revolution," *Collected Works*, vol. 24, pp. 398-341, tran. Bernard Issacs, from Internet "marxists.org 1999".

Li, Hai-Wen, "How and When Did China Decide to Enter the Korean War?" trans. Jian Chen, *Korea and World Affairs*, vol. 18, no. 1, Spring 1994.

Lieber, Keir A., "Grasping the Technological Peace: The Offense-Defense Balance and International Security," *International Security*, vol. 25, no. 1, Summer 2000.

Lin, Cheng-yi, "The Legacy of the Korean War: Impact on U.S.-Taiwan Relations," *Journal of Northeast Asian Studies*, vol. 11, no. 4, Winter 1992.

Lindsay, Frankin A., "Unconventional Warfare," *Foreign Affairs*, vol. 40, no. 2, January 1962.

Luttwak, Edward, "Level of War," *International Security*, vol. 5, no. 3, Winter 1980/81.

Lynn-Johns, Sean M., "Offense-Defense Theory and its Critics," *Security Studies*, vol. 4, no. 4, Summer 1995.

Macdonald, Douglas J., "Communist Bloc Expansion in the Early Cold War," *Interantional Security*, vol. 20, no. 3, Winter 1995/96.

Mack, "Why Big Nations Lose Small Wars?" *World Politics*, vol. 27, January 1975.

Mansourov, Alexandre Y., "Stalin, Mao, Kim and China' s Decision to Enter the Korean War, Sept. 16-Oct. 15, 1950: New Evidence from Russian Archives," *CWIHP Bulletin*, Issues 6-7.

Mao, Tse-tung, "A Three Months' Summary," *Selected Works of Mao Tse-tung*, (이하 *SW*) vol. 4 (Peking: Foreign Languages Press, 1967).

_____, "Build Stable Base Areas in the Northeast," *SW*, vol. 4.

_____, "Concentrate a Superior Force to Destroy the Enemy Forces One by One," *SW*, vol. 4.

_____, "Don't Hit Out in All Directions," *SW*, vol. 5.

_____, "Farewell, Leighton Stuart!" *SW*, vol 4.

_____, "Fight for a Fundamental Turn for the Better in the Nation's Financial," *SW*, vol. 5.

_____, "On Coalition Government," *SW*, vol. 3.

_____, "On Protracted War," *SW*, vol. 2.

_____, "On the People's Democratic Dictatorship," *SW*, vol. 4.

_____, "Our Great Victory in the War to Resist U.S. Aggression and Aid Korea and Our Future Tasks," *SW*, vol. 5.

_____, "Problems of Strategy in China's Revolutionary War," *SW*, vol. 1.

_____, "Problems of Strategy in Guerrilla War Against Japan," *SW*, vol. 2.

_____, "Report on an Investigation of the Peasant Movement in Hunan," *SW*, vol. 1.

_____, "Smash Chiang Kai-shek's Offensive by a War of Self-Defense," *SW*, vol. 4.

_____, "Strategy for the Second Year of the War of Liberation," *SW*, vol. 4.

_____, "The Concept of Operations for the Northwest War Theater," *SW*, vol. 4.

_____, "The Present Situation and Our Tasks," *SW*, vol. 4.

_____, "The Struggle in the Chingkang Mountains," *SW*, vol. 1.

_____, "The Truth about U.S. 'Meditation' and the Future of the Civil War in China," *SW*, vol. 4.

Mao, Zedong, "'Friendship' or Aggression?" *SW*, vol. 4.

_____, "Cast Away Illusions, Prepare for Struggle," *SW*, vol. 4.

_____, "Report to the Second Plenary Session of the Seventh Central Committee of the Communist Party of China," *SW*, vol. 4.

_____, "Talks with the American Correspondent Anna Louise Strong," *SW*, vol. 4.

_____, "The Concept of Operation for the Huai-Hai Campaign," *SW*, vol 4.

_____, "The Concept of Operation for the Liaohsi-Shenyang Campaign," *SW*, vol 4.

_____, "The Concept of Operation for the Peping-Tientsin Campaign," *SW*, vol 4.

Mastny, Vojtech, *The Cold War and Soviet Insecurity: The Stalin Years* (New York: Oxford University Press, 1996).

Murray, Brian, "Stalin, the Cold War, and the Division of China: A Multi-Archival Mystery," *CWIHP Working Paper*, no. 12.

Nakajima, Mineo, "Foreign Relations: from the Korean War to the Bandung Line," *The Cambridge History of China* (Cambridge: Cambridge University Press, 1987).

Nelson, Harold W., "Space and Time in On War," Michael Handel, ed., *Clausewitz and Modern Strategy* (London: Frank Cass, 1986).

Ostwald, Jamel, "The 'Decisive' Battle of Ramillies, 1706: Prerequisites for Decisiveness in Early Modern Warfare," *The Journal of Military History*, vol. 63, no. 3, July 2000.

Palmer, R. R., "Frederick the Great, Guibert, Bulow: From Dynastic to National War," ed. Peter Paret, *Makers of Modern Strategy: From Machiavelli to the Nuclear Age* (Princeton: Princeton University Press, 1986).

Park, Changhee, "Why China Attacks: China's Geostrategic Vulnerability and Its Military Intervention," *The Korean Journal of Defense Analysis*, vol. 20, no. 3, September 2008,

Pepper, Suzanne, "The KMT-CCP Conflict, 1945-1949," Lloyd E. Eastman, et al., *The Nationalist Era in China, 1927-1949* (Cambridge: Cambridge University Press, 1991).

Petrov, Vladimir, "Mao, Stalin, and Kim Il Sung: An Interpretive Essay," *Journal of Northeast Asian Studies*, vol. 13, no. 2, Summer 1994.

_____, "Soviet Role in the Korean War Confirmed: Secret Document Declassified," *Journal of Northeast Asian Studies*, vol. 13, no. 3, Fall 1994.

Piao, Changyu, "The History of Koreans in China and the Yanbian Korean Autonomous Prefecture," eds. Dae-Sook Suh and Edward J. Shultz, *Koreans in China* (Honolulu: University of Hawaii, 1990).

Pollack, Jonathan D., "The Evolution of Chinese Strategic Thought," eds. Robert O' Neill and D. M. Horner, *New Directions in Strategic Thinking* (London: George Allen & Unwin, 1981).

Powell, Ralph, "Maoist Military Doctrines," *Asian Survey*, vol. 8, no. 4, April 1968.

Reiter, Dan, "Exploding the Powderkeg Myth: Preemptive Wars Almost Never Happen," *International Security*, vol. 20, Fall 1995.

Romance, Francis J., "Peking' s Counter-Encirclement Strategy: The Maritime Element," *Orbis*, vol. 20, no. 2, Summer 1976.

Rothenberg, Gunther E., "Moltke, Schlieffen, and the Doctrine of Strategy Envelopment," ed. Peter Paret, *Makers of Modern Strategy: From Machiavelli to the Nuclear Age* (Princeton: Princeton University Press, 1986).

Schram, Stuart, "Mao Tse-tung and Liu Shao-Ch' i, 1939-1969," *Asian Survey*, vol. 12, no. 4, April 1972.

Shaw, Yu-ming, "John Leighton Stuart and U.S.-Chinese Communist Rapprochement in 1949: War There Another 'Lost Chance in China' ?" *The China Quarterly*, no. 89, March 1982.

Sheehan, Michael, "The Evolution of Modern Warfare," John Baylis et al., eds., *Strategy in the Contemporary World* (New York: Oxford University Press, 2007).

Sheng, Michael M., "Beijing' s Decision to Enter the Korean War: A Reappraisal and New Documentation," *Korea and World Affairs*, vol. 19, no. 2, Summer 1995.

Shy, John and Thomas W. Collier, "Revolutionary War," edited by Peter Paret, *Makers of Modern Strategy: From Machiavelli to the Nuclear Age* (Princeton: Princeton University Press, 1986).

Shy, John, "Jomini," ed. Peter Paret, *Makers of Modern Strategy: From Machiavelli to the Nuclear Age* (Princeton: Princeton University Press, 1986).

Slyke, Lyman P. van, "The Chinese Communist Movement during Sino-

Japanese War, 1937-1945," eds. Lloyd Eastman et al., *The Nationalist Era in China, 1927-1949* (Cambridge: Cambridge University Press, 1991).

Spanier, John S. "The Politics of the Korean War," eds. Phil Williams et al., *Security in Korea: War, Stalemate, and Negotiation* (Boulder: Westview Press, 1994).

Tsui, Chak-Wing David, "Strategic Objectives of Chinese Military Intervention in Korea," *Koeran and World Affairs*, vol. 16, no. 2, Summer 1992.

Tucker, Rober C., "The Emergence of Stalin's Foreign Policy," ed. Alexander Dallin, *Soviet Foreign Policy, 1917-1990* (New York: Garland Publishing, 1992).

Weathersby, Kathryn, "New Findings on the Korean War," *CWIHP Bulletin*, Issue 3.

_____, "New Russian Documents on the Korean War," *CWIHP Bulletin*, Issues 6-7.

_____, "Soviet Aims in Korea and the Origins of the Korean War, 1945-50: New Evidence from Russian Archives," *CWIHP Working Paper* no. 8.

_____, "To Attack, or Not to Attack? Stalin, Kim Il Sung, and the Preclude to War," *CWIHP Bulletin*, Issue 5.

Weng, Byron S., "Communist China's Changing Attitudes Toward the United Nations," *International Organization*, vol. 20, no. 4, Autumn 1966.

Westad, Odd Arne, "Fighting for Friendship: Mao, Stalin, and the Sino-Soviet Treaty of 1950," *CWIHP Bulletin*, Issues 8-9.

_____, "Rivals and Allies: Stalin, Mao and the Chinese Civil War, January 1949," *CWIHP Bulletin*, vol. 6-7

Whiting, Allen S., "The U.S.-China War," ed. Alexander L. George, *Avoiding War: Problems of Crisis Management* (Boulder: Westview Press, 1991).

_____, "Chinese Policy and the Korean War," ed. Allen Guttmann, *Korea: Cold War and Limited War* (Lexington: D.C. Health and Company, 1972).

Xiaolu, Chen, "China's Policy toward the United States, 1949-1955," eds. Harry Harding and Yuan Ming, *Sino-American Relations, 1945-1955: A Joint Reassessment of a Critical Decade* (Wilmington: Scholarly Resources Inc., 1989).

Yu Bin, "What China Learned from Its 'Forgotten War' in Korea," Mart Ryan et al., *Chinese Warfighting: Tha PLA Experience since 1949* (New York: M.E.

Sharpe, 2003), p. 136.

Yufan, Hao and Zhai Zhihai, "China's Decision to Enter the Korean War: History Revisited," *The China Quarterly*, vol. 121, March 1990.

Zhai, Qiang, "Transplanting the Chinese Model: Chinese Military Advisers and the First Vietnam War, 1950-1954," *The Journal of Military History*, no. 57, October 1993.

Zhang, Shuguang, "Chinese Intervention in the Korean War, 1950-1953: A Revisit of its Objectives and Implications," 한국전쟁 50주년 국제학술회의, 국제정치학회, 2000. 6. 24.

_____, "Threat Perception and Chinese Communist Foreign Policy," ed., Melvyn P. Leffler and David S. Painter, *Origins of the Cold War: An International History* (New York: Routledge, 1994).

Zhang, Xiaoming, "China and the Air War in Korea, 1950-1953," *The Journal of Military History*, vol. 62, April 1998.

Zhihua, Shen, "The Discrepancy between the Russian and Chinese Versions," trans. Chen Jian, *CWIHP Bulletin*, Issues 8-9.

Ziemke, Earl F., "Strategy for Class War: The Soviet Union, 1917-1941," Williamson Murray et al., eds., *The Making of Strategy: Rulers, States, and War* (Cambridge: Cambridge University Press, 1994).

3. 단행본

강성학, 『카멜레온과 시지프스』 (서울: 나남, 1995).

국방군사연구소, 『중국인민해방군사』 (서울: 국방군사연구소, 1998).

_____, 『중공군의 한국전쟁』 (서울: 국방군사연구소, 1994).

_____, 『중공군의 전략전술 변천사』 (서울: 국방군사연구소, 1996).

_____, 『한국전쟁』(중) (서울: 국방군사연구소, 1996).

김중생, 『조선의용군의 밀입북과 6?25전쟁』 (서울: 명지출판사, 2000).

김철범, 『진실과 증언: 40년만에 밝혀진 한국전쟁의 진상』 (서울: 을유문화사, 1990).

모스맨,『밀물과 썰물』, 백선진 역 (서울: 대륙연구소출판부, 1995).

박광종 역,『중국혁명론』(서울: 범우사, 1989).

박명림,『한국전쟁의 발발과 기원』, 1권 (서울: 나남, 1997).

백선엽,『군과 나』(서울: 대륙연구소출판부, 1989).

서진영,『중국혁명사』(서울: 한울, 1994)

시성문, 조용전,『중국인이 본 한국전쟁: 판문점 담판』, 윤영무 옮김 (서울: 한백사, 1991).

육군사관학교,『세계전쟁사』(서울: 일신사, 1985).

_____,『한국전쟁사』(서울: 일신사, 1984).

일본육전사연구보급회,『한국전쟁』, 제6권: 중공군의 공세, 육군본부 군사연구실 역 (서울: 명성출판사, 1986).

쟝 셰노, 프랑소와즈 르 바르비에, 마리-끌레르 베르제르, 신영준 옮김,『중국현대 사: 1911-1949』(서울: 까치, 1977).

전쟁기념사업회,『한국전쟁사』, 제5권: 중공군개입과 새로운 전쟁 (서울: 전쟁기념사 업회, 1992).

주영복,『내가 겪은 조선전쟁』, 1권 (서울: 고려원, 1990)

중국국방대학,『중국전략론』, 박종원, 김종운 역 (서울: 팔복원, 2001).

황병무,『신중국군사론』(서울: 법문사, 1992).

홍학지,『중국이 본 한국전쟁』, 홍인표 옮김 (서울: 고려원, 1992).

金玉國,『中國戰術史』(北京: 解放軍出版社, 2002).

王樹增,『遠東 朝鮮戰爭』(北京: 解放軍文藝出版社, 2006).

中國國防大學,『中國人民解放軍戰史簡編』(北京: 解放軍出版社, 2001).

中華人民共和國國務院新聞辦公室,『2008年 中國的國防』, 2009.

中共中央黨史硏究室第一硏究部 編著,『中華民族抗日戰爭史, 1931-1945』(北京: 中 共黨史出版社, 2006).

Appleman, Roy E., *South to the Naktong North to the Yalu* (Washington, D.C.: Office of the Chief Military History, 1961).

Appleman, Roy E., *Escaping the Trap: The US Army X Corps in Northeast Korea, 1950* (Texas A&M University Press, 1990).

Aron, Raymond, *Clausewitz: Philosopher of War, Translated by Christine Booker and Norman Stone* (London: Routledge & Kegan Paul, 1983).

Beaufre, André, *An Introduction to Strategy*, trans. B.H. Liddell Hart (London: Faber and Faber, 1965).

Beloff, Max, *Soviet Policy in the Far East, 1944-1951* (London: Oxford University Press, 1953).

Betts, Richard K., *Surprise Attack: Lessons for Defense Planning* (Washington, D.C.: Brookings, 1982).

Blainey, Geoffrey, *The Causes of War* (New York: The Free Press, 1988).

Bond, Brian, *The Pursuit of Victory: From Napoleon to Saddam Hussein* (Oxford: Oxford University Press, p. 1998).

Brodie, Bernard, *Strategy in the Missile Age* (Princeton: Princeton University Press, 1959).

Builder, Carl H., *The Masks of War* (Baltimore: Johns Hopkins University Press, 1989).

Chang, Gordon H., *Friends and Enemies: The United States, China, and the Soviet Union, 1948-1972* (Stanford: Stanford University Press, 1990).

Ch'ên, Jerome, *Mao and the Chinese Revolution* (London: Oxford University Press, 1965).

Chen, Jian, *China's Road to the Korean War* (New York: Colombia University Press, 1994).

Chen, King C., *Vietnam and China, 1938-1954* (Princeton: Princeton University Press, 1969).

Clausewitz, Carl von, *On War*, edited and translated by Michael Howard and Peter Paret (Princeton: Princeton University Press, 1984).

Corr, Gerard H., *The Chinese Red Army: Campaigns and Politics since 1949* (New York: Schocken Books, 1974).

Cotton, James, and Ian Neary, eds., *The Korean War in History* (Atlantic Highlands: Humanities Press International, Inc., 1989).

Cumings, Bruce, *The Origins of the Korean War*, vol. 2 (Princeton: Princeton University Press, 1990).

Delbrück, Hans, *History of the Art of War*, vol 1, trans., Walter J. Renfroe, Jr. (Lincoln: University of Nebraska Press).

Dellios, Rosita, *Modern Chinese Defense Strategy* (Houndmills: Macmillan, 1989).

Dreyer, Edward L., *China at War, 1901-1949* (London: Longman, 1995).

Dupuy, Ernest R. and Trevor N. Dupuy, *The Encyclopedia of Military History: From 3500 B.C. to the Present* (New York: Harper & Row, 1977).

Eastman, Lloyd E., et al., *The Nationalist Era in China, 1927-1949* (Cambridge: Cambridge University Press, 1991).

Elleman, Bruce A., *Modern Chinese Warfare, 1795-1989* (New York: Routledge, 2001).

Evera, Stephen van, *Causes of War: Power and the Roots of Conflict* (Ithaca: Cornell University Press, 1999).

Foot, Rosemary, *A Substitute for Victory: The Politics of Peacemaking at the Korean Armistice Talks* (Ithaca: Cornell University Press, 1990).

_____, *The Wrong War: American Policy and the Dimensions of the Korean Conflict, 1950-1953* (Ithaca: Cornell University Press, 1985).

Freedman, Lawrence, ed., *War* (Oxford: Oxford University Press, 1994).

Furuya, Keiji, ed. Chung-ming Chang, *Chiang Kai-shek: His Life and Times* (New York: St. John's University, 1981).

Gaddis, John Lewis, *We Now Know: Rethinking Cold War History* (Oxford: Oxford University Press, 1997).

Gat, Azar, *The Development of Military Thought: The Nineteenth Century* (Oxford: Clarendon Press, 1992).

George, Alexander L., *The Chinese Communist Army in Action: The Korean War and its Aftermath* (New York: Columbia University Press, 1967).

Giap, Vo Nguyen, *People's War, People's Army* (New York: Praeger, 1962).

Girling, J. L. S., *People's War: The Conditions and the Consequences in China & in South East Asia* (London: Shenval Press, 1969).

Gittings, John, *The Role of the Chinese Army* (London: Oxford University Press,

1967).

Goncharov, Sergei N., John W. Lewis and Xue Litai, *Uncertain Partners: Stalin, Mao, and the Korean War* (Stanford: Stanford University Press, 1993).

Griffith, Samuel B., *On Guerrilla Warfare* (New York: Praeger, 1961).

_____, *The Chinese People's Liberation Army* (New York: McGrow-Hill Book Co., 1967).

Gurtov, Melvin, *The First Vietnam Crisis: Chinese Comminist Strategy and United States Involvement, 1953-1954* (New York: Columbia University Press, 1967).

Gurtov, Melvin & Byong-moo Hwang, *China under Threat: The Politics of Strategy and Diplomacy* (Baltimore: John Hopkins University Press, 1980).

Handel, Michael I., *Masters of War: Sun Tzu, Clausewitz and Jomini* (London: Frank Cass, 1992).

_____, *Masters of War: Classical Strategic Thought* (London: Frank Cass, 2001).

Harring, George C., *America's Longest War: The United States and Vienam, 1950-1975* (New York: McGrow-Hill, Inc., 1996).

Houn, Franklin W., *A Short History of Chinese Communism* (Englewood Cliffs: Prentice-Hall, 1973).

Hoyt, Edwin P., *The Day the Chinese Attacked* (New York: NcGraw-Hill Publishing Co., 1990).

Hunt, Michael H., *Crises in U.S. Foreign Policy* (New Haven & London: Yale University Press, 1996).

Johnston, Alastair Iain, *Cultural Realism: Strategic Culture and Grand Strategy in Chinese History* (Princeton: Princeton University Press, 1995).

Jomini, Baron de, *The Art of War*, translated by Capt. G.H. Mendell and Lieut. W.P. Craighill (Westport, CT: Greenwood Press, 1977).

Ka Po Ng, *Interpreting China's Military Power: Doctrine Makes Readiness* (London: Frank Cass, 2005).

Katzenstein, Peter J., ed., *The Culture of National Security: Norms and Identity in World Politics* (New York: Columbia University Press, 1996).

Keylor, William R., *The Twentieth-Century World: An International History*

(Oxford: Oxford University Press, 1996).

Kim, Gey-Dong, *Foreign Intervention in Korea* (Aldershot: Dartmouth, 1993).

Kissinger, Henry A., *Diplomacy* (New York: Touchstone, 1994).

Kui-Kwong, Shum, *The Chinese Communists' Road to Power: The Anti-Japanese National United Front, 1935-1945* (Oxford: Oxford University Press, 1988).

Liddell Hart, Basil H., *Thoughts on War* (London: Farber & Farber, 1944)

_____, *Strategy* (London: Faber & Faber Ltd., 1967).

Lider, Julian, *Military Theory: Concept, Structure, Problems* (New York: St. Martin's Press, 1982).

Liu, Frederick F., *A Military History of Modern China, 1924-1949* (Princeton: Princeton University Press, 1956).

Lowe, Peter, *The Origins of the Korean War* (London: Longman, 1986).

Luttwak, Edward N., *Strategy: The Logic of War and Peace* (Massachusetts: The Belknap Press, 1987).

Maoz, Zeev, *Paradoxes of War* (Boston: Unwin Hyman, 1990).

Mastny, Vojtech, *The Cold War and Soviet Insecurity* (London: Oxford University Press, 1996).

Mearsheimer, John J., *Conventional Deterrence* (Ithaca: Cornell University Press, 1983).

Murray, Williamson, Macgregor Knox and Alvin Bernstein, eds., *The Making of Strategy: Rulers, States, and War* (Cambridge: Cambridge University Press, 1994).

Nogee, Joseph L. and Robert H. Donaldson, *Soviet Foreign Policy since World War II* (New York: Pergamon Press, 1988).

Paret, Peter, ed., *Makers of Modern Strategy: From Machiavelli to the Nuclear Age* (Princeton: Princeton University Press, 1986).

Paul, Thazha V., *Asymmetric Conflicts: War Initiation by Weaker Powers* (Cambridge: Cambridge University Press, 1994).

Petro, Nocolai N. and Alvin Z. Rubinstein, *Russian Foreign Policy: From Empire to Nation-State* (New York: Longman, 1997).

Pillsbury, Michael, ed., *Chinese Views of Future Warfare* (Washington, DC:

National Defense University Press, 1997).

Posen, Barry R., *The Sources of Military Doctrine* (Ithaca: Cornell University Press, 1984).

Quester, George H., *Offense and Defense in the International System* (New York: John Wiley & Sons, 1977).

Roberts, Adam, *Nations in Arms* (London: Cox& Wyman Ltd, 1976).

Roe, Patrick C., *The Dragon Strikes: China and the Korean War, June-December 1950* (Novato: Presidio Press, 2000).

Rubinstein, Alvin Z., S*oviet Foreigm Policy since World War II: Imperial and Global* (Boston: Little, Brown and Company, 1985).

Sawyer, Ralph D., trans., *The Seven Military Classics of Ancient China* (Boulder: Westview Press, 1993).

Schecter, Jerrold L., *Khrushchev Remembers* (Boston: Little, Brown and Company, 1990).

Schnabel, James F., *History of the Joint Chiefs of Staff,* vol. 1: The Joint Chiefs of Staff and National Policy 1945-1947 (Washington, D.C.: Office of Joint History, 1996).

Schram, Stuart R., *The Political Thought of Mao Tse-tung* (New York: Praeger Publishers, 1963).

Segal, Gerald, *Defending China* (New York: Oxford University Press, 1985).

Segal, Gerald and William Tow, *Chinese Defense Policy* (London: The Macmillan Press, 1984).

Shin, Bill, *The Forgotten War Remembered* (Elizabeth: Hollym International Corp., 1996).

Simmons, Robert R., *The Strained Alliance: Peking, Pyoungyang, Moscow, and the Politics of the Korean Civil War* (New York: Free Press, 1975).

Snow, Edgar, *Red Star over China* (New York: Grove Press, Inc., 1961).

Snyder, Jack, *The Ideology of the Offensive* (Ithaca: Cornell University Press, 1984).

Sokolovskii, V. D., ed., *Soviet Military Strategy* (Englewood Cliffs: Prentice-Hall, Inc., 1963).

Spencer, Jonathan D., *The Search for Modern China* (New York: Norton, 1990).

Spurr, Russell, *Enter the Dragon: China's Undeclared War against the U.S. in Korea* (New York: Newmarket, 1988).

Stoessinger, John G., *Why Nations Go to War* (New York: St. Martin's Press, 1985).

Strassler, R. B., *The Landmark Thucydides* (New York: The Free Press, 1996).

Stueck, William, *The Korean War: An International History* (Princeton: Princeton University Press, 1995).

Talbott, Strobe, trans. & ed., *Khrushchev Remembers* (Boston: Little, Brown and Company, 1970),

Tsou, Tang, *America's Failure in China, 1941-1950* (New York: Chicago Press, 1967).

Tucker, Robert C., ed., *The Lenin Anthology* (New York: W. W. Norton & Company, 1975).

Vigor, P. H., *Soviet Blitzkrieg Theory* (New York: St. Martin's Press, 1983).

_____, *The Soviet View of War, Peace and Neutrality* (London: Routledge & Kegan Paul, 1975).

Walt, Stephen M., *War and Revolution* (Ithaca: Cornell University Press, 1996), p. 12.

Wei, Henry, *China and Soviet Russia* (Princetonf: D. Van Nostrand Company, 1956).

Westad, Odd Arne, *Cold War and Revolution: Soviet-Americn Rivalry and the Origins of the Chinese Civil War, 1944-1966* (New York: Columbia University Press, 1993).

Whiting, Allen S., *China Crosses the Yalu: the Decisions to Enter the Korean War* (New York: Macmillan, 1960).

Whitson, William W., *The Chinese High Command: A History of Communist Military Politics, 1927-71* (New York: Praeger Publishers, 1973).

Wilson, Dick, *China's Revolutionary War* (London: Weidenfeld and Nicolson, 1991).

Wylie, Joseph C., *Military Strategy: A General Theory of Power Control* (Annapolis: Naval Institute Press, 1967).

Yang, Benjamin, *From Revolution to Politics: Chinese Communists on the Long March* (Boulder: Westview Press, 1990).

Yeh, Ch'ing, *Inside Mao Tse-tung Thought: An Analytical Blueprint of His Actions* trans. and ed. Stephen Pan et al. (New York: Exposition Press, 1975).

Young, Marilyn B., *The Vietnam Wars, 1945-1990* (Harper Collins Publishers, 1991).

Zarrow, Peter, *China in War and Revolution, 1895-1949* (New York: Routledge, 2005).

Zhai, Qiang, *China and the Vietnam Wars, 1950-1975* (Chapel Hill: The University of North Carolina Press, 2000).

_____, *The Dragon, the Lion, & the Eagle* (Kent: the Kent State University Press, 1994).

Zhang, Shu Guang, *Deterrence and Strategic Culture: Chinese-American Confrontations, 1949-1958* (New York: Cornell University Press, 1992).

Zhang, Shuguang, *Mao's Military Romanticism: China and the Korean War, 1950-1953* (Lawrence: University of Kansas Press, 1995).

ㄱ

현대 중국 전략의 기원

중국혁명전쟁부터 한국전쟁 개입까지

초판 1쇄 인쇄 2011년 6월 30일
초판 1쇄 발행 2011년 7월 5일

지은이 박창희
펴낸이 김세영

펴낸곳 도서출판 플래닛미디어
주소 121-839 서울 마포구 서교동 381-38 3층
전화 02-3143-3366
팩스 02-3143-3360
이메일 webmaster@planetmedia.co.kr
출판등록 2005년 9월 12일 제 313-2005-000197호

ISBN 978-89-92326-98-8 93390